U0151049

“十三五”国家重点出版物出版规划项目

增材制造技术丛书

粉末床激光选区熔化成形典型金属材料的组织与性能

Microstructure and Properties of Typical Metal Materials Prepared by Powder Bed Selective Laser Melting

魏青松　周　燕　朱文志　李　伟
韩昌骏　滕　庆　毛贻桅　文世峰　著

史玉升　审

国防工業出版社
·北京·

内 容 简 介

本书汇集作者多年的科研成果，主要介绍模具钢、钛合金、铝合金、镍合金、生物医学合金以及金属基复合材料 SLM 态组织、相组成和力学性能，包括材料制备、工艺优化和后处理工艺，系统分析和讨论了 SLM 成形典型金属材料的性能特征与调控规律。本书内容彰显专业性和学术性，兼顾系统性和前沿性，图文并茂，对增材制造技术的研究和应用极具实用价值。

本书可供增材制造领域的科研和工程人员阅读，也可作为相关专业在校师生的参考书。

图书在版编目(CIP)数据

粉末床激光选区熔化成形典型金属材料的组织与性能/魏青松等著. —北京：国防工业出版社，2021.10
(增材制造技术丛书)
“十三五”国家重点出版项目
ISBN 978-7-118-12397-5

Ⅰ.①粉… Ⅱ.①魏… Ⅲ.①耐热合金-金属材料加工性能-研究 Ⅳ.①TG132.3

中国版本图书馆 CIP 数据核字(2021)第 184748 号

※

国防工业出版社 出版发行
(北京市海淀区紫竹院南路 23 号 邮政编码 100048)
雅迪云印（天津）科技有限公司印刷
新华书店经售

*

开本 710×1000 1/16 **印张** 19¼ **字数** 335 千字
2021 年 10 月第 1 版第 1 次印刷 **印数** 1—3 000 册 **定价** 138.00 元

(本书如有印装错误，我社负责调换)
国防书店：(010)88540777 书店传真：(010)88540776
发行业务：(010)88540717 发行传真：(010)88540762

总　序

—

Foreward

增材制造(additive manufacturing，AM)技术，又称为3D打印技术，是采用材料逐层累加的方法，直接将数字化模型制造为实体零件的一种新型制造技术。当前，随着新科技革命的兴起，世界各国都将增材制造作为未来产业发展的新动力进行培育，增材制造技术将引领制造技术的创新发展，加快转变经济发展方式，为产业升级提质增效。

推动增材制造技术进步，在各领域广泛应用，带动制造业发展，是我国实现强国梦的必由之路。当前，推动制造业高质量发展，实现传统制造业转型升级等，成为我国制造业发展的重中之重。在政府支持下，我国增材制造技术得到了迅速的发展，增材制造技术与世界先进水平基本同步，高性能复杂大型金属承力构件增材制造等部分技术领域已达到国际先进水平，已成功研制出光固化成形、激光选区烧结成形、激光选区熔化成形、激光净成形、熔融沉积成形、电子束选区熔化成形等工艺装备。增材制造技术及产品已经在航空航天、汽车、生物医疗等领域得到初步应用。随着我国增材制造技术蓬勃发展，增材制造技术在各领域方向的研究取得了重大突破。

增材制造技术发展日新月异，方兴未艾。为此，我国科技工作者应该注重原创工作，在运用增材制造技术促进产品创新设计、开发和应用方面做出更多的努力。

在此时代背景下，我们深刻感受到组织出版一套具有鲜明时代特色的增材制造领域学术著作的必要性。因此，我们邀请了领域内有突出成就的专家学者和科研团队共同打造了这套能够系统反映当前我国增材制造技术发展水平和应用水平的科技丛书。

“增材制造技术丛书”从工艺、材料、装备、应用等方面进行阐述，系统梳理行业技术发展脉络。丛书对增材制造理论、技术的创新发展和推动这些技术的转化应用具有重要意义，同时也将提升我国增材制造理论与技术的学术研究水平，引领增材制造技术应用的新方向。相信丛书的出版，将为我国增材制造技术的科学研究和工程应用提供有价值的参考。

卢秉恒

卢秉恒，中国工程院院士，西安交通大学教授。

前　言

Preface

增材制造(又称3D打印)技术属于一种先进制造技术，与传统制造技术相比在成形原理、材料形态、制件性能上有根本性不同，对从事该技术教学、科研和工程应用人员提出了全新挑战。粉末床激光选区熔化(selective laser melting，SLM)是目前金属增材制造技术中制件精度最高、综合性能优良的技术方法。华中科技大学快速制造中心团队是我国最早开展该项技术研究的团队之一，本书综合了研究团队十多年科研成果，内容侧重材料微观组织，兼顾宏观性能；以典型材料为主，兼顾最新动态；注重学术前沿，融合工程应用。本书既可作为科研和工程人员的参考用书，也可作为大中专院校相关专业的教学教材。

全书分为7章。第1章概述SLM技术原理、特点及发展趋势；第2章～第7章阐述SLM成形模具钢、钛合金、铝合金、镍合金、生物金属及金属基复合材料的工艺条件、微观组织和宏观性能，重点介绍SLM成形典型材料的冶金特点、微宏观性能特征及其演变规律。以材料为主线，强调工艺的影响，达到举一反三、启迪创新的目的。

本书由魏青松等共同撰写，具体分工：第1章由魏青松编写，文世峰参与了编写工作；第2章由周燕(中国地质大学)组织编写；第3章由李伟组织编写；第4章由毛贻桅组织编写；第5章由滕庆组织编写；第6章由韩昌骏组织编写；第7章由朱文志(武汉工程大学)组织编写。博士后陈辉、朱文志、蔡超，研究生杨益、李岩、田健等参与了修订工作。全书由史玉升主审。

由于作者水平有限，书中难免有疏漏之处，恳请广大读者批评指正。

作 者

目　录

Contents

第 3 章 SLM 成形钛铝合金材料组织及性能

第 4 章 SLM 成形铝合金材料组织及性能

第5章 SLM成形镍合金材料组织及性能

第6章 SLM成形生物金属材料组织及性能

第1章 绪 论

1.1 SLM 技术原理

SLM 技术是集计算机辅助设计（computer aided design，CAD）、数控技术、增材制造技术于一体的先进制造技术。采用 SLM 技术可直接制造精密复杂的金属零件，是增材制造技术的主要发展方向之一。SLM 技术利用直径 30～50μm 的聚焦激光束，把金属或合金粉末逐层选区熔化，堆积成一个冶金结合、组织致密的实体。采用 SLM 技术，可以实现精密零件及个性化定制化器件的制造。由于该技术不像传统的金属零件制造方法需要制作木模、塑料模和陶瓷模等，而可以直接制造金属零件，因此大大缩短了产品开发周期，减少了开发成本。SLM 技术的发展给制造业带来了无限活力，尤其是给快速加工、快速模具制造、个性化医学产品、航空航天零部件和汽车零配件生产行业的发展注入了新的动力。

SLM 工艺原理如图 1－1 所示。首先，将三维 CAD 模型切片离散及扫描路径规划，得到可控制激光束扫描的路径信息；其次，计算机逐层调入路径信息，通过扫描振镜，控制激光束选择性地熔化金属粉末，未被激光照射区域的粉末仍呈松散状；最后，加工完一层后，粉料缸上升，成形缸下降一层切片层厚的高度，铺粉辊将粉末从粉料缸刮到成形平台上，激光将新铺的粉末熔化，与上一层融为一体。重复上述过程，直至成形过程完成，得到与三维实体模型相同的金属零件。

SLM 工艺能够直接由三维实体模型制成最终的金属零件，对于复杂金属零件，无须制作模具。SLM 工艺适合加工形状复杂的零件，尤其是具有复杂内腔结构和具有个性化需求的零件，适合单件或者小批量生产。目前，国外 EOS 公司、SLM Solutions 公司、Concept Laser 公司等已经将 SLM 工艺应用

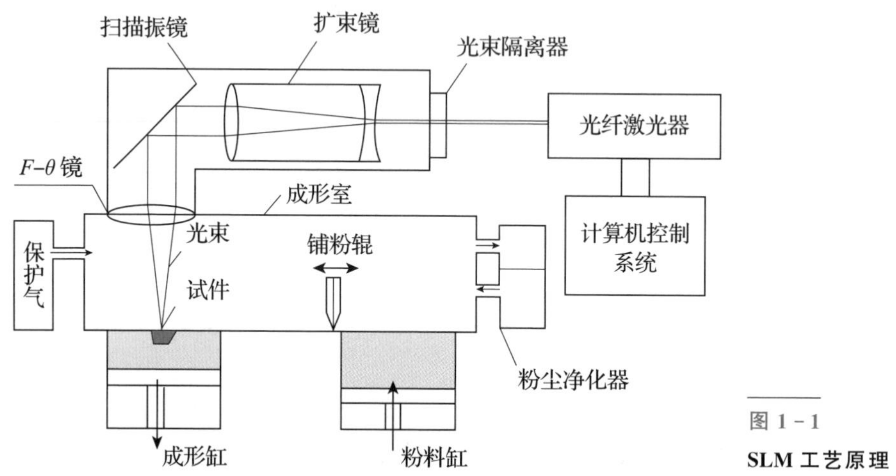

图 1-1
SLM 工艺原理

到航空航天、汽车、模具、工业设计、珠宝首饰、医学生物等领域，国内西安增材制造技术研究院有限公司、华南理工大学、华中科技大学和西安铂力特增材技术股份有限公司等单位在生物医学、工业模具和个性化零部件等方面开展了研究与应用。

SLM 成形设备主要由激光器、光路传输单元、密封成形室（包括铺粉装置）、机械单元、控制系统、工艺软件等几个部分组成。激光器是 SLM 成形设备的核心部件，直接决定了 SLM 零部件的质量。目前，国内外的 SLM 成形设备主要采用光纤激光器，其激光光束质量因子 $M^2<1.1$，光束内能量呈现高斯分布，具有效率高、使用寿命长、维护成本低等特点，是实现 SLM 技术的最好选择。

SLM 成形设备生产主要集中在德国、英国、日本、法国等国家，其中，德国是从事 SLM 技术研究最早与最深入的国家。第一台 SLM 设备是由德国 Fockele & Schwarze（F&S）公司与德国弗朗霍夫研究所一起研发的基于不锈钢粉末的 SLM 成形设备[13]。2004 年，F&S 与原 MCP 公司（现为 MTT 公司）一起发布了第一台商业化 SLM 设备 MCP Realizer250，后来升级为 SLM Realizer250。在 2005 年，高精度 SLM Realizer100 设备研发成功。自从 MCP 公司发布了 SLM Realizer 设备后，其他设备制造商（Trumph、EOS 和 Concept Laser）也以不同名称发布了他们的设备，如直接金属烧结（direct metal laser sintering，DMLS）设备和激光金属熔融（laser metal fusion，LMF）设备。其中，EOS 发布的 DMLSEOSINT M290 是目前金属成形最常见的装机机型。

在我国，华中科技大学快速制造中心于2003年推出了采用半导体泵浦150W YAG激光器和采用100W光纤激光器的SLM成形设备，在我国较早地开展针对SLM技术的研究。2007年，华南理工大学在DiMteal－240基础上，开发出第二代SLM设备DiMteal－280，该设备采用了光纤激光器，光斑直径为50～200μm，典型扫描速度为200～600mm/s，制品尺寸精度为20～100μm。北京航空制造工程研究所开发出的SLM成形设备样机LSF－M360，成形范围达350mm×350mm×400mm。目前，国内SLM成形设备研究取得了一定进展，但是国内SLM成形设备的关键部件，如激光器、聚焦镜、高速扫描振镜等仍多依赖进口。

SLM工艺优化主要包括激光光路优化、扫描参数优化和铺粉参数优化等方面，通过工艺优化可以控制成形零部件的致密度、表面质量、尺寸精度、残余应力、强度和硬度。研究表明，SLM工艺的影响因素有130个之多，其中有十多个因素具有决定性作用。工艺参数组合的选择能够决定成形质量的好坏，甚至影响成形过程的成败。

1.2 SLM技术特点

SLM作为增材制造技术的一种，它具备了增材制造的诸多优点，例如，可制造不受几何形状限制的零部件，缩短产品的开发制造周期，节省材料等。同时，SLM技术还有其独特的优点，根据前述的SLM工艺原理可知SLM成形过程分为升温和冷却两个阶段：当激光停留在金属粉体的某一点时，该区域由于吸收了激光能量，温度骤然上升并超过了金属的熔点形成熔池，此时，熔融金属处于液相平衡，金属原子可以自由移动，合金元素均匀分布；当激光移开后，由于热源的消失，熔池温度以10^3K/s的速度下降。在此快速冷却过程中，金属原子和合金元素的扩散移动受限，抑制了合金晶粒的长大和合金元素的偏析，凝固后的金属组织晶粒细小，合金元素分布均匀，从而能够大幅提高材料的强度和韧性。因此，用SLM技术成形的金属零部件具有以下特点。

1. 成形材料广泛

从理论上讲，任何金属粉末都可以被高能束的激光束熔化，故只要将金属材料制备成金属粉末，就可以通过 SLM 技术直接成形具有一定功能的金属零部件。

2. 晶粒细小，组织均匀

SLM 成形过程中，高能激光将金属粉末快速熔化形成一个个小的熔池，快速冷却抑制了晶粒的长大及合金元素的偏析，导致金属基体中固溶的合金元素无法析出而均匀分布在基体中，从而获得了晶内组织细小的微观结构。

3. 力学性能优异

金属制件的力学性能是由其内部组织决定的，晶粒越细小，综合力学性能一般就越好。相比铸造、锻造而言，SLM 制件是利用高能束的激光选择性地熔化金属粉末，其激光光斑小、能量高、制件内部缺陷少。制件的内部组织是在快速熔化/凝固的条件下形成的，显微组织往往具有晶粒尺寸小、组织细化、增强相弥散分布等优点，从而使制件表现出优良的综合力学性能，通常情况下其大部分力学性能指标都优于同种材质的锻件性能。以制造的 316L 不锈钢材料来说，最高抗拉强度可达到 1000MPa 左右，远远高于 316L 不锈钢锻件的水平。

4. 致密度高

SLM 成形过程中金属粉末被完全熔化而达到一个液态平衡，能够最大程度地排除气孔、夹杂等缺陷，快速冷却能够将这一平衡保持到固相，大大提高了金属部件的致密度，理论上可以达到全致密。

5. 成形精度高

由于激光束光斑直径小、能量密度高，且全程由计算机系统控制成形路径，所以成形制件尺寸精度高、表面粗糙度低，只需经过简单的后处理就可直接使用。

尽管 SLM 技术近年来发展迅速，软硬件设计、材料与工艺研究等方面都有了长足的进步，获得了良好的应用效果，但其自身还存在一些缺点和不足，主要体现在如下几个方面。

(1) SLM 成形过程中的冶金缺陷。球化效应、翘曲变形以及裂纹等缺陷严重，限制了高质量金属零部件的成形，需要进一步优化工艺方案。

（2）可成形零件的尺寸有限。目前用 SLM 成形大尺寸零件的工艺还不成熟。

（3）SLM 工艺参数复杂。现有的技术对 SLM 工艺过程中的作用机理研究还不够深入，需要长期摸索。

（4）SLM 技术和设备多为国外垄断。SLM 成形设备成本高，设备系统的可靠性、稳定性还不能完全满足要求等原因，限制了 SLM 技术进一步的推广和应用。

1.3 SLM 技术发展趋势

SLM 技术作为增材制造技术重要的分支之一，代表了增材制造技术未来发展方向。与其他高能束流制造技术类似，未来该技术的应用发展主要呈现两方面趋势：一方面是针对技术本身的研究，将进一步侧重于更纯净细小的粉体制备技术、更高的成形效率和大规格整体化的制造能力；另一方面是以工程应用为目标，突破传统制造技术思维模式束缚的配套技术研究，包括设计方式、检测手段、加工装配等研究，以适应不断发展的新型制造技术需求。具体包括如下几个方面。

1. SLM 技术向近无缺陷、高精度、新材料成形方向发展

SLM 技术制造精度高，在制造钛合金、高温合金等典型航天材料高性能、高精度复杂薄壁型腔构件方面具有一定的优势，是近年来国内外研究的热点。根据目前检索到的文献资料，SLM 技术离实现工程化应用仍然存在较多基础问题需要解决，未来需要在使用粉末技术条件、成形表面球化、内部缺陷形成机理、组织性能与高精度协同调控等方面开展深入的技术研究。

2. SLM 成形装备向多光束、大成形尺寸、高制造效率方向发展

现有的单光束 SLM 成形设备的适用范围较小，生产效率较低，不能满足较大尺寸复杂构件的整体制造。但从航空航天需求的型号来看，对较大尺寸复杂构件的需求仍比较迫切，因此未来 SLM 成形设备将会向多光束、大成形尺寸、高制造效率方向发展。SLM 除在钛合金、高温合金材料上应用外，还将向高熔点合金（如钨合金、铼铱合金等）以及陶瓷材料方向应用延伸[15]。

3. SLM 技术与传统加工技术复合成形

虽然 SLM 技术在复杂精密零件成形方面具有独特的优势，但是 SLM 成形过程中由于粉末快速熔化急速冷却，并且逐道、逐层的加工方式造成了 SLM 成形件组织、性能、应用的特殊性[15]。虽然其硬度和强度得到大幅度的提升，但是延展性和表面质量仍不如传统成形方法。因此，SLM 技术与传统加工技术复合成形将成为未来的又一发展方向，如 SLM 技术与机加工复合制造零件，既可以利用 SLM 成形的独特优势，又可以采用机加工来提高表面质量。

参考文献

[1] 杨全占，魏彦鹏，高鹏，等. 金属增材制造技术及其专用材料研究进展[J]. 材料导报：纳米与新材料专辑，2016，30(1)：107-111.

[2] 李怀学，巩水利，孙帆，等. 金属零件激光增材制造技术的发展及应用[J]. 航空制造技术，2012，416(20)：26-31.

[3] 张学军，唐思熠，肇恒跃，等.3D 打印技术研究现状和关键技术[J]. 材料工程，2016，44(2)：122-128.

[4] CHILDS T H C，HAUSER C，BADROSSAMAY M. Selective laser sintering (melting) of stainless and tool steel powders：experiments and modelling [J]. Proceedings of the Institution of Mechanical Engineers，Part B：Journal of Engineering Manufacture，2005，219(4)：339-357.

[5] MEIER H，HABERLAND C. Experimental studies on selective laser melting of metallic parts [J]. Materialwissenschaft and Werkstofftechnik，2008，39(9)：665-670.

[6] STAMP R，FOX P，O'NEILL W，et al. The development of a scanning strategy for the manufacture of porous biomaterials by selective laser melting [J]. Journal of Materials Science：Materials in Medicine，2009，20(9)：1839.

[7] SIMCHI A，POHL H. Effects of laser sintering processing parameters on the microstructure and densification of iron powder [J]. Materials Science and Engineering：A，2003，359(1)：119-128.

[8] KRUTH J P, FROYEN L, Van Vaerenbergh J, et al. Selective laser melting of iron-based powder [J]. Journal of Materials Processing Technology, 2004, 149(1): 616 - 622.

[9] MUMTAZ K A, ERASENTHIRAN P, HOPKINSON N. High density selective laser melting of Waspaloy ® [J]. Journal of materials processing technology, 2008, 195(1): 77 - 87.

[10] YADROITSEV I, THIVILLON L, BERTRAND P, et al. Strategy of manufacturing components with designed internal structure by selective laser melting of metallic powder [J]. Applied Surface Science, 2007, 254(4): 980 - 983.

[11] 李瑞迪，魏青松，刘锦辉，等. 选择性激光熔化成形关键基础问题的研究进展[J]. 航空制造技术，2012，401(5)：26 - 31.

[12] 陈忠旭，姚锡禹，郭亮，等. 基于激光的金属增材制造技术评述与展望[J]. 机电工程技术，2017，46(1)：7 - 13.

[13] 杨永强，刘洋，宋长辉. 金属零件 3D 打印技术现状及研究进展[J]. 机电工程技术，2013 (4)：1 - 7.

[14] 苏海军，尉凯晨，郭伟，等. 激光快速成形技术新进展及其在高性能材料加工中的应用[J]. 中国有色金属学报，2013，23(6)：1567 - 1574.

[15] 宋波，章媛洁，赵晓，等. SLM 增材与机加工复合制造 AISI 420 不锈钢：表面粗糙度与残余应力演变规律研究[J]. 机械工程学报，2017，49(6)：89 - 97.

第2章
SLM 成形模具钢材料的组织及性能

模具是当代制造业中不可或缺的基础工业装备，主要用于高效大批量生产工业产品的零部件，是装备制造业的重要组成部分[1-2]。在电子、汽车、电机、电器、仪器、仪表、家电和通信等产品中，60%～80%的零部件需依靠模具成形[3]。模具生产的零部件具有的高精度、高复杂程度、高一致性，是其他加工制造方法所不能比拟的。同时，模具又是“效益放大器”，用模具生产的最终产品的价值往往是模具自身价值的几十倍、上百倍。模具技术水平的高低，已成为衡量一个国家产品制造水平高低的重要标志[4]，它在很大程度上决定着产品的质量、效益和新产品的开发能力，是一个国家工业产品保持国际竞争力的重要保证之一。

模具应用广泛，冷却系统是模具的核心，其冷却阶段在整个成形周期中占比最高，高达70%以上。尤其是注塑工艺中，一个有效的冷却系统将会极大地提高生产效率。此外，熔融的塑料材料会冲蚀型腔，特别是注塑温度在200～400℃的范围内，一些塑料材料在高温下容易产生酸性物质，模具会受到高温下磨损和腐蚀的挑战。

随形冷却流道是改善模具冷却特性的前瞻性设计，但是传统钻孔、电火花等工艺无法加工。SLM 技术利用三维 CAD 模型，通过高能量的光纤激光器，直接制造出高致密且结构复杂的金属零件，因此在制造随形冷却流道模具时，SLM 技术显示了非常强大的潜力。主要采用的 SLM 成形材料有 AISI 420、S136 和 H13 等模具钢系列，如图 2 - 1 为德国 EOS 公司 SLM 成形的具有复杂内部流道的 S136 零件及模具，冷却周期从 24s 减少到 7s，温度梯度由12℃减小为4℃，产品缺陷率由 60%降为 0，制造效率提高到 3 件/min。

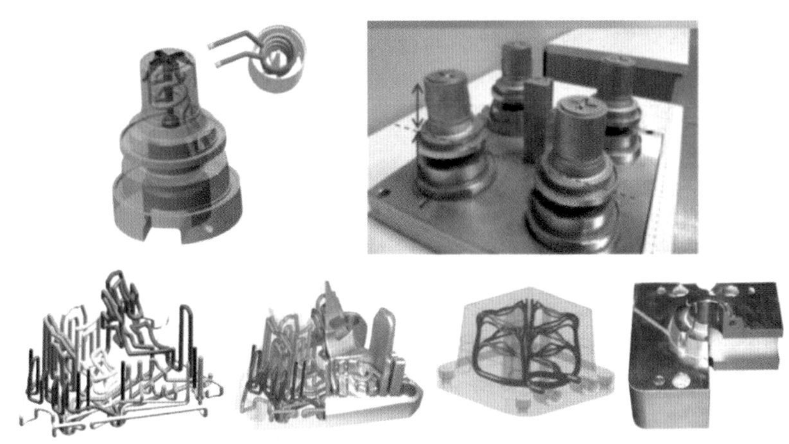

图 2－1　SLM 成形的具有复杂内部流道的 S136 零件及模具

2.1　SLM 成形 AISI 420 不锈钢组织与性能

2.1.1　粉末材料

AISI 420 不锈钢属于中 C 含量马氏体类型不锈钢，具有较高的 Cr 含量，由于可以生成致密的 Cr 氧化膜，对 HCl、HF 等酸性气体具有良好的抗蚀能力，同时 420 不锈钢具有较高的 C 含量，提高了材料的硬度、强度和耐磨性，适宜制造承受高负荷、高耐磨及腐蚀介质作用下的塑料模具、透明塑料制品模具等[5]。传统工业中，AISI 420 不锈钢模具通常使用机加工、电加工等方法制造，但这些方法无法制造具有复杂内流道的模具，SLM 技术为成形 420 不锈钢复杂结构模具提供了新途径。

气雾化的 AISI 420 不锈钢粉末，如图 2－2(a)所示，粉末颗粒为球形或近球形，大球表面黏附有少量的小尺寸卫星球(接近 1μm)。不锈钢粉末粒径主要分布在 8～38μm 且呈正态分布，粉末平均粒径为 20μm。通过场发射扫描电镜对粉末进行放大，发现不锈钢粉末颗粒表面存在小于 1μm 的微裂纹，如图 2－2(c)所示，这是由于在气雾化过程中快速冷却形成了结晶未闭合区域。如图 2－2(d)所示，粉末颗粒凝固组织为枝状晶和胞状晶的混合组织，粉末内部组织不仅和冷却速度有关，还和液相内温度梯度 G 和固/液界面推进速度(凝固速度)R 有关。随着冷却速度增大，G/R 值逐渐增大，晶面形貌由平面晶向胞状晶转变，或由胞状晶向枝状晶转变[6]。

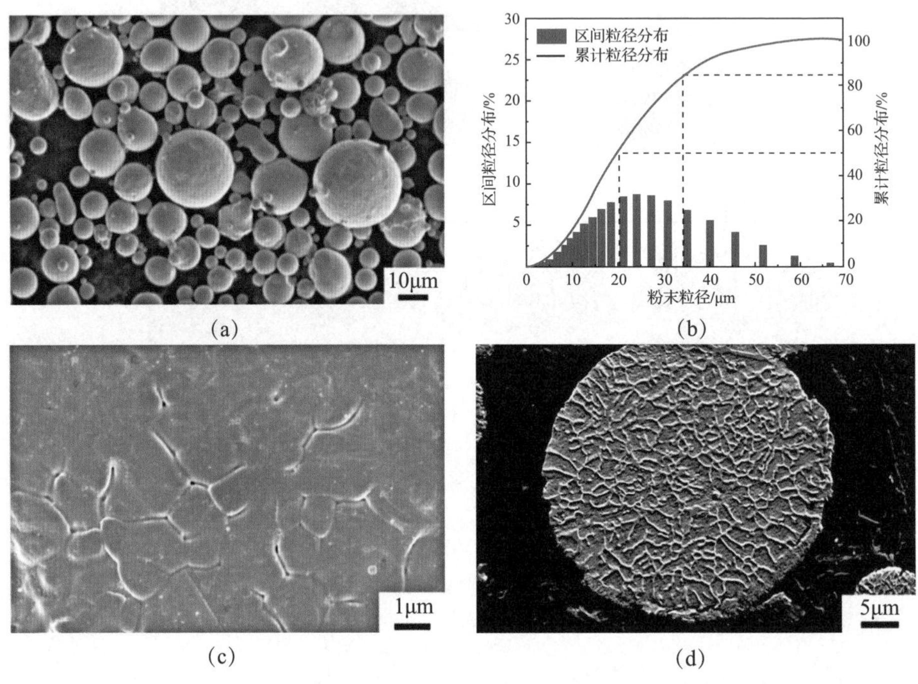

图 2-2 **AISI 420 不锈钢粉末**

(a) 粉末形貌；(b) 粉末粒径分布；(c) 粉末颗粒表面形貌；(d) 粉末微观组织。

采用能谱仪(EDS)测量了粉末颗粒表面和内部的成分，结果如表 2-1 所示。结果表明，气雾化制备的粉末 Cr 含量稍高于名义成分，其他元素的含量均接近名义成分，同时粉末颗粒表面的 Cr、Mn、V 含量高于粉末颗粒内部的含量，粉末颗粒表面的 C、Si 含量低于粉末颗粒内部的含量。

表 2-1 AISI 420 不锈钢名义成分和气雾化粉末的 EDS 测试结果

元素	名义成分/%	质量分数/%，气雾化粉末	
		表面	内部
Cr	12～14	13.90	16.13
Mn	<1	0.73	0.96
Si	<1	0.275	—

（续）

元素	名义成分/%	质量分数/%，气雾化粉末	
		表面	内部
V	0.15～0.40	0.32	0.42
C	0.20～0.45	0.36	0.31
Fe	余量		

本书采用的 SLM 成形设备为华中科技大学自主研发的 HRPM－Ⅱ型装备，成形工作台面为 250mm（长）×250mm（宽）×400mm（高）。该装备采用 IPG 公司 200W 光纤激光器，激光波长 λ 为 1.064μm，光斑直径约为 0.08mm。激光扫描方式为二维振镜动态聚焦方式，最大扫描速度可达 5m/s。采用铺粉辊铺粉，单缸下送粉装置，同时在铺粉机构上配备上落粉装置，在粉末量较少时可以开展成形研究，装备采用自主研发的控制软件，实现模型切片、机械运动和激光扫描。成形过程中为了减少高温金属熔体的氧化，采用先抽真空后通氩气的方法进行成形腔保护。

研究方法包括单道扫描、单层成形和多层成形。单道扫描主要用来优化成形工艺参数，确定单道成形工艺窗口，研究工艺参数对熔化道宽度的影响规律。在单道扫描的基础上进行单层成形，确定合适的扫描间距。选用合适的工艺参数进行多层成形。具体成形工艺参数在下面对应研究结果处说明。

2.1.2 SLM 成形工艺参数优化

SLM 成形新材料时需要确定合适的成形工艺窗口，使用不同材料的 SLM 工艺因粉末材料热物理和化学特性、与激光交互作用机理以及成形设备的不同而存在差异。目前，优化成形工艺的研究方法一般先单道、单层成形，再块体成形，逐步确定合适的工艺参数，主要优化的 SLM 成形工艺参数有激光扫描速度、激光功率、扫描间距和扫描层厚等。

1. 单道扫描成形

在 SLM 成形过程中三维实体零件是通过一层层二维平面堆积而成的，而每个平面又是由单条熔化道填充的，一条稳定连续的熔化道才能保证与相邻熔化道良好搭接以及层与层之间的结合，因此单条熔化道的形貌特点对最终成形件的致密度的影响至关重要[7-9]。SLM 成形件的致密化程度受微熔池的温度、液体流态的影响，主要影响的工艺参数有激光扫描速度 v 和激光功率 P。设置 25 组不同的单道扫描研究 AISI 420 不锈钢的熔化特性，采用的具体工艺参数如下：激光功率设为 100～140W，激光扫描速度为 400～800mm/s。先将基板用砂纸打磨，之后用无水乙醇清洗，直至基板待加工区域表面没有明显的划痕。固定基板后，用筛子在基板上铺一层粉末。

图 2-3 所示的单道扫描工艺窗口，图中符号“●”表示成形效果好的单道，熔化道连续且平直；“○”表示成形效果较好的单道，熔化道不稳定，出现扭曲或不连续；“×”表示成形效果差的单道，熔化的粉末未形成熔化道。根据成形工艺参数和熔化的成形机制，单道扫描工艺窗口可以分为如图 2-3 中的三个区域：区域 1 为未形成连续的熔化道，且存在大量球化，在此区域中采用的激光功率较小、扫描速度较快，熔池冷却速度快，造成了高温熔体极大毛细力和强烈对流；区域 2 为连续平直的熔化道，该区域内工艺参数合适，微熔池较稳定，形成了相对稳定的熔化、润湿和凝固过程，该区域参数可被用来成形最终零件；区域 3 为不稳定熔化道，出现断裂，此区域内，激光功率增加，同时扫描速度减小，金属粉末可以被完全熔化，但是随着更多热量的输入造成极大的残余应力和熔池的不稳定。

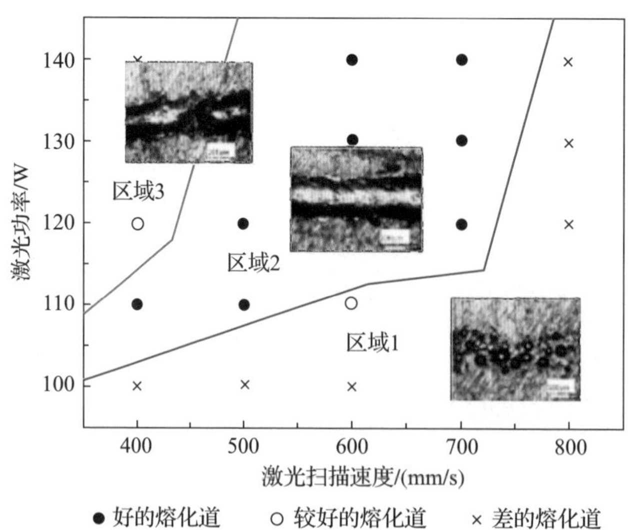

图 2-3
单道扫描工艺窗口

为了研究激光功率大小对单道熔池宽度的影响，在前述工艺窗口研究基础上，选取 600mm/s 作为激光扫描速度，激光功率设为 120～180W，采用二维图像采集软件 DS－3000 测量单道熔池宽度数据。如图 2－4 所示，随着激光功率从 120W 增加到 180W，单道熔池宽度从 90μm 逐渐增加到 124μm。随着激光功率的增加，粉末吸收的能量越多，粉体被熔化得越多，同时熔池温度升高，熔体黏度降低，熔体与基板的润湿效果改善，因此熔池宽度增加。

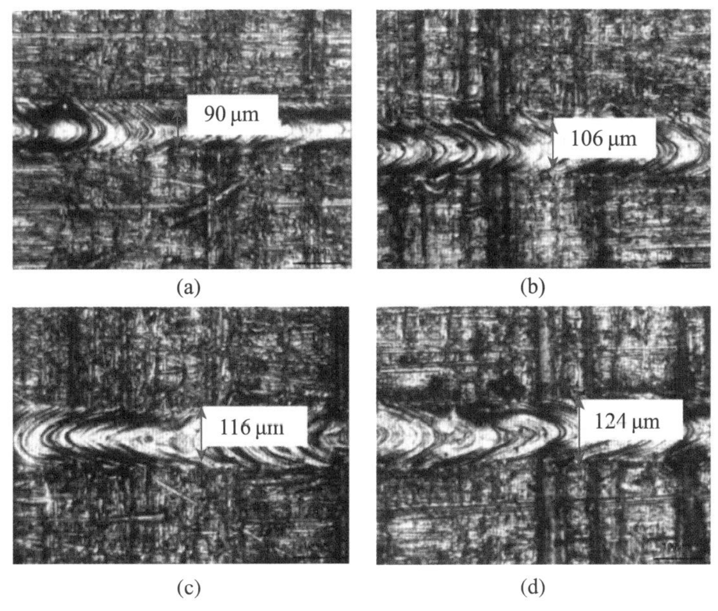

图 2－4　**不同激光功率下扫描速度为 600mm/s 时的单道熔池宽度**

(a) 120 W；(b) 140 W；(c) 160 W；(d) 180 W。

研究固定激光功率研究扫描速度对单道宽度的影响，选取 140W 作为激光功率，扫描速度分别设为 400mm/s、550mm/s 和 650mm/s，成形单道熔池如图 2－5 所示。随着扫描速度的增加，熔池宽度从 126μm 变为 105μm、73μm。采用的激光器为连续光纤激光器，粉末被激光辐照的时间与扫描速度成反比，扫描速度越快，单位体积内粉末受激光辐照时间越短，实际吸收激光能量越少；反之，激光扫描速度减小，粉末吸收激光能量增加，更多金属粉末被熔化形成更大的微熔池。同时，熔池温度升高、液态金属黏度减少，微熔池在基板上的铺展变宽。当激光扫描速度较快时，激光对粉末床造成冲击，如图 2－5(c)可以看到熔化道之外还有细小的金属球。

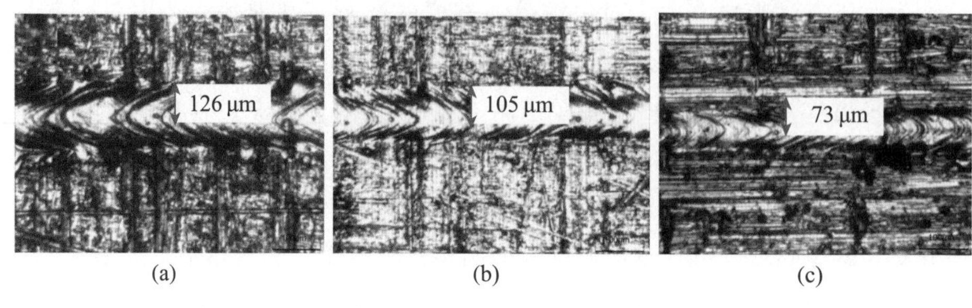

图 2-5　不同扫描速度下激光功率为 140W 时的单道熔池宽度
(a) 400 mm/s；(b) 550 mm/s；(c) 650 mm/s。

综上可以看出，激光功率和扫描速度都对熔池形貌和熔池宽度有重要影响。因此将成形工艺参数范围扩大，研究其对熔池宽度的影响规律。如图 2-6 为单道熔池宽度和成形参数之间的关系，可以看出扫描速度越大，单道熔池宽度越小，当扫描速度高于 550mm/s 时对熔池宽度影响较为明显。同时，单道熔池的宽度随着激光功率的增大而增大，但在扫描速度为 600mm/s 和 650mm/s 时，熔池宽度在激光功率超过 170W 后下降，这是由较高扫描速度下微熔池不稳定造成的。

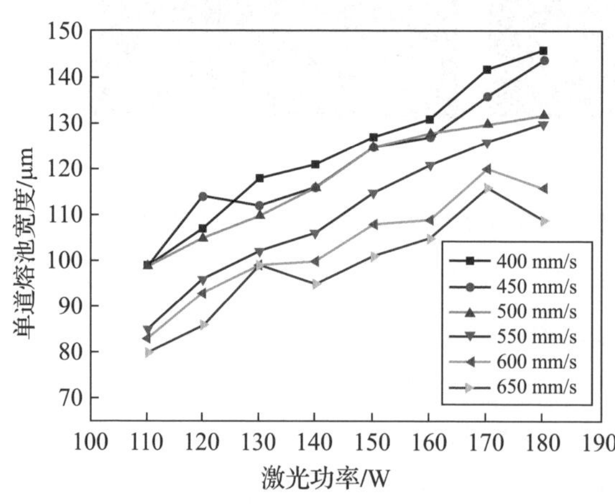

图 2-6
单道熔池宽度和 SLM 成形参数之间的关系

2. 单层扫描成形

1) 氧含量对单层表面质量的影响

不锈钢材料通常具有良好的抗氧化能力，为了研究气氛中的氧含量对成形效果的影响，分别在有氧和抽真空气氛保护的环境下进行成形，氧气的体积分数分别为 21%和 0.1%，激光功率为 120W，扫描速度为 550mm/s，扫描间距为 0.07mm。如图 2-7 为单层熔覆层形貌，其中图 2-7(a)、(b)为氧气体积分数为 21%环境下的成形效果，图 2-7(c)、(d)为氧气体积分数为 0.1%环境下的成形效果。从图 2-7 中可以看出，氧含量较高时成形熔覆层表面球化严重，表面凹凸不平，严重影响了成形件的表面质量。不锈钢材料抗氧化是通过形成致密的氧化膜保护基体，而 SLM 成形中形成的氧化膜恶化了道与道、层与层之间的润湿效果，大大降低了成形质量。

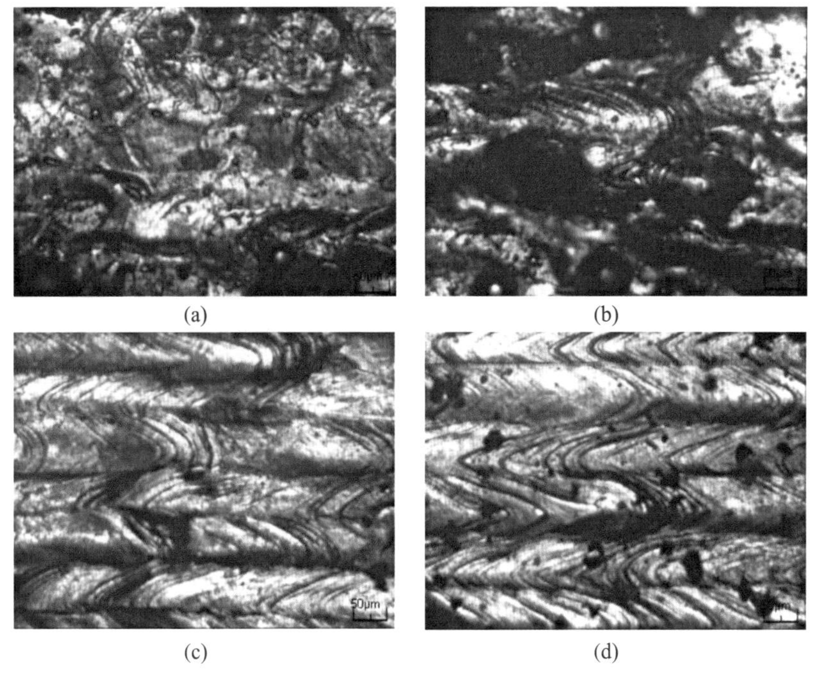

图 2-7　**不同氧含量条件下单层熔覆层形貌**

(a)、(b) 氧气体积分数为 21%；(c)、(d) 氧气体积分数为 0.1%。

2）扫描间距对单层表面质量的影响

经过之前的单道扫描研究，确定了一个较优的扫描速度范围为 500～600mm/s，为了减少工作量，取较优扫描速度的中间值 550mm/s，研究扫描功率和扫描间距两个变量对成形的影响。激光功率分别为 120W、130W、140W、150W，扫描间距分别为 0.06mm、0.07mm、0.08mm、0.09mm，共计 16 组。鉴于数据较多，选取较小扫描间距($s=0.06$mm)，虽搭接率可达到

50%，但其表面不够平整，各个扫描线形成起伏的山峰状。这主要是因为扫描间距过小，搭接过于密集导致熔池相互堆积从而使成形表面形成不平整起伏的山峰状，这在多层扫描的情况下会导致孔隙的产生，从而降低 SLM 成形件的致密度；选取较大扫描间距（s = 0.09mm），P = 120W，搭接率不到10%，加大扫描功率，搭接区域有所扩大，但并不明显，虽各个扫描线较为平整，但相邻扫描线之间出现明显的凹陷区域，这样在层与层之间会由于各个部分高低不平产生孔隙，不利于成形；选取适中扫描间距（s = 0.07mm 和 s = 0.08mm），成形相对较好，如图 2-8 所示。当功率较低时，会出现少量的表面不平整现象，加大功率后，这种现象得到改善，功率为 150W 时，搭接率达 30%～40%，表面基本没有不平整现象，相邻扫描线之间高度基本一致。

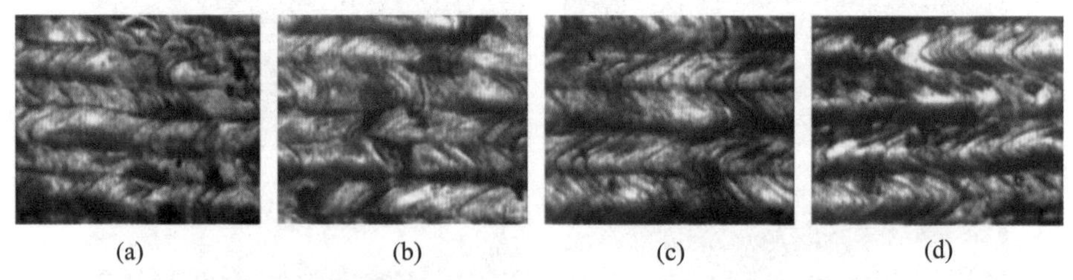

(a) (b) (c) (d)

图 2-8 激光功率为 120W 时不同扫描间距单层熔覆道形貌

（a）s = 0.06mm；（b）s = 0.07mm；（c）s = 0.08mm；（d）s = 0.09mm。

在扫描速度为定值的情况下，较优的扫描功率和扫描间距组合如表 2-2 所列，打“√”代表成形较好。扫描间距是 SLM 重要的成形工艺参数之一，会直接影响单层成形质量，选择合适的激光功率和扫描速度后，根据熔池的宽度设置合适的扫描间距可以获得平整的单层熔覆层。

表 2-2 面扫描工艺参数优化

扫描间距 s/mm	激光功率 120W	激光功率 130W	激光功率 140W	激光功率 150W
0.06				
0.07		√	√	√
0.08	√	√	√	
0.09				

3. 块体扫描成形

通过上述研究，获得了优化的激光功率–扫描速度–扫描间距的窗口，在此基础上进行块体成形研究，选取如表 2－3 的块体成形工艺参数成形试样，采用 0.02mm 作为层厚，试样尺寸为 8mm×8mm×8mm（图 2－9）。将成形试样从基板切下后进行清理，使用排水法测量试样致密度，4 次测量取平均值作为结果。

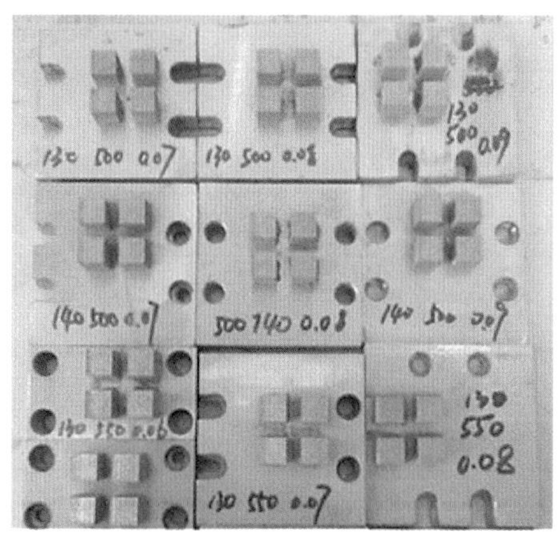

图 2－9
使用不同工艺参数成形的试样

表 2－3　块体成形工艺参数设置

激光功率/W	扫描速度/(mm/s)	扫描间距/mm		
130	450	0.07	0.08	0.09
130	500	0.07	0.08	0.09
130	550	0.06	0.07	0.08
140	500	0.07	0.08	0.09
140	550	0.06	0.07	0.08
150	600	0.07	0.08	0.09

表 2－4 为块体成形研究的统计结果。从表 2－4 中可以看出成形试样的相对密度都高于 94%，最大相对密度为 99.05%，采用的工艺参数如下：激光功率为 140W，扫描速度为 550mm/s，扫描间距为 0.08mm，层厚为 0.02mm。块体致密度受多个成形参数的影响，并且这些参数之间也相互关联。

表 2-4 块体成形研究统计结果

序号	激光功率/W	扫描速度/(mm/s)	扫描间距/mm	线能量密度/(J/mm)	体能量密度/(J/mm^3)	相对密度/%
1	130	450	0.07	0.289	206.35	94.07
2	130	450	0.08	0.289	180.56	96.39
3	130	450	0.09	0.289	160.50	98.16
4	130	500	0.07	0.260	185.72	97.47
5	130	500	0.08	0.260	162.50	98.86
6	130	500	0.09	0.260	144.45	97.69
7	130	550	0.06	0.236	196.97	96.82
8	130	550	0.07	0.236	168.83	97.00
9	130	550	0.08	0.236	147.73	96.82
10	140	500	0.07	0.280	200.00	94.07
11	140	500	0.08	0.280	175.00	97.84
12	140	500	0.09	0.280	155.56	98.48
13	140	550	0.06	0.255	212.12	97.28
14	140	550	0.07	0.255	181.82	97.69
15	140	550	0.08	0.255	159.09	99.05
16	150	600	0.07	0.250	178.57	96.66
17	150	600	0.08	0.250	156.25	96.91
18	150	600	0.09	0.250	138.89	97.73

图 2-10 为成形试样相对密度随线能量密度变化的规律。从图中可以看出，当线能量密度从 0.236 J/mm 增加到 0.26 J/mm 附近时，制件相对密度上升，而当线能量密度继续上升时，试样相对密度开始下降，同时密度的标准偏差也大大增加。当线能量密度增加造成熔池宽度变大时，体能量密度影响变大，即扫描间距(熔池搭接率)影响增大。图 2-11 为不同搭接率下成形件纵截面金相图，搭接率分别为 22.5%、25.8%和 31.9%。图 2-11(a)中搭接率较小，单道熔池间重合部分较少，当熔池宽度出现波动时，可能会造成相邻熔池之间不能搭接，从而在成形件内部形成未搭接的间隙，降低成形件的相对密度。图 2-11(b)中搭接率适中，单道熔池直接完全搭接，熔化道之

间的重熔与搭接稳定，成形平面比较平整，保证逐层加工的稳定。当搭接率过大时，后一条熔池与前一条熔池的重熔部分过多，造成熔化道高于前一层，成形平面不平整[10]，造成下一层加工分层厚度不均匀，从而降低了加工稳定性和成形件的相对密度。

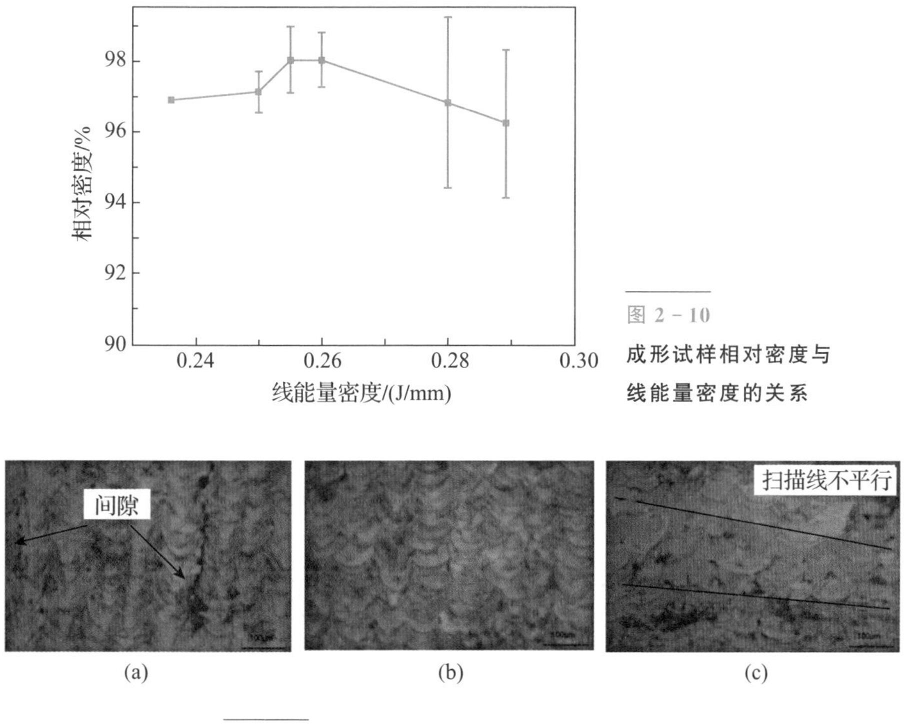

图 2-10　成形试样相对密度与线能量密度的关系

图 2-11　不同搭接率下成形件纵截面金相图
(a) 22.5%；(b) 25.8%；(c) 31.9%。

图 2-12 为试样相对密度随体能量密度变化的规律。通过分析体能量密度—相对密度的数据，对其进行二次拟合，删掉偏差较大的数据点，得到了成形试样相对密度与体能量密度的关系如下：

$$\rho = -0.001\psi^2 + 0.559\psi + 53.42 \tag{2-1}$$

式中：ρ 为试样的相对密度(%)；ψ 为激光体能量密度(J/mm^3)。该二次拟合的拟合度为 0.6336，式(2-1)可为块体成形提供工艺参数指导，如需精确地选择工艺参数，还需进行大量工艺实验建立材料的工艺数据库。

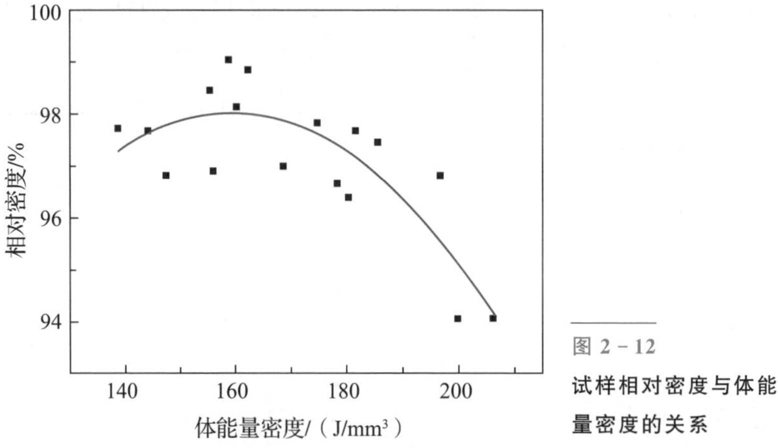

图 2-12 试样相对密度与体能量密度的关系

通过上述优化的工艺参数成形出了具有复杂随形冷却流道的模具镶块。如图 2-13(a)所示，该模具镶块为了提高冷却的均匀性，设计了复杂的随形冷却流道，具有变截面、自由弯曲等特点，SLM 成形件后续加工量少，效果能够满足使用要求。

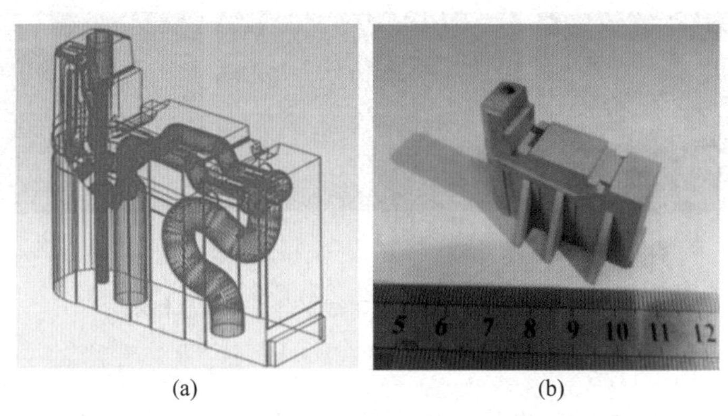

(a) (b)

图 2-13 具有复杂随形冷却流道的模具镶块
(a) CAD 模型；(b) SLM 成形的零件。

2.1.3 成形件微观组织与相组成

1. 激光功率对微观组织的影响

SLM 技术中激光逐道熔化微细金属粉末，由于熔池尺度微小，且快速移动，故导致极高的熔池冷却速度。另外，在激光束逐道、逐层熔化粉末过程中，试样受到持续和周期性变化的复杂热作用，导致材料在凝固过程中的热传输、溶质传输等过程与铸态和锻态等过程存在较大差异[11]。基于上述研究，使用 4 组不同的工艺参数研究了激光功率对成形件组织、相组成和性能的影响。具体的工艺参数如下：激光功率为 120～150W，扫描速度为 550mm/s，扫描间距为 0.08mm，层厚为 0.02mm，扫描方式为逐行单向扫描，成形过程中进行两次抽真空通氩气以降低氧含量。成形试样尺寸为 ϕ 10mm × 40mm，如图 2-14(a) 所示。使用排水法测得的试样相对密度分别为 99.04%、99.94%、99.95% 和 99.92%，如图 2-14(b) 为相对密度结果。本次成形的试样相对密度都高于前述工艺研究中的试样，一方面是因为两次通氩气降低了氧含量，另一方面也与目前 SLM 成形装备稳定性和一致性逐渐提高有关。

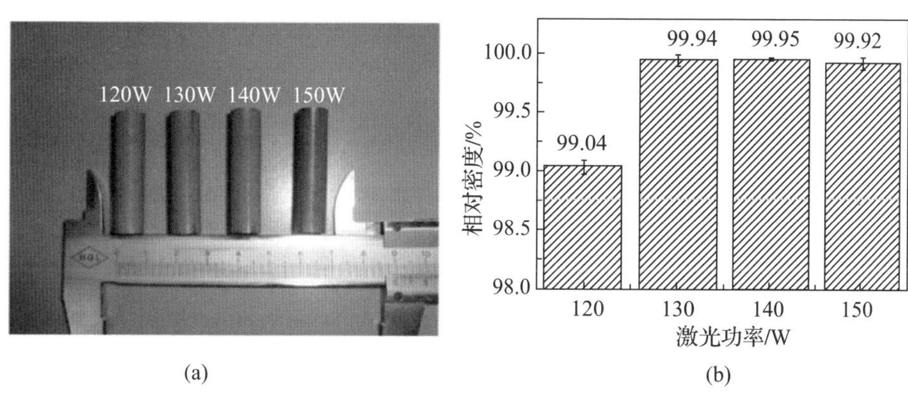

图 2-14　不同激光功率下 SLM 成形件及其相对密度
(a) 使用不同工艺参数成形的试样；(b) 试样的相对密度。

图 2-15 为不同工艺参数成形试样的 *XY* 平面(扫描平面)的微观组织，其中黑色箭头表示激光的扫描方向，4 种工艺参数成形的试样微观组织相似。从图中可以看到 4 个试样接近全致密，未观察到未熔粉末颗粒造成大尺寸的不规则孔隙。但图 2-15(a)中所示的红色圆圈，使用 120W 成形的试样存在微观孔隙和微裂纹，孔隙形状不规则(小于 5μm)，可能是局部润湿不足造成的，而微裂纹是由于 SLM 过程中的热应力造成的。从图中可以看到熔化道之间的搭接情况，多层加工后熔化道搭接情况比单层扫描更加紊乱。由于此次采用的激光能量密度比较接近，成形件相对密度都超过 99%，激光功率对微观组织的影响并不明显。图 2-16 为采用 120W 激光功率成形试样的 *XZ* 平面

(堆积方向)的微观组织，从图 2－16(a)中可以看出 SLM 成形件具有典型的鱼鳞状形貌，半圆形的熔池边界(molten pool boundary，MPB)说明了成形过程中层与层之间良好的重熔和搭接。同时，*XZ* 平面也看到了微裂纹和孔隙的缺陷，微裂纹容易出现在熔池边界处，如图 2－16(b)所示。

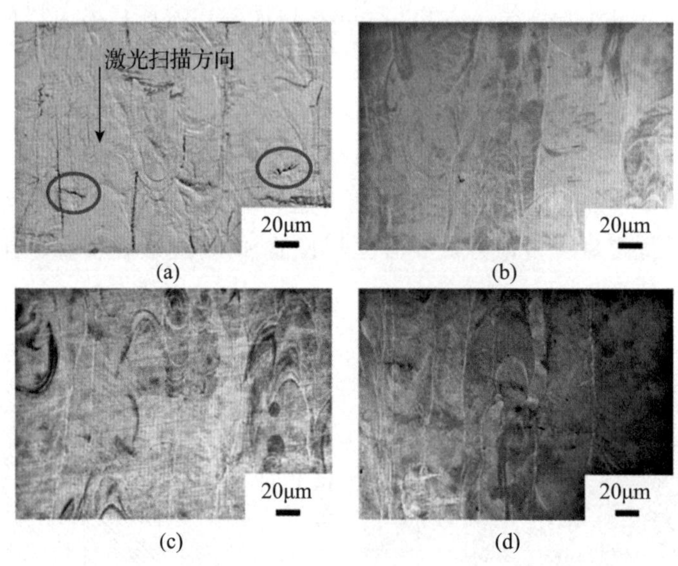

图 2－15 不同工艺参数成形试样的 *XY* 平面微观组织

(a) 120W；(b) 130W；(c) 140W；(d) 150W。

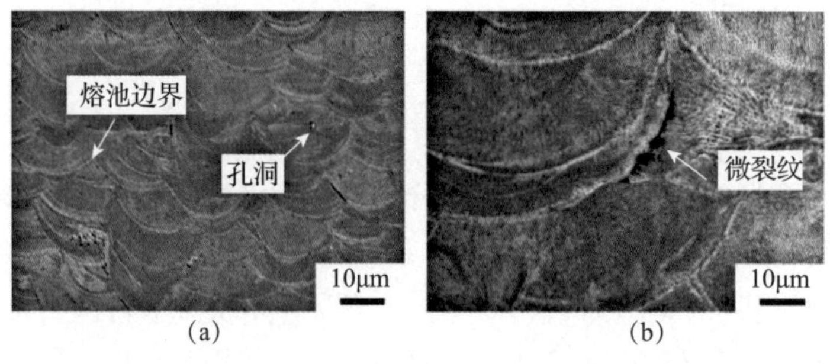

图 2－16 使用 120W 激光功率成形试样的 *XZ* 平面微观组织

(a) 低倍熔池组织；(b) 熔化道微裂纹。

因为激光功率对成形件微观组织影响不明显，以下主要以 140W 激光功率成形的试样说明 SLM 成形的 AISI 420 不锈钢的微观组织特点。图 2－17(a)为 400 倍时的微观组织形貌，由于 SLM 成形过程中逐道逐层的冷却凝固，可清晰看到微熔池的搭接边界，熔池搭接形成鱼鳞纹外观，其形状特征符合激光束能量高斯分布的特点。激光在当前扫描层重熔上层，沿高度方向形成了图中的熔池边界。图 2－17(b)为图 2－17(a)中熔池边界处的微观组织，图 2－17(c)为图 2－17(a)中熔池中心部位的微观组织，图 2－17(d)为熔池边界附近的微观组织。从图中可以看出，熔池内部、边界组织形貌存在较大的差异。与传统制造的 AISI 420 不锈钢相比，SLM 成形件的平均晶粒尺寸小于 1μm，熔池内部为细小的胞状晶，熔池边界呈现出定向结晶，图 2－17(b)中的红色箭头为生长方向。从图 2－17(d)可以清晰地看到在熔池边界处存在不同的区域，包括热影响区(heat affected zone，HAZ)、熔池边界、胞状晶区和定向晶区。在热影响区内由于 SLM 成形过程中周期性的热作用造成组织长大，定向晶区从熔池边界处开始沿热量散失的方向生长，而在熔池内部由于快速冷却形成胞状晶区。

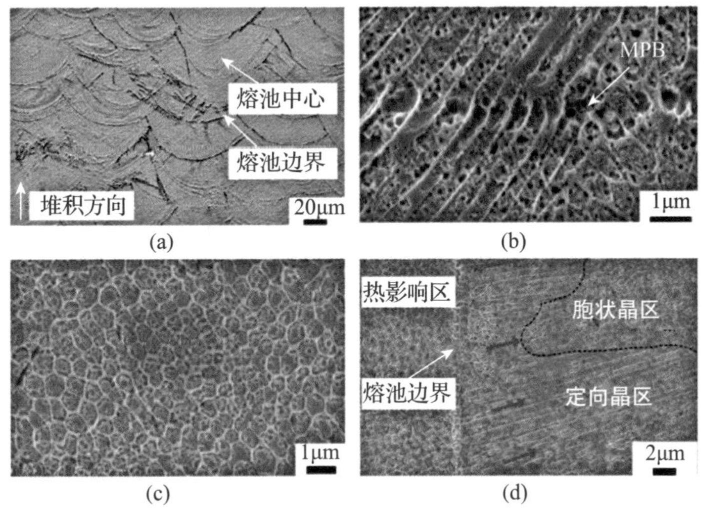

图 2－17　**使用 140W 激光功率成形试样的 *XZ* 平面微观组织**

(a) 400 倍形貌；(b) 熔池边界的微观组织；(c) 熔池中心部的微观组织；(d) 熔池边界附近的微观组织。

2. 相组成

绝大多数金属材料在成形过程中都会经历凝固和固态相变，包括形核、长大和碰撞停止等过程[12]。SLM 成形过程中固/液界面推进速度极快，在非平衡凝固下材料会发生过饱和固溶。在熔池边界附近长大模式主要是热量扩散驱动的长大模式，快速凝固的过程造成了晶内一次枝晶臂发生了细化，试样中未观察到明显的二次枝晶。

图 2－18 为 AISI 420 不锈钢粉末和 SLM 成形件的 XRD 图谱和相组成比例。粉末和成形件都由 Fe－Cr(bcc)和 $CrFe_7C_{0.45}$两相组成，其中 Fe－Cr 为 α－Fe，$CrFe_7C_{0.45}$为残余奥氏体 γ′。同时，两相的比例随着工艺参数的变化而变化。相之间的比例通过参考卡片强度比例(reference intensity ratio)方法来计算[13]。如图 2－18(b)所示，SLM 成形后 Fe－Cr 相增加，而 $CrFe_7C_{0.45}$相减少。同时，随着激光功率从 120W 增加到 150W，残余奥氏体 γ′相增加到 1.48%。根据 Fe－Cr 平衡相图，AISI 420 不锈钢在高温时会经历 α－Fe 和 γ－Fe两个相区，从高温向室温冷却时发生 γ→α 的转变。当激光功率较高时，熔池温度较高，同时高温停留时间更长，在快速冷却的过程中有更多的 γ′相残留。当激光功率较小时，冷却速度更快，出现超饱和固溶，高温 α－Fe 相被快速保留到室温。通过微观组织和 XRD 图谱，可以看出 SLM 成形件并未出现常规淬火状态下的马氏体组织。

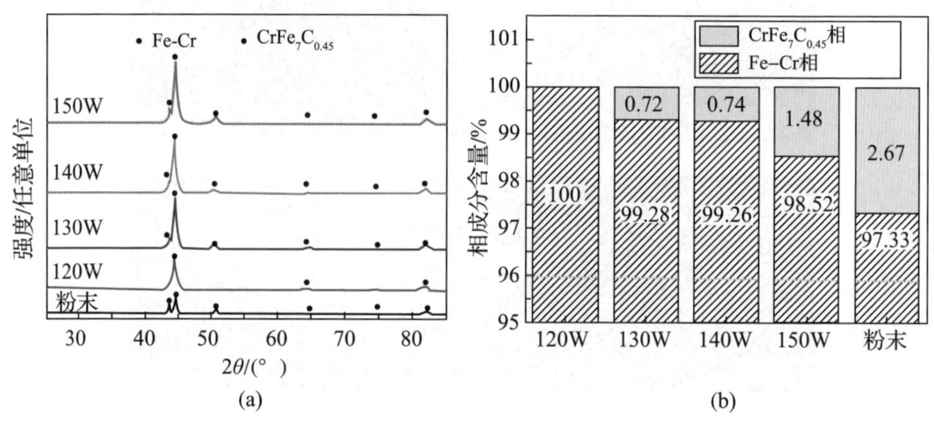

图 2－18 AISI 420 粉末和 SLM 成形件的 XRD 图谱和相组成比例

(a) 粉末和 SLM 成形件的 XRD 图谱；(b) 相组成比例。

2.1.4 SLM 成形过程脱碳现象

在 SLM 成形 AISI 420 不锈钢的研究中发现，最终成形件的 C 含量减少。图 2－19为初始粉末和成形件的 EDS 能谱测试，结果如表 2－5 所列。从表 2－5中可以看出，经过 SLM 成形后材料中的合金元素含量与初始材料相比发生了变化。由于 EDS 能谱属于半定量测量，因此进一步采用 CS2800 碳硫分析仪来精确测量 C 含量的变化，结果如图 2-20 所示，C 的质量分数从初始粉末中的 0.38%降低到 SLM 成形件中的 0.3%，出现 21%的 C 元素损耗。EDS 和碳硫分析仪的测试结果都表明了在 SLM 成形 AISI 420 不锈钢过程中出现了脱碳现象，同时其他元素含量也相应发生了变化。

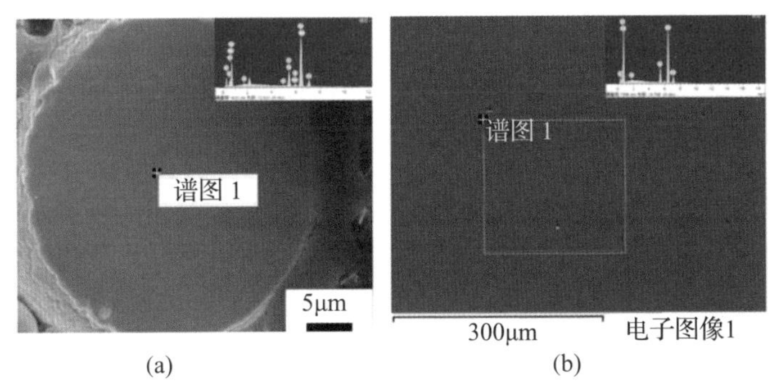

图 2-19　**AISI 420 不锈钢元素分析结果**

(a) 初始粉末；(b) SLM 成形件的 EDS 能谱测试。

表 2-5　粉末和 SLM 成形件的 EDS 能谱测试结果

元素	质量分数/%						
	C	O	Si	Mn	Cr	V	Fe
粉末	0.39	0	0.275	0.73	13.9	0.32	84.385
SLM 成形件	0.19	0.13	0.58	0.86	16.2	0.35	81.69

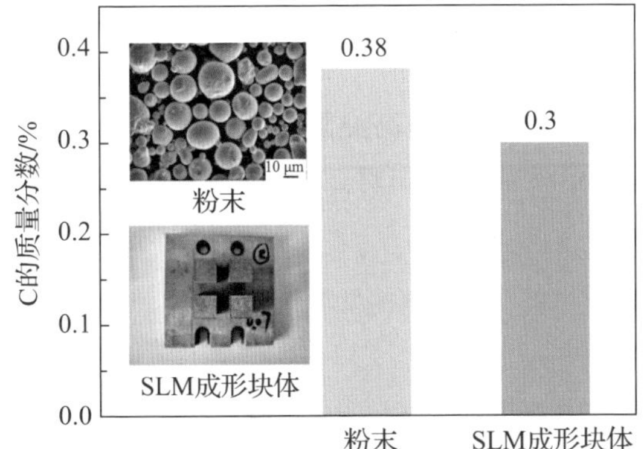

图 2-20

碳硫分析仪测试的初始粉末和 SLM 成形件 C 的质量分数比较

在 SLM 成形过程中 AISI 420 不锈钢粉末被快速加热，熔化形成微熔池。与 Fe 原子相比，高温下 C 原子更容易和 O 原子发生反应。由于成形腔中残余氧气和粉末颗粒表面吸附的氧气(图 2-21(a))，C 原子与 O 原子的反应将会在熔池的表面发生(图 2-21(b))。脱碳反应可用下式表示：

$$[C]+[O]=CO(g) \tag{2-2}$$

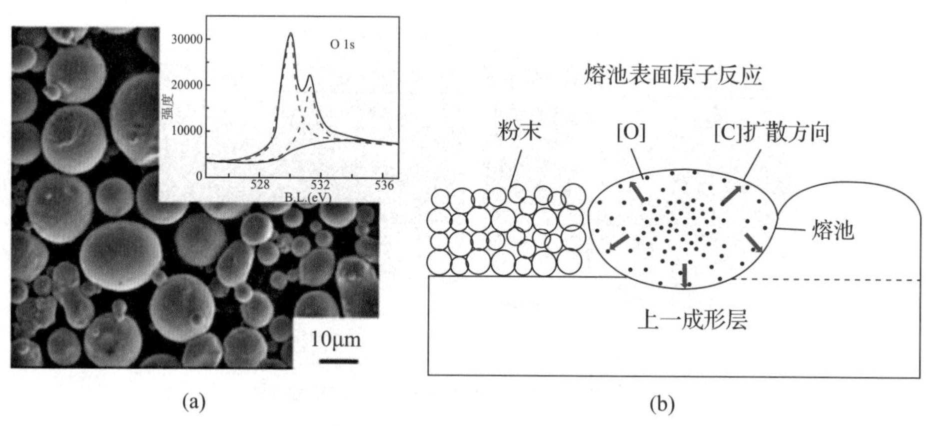

图 2-21 **SLM 成形过程元素变化情况**

(a) 初始粉末表面 XPS 测出的氧峰位；(b) 脱碳过程示意图。

C 原子将从熔池内部向熔池边界移动，从而形成熔池中心到熔池边界的浓度梯度，最终在熔池边界附近形成贫碳区(图 2-21(b))。另外，微熔池中的马兰各尼(Marangoni)对流会加剧 C 原子的扩散。因此，SLM 成形件 C 的质量分数下降了 21%。实际上，脱碳现象对 SLM 成形件的相组成也会产生重要影响。一个稳定和较大的奥氏体区对发生马氏体相变至关重要。C 元素可以极大地扩展奥氏体区，其作用是 Ni 元素的 30 倍左右。在 SLM 成形过程中，奥氏体区因为脱碳而缩小，因此在粉末熔化和高温阶段形成以大量 α-Fe 和少量 γ-Fe 组成的高温组织，当成形件快速冷却时 α-Fe 被保留下来成为主相。

2.1.5 热处理工艺

金属模具使用时对材料的力学性能有严格的要求，包括抗拉强度、硬度等，这些都直接影响模具的使用寿命及生产产品的质量。下面主要介绍 AISI 420 不锈钢 SLM 成形件的力学性能，为其在模具方面的应用提供基础数据和技术支撑。

1. 原材料粉末及设备

SLM 成形工艺参数如下：激光功率 150W，扫描速度 550mm/s，扫描间距 0.07mm，层厚 0.02mm，扫描方式为单 *X* 向扫描。使用上述参数按照图 2－22所示的摆放方式制造 3 组试样，每组使用线切割加工出 4 个试样，图 2－22(a)中块体沿 *XY* 平面进行水平切割分为 4 个试样，图 2－22(c)中成形块体沿 *YZ* 平面进行切割分为 4 个试样。另外，购置锻造退火态的 AISI 420 不锈钢试样进行对比。

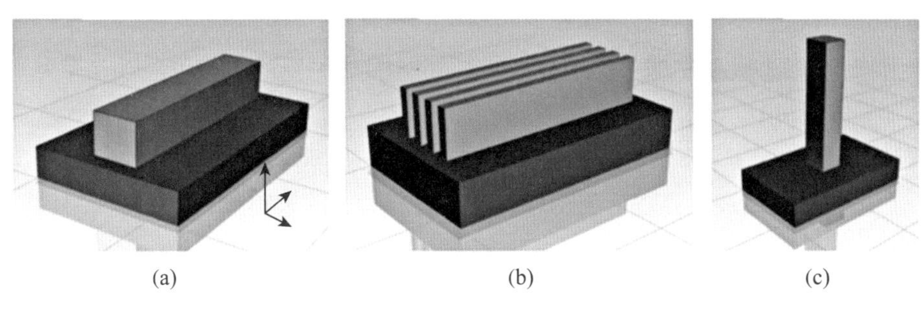

图 2－22　**SLM 成形试样的不同摆放方式**
(a) 水平摆放；(b) 侧立摆放；(c) 直立摆放。

SLM 成形使用 50mm × 50mm 的不锈钢基板，拉伸试样总长设置为 44mm，厚度为 2mm，试样详细尺寸如图 2－23(a)所示。以上 3 种不同摆放方式的成形件按照拉伸试样的尺寸进行线切割，试样去油污后使用 800 目砂纸打磨，获得如图 2－23(b)所示的拉伸试样。

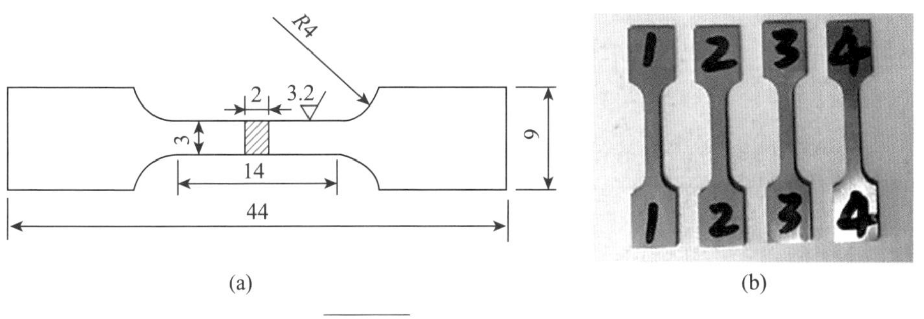

图 2－23　**拉伸试样示意图**
(a) 拉伸试样尺寸；(b) 一组经过打磨的拉伸试样。

2. 热处理方法

(1)退火处理。将试样在750℃保温 5h，然后以50℃/h 的冷却速度炉冷到室温，在该温度范围内试样组织不会改变，但可以消除试样内部的残余应力。

(2)正火处理。将试样在1100℃保温 5h，然后空冷至室温，使试样内部组织完全奥氏体化，通过重结晶消除组织的不均匀性和内部应力。

(3)淬火+回火处理。将试样加热到 500～600℃预热 10min，然后加热至1050℃保温 5h，再进行油淬。之后进行300℃回火，空冷到室温。通过该处理在保证不锈钢良好耐蚀性的同时提高强度和硬度。

(4)淬火+时效处理。将试样加热到 500～600℃预热 10min，然后加热至1050℃保温 5h，再进行油淬，然后加热到150℃，保温 15h 后空冷至室温放置。

拉伸试样经过热处理后使用砂纸进行打磨，去除表面氧化皮。

3. 拉伸性能

图 2-24 为不同热处理工艺成形件的应力-应变曲线以及抗拉强度和延伸率。从图 2-24(a)～(d)中可以看出，经过退火热处理后成形件拉伸性能的均匀性、一致性得到了改善，拉伸曲线出现了明显屈服阶段，试样在完全屈服后发生断裂，塑性和韧性大大提升；正火处理的成形件拉伸曲线与 SLM 成形件拉伸曲线的特征比较接近，成形件没有出现明显的屈服现象，随着施加载荷的增加，试样在发生微量的变形后断裂，材料的延伸率和塑性与 SLM 成形件相比下降；淬火+回火处理的成形件抗拉强度大幅提升，从应力-应变曲线可以看到材料的屈服现象，材料延伸率有所提升，塑性和韧性都得到了改善；淬火后时效处理的成形件的拉伸曲线特性与淬火+回火处理的结果比较接近，抗拉强度和延伸率都有明显的提升，并且出现了材料的屈服阶段。图 2-24(e)和(f)是不同热处理和原始 SLM 成形件抗拉强度和延伸率的结果。退火处理后，材料的抗拉强度由 1119MPa ± 37 MPa 降为 1068MPa ± 41MPa，正火后的抗拉强度增加为 1716MPa ± 72MPa，淬火+回火和淬火+时效处理的成形件抗拉强度分别提高到 1837MPa ± 21MPa 和 1812MPa ± 54MPa，而几种热处理方式的延伸率分别为 19.1% ± 0.98%、5.9% ± 0.93%、13.8% ± 1.06%和 12.5% ± 0.39%。正火处理的试样抗拉强度和延伸率都变差，而淬

火＋回火处理和淬火＋时效处理的试样两项性能都有较大的提升。

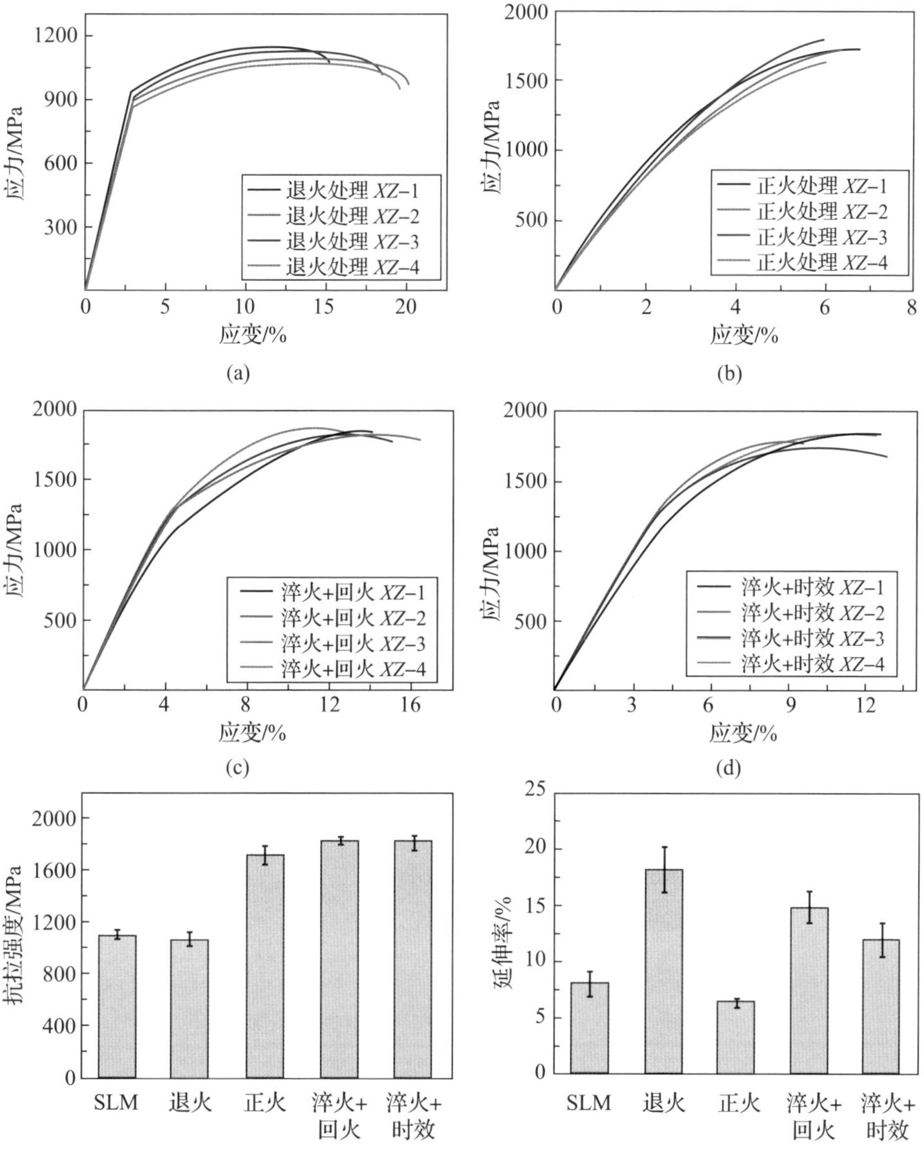

图 2－24　**成形件沿 *XZ* 面拉伸的应力—应变曲线**

(a) 退火处理；(b) 正火处理；(c) 淬火＋回火处理；(d) 淬火＋时效处理；

(e) 抗拉强度；(f) 延伸率。

图 2-25 为不同热处理后拉伸试样断口形貌。如图 2-25(a)所示，退火处理试样的断口形似“火山口”，裂纹源位于试样中心，裂纹源周围有菊花瓣状分布的放射区，试样边缘为剪切唇，断口有明显的宏观变形。如图 2-25(b)所示，正火试样的断口断面粗糙，没有明显的裂纹源，试样心部放射区不明显，边缘也表现为剪切唇。图 2-25(c)为淬火+回火处理的试样断口形貌，可以看出存在明显的单一裂纹源，如图中左上角白圈内所示，裂纹按照黑色箭头的方向进行扩展，整体呈现出明显的纤维区，在试样边缘位置为接近45°的剪切唇。如图 2-25(d)所示，淬火+时效处理后的试样断口与图 2-25(c)中断口形貌十分相似。

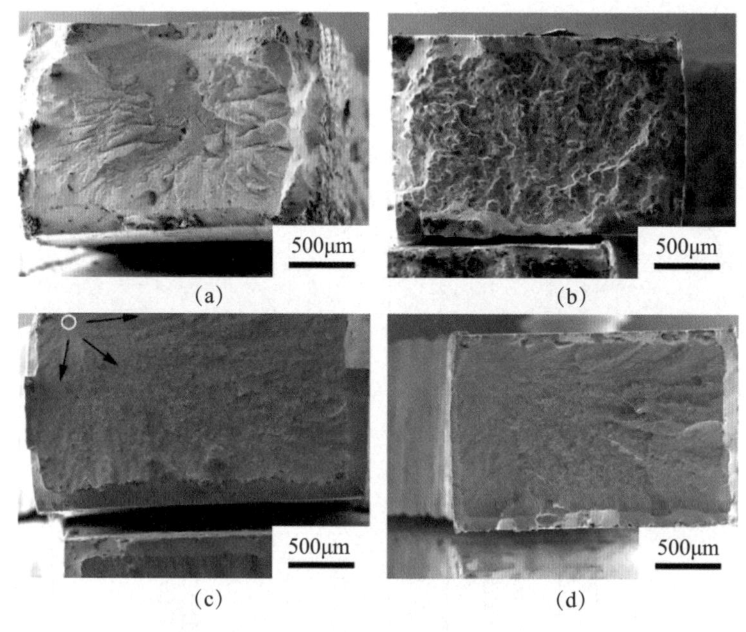

(a) (b) (c) (d)

图 2-25 不同热处理后拉伸试样断口形貌

(a) 退火处理；(b) 正火处理；(c) 淬火+回火处理；(d) 淬火+时效处理。

图 2-26 为拉伸试样断口高倍形貌电镜图。如图 2-26(a)和(e)所示，退火处理试样的断口有明显密集的等轴韧窝存在，表现出典型的韧性断裂特征，韧窝大小为微米级别，宏观上试样的延伸率大大提升。正火试样表现出准解理断裂的特点，准解理河流花样短且不连续，并有较多的撕裂面，局部放大后也可以看到少量的韧窝。如图 2-26(c)和(g)，淬火+回火处理试样断口比较平整，韧窝大小、深度不一，韧窝没有退火处理的试样断口规则、均匀，

淬火 + 时效处理后的断口形貌与之相似，但其韧窝稍小，因此宏观延伸率稍弱。

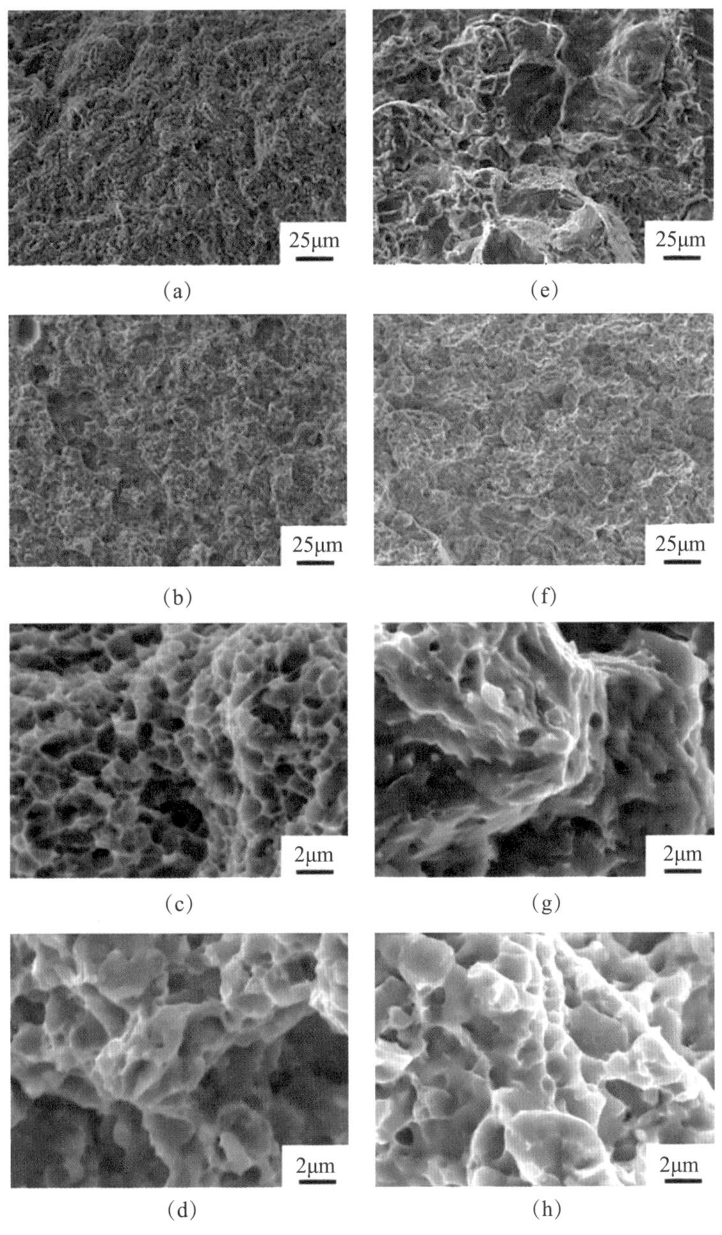

图 2-26　拉伸试样断口高倍形貌电镜图

(a)、(e) 退火处理；(b)、(f) 正火处理；(c)、(g) 淬火 + 回火处理；(d)、(h) 淬火 + 时效处理。

2.1.6 成形件洛氏硬度

成形 8mm×8mm×8mm 试样，研究工艺参数对 SLM 成形件硬度的影响规律。使用成形工艺参数如表 2-6 所列。

表 2-6 SLM 成形工艺参数

编号	激光功率 P/W	扫描速度 v/(mm/s)	扫描间距 s/mm	激光体能量密度 ψ/(J/mm^3)
1	140	550	0.06	212.12
2	140	550	0.07	181.82
3	140	550	0.08	159.09
4	140	500	0.08	175
5	140	600	0.08	145.83
6	130	550	0.08	147.73
7	150	550	0.08	170.46

金属模具的硬度直接影响模具的使用寿命，因此研究 SLM 成形工艺参数对成形试样硬度的影响十分重要，每组参数选取 XY 平面和 XZ 平面进行硬度测试，每个平面随机测试 3 个点，平均值作为该面的硬度值，XY 和 XZ 两个面的平均硬度作为成形件的硬度，结果如图 2-27 所示。SLM 成形的试样硬度在45～55HRC，可以看出工艺参数对硬度影响明显。XY 平面上测量的硬度均高于 XZ 面测得的数据，在 SLM 逐层成形过程中，热量主要沿着垂直于 XY 平面的方向散失，因此成形件中晶粒有沿接近平行于 Z 轴生长的趋势。晶界是材料中力学性能较为薄弱的区域，柱状晶轴向强度高于垂直轴向强度，因此造成了 XY 平面的硬度高于 XZ 面的硬度[10]。如图 2-27(a)和(c)所示，激光功率和扫描速度对硬度的影响规律类似，随着激光功率或扫描速度的增大，成形件硬度先增加后降低，当激光功率和扫描速度适中时硬度达到最大值。而随着扫描间距的增加，成形件硬度始终增加，而且扫描间距的影响比其他两个因素的影响更明显(图 2-27(b))。如图 2-27(d)所示，成形件的硬度随着激光体能量密度的增加先增大，但当激光体能量密度过大时硬度开始减小。从前面的分析可知，当激光体能量密度增加时，Fe-Cr 相增

加，$CrFe_7C_{0.45}$相减少，而$CrFe_7C_{0.45}$为残余的 γ' - Fe，硬度较小，因此成形件硬度先增大。而激光体能量密度越大，通常 SLM 成形件组织的晶粒尺寸越大。由霍尔 - 佩奇(Hall-Petch)公式可知，晶粒尺寸越小时，材料的力学性能越好。因此，SLM 成形件的硬度受相组成和微观组织的共同影响。

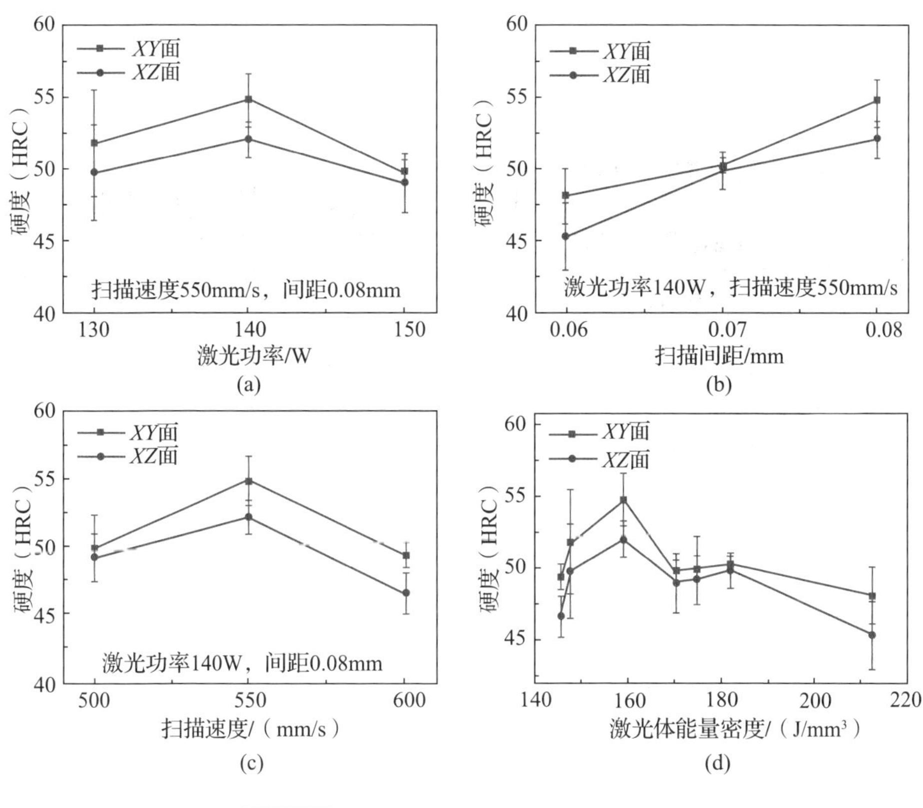

图 2 - 27　**SLM 成形工艺参数对硬度的影响**

(a) 激光功率；(b) 扫描间距；(c) 扫描速度；(d) 激光体能量密度。

2.2　SLM 成形 S136 模具钢组织与性能

2.2.1　粉末材料

S136 作为高级马氏体模具钢，具有优异的耐腐蚀性、良好的延展性和韧性、优异的淬透性、耐磨性和镜面抛光性能，在长期使用后，模腔表面仍与原模一样明亮，常用来作为成形塑料的模具材料[21]。

选用两种直径为30mm的S136模具钢铸造棒料，其成分中合金元素的含量有微量差别，分别命名为1号棒料(1#)和2号棒料(2#)，随后采用气雾化方法制粉。图2-28所示为气雾化后的粉末微观形貌及粒径分布情况。粉末形状为近球形，平均粒径为25μm，适合于SLM的成形要求。表2-7所列为气雾化粉末的化学成分及含量，它由直读电感耦合等离子体发射光谱仪测出。由表2-7可知，两种S136模具钢粉末的主要合金元素(如Si、Mn和Cr等)有微量差别。

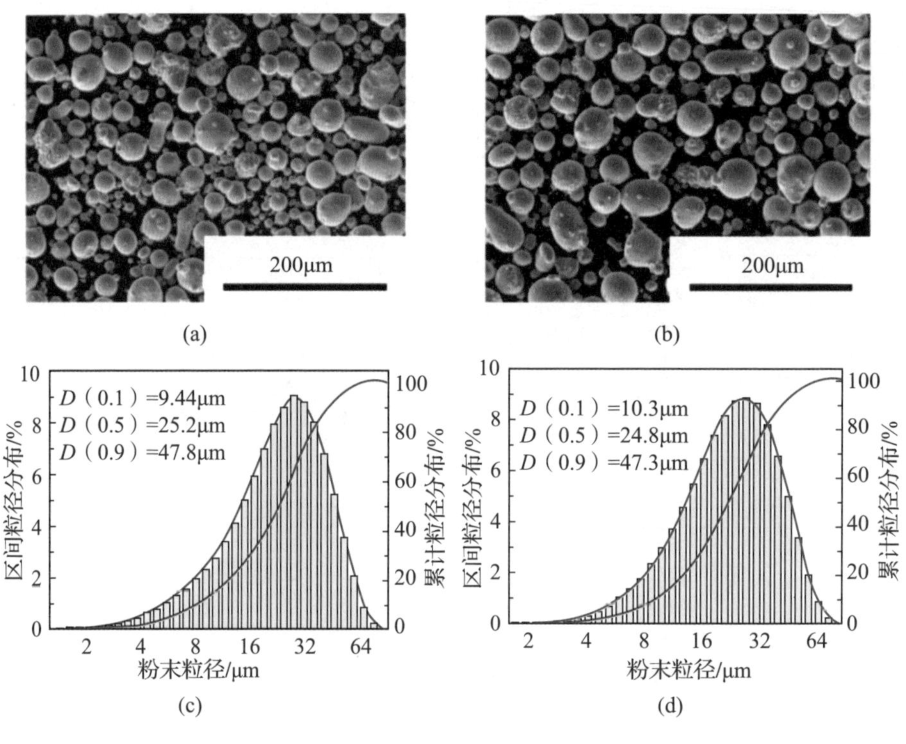

图2-28　气雾化后的粉末微观形貌及粒径分布

(a) 1#粉末微观形貌；(b) 2#粉末微观形貌；(c) 1#粉末粒径分布；(d) 2#粉末粒径分布。

SLM成形参数如下：扫描速度为650mm/s、激光功率为250W、扫描间距为0.06mm、铺粉层厚为0.02mm。成形过程中采用99.9%的高纯氩气保护，防止成形过程中的氧化。成形结束后，使用线切割将样品与不锈钢基板分离。

表 2-7　两种 S136 模具钢粉末的化学成分及含量

元素含量/%	C	Si	Mn	Cr	V	O	P	Fe
1#粉末	0.29	0.96	0.98	13.55	0.40	0.078	0.01	余量
2#粉末	0.29	0.80	0.56	13.67	0.31	0.034	0.01	余量

2.2.2　成形件微观组织与相组成分析

图 2-29 所示为 1#和 2#粉末及 SLM 成形件的 XRD 图谱。成形前后，两幅图上均可见 S136 模具钢特征峰 α(110)相。从图 2-29(b)可以看出，成形后 α(110)相强度显著增强，同时伴随着 γ 相的减少，且 1#制件的 γ 相减少得更多。另外，图 2-29(b)没有发现氧化物的峰，说明成形腔内氧含量得到了有效控制。

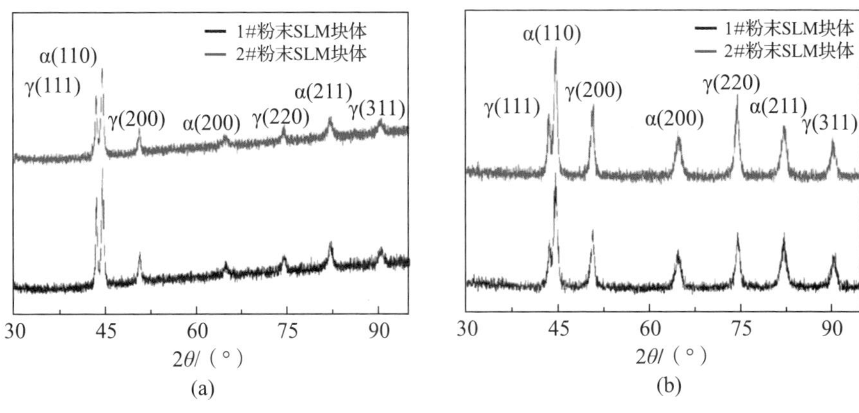

图 2-29　S136 模具钢粉末和 SLM 成形件的 XRD 图谱

(a) 粉末；(b) 成形件。

图 2-30 是 1#和 2#试样不同成形方向的 SEM 图。细小的组织是熔池在凝固过程中快的冷却速率以及较大的过冷度所致[22]。另外，从图中可以看出，两种成分的试样微观结构相同。其中，左侧为胞状组织，右侧为柱状组织，平均尺寸相近，约为 0.8μm；*XZ* 面为近六边形的胞状组织，而尺寸却存在差异，1#试样平均尺寸约为 1μm，2#试样平均尺寸约为 0.5μm，可见在相同的 SLM 成形工艺下，元素含量的微量差异也会影响组织。图 2-31 所示为两种试样在低倍 SEM 条件下观察到的表面形貌。由图 2-31(a)可以看到 1#试样表面具有较多的孔洞，进一步放大倍数，由图 2-31(c)可见孔洞形貌主要为一些不规则形状

的小坑。选择其中一个小孔，对该处进行 EDS 线扫描，结果如图 2-31(d)所示，在坑内 Si、O 和 Mn 元素含量增加，而 V、Cr 元素不变，Fe 元素含量减少。该结果表明 Si、Mn 元素易被氧化，形成的氧化物难以在激光作用下熔化，从而形成了孔洞。而图 2-31(b)显示的 2#试样却没有发现明显的孔洞，成形效果较好，这与 2#试样较低的 Si、Mn 含量有关。微观结构及其致密性会影响试样的宏观性能[23-24]，因此，可以预测两种试样性能会有较大差异。

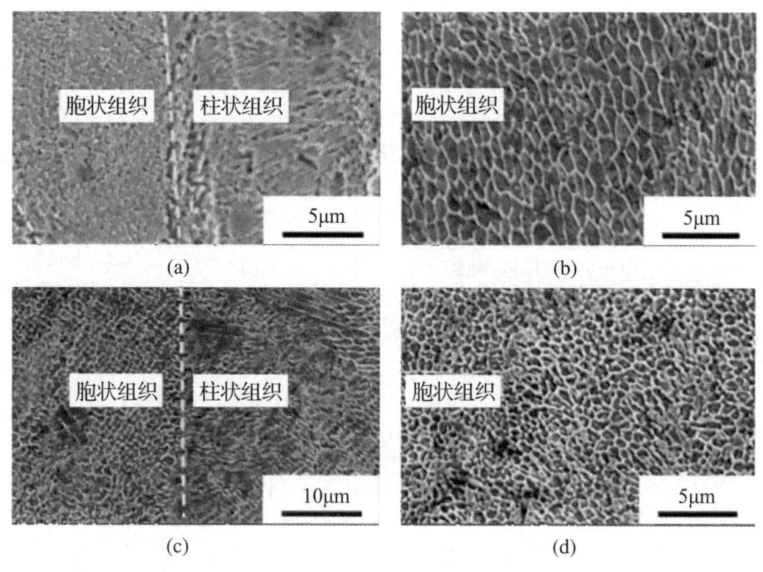

(a) (b)
(c) (d)

图 2-30　1#和 2#试样不同成形方向的 SEM 图

(a) 1#试样的 *XY* 面；(b) 1#试样的 *XZ* 面；(c) 2#试样的 *XY* 面；(d) 2#试样的 *XZ* 面。

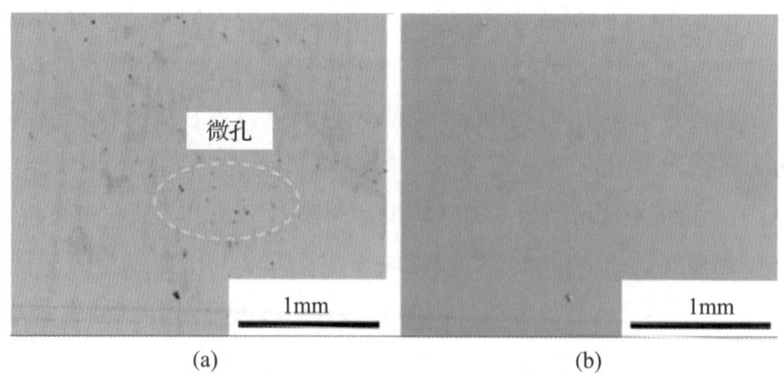

(a) (b)

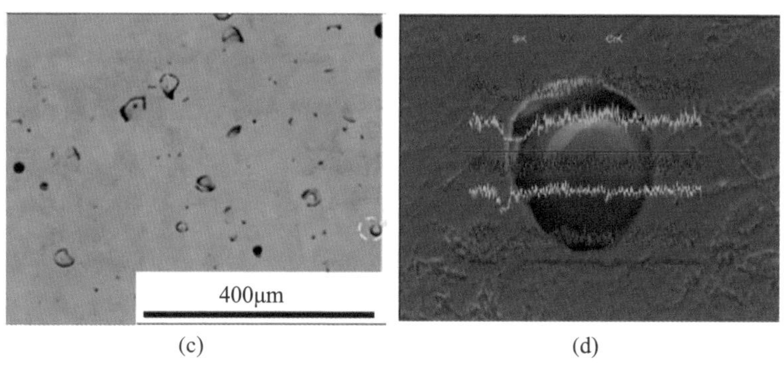

图 2-31 **1#和 2#试样在低倍 SEM 条件下观察到的表面形貌**
(a) 1#试样 *XY* 面；(b) 2#试样 *XY* 面；(c) 1#试样 *XY* 面的放大图；
(d) 1#试样 *XY* 面放大图的孔洞 EDS 线扫描。

2.2.3 洛氏硬度和拉伸性能

图 2-32 所示为两种试样的洛氏硬度值，由图可以看出 1#试样的洛氏硬度为 46～47 HRC，误差为 2 左右；而 2#试样的洛氏硬度为 48～50 HRC，误差为 0.8 左右。由此说明 2#试样的洛氏硬度大于 1#号试样，且误差范围较小，样品的硬度分布较均匀。众所周知，在一定的晶粒大小范围内，试样的硬度符合 Hall-Petch 关系，即晶粒越小硬度值越大。结合图 2-30，2#试样的晶粒尺寸更细小，因此，2#试样具有更高的硬度。试样的硬度还与致密度等相关，致密度越高硬度越高，而 1#试样有较多的微孔，致密度较低，也导

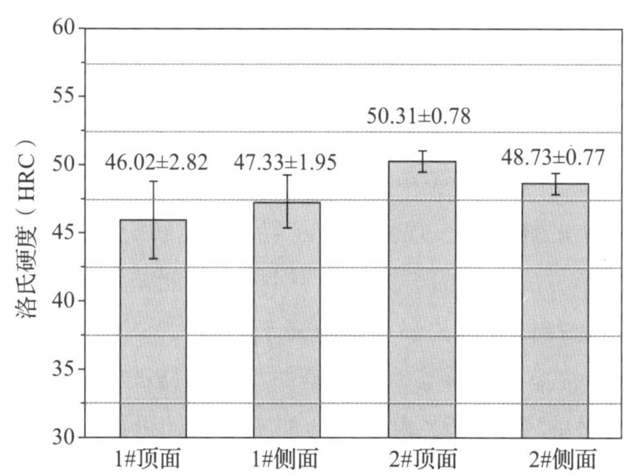

图 2-32
1#和 2#试样的洛氏硬度

致了其硬度较低。另外，从图 2-32 中还可以看出 SLM 成形件的各向异性，即 XY 面和 XZ 面硬度存在差异，这也是 SLM 技术的特点之一[25]。

图 2-33 和图 2-34 所示分别为两种试样的拉伸性能及其断口形貌，由图 2-33(a)可以看出，1#试样的平均抗拉强度为 Z 方向的 1186.7MPa ± 108.9MPa，而其 XY 方向平均抗拉强度仅为 664.7MPa ± 69.2 MPa，且延展性较差，在 7.3%～10.6%之间。由图 2-33(b)可以看出，2#试样的平均抗拉强度为 Z 方向 1467.9MPa ± 14.2MPa，XY 方向平均抗拉强度为 1184.2MPa ± 122.1MPa，该数值接近 1#试样的 Z 方向强度，且延展性较好，在 9.2%～11.1%之间。因此，从图 2-33 可以看出，2#试样的拉伸性能强于 1#试样。

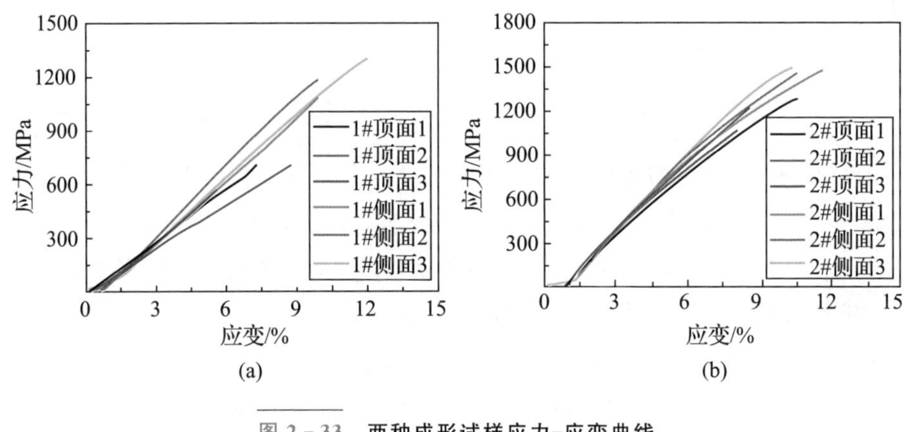

图 2-33　两种成形试样应力-应变曲线

(a) 1#试样；(b) 2#试样。

结合图 2-34 拉伸断口形貌所示，1#试样的 XY 断裂面有较多的孔洞和裂缝，Z 方向断裂面稍好，但是仍可看到少量裂纹，说明裂纹从该处扩展，这进一步证实了 1#试样较差的抗拉强度。而对于 2#试样，其 XY 面和 XZ 面的断口没有宏观的孔洞和裂纹，主要为较少的微孔和微裂纹存在于断裂韧窝里面，且断口显示出大量细小的韧窝，表现出韧性断裂与沿晶断裂特征。

查阅文献得知，不同成形方法所得的 S136 模具钢拉伸性能差别较大，如表 2-8 所列，可以看出 1#和 2#试样抗拉强度值均高于文献[26]中的强度值，由此说明 SLM 成形工艺参数选择较为恰当。而与铸件相比，1#试样的抗拉强度低了 300MPa，2#试样的 Z 向强度与之相当，延伸率略差。由此，2#试样的抗拉强度与铸件相当，但是存在各向异性。

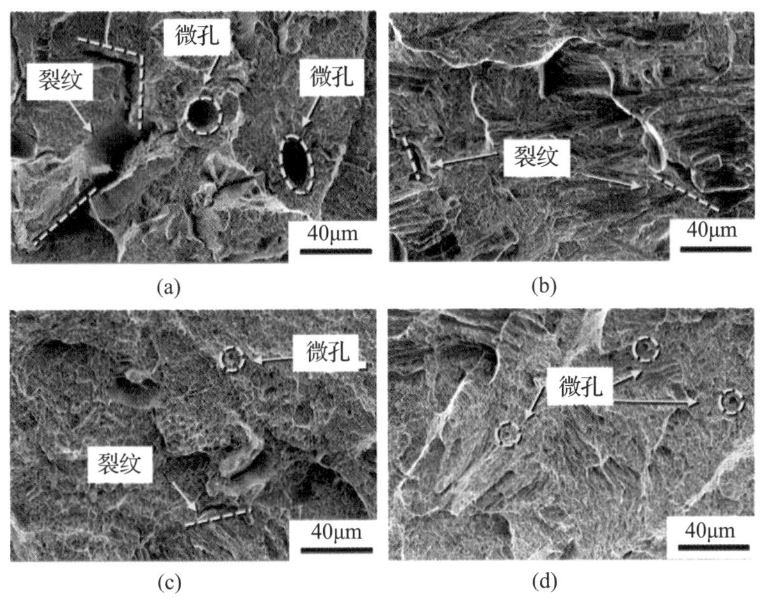

图 2-34　**S136 模具钢试样拉伸断口形貌**

(a) 1#试样的 *XY* 面；(b) 1#试样的 *XZ* 面；(c) 2#试样的 *XY* 面；(d) 2#试样的 *XZ* 面。

表 2-8　不同成形方法的 S136 模具钢的拉伸性能对比

试样	抗拉强度/MPa		延伸率/%	
	***XY* 面**	***XZ* 面**	***XY* 面**	***XZ* 面**
1#	664.7 ± 69.2	1186.7 ± 108.9	7.3 ± 1.5	10.6 ± 1.2
2#	1184.2 ± 122.1	1467.9 ± 14.2	9.2 ± 1.3	11.1 ± 0.7
SLM 件[26]	505 ± 63	1045 ± 83	4.1	6.3
铸件[27]	1430		12	

2.2.4　抗腐蚀性能

图 2-35 为 1#和 2#试样化学浸泡 10h 后的单位面积腐蚀失重曲线图。从图中可以看出，1#试样单位面积失重比 2#试样大，表明 2#试样的耐化学浸泡腐蚀性能更好。从二者的成分可知，2#试样中 Cr 含量更高，而 Cr 是抗腐蚀的关键元素，因此，它具有较好的耐化学腐蚀性能[28]。

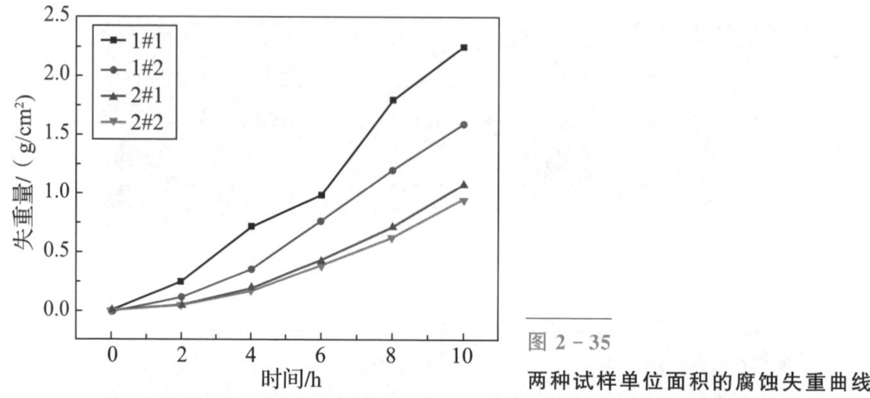

图 2-35 两种试样单位面积的腐蚀失重曲线

图 2-36 为经过 10h 化学浸泡腐蚀后的两种试样表面形貌及三维超景深图。由图 2-36(a)可以看出，1#试样腐蚀后其完整性遭到破坏，结构松散。进一步由图 2-36(b)观察到腐蚀内部具有较多的通孔，因此在腐蚀过程中进一步加剧了腐蚀程度。腐蚀坑的深度较大，最深的约为 521μm。而如图 2-36(d)所示，对于 2#试样经过 10h 腐蚀后仍然保持结构的完整，清晰可见熔化道被腐蚀出来，进一步放大由图 2-36(e)可以看到腐蚀微区并无通孔，腐蚀坑较浅，最深的约为 155μm。结果与上述单位面积腐蚀失重结果一致，即 2#试样比 1#试样具有更强的抗腐蚀性能，这得益于其成分中更高的 Cr 含量。

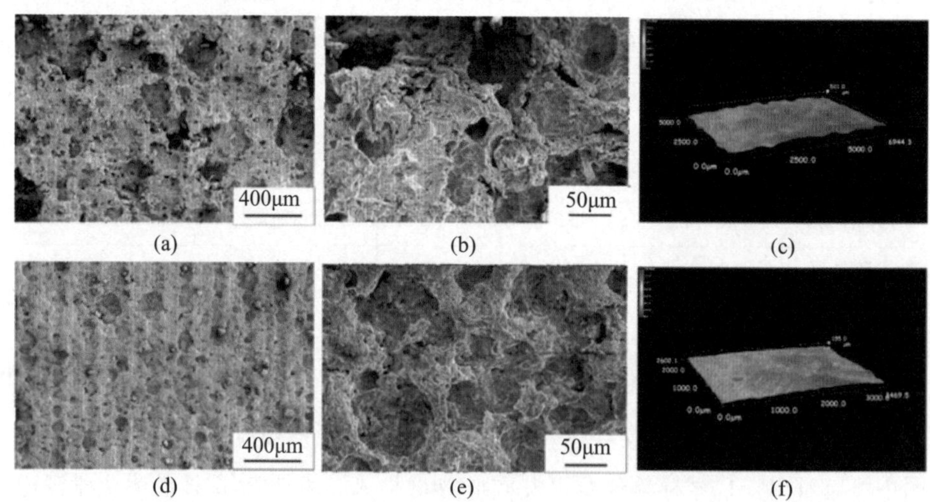

图 2-36 经 10h 化学浸泡腐蚀后的试样表面形貌及三维超景深图
(a) 1#试样；(b) 1#试样放大；(c) 1#试样超景深形貌；(d) 2#试样；(e) 2#试样放大；(f) 2#试样超景深形貌。

通过上述研究成分对 SLM 制件性能的影响，采用性能优异的 2#粉末结合优化的 SLM 工艺参数成形出具有复杂随形冷却流道的模具镶块，如图 2－37(b)所示。图 2－37(a)为该模具镶块的 CAD 模型图，为了提高冷却均匀性，设计了复杂的冷却流道，具有变截面、自由弯曲等特点，传统加工方法无法制造。SLM 技术一体化成形出了该模具镶块，成形件后续加工量少，使用效果能达到企业批量生产的要求，注塑成品如图 2－37(c)所示。

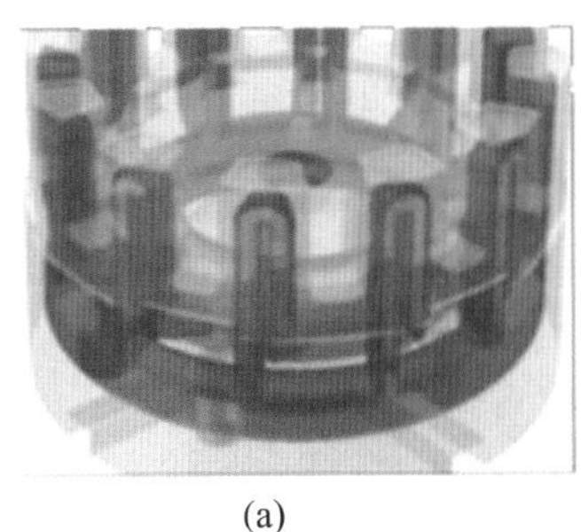
(a)

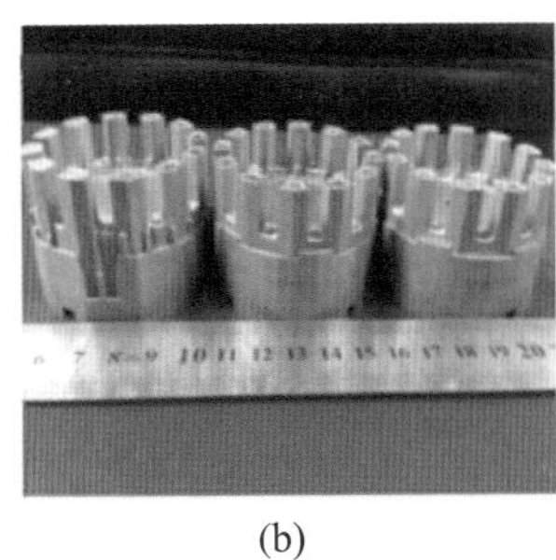
(b)

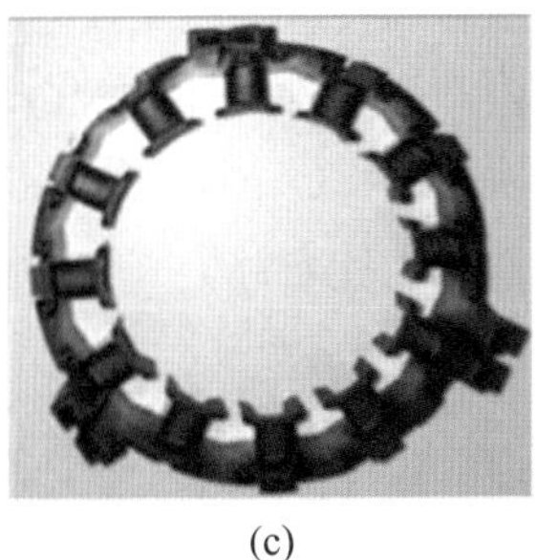
(c)

图 2－37　**SLM 成形模具镶块**

(a) 模具 CAD 图；(b) SLM 成形 2#粉末的制件；(c) 使用模具注塑的产品。

2.2.5　同成分铸件与 SLM 成形件性能

从图 2－38 可以看出，两种加工方法得到的试样都含有 α(110)、α(200) 和 α(211)相。此外，SLM 成形的试样还含有少量的残留奥氏体 γ(111)、γ(200)和 γ(311)。这是因为 SLM 成形过程快速升温发生了铁素体到奥氏体

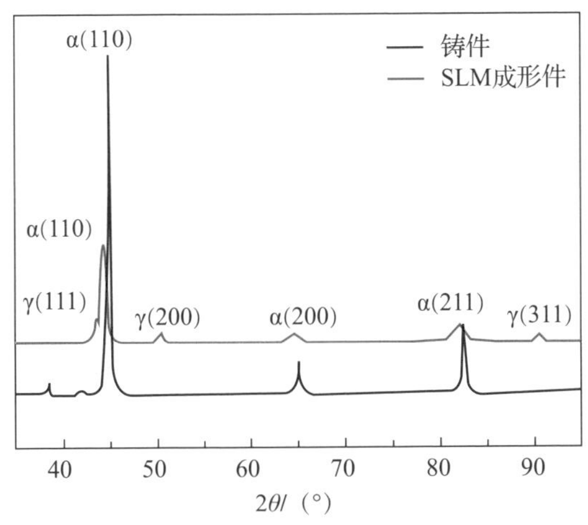

图 2－38
不同成形方法的 S136 模具钢成形件的 XRD 图谱

的转变，随后冷却速率加大，奥氏体还来不及转化，因此 SLM 试样还能观察到少量 γ 相的峰。

图 2-39 是铸件和 SLM 成形件的 SEM 图。从图 2-39(a)和(b)可以看出，铸件组织中颗粒状的碳化物(Cr_3C_2，EDS 测出)沿胞状晶晶界分布，且基体晶粒尺寸较大，平均粒径约为 5μm。SLM 成形件与其相比，组织中没有明显的碳化物析出，平均粒径约为 1～2μm，如图 2-39(c)和(d)所示。这是由于在 SLM 成形过程中，激光的重熔使得碳化物完全溶解，熔池急速冷却凝固抑制了碳化物的析出，同时快速凝固也使得组织更为细小。此外，从图 2-39(c)可以看出，SLM 成形的组织中有明显的分界，左侧为等轴晶，右侧为柱状晶。

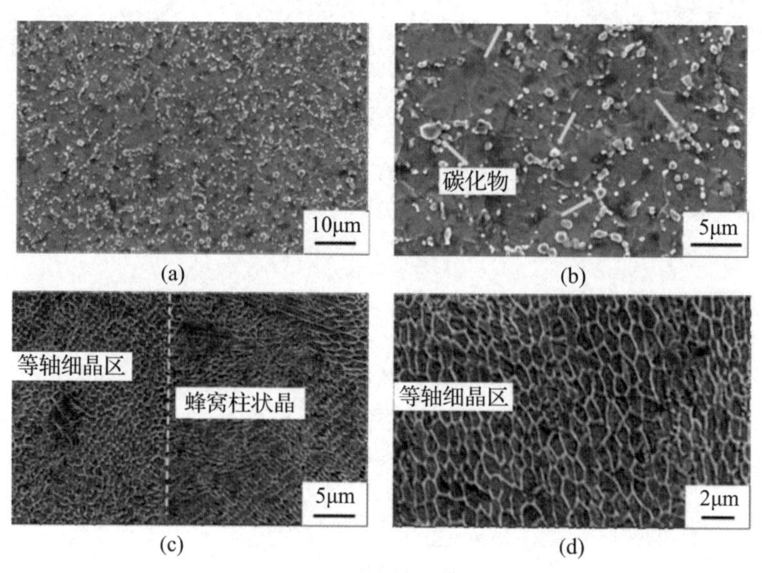

图 2-39　铸件和 SLM 成形件的 SEM 图

(a) 铸件；(b)图(a)的放大；(c) SLM-*XY* 面；(d) SLM-*XZ* 面。

铸件和 SLM 成形件的硬度值如表 2-9 所列。从表中可以得出，由 SLM 成形的 S136 模具钢试样硬度大于铸件的硬度，这是由于在 SLM 成形过程中熔池快速冷却形成比铸件组织更为细小的晶粒，因此 SLM 成形件的硬度更高。此外，从图 2-39 中可以看出，SLM 成形件的 *XY* 面和 *XZ* 面的硬度值存在差异，说明由 SLM 成形的试件存在各向异性。

表 2-9　铸件和 SLM 成形件的硬度值

成形件	铸件	SLM-*XY* 面	SLM-*XZ* 面
洛氏硬度(HRC)	41.23± 0.45	50.31± 0.78	48.73± 0.77

图 2-40 为铸件和 SLM 成形件浸泡 48h 后的单位面积腐蚀失重曲线图。从图中可以看出，铸件的单位面积失重量比 SLM 成形件大，说明 SLM 成形件与铸件相比，耐化学浸泡腐蚀性能更好。可能的原因：一是对于铸件，其组织中沿晶界析出了较多的碳化物(Cr_3C_2)，使得基体中的 Cr 等耐蚀性元素含量降低，从而降低了基体的耐蚀性能；二是通过 XRD 分析可知，SLM 成形件中还含有奥氏体相，奥氏体的存在也提高了其耐腐蚀性能。同时，从图 2-40中还可以看出，对于铸件，两个试样的腐蚀失重曲线趋势较为一致，而两个 SLM 成形件的趋势稍有差异。这是因为与铸造相比，SLM 技术采用逐层制造，使其性能一致性较差。

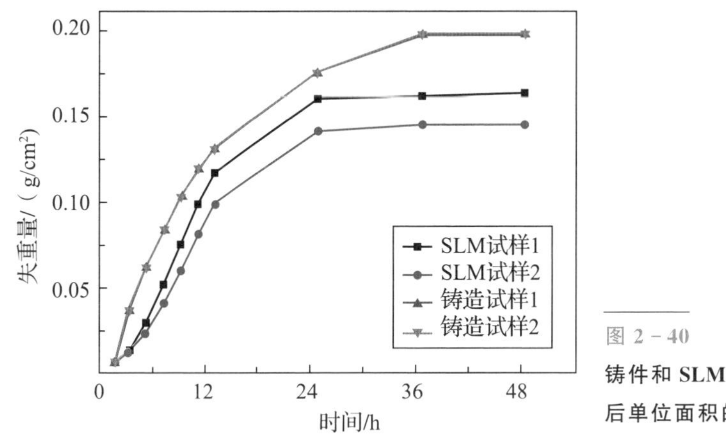

图 2-40
铸件和 SLM 成形件浸泡 48h 后单位面积的腐蚀失重曲线

图 2-41 为经过 48h 浸泡腐蚀后的试样表面及三维形貌图。由图 2-41(a)可以看出，铸件腐蚀后的表面存在密度较大且分布均匀的细小腐蚀坑，且其整个表面较为平整，腐蚀坑的深度也较小，最深的约为 75.51μm。而 SLM 成形件的腐蚀形貌与之相比，差异较大，如图 2-41(b)和(c)所示。

其中，图 2-41(b)为 SLM 成形件的 *XY* 平面，从图中可以看出，经过 48h 腐蚀，其熔化道被腐蚀出来，且表面腐蚀坑大小不一，最深的约为 155μm。此外，可以很明显地看到较大的腐蚀坑都位于熔化道边界上，这与其组织特征也是相对应的，如图 2-41(c)所示，熔化道边界是基体组织的过渡

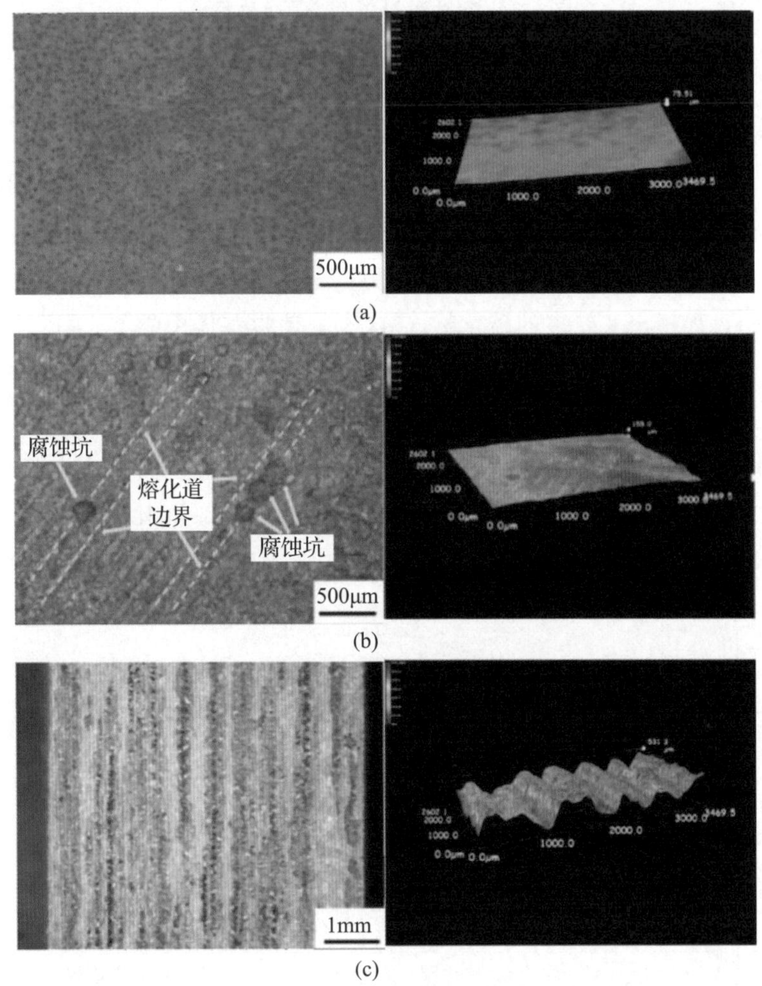

图 2-41 经过 48h 浸泡腐蚀后的试样表面及三维形貌图

(a) 铸件腐蚀表面及三维形貌；(b) SLM-*XY* 面腐蚀表面及三维形貌；
(c) SLM-*XZ* 面腐蚀表面及三维形貌。

区域，其性能较差，因而更易被腐蚀[29-30]。图 2-41(c)为 SLM 成形件的 *XZ* 面，其表面与 *XY* 面的差异也较大。从图中可以看出 *XZ* 面存在较深的腐蚀沟，其表面极不平整，这也反映了 SLM 成形件在腐蚀性能上的各向异性。

图 2-42 为铸件和 SLM 成形件的动电位极化曲线。表 2-10 为铸件和 SLM 成形件在 3.5% NaCl 溶液中的电化学腐蚀参数。通过对铸件和 SLM 成形件的电化学腐蚀参数进行比较可以发现，铸件具有较大的自腐蚀电位和最

小的自腐蚀电流，因而其抗电化学腐蚀性能较优。因为电化学腐蚀性能反映试样短时间内的抗腐蚀性能，其中试样的表面质量影响较大，而 SLM 成形件与铸件相比，表面粗糙度较差，这也在一定程度上降低了其耐电化学腐蚀性能。

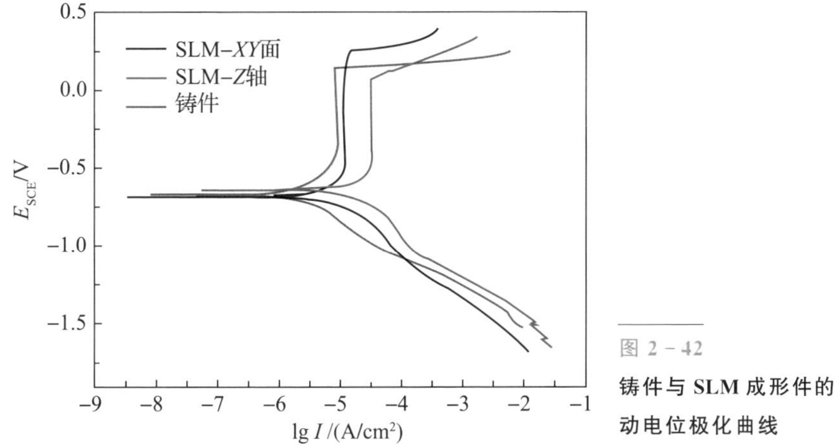

图 2-42　铸件与 SLM 成形件的动电位极化曲线

表 2-10　铸件和 SLM 成形件在 3.5% NaCl 溶液中的电化学腐蚀参数

样品	自腐蚀电位/mV	自腐蚀电流密度/(mA/cm²)
铸件	−666.61	3.16×10^{-4}
SLM-*XY*	−681.54	1.74×10^{-2}
SLM-*XZ*	−566.32	3.58×10^{-2}

参考文献

[1] 中国模具工业协会. 模具行业“十二五”发展规划[J]. 模具工业，2011(01)：1-8.

[2] ALTAN T，LILLY B，YEN Y C. Manufacturing of Dies and Molds[J]. CIRP Annals-Manufacturing Technology，2001，50(2)：404-422.

[3] 陶永亮. 模具制造技术新理念[J]. 模具制造，2012(03)：1-4.

[4] 李发致. 模具先进制造技术[M]. 北京：机械工业出版社，2003.

[5] 陈再枝，蓝德年. 模具钢手册[M]. 北京：冶金工业出版社，2002.

[6] SMUGERESKY J E. Characterization of a Rapidly Solidified Iron-Based Superalloy[J]. Metallurgical Transactions A，1982，13(9)：1535-1546.

[7] YADROITSEV I, YADROITSAVA I, BERTRAND P, et al. Factor analysis of selective laser melting process parameters and geometrical characteristics of synthesized single tracks [J]. Rapid Prototyping Journal, 2012, 18(3): 201 - 208.

[8] YADROITSEV I, GUSAROV A, YADROITSAVA I, et al. Single track formation in selective laser melting of metal powders[J]. Journal of Materials Processing Technology, 2010, 210(12): 1624 - 1631.

[9] KRUTH J P, FROYEN L, VAN VAERENBERGH J, et al. Selective laser melting of iron-based powder[J]. Journal of Materials Processing Technology, 2004, 149: 616 - 622.

[10] 刘颖. SLM 成形 4Cr13 钢工艺优化与性能研究[D]. 武汉：华中科技大学, 2014.

[11] SONG B, ZHAO X, LI S, et al. Differences in microstructure and properties between selective laser melting and traditional manufacturing for fabrication of metal parts: A review [J]. Frontiers of Mechanical Engineering, 2015, 10(2): 111 - 125.

[12] LIU F, WANG H F, SONG S J, et al. Competitions correlated with nucleation and growth in non-equilibrium solidification and solid-state transformation[J]. Progress in Physics, 2012, 32(02): 57 - 97.

[13] HILLIER S. Accurate quantitative analysis of clay and other minerals in sandstones by XRD: comparison of a Rietveld and a reference intensity ratio (RIR) method and the importance of sample preparation [J]. Clay Minerals, 2000, 35 (1): 291 - 302.

[14] MUMTAZ K A, Erasenthiran P, Hopkinson N. High density selective laser melting of Waspaloy [J]. Journal of Materials Processing Technology, 2008, 195(1 - 3): 77 - 87.

[15] LI X P, KANG C W, HUANG H, et al. Selective laser melting of an Al86Ni6Y4.5Co2La1.5 metallic glass: Processing, microstructure evolution and mechanical properties [J]. Materials Science and Engineering A-Structural Materials Properties Microstructure and Processing, 2014, 606: 370 - 379.

[16] SONG B, DONG S J, CODDET C. Rapid insitu fabrication of Fe/SiC bulk nanocomposites by selective laser melting directly from a mixed powder of microsized Fe and SiC[J]. Scripta Materialia, 2014, 75: 90 - 93.

[17] TANG H P, YANG G Y, JIA W P, et al. Additive manufacturing of a high niobium-containing titanium aluminide alloy by selective electron beam melting [J]. Materials Science and Engineering A-Structural Materials Properties Microstructure and Processing, 2015, 636: 103 - 107.

[18] ATTAR H, BONISCH M, CALIN M, et al. Selective laser melting of in situ titanium-titanium boride composites: Processing, microstructure and mechanical properties[J]. Acta Materialia, 2014, 76: 13 - 22.

[19] HARRISON N J, TODD I, MUMTAZ K. Reduction of micro-cracking in nickel superalloys processed by Selective Laser Melting: A fundamental alloy design approach[J]. Acta Materialia, 2015, 94: 59 - 68.

[20] LEUDERS S, LIENEKE T, LAMMERS S, et al. On the fatigue properties of metals manufactured by selective laser melting-The role of ductility[J]. Journal of Materials Research, 2014, 29(17SI): 1911 - 1919.

[21] ZHOU Y, DUAN L C, JI X T, et al. Comparisons on microstructure, mechanical and corrosion resistant property of S136 mold steel processed by selective laser melting from two pre-alloy powders with trace element differences[J]. Optics and Laser Technology, 2018, 108: 81 - 89.

[22] DAS M, BALLA V K, BASU D, et al. Laser processing of SiC-particle-reinforced coating on titanium[J]. Scripta. Materialia, 2010, 63: 438 - 441.

[23] VILARO T, COLIN C, BARTOUT J D. As-fabricated and heat-treated microstructures of the Ti - 6Al - 4V alloy processed by selective laser melting[J]. Metallurgical and Materials Transactions A, 2011, 42: 3190 - 3199.

[24] DAS S. Physical aspects of process control in selective laser sintering of

metals[J]. Advanced Engineering Materials，2003，5：701 - 711.

[25] ZHOU Y，ZENG X，YANG Z，et al. Effect of crystallographic textures on thermal anisotropy of selective laser melted Cu - 2.4Ni - 0.7Si alloy[J]. Journal of Alloys and Compounds，2018，743：258 - 261.

[26] ZHAO X，SONG B，ZHANG Y J，et al. Decarburization of stainless steel during selective laser melting and its influence on Young's modulus，hardness and tensile strength[J]. Materials Science and Engineering：A，2015，647：58 - 61.

[27] 徐进. 模具钢[M]. 北京：冶金工业出版社，1998.

[28] ISFAHANY A N，SAGHAFIAN H，Borhani G. The effect of heat treatment on mechanical properties and corrosion behavior of AISI 420 martensitic stainless steel[J]. Journal of Alloys and Compounds，2011，509：3931 - 3936.

[29] ZHANG S D，WU J，QI W B，et al. Effect of porosity defects on the long term corrosion behavior of Fe-based amorphous alloy coated mild steel[J]. Corrosion Science，2016，110：57 - 70.

[30] AHN S H，LEE J H，KIM J G，et al. Localized corrosion mechanisms of the multilayered coatings related to growth defects[J]. Surface and Coatings Technology，2004，177：638 - 644.

第 3 章 SLM 成形钛铝合金材料组织及性能

在航空航天金属材料中，钛合金、镍基高温合金以及 TiAl 基金属间化合物材料因其综合性能良好、服役温度高，一直是航空航天领域中用途最广泛的金属材料[1-4]。但在这三类金属材料中，TiAl 基金属间化合物由于其更特殊的优势，受到更加广泛的关注[5-7]。例如，服役温度比钛合金更高，密度不足镍基高温合金的 1/2。Ti - 45Al - 2Cr - 5Nb 合金属于中 Nb 含量合金，Nb 元素的添加，进一步提高了 TiAl 基合金的高温服役温度，同 Ti - 47Al - 2Cr - 2Nb 合金相比，Ti - 45Al - 2Cr - 5Nb 合金具有更高的工作温度，同 Ti - 45Al - 2Cr - 8Nb 合金相比，Ti - 45Al - 2Cr - 5Nb 合金具有更高的断裂韧性[8-9]。尽管 Ti - 45Al - 2Cr - 5Nb 合金存在塑性较差、800℃以上抗氧化能力不足等问题，但是由于密度低、工作服役温度高等特点，仍然是未来一段时间航空航天重点研究的金属间化合物材料之一[10-11]。

Ti - 45Al - 2Cr - 5Nb 合金在航空航天上主要应用于发动机叶片、涡轮盘等零件的制造，这些零件往往具有结构复杂、批量小的特点，传统加工方法，如热轧、等温锻造等，在成形 Ti - 45Al - 2Cr - 5Nb 合金时无法制造出具有复杂结构的零件，而 SLM 为成形 Ti - 45Al - 2Cr - 5Nb 合金复杂结构零件提供了新的技术途径。但 SLM 工艺涉及复杂的物理冶金和化学冶金过程，包括多重传热、传质和化学反应，制件的质量与成形工艺窗口有直接联系，受控于一系列工艺参数，如激光功率、激光扫描速度、扫描间距等。因此，有必要系统研究 SLM 成形 Ti - 45Al - 2Cr - 5Nb 合金的成形工艺窗口、显微组织、力学性能以及后处理对制件性能的影响规律。然而，本研究开展时国内外尚未存在 SLM 成形 Ti - 45Al - 2Cr - 5Nb 合金的相关报道，这种材料的 SLM 成形性尚不明确。因此，本章通过单条熔覆道和单层工艺研究，优化 Ti - 45Al - 2Cr - 5Nb 合金的 SLM 成形工艺，探究 Ti - 45Al - 2Cr - 5Nb 合金作为 SLM 用航空航天材料的可行性，对拓展 SLM 用航空航天材料范围和推动 SLM 技术在航空航天领域的应用具有重要的工程意义。同时，也系统研究了 SLM 成形过程中 Ti - 45Al - 2Cr - 5Nb 合金微观组织、相组成、相演变规律、化学成分演变以及纳米硬度，也为其他材料 SLM 成形组织演变提供了指导。

3.1 粉末材料

惰性气体雾化法制备钛铝基合金粉末是目前国内外最主流的方法，其制备过程首先是将一定规格的钛铝合金棒材放入坩埚内熔化，然后将产生的高速气体通过坩埚底部的喷嘴冲击液态金属，使金属液呈喷雾状，最后冷凝形成球形钛铝合金粉末。气雾化法制备的钛铝合金粉末具有氧含量低、球形度高等优点，非常适合 SLM 成形。本研究所选用的原材料为惰性气体雾化的 Ti -45Al - 2Cr - 5Nb(原子分数/%)粉末，粉末材料由北京航空材料研究院提供。其微观形貌如图 3 - 1(a)所示，可以看出，钛铝合金粉末颗粒主要为球形或近球形，同时大颗粒表面黏附有尺寸较小的卫星球。钛铝合金粉末粒径分布如图 3 - 1(b)所示，钛铝合金粉末具有相对较宽的粒径分布，但主要集中在 18～50μm，粉末平均粒径为 27.6μm。

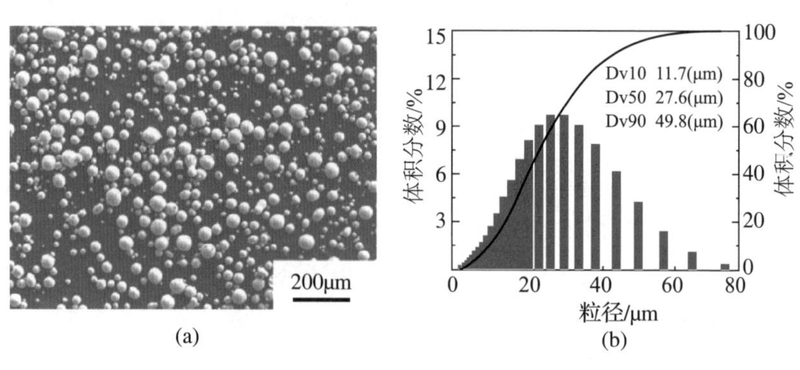

图 3 - 1 **Ti - 45Al - 2Cr - 5Nb 粉末表征结果**

(a) 粉末形貌；(b) 粉末粒径分布。

为了验证钛铝合金粉末元素分布，采用 EDS 随机测量了图 3 - 2 粉末颗粒的表面成分，其结果如表 3 - 1 所列。能谱测试表明，气雾化制备的粉末元素的测量成分与名义成分非常吻合。但是，Al 元素含量要略微低于名义成分，这主要是由于 Al 元素熔点相对较低，在熔炼制粉的过程中 Al 元素存在些许蒸发，导致其含量有所下降；另外，能谱点 3 中 Cr 和 Nb 的含量要明显高于能谱点 1、2、4 和名义成分的含量，这主要是由于能谱点 3 的测试位置位于粉末表面“裂纹”的交汇处，在气雾法制粉的过程中，粉末“裂纹”处 Cr 和 Nb 元素易发生偏析，导致其含量上升。

图 3-2
点能谱测试 Ti-45Al-2Cr-5Nb 粉末

表 3-1　Ti-45Al-2Cr-5Nb 气雾化粉末 EDS 结果和名义成分对比

元素	点 1	点 2	点 3	点 4	名义成分
Ti	48.2%	48.6%	47.8%	48.4%	48%
Al	44.6%	44.3%	44.3%	44.7%	45%
Cr	1.9%	1.9%	2.4%	1.8%	2%
Nb	5.3%	5.2%	5.5%	5.1%	5%

3.2　工艺参数优化

由于材料种类不一样，在 SLM 成形过程中热交换特性、物理化学性质以及与激光相互作用机理存在差异，因此，需要对特定的材料确定合适的 SLM 成形工艺窗口。一般来说，优化 SLM 成形工艺主要包括如下步骤：①首先通过单道研究，确定最优的激光功率与激光扫描速度组合；②在优化后单道研究的基础上进行单层研究，确定最优的激光扫描间距；③在优化后单层研究的基础上进行块体制造，确定最优的制造层厚。事实上，在工艺窗口研究中，最重要的是探究优化激光功率与激光扫描速度的最适匹配性。

3.2.1 单道扫描成形

1. 成形工艺窗口研究与优化

SLM 是基于激光点移动扫描成线、线移动扫描成面、面逐层累积叠加成体而形成的一种增材制造技术，因此，单条熔覆道是 SLM 成形零件最基本的单元，要保证相邻熔覆道之间的良好搭接以及相邻层之间的良好结合，一条高质量、稳定连续的熔覆道是必不可少的。因此，单条熔覆道的成形质量和形貌特征直接决定了 SLM 构件的最终性能。单条熔覆道成形质量受液态金属流动状态、熔池凝固特征等因素的影响，通常情况下，最主要影响的工艺参数有激光功率和激光扫描速度。为此本书设置了 36 组不同的激光功率与激光扫描速度组合来探究 Ti-45Al-2Cr-5Nb 合金单条熔覆道成形特性，设置激光功率为 100～350W，激光扫描速度为 300～800mm/s，具体工艺参数如表 3-2所列。

表 3-2 单条熔覆道扫描工艺参数

激光功率/W	100	150	200	250	300	350
激光扫描速度/(mm/s)	300	400	500	600	700	800

单道研究具体步骤为选择润湿性与 Ti-45Al-2Cr-5Nb 合金匹配的纯钛基板，将基板上表面用砂纸打磨抛光并用酒精清洗干净；将基板固定在 SLM 装备的工作台面，并保持基板上表面与工作台面平行；利用铺粉辊在基板上表面均匀地铺上一层厚度约 30μm 的 Ti-45Al-2Cr-5Nb 粉末；将 SLM 设备封闭，抽真空，通入高纯氩气进行保护；采用预先设定的激光参数对 Ti-45Al-2Cr-5Nb 粉末进行单道扫描研究，检测基板上单条熔覆道的微观形貌。单道扫描工艺窗口研究结果如图 3-3 所示。可以很明显地看出，不同的激光功率和激光扫描速度组合，对单条熔覆道的连续性和形貌有显著的影响。根据 SLM 工艺参数和粉末熔化成形机制，单条熔覆道的形貌可以大致分为以下三类。

(1)未形成连续稳定的熔覆道，且熔覆道中存在大量的球化现象(Ⅰ区)。这主要是因为激光功率太小导致能量不足，从而使得部分粒径比较大的颗粒不能完全熔化，因此熔覆道中液态金属太少而导致熔覆道不连续；同时，液态金属极大的毛细力和强烈的对流作用导致熔覆道产生大量的球化现象。

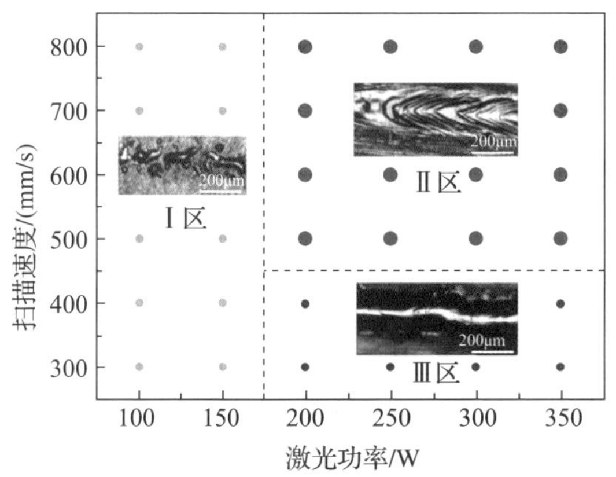

图3-3
单条熔覆道工艺窗口研究与优化

(2)形成连续稳定的熔覆道，熔覆道平直光滑(Ⅱ区)。这主要是由于激光功率和激光扫描速度匹配性良好，具有适中的能量输入。此时，金属粉末可以充分熔化，熔池非常稳定，形成了比较稳定的熔化、湿润和凝固过程。因而单道熔覆道具有光滑、平整、连续和稳定的特点。通常情况下，该区域是优化之后的工艺参数区域，可以用来成形最终的结构和零件。

(3)熔覆道不稳定，甚至出现断裂现象，且熔覆道变得扭曲(Ⅲ区)。这主要是因为激光功率太大而激光扫描速度太小，导致能量输入过高。在这个区间内，虽然金属粉末可以完全熔化，但是由于激光的热影响区显著增大，金属粉末和基板都发生了过度熔化的现象，从而造成了极大的残余应力和熔池的不稳定性，因此，熔覆道变得扭曲、不稳定甚至出现断裂。

2. 工艺参数对单道成形质量影响具体分析

为了具体研究激光功率与激光扫描速度组合对单条熔覆道成形质量的影响，对图3-3中的三个区域的工艺参数进行了更深入的研究分析。图3-4为采用Ⅰ区中工艺参数成形时的几种典型单条熔覆道形貌，工艺参数设置如下：激光功率为100W，激光扫描速度为300mm/s、500mm/s和700mm/s。如图3-4(a)所示，当激光功率偏低(100W)而激光扫描速度较快(700mm/s)时，可以看到单条熔覆道基本上被未熔区域所占据，激光扫描轨迹内分布着大量未熔合在一起的球形或近球形金属颗粒，其直径大约在30μm，可以推测这类金属颗粒是由于原始粉末在激光能量输入较低的情况下，其表面发生部分熔化润湿基板后凝固而造成的。另外，也可以很清楚地发现在单条熔覆道内存在大量的金属小球，直径大约在2μm，这主要是由“球化现象”所导致的。当激光能量输入不足时，此时由于液态金属含量较小，导致熔池与基板的润湿性差，所以难以平整铺展在基板上。同时，由于激光束对熔池的冲击作用以及熔池内液态金属的流动作用，激光束与液态金属流动时产生的动能会转化为细微球化的表面能，进而形成大量细小的金属球，产生球化现象。

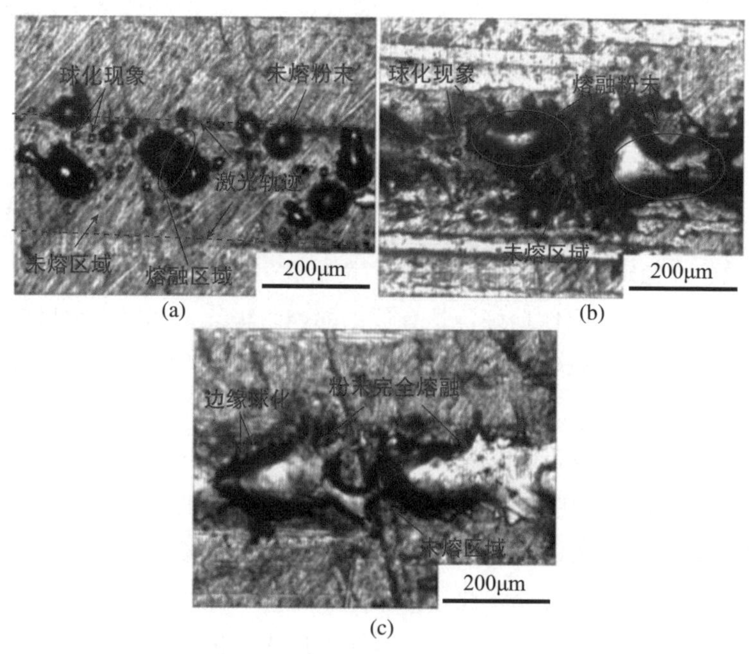

图 3-4　激光功率 $P=100W$，采用Ⅰ区工艺参数不同扫描速度下几种典型单条熔覆道形貌

(a) 700mm/s；(b) 500mm/s；(c) 300mm/s。

当激光功率不变(100W)而激光扫描速度下降为 500mm/s 时，激光能量输入增大，单条熔覆道内未熔区域大量减少，如图 3-4(b)所示。同时，大量的粉末颗粒熔化后熔融在一起，形成了图中长度为 200μm 左右的熔融区域。另外，在激光扫描轨迹内部的熔融粉末中，可以明显看到烧结颈的存在。此外，由于球化现象的存在，在单条熔覆道内也存在直径约为 2μm 的金属小球，但是球化程度随着激光能量输入的增大而大幅减小。随着激光扫描速度进一步降低至 300mm/s，此时，激光能量输入达到最大，激光扫描轨迹内未熔区域含量达到最低。同时，随着激光能量输入的增大，更多的原始粉末颗粒发生完全熔融黏结，熔融区域的长度进一步扩大，达到 250μm 左右，如图

3－4(c)所示。另外，在单条熔覆道内部的粉末完全熔融区域，烧结颈逐步消失，被连续的熔融带所取代。此外，在单条熔覆道的边缘依然可以发现直径约为 2μm 的金属小球，同样还是由球化现象所导致的，但是在激光能量输入达到最大时，球化程度最小。虽然随着能量密度的增加，熔化道的长度增加，但仍未出现稳定连续的熔化道。因此，成形工艺需要进一步优化。

图 3－5 为采用Ⅱ区中工艺参数成形时的几种典型单条熔覆道形貌，工艺参数设置如下：激光扫描速度为 600mm/s，激光功率为 200W、250W 和 300W。如图 3－5(a)所示，当激光扫描速度适中(600mm/s)而激光功率略微偏小(200W)时，可以很明显看出，单条熔覆道基本呈稳定连续的形貌，这主要是由于相对于Ⅰ区、Ⅱ区激光能量输入适中，原始粉末颗粒能吸收充足的激光能量而完全熔融，从而形成稳定连续的熔覆道。同时，可以发现熔覆道呈现出“鱼鳞纹”形状，这主要是由于激光光斑能量近似高斯分布，因而导致熔池中心温度比边缘温度高，熔池在激光光斑离开后快速冷却凝固，热量通过基板、周围原始粉末颗粒和周围环境以热辐射和热对流散失的方式进行热传导，因此熔池边缘温度较低处先结晶，熔池中心后结晶。同时，激光与液态金属的作用以及液态金属结晶时所释放出的结晶潜热非常容易造成熔池中固/液界面的波动，因此熔池呈现出“鱼鳞纹”形状。事实上，在激光扫描的过程中，这种波动会周期性出现，与传统焊接焊缝形貌非常相似。

在图 3－5(a)中，单条熔覆道边缘存在少量的球化现象和不稳定区域，这是由于在熔池中高温熔体为了较低表面能有收缩成球体的趋势所造成的。当激光扫描速度不变(600mm/s)而激光功率增加至 250W 时，激光能量输入得到最大程度的优化，单条熔覆道内的球化现象与不稳定区域完全消失，熔覆道呈稳定、连续、光滑、平整的形貌，如图 3－5(b)所示。另外，可以测出在最优的激光能量输入的情况下，熔覆道的宽度大约为 200μm。随着激光功率进一步增加至 300W 时，此时，单条熔覆道仍呈现出稳定连续的形貌。但是，在熔覆道的边缘处出现了少量的过烧区域而导致熔覆道表面颜色变深，如图 3－5(c)所示。这主要是由于激光能量输入略微偏高，原始粉末颗粒在吸收充足的能量完全熔化后，多余的能量仍然被液态金属所吸收，而产生过度熔化的现象。

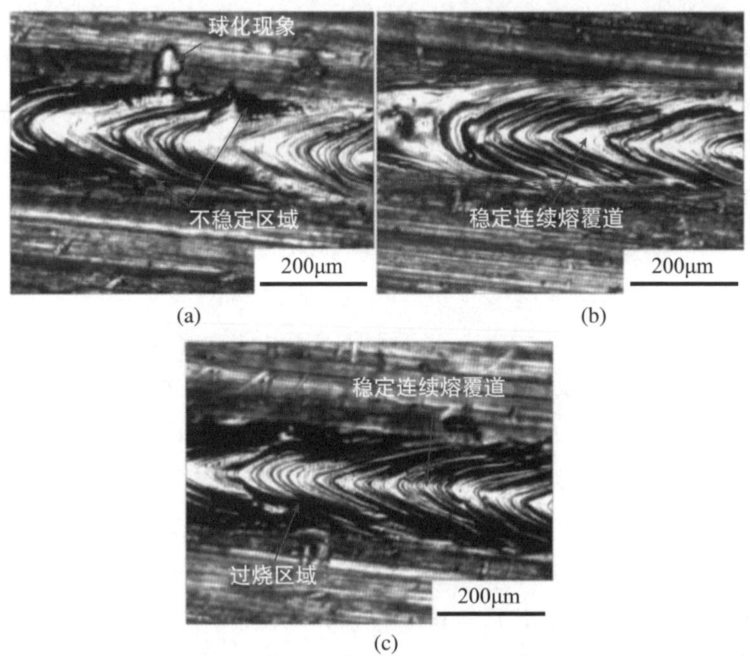

图 3-5　**扫描速度 v = 600mm/s，采用Ⅱ区工艺参数不同功率下几种典型单条熔覆道形貌**
(a) 200W；(b) 250W；(c) 300W。

图 3-6 为采用Ⅲ区中工艺参数成形时的几种典型单条熔覆道形貌，工艺参数设置如下：激光扫描速度为 300mm/s，激光功率为 250W、300W 和 350W。如图 3-6(a)所示，当激光扫描速度太小(300mm/s)而激光功率偏大(250W)时，可以很明显地看出，单条熔覆道出现非常严重的过烧现象，从而存在大量的过烧区域，这主要是由于相对于Ⅱ区，Ⅲ区激光能量输入太大，导致激光的热影响区显著增大，基板发生过熔，原始粉末颗粒因为吸收过多的激光能量而被过度熔化。另外，在单条熔覆道内出现明显的裂纹，并且裂纹基本上横贯整条熔覆道。这主要是由于激光能量输入太高，造成了金属粉末的过熔，加大了残余应力和裂纹出现的可能性。同时，更多的液态金属进入熔池，造成了熔池的不稳定性增加，进而由于熔池温度高造成了熔体汽化，气液界面会形成反作用力和高温熔体的飞溅，影响了熔池的稳定，造成熔池的断裂。当激光扫描速度不变(300mm/s)而激光功率增加至 300W 时，激光能量输入更大，单条熔覆道内的过烧情况加剧，出现了更大量的过烧区域，同时也伴随着裂纹的产生，如图 3-6(b)所示。随着激光功率进一步增加至

350W 时，单条熔覆道的过烧情况最严重，整条熔覆道基本上完全过烧而导致熔池颜色变深，如图 3-6(c)所示。另外，由于过高的激光能量输入导致熔池内的液态金属发生飞溅，造成“球化”，进一步恶化了熔覆道的稳定性与连续性。

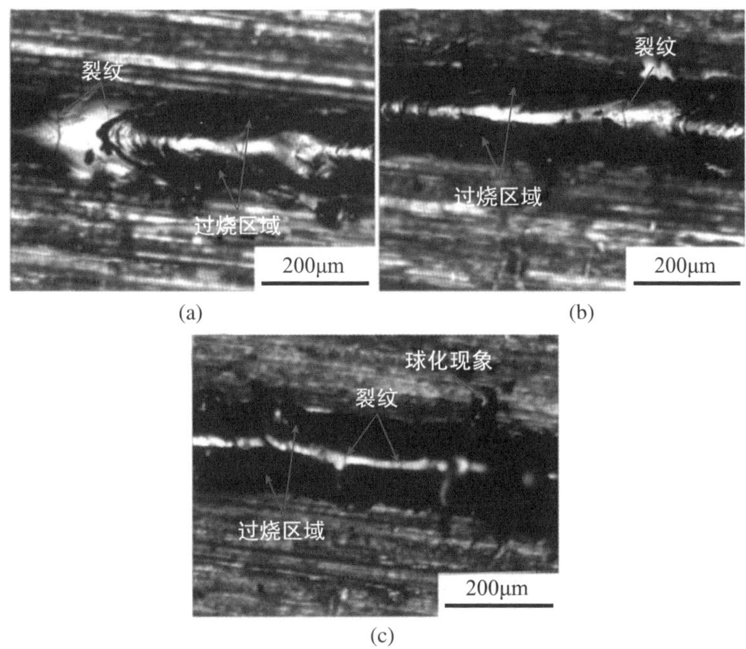

图 3-6　**扫描速度 v = 300mm/s，采用Ⅲ区工艺参数不同功率下几种典型单条熔覆道形貌**
(a) 250W；(b) 300W；(c) 350W。

3.2.2　单层扫描成形

1. 扫描间距对单层表面质量的影响

由于单条熔覆道的形貌与宽度随着激光能量输入的变化发生显著的变化，一般来说，激光能量输入越大，熔覆道的宽度越宽，从而导致其搭接为平整光滑的单层面时所需的激光扫描间距也不尽相同，故在不同的激光功率与激光扫描速度组合下，最优的激光扫描间距也不一样。理论上来说，在扫描间距合适的条件下，可以成形出表面平滑的单层熔覆层。

通过单道扫描研究中大量的单道扫描工艺研究，制定了一个较优的成形工艺窗口(Ⅱ区)，即激光功率为 200～350W，激光扫描速度为 500～800mm/s，由于优化后的激光功率与激光扫描速度组合形式较多，为了减少研究工作量，选取最优的激光功率(250W)与激光扫描速度(600mm/s)组合，来研究激光扫描间距对单层扫描成形的影响。激光扫描间距分别为60μm、80μm、100μm和120μm。单层扫描结果如图3-7所示。当激光扫描间距较小时(60μm)，熔覆层中的熔覆道之间的搭接率可达到50%，但是单层表面不够平整光滑，熔覆道与熔覆道之间形成起伏的“山峰状”，如图3-7(a)所示，这主要是因为激光扫描间距太小，熔覆道之间的搭接率可达到甚至超过50%，搭接过于密集的熔覆道导致熔池相互堆积从而形成表面不平整起伏的山峰状。另外，在熔覆层中可以非常明显地发现球化现象，这是由于相邻的两条熔覆道搭接区域太多，导致已经凝固的熔池重新熔化，造成金属液滴飞溅，从而产生球化。由于山峰状平面和球化现象的发生，在多层扫描的情况下会导致孔隙的产生，从而降低SLM成形件的致密度与性能。当激光扫描间距增加至80μm时，熔覆层中的熔覆道之间的搭接率减少至40%左右，熔覆层内的过烧区域与球化现象减少，单层表面平滑度增加，如图3-7(b)所示。随着激光扫描间距进一步增加至100μm时，熔覆层中的熔覆道之间的搭接率为30%左右，熔

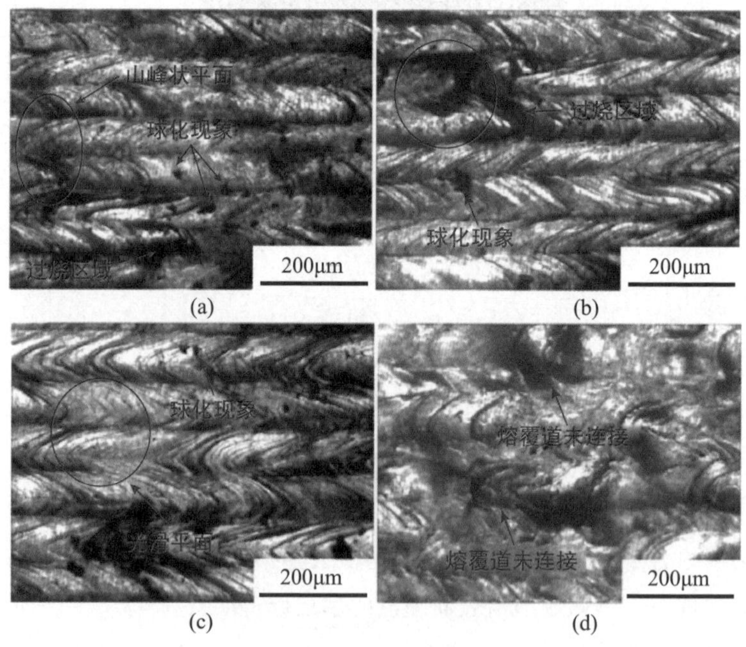

图3-7　**激光功率 $P=250$W，激光扫描速度 $v=600$mm/s时，不同扫描间距下几种典型熔覆层形貌**

(a) 60μm；(b) 80μm；(c) 100μm；(d) 120μm。

覆层内的球化现象得到了最大程度的优化，单层表面基本上呈现平整光滑的形貌，如图 3－7(c)所示，此时的激光扫描间距是最优的。当激光扫描间距增加到最大 120μm 时，熔覆层中的熔覆道之间的搭接率不足 10%，熔覆层中基本上都是未连接的熔覆道，如图 3－7(d)所示。同时，单层形貌的平滑度变差，相邻的熔覆道之间出现明显的凹陷区域。这样，在多层制造时，层与层之间会由于各个部分高低不平产生孔隙，不利于成形。在后期研究中加大扫描功率，虽然搭接区域有所扩大，但熔覆道之间的搭接情况改善并不明显。因此，优化后的激光扫描间距为 100μm。

2. 氧含量对单层表面质量的影响

高抗氧化性是钛铝合金的三大优点之一，因而钛铝合金一般以抗氧化能力强而著称，在本书中，为了研究 SLM 成形过程中氧含量对 Ti－45Al－2Cr－5Nb 成形效果的影响，分别在大气环境和抽真空通保护气环境下进行单层成形，成形环境氧的体积分数分别为 21% 和 0.05%，激光功率为 250W，扫描速度为 600mm/s，扫描间距为 100μm。图 3－8(a)和(b)分别为氧的体积分数 0.05% 和 0.1% 条件下成形的单层熔覆层形貌。从图中可以看出，当氧含量较低时，在最优的成形工艺下，单熔覆层基本上呈现出光滑平整的形貌，熔覆层内熔覆道之间有序搭接；当氧含量较高时，虽然成形工艺进行了优化，但是单熔覆层表面球化非常严重，存在大量的氧化夹渣与裂纹，并且熔覆层表面凸凹不平，严重影响了 SLM 成形件的表面质量。理论上，Ti－45Al－2Cr－5Nb 合金的高抗氧化是通过形成致密的 Al_2O_3 和 TiO_2 氧化膜保护基体，而 SLM 成形中形成的氧化膜恶化了道与道、层与层之间的润湿效果，导致在激光扫描的过程中出现了大量的“模糊边界”，从而大大降低了成形件的质量。

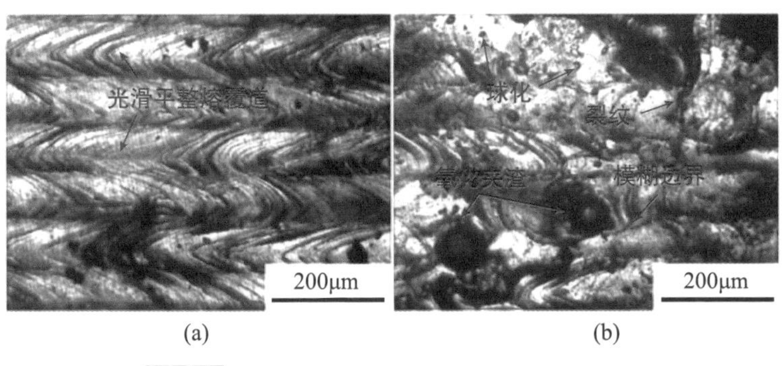

图 3－8　**不同氧的体积分数下单层熔覆层形貌**

(a) 0.05%；(b) 21%。

3.2.3 块体成形

通过单道扫描和单层扫描的工艺探索研究，获取了最优的激光功率、激光扫描速度、激光扫描间距的工艺窗口，本节在最优的工艺窗口基础上进行块体成形研究，单层厚度选择 20μm。为了研究激光功率对 SLM 成形 Ti-45Al-2Cr-5Nb 合金晶粒大小、晶粒取向、织构、相演变与硬度的影响规律，选取如表 3-3 的成形工艺参数成形试样，试样尺寸为 10mm×10mm×10mm。将成形试样从基板切下后用无水乙醇进行清理，去除其表面油污。

表 3-3 块体试样成形工艺参数设置

激光功率 P/W	激光扫描速度 v/(mm/s)	激光扫描间距 H_s/μm	单层层厚 D/μm
250	500	100	20
300			
350			

为了便于描述 SLM 成形过程中所有的工艺参数对成形试样的影响规律，引入激光能量密度(E)的概念。激光能量密度的定义为

$$E = P/(v \times H_s \times D) \tag{3-1}$$

式中：P 为激光功率；v 为激光扫描速度；H_s 为激光扫描间距；D 为单层层厚。因此，E 的量纲为 J/mm^3。通过对所有工艺参数进行评估，块体试样分别在激光能量密度为 250J/mm^3、300J/mm^3、350J/mm^3 的条件下进行 SLM 成形，为了便于研究，成形试样分别设定为 E1、E2 和 E3。SLM 成形过程的示意图与激光扫描策略示意图，如图 3-9 所示。图 3-9(a)为成形过程示意

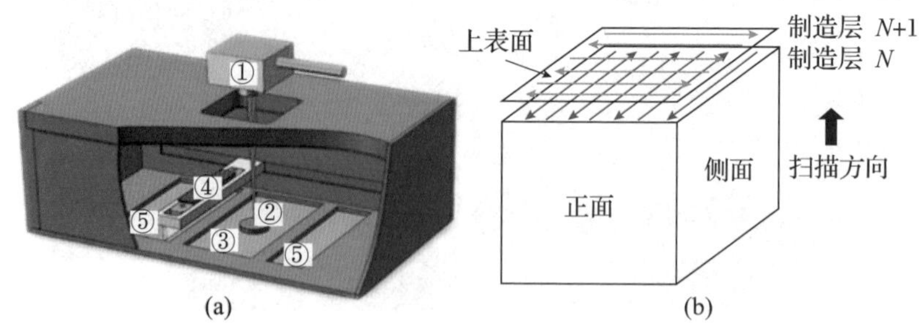

图 3-9 SLM 成形过程及激光扫描策略示意图

(a) SLM 成形过程示意图；(b) 成形块体试样激光扫描策略。

图，其中，①为激光器与振镜扫描系统，②为纯钛基板，③为工作缸，④为铺送粉刮刀，⑤为送粉缸。图 3－9(b)为成形块体试样激光扫描策略，箭头代表激光扫描方向，扫描方式采用长矢量扫描，在制造层 N 与 $N+1$ 之间激光扫描方向进行90°旋转，最大程度地均化成形内应力，减少块体试样因应力集中而产生变形。块体试样包括三个表面：上表面、正面和侧面。

3.3 成形件微观组织与相组成

3.3.1 Ti－45Al－2Cr－5Nb 合金表面微观形貌

图 3－10 为块体试样 E1 的上表面和正面的微观形貌(低倍)。经过腐蚀之后，上表面横截面的长矢量扫描轨，即熔覆道轨迹清晰可见，熔覆道之间的搭接率约为 40%，熔覆道的宽度大约为 150μm ± 10μm，如图 3－10(a)所示。同样地，正面横截面的熔池轨迹也清晰可辨，熔池的形貌呈月牙形，通过像素计算，熔池的宽度和高度分别大约为 150μm ± 10μm 和 30μm ± 3μm，如图 3－10(b)所示。由于块体在成形过程中层与层之间激光扫描方向经过90°旋转，因此，正面和侧面的微观组织是一样的，本节只需研究上表面和正面微观组织即可。但是，在图 3－10(b)中发现了 SLM 成形缺陷，主要以氧化夹杂和微孔隙(小于 5μm)的形式存在，并没有发现如偏析夹杂和宏观空隙等大缺陷。事实上，已有文献[12]指出，虽然 SLM 成形过程是在抽真空并通高纯氩气的保护气下进行的，由于空气中氧含量偏高以及氧气的优良流动性，仍然可以导致成形腔的残余氧含量达到 0.1%，正是因为氧含量的存在，导致了 SLM 成形过程中氧化夹杂的产生。由于粉末采用氩气雾化制备而成，在粉末制备时，液态金属与高纯氩相互作用导致氩气不可避免地卷入液态金属。当液态金属凝固成为金属粉末，其内部会夹杂少量的氩气，在 SLM 成形过程中，由于激光的快速移动，金属粉末迅速熔化，熔池迅速冷却，粉末内部夹杂的氩气来不及溢出而保存在试样内部形成微孔隙。E. Louvis 等[13]在研究 SLM 成形铝合金的过程中发现了类似的现象，并且他指出氧化夹杂和微孔隙的存在是限制 SLM 成形全致密零件最主要的原因。试样 E1 的致密度通过阿基米德排水法测试为 97.18%。

SLM 由于快速凝固、快速冷却和极大的温度梯度等特征，导致其组织在

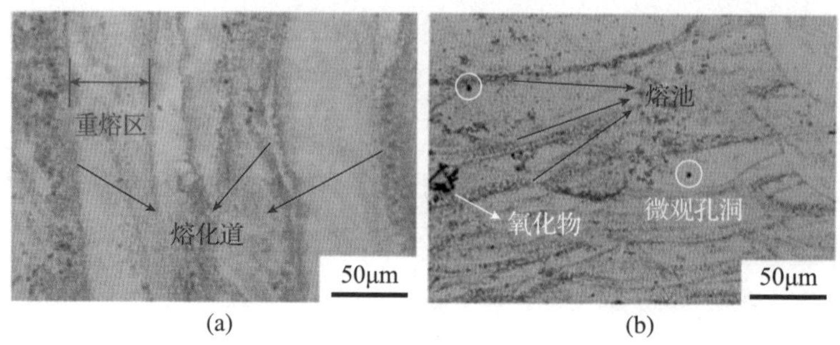

图 3-10　SLM 成形 Ti-45Al-2Cr-5Nb 合金光学显微组织(低倍)

(a) E1 上表面；(b) E1 正面。

上表面呈现细小的等轴晶，正面为沿制造方向生长的柱状晶，因而与铸造 TiAl 合金的近片层状组织完全不同[14]。图 3-11 为试样 E1 的上表面扫描电镜放大后的微观形貌。图 3-11(a)为熔覆道轨迹横截面微观组织，很明显，微观组织可以分为三个区域，即细等轴晶区(F 区)、过渡区(T 区)和粗等轴晶区(C 区)，分别对应 A 区、B 区和 C 区。晶粒尺寸大小由材料冷却速率和温度梯度所决定，理论上讲，材料冷却速度越大，晶粒尺寸越细小。由于激光能量呈高斯分布，且在扫描的过程中激光快速移动，导致熔覆道内部温度梯度很大，并且在熔覆道不同部位有着不同的冷却速率，在其中心部位冷却速率达到最大，然后沿着中心到边界时冷却速率逐渐降低。因此，在熔覆道中心晶粒尺寸达到最小，在其边界晶粒尺寸达到最大。正是由于这个原因，熔覆道的晶粒组成可以归纳为细等轴晶区、过渡区和粗等轴晶区。图 3-11(b)为细等轴晶区(A 区)的局部放大图，可以发现晶粒表现出各向异性的生长方向，并且晶粒的平均尺寸大约为 1μm。由于在 SLM 成形过程中，先前凝固层在激光的作用下会发生部分甚至整体重熔，这种现象类似于循环退火热处理，因而导致细等轴晶区的晶粒呈各向异性的态势。另外，在细等轴晶内部和等轴晶之间可以发现微小的颗粒状析出物(黄色箭头)，EDS 能谱检测其富含 Nb 元素与 Cr 元素。但是细等轴晶区并不是稳定的，其会逐步地转变为粗等轴晶区，因此在细等轴晶区转变为粗等轴晶区的过程中存在过渡区(B 区)，图 3-11(c)为过渡区的局部放大图。图 3-11(d)为粗等轴晶区的高倍放大图，相应地，在粗等轴晶区晶粒边界随机分布着大量的圆形和针状析出物(黄色箭头)，EDS 能谱检测这类析出物同样富含 Nb 元素与 Cr 元素。事实上，Nb 和 Cr 属于 β 稳定相元素[15]，因此，细等轴晶向粗等轴晶区的过渡可能是由于在粗等

轴晶区 β 相的扩散率增加所引起的。

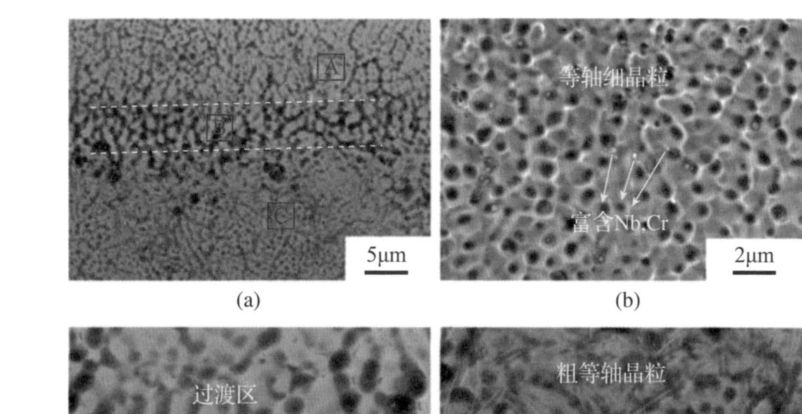

(a)　(b)　(c)　(d)

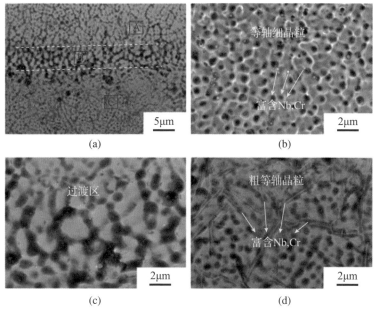

图 3 - 11　SLM 成形 Ti - 45Al - 2Cr - 5Nb 合金扫描电镜显微组织(高倍)
(a) 试样 E1 上表面，由三个晶粒区组成；(b) A 区放大图；(c) B 区放大图；(d) C 区放大图。

3.3.2　Ti - 45Al - 2Cr - 5Nb 合金晶粒取向和晶体织构

已有文献指出，晶粒特征和结构与激光能量密度有着非常大的关联[16]。因此，在本节中利用电子背散射衍射(EBSD)技术研究了激光能量密度对晶粒取向和晶体织构的影响规律。图 3 - 12(a)、(b)和(c)分别代表试样 E1、E2 和 E3 上表面的 EBSD 取向成像图与其晶粒取向之间的关系(参见图 3 - 12 左上角的反极图)。首先，从图 3 - 12(a)、(b)和(c)中可以很明显看出，试样 E1、E2 和 E3 上表面晶粒依然由细等轴晶区、过渡区和粗等轴晶区组成，因此，从 EBSD 的角度进一步佐证了晶粒组成的正确性；其次，试样 E1、E2 和 E3 的晶粒取向(颜色)和尺寸有非常大的变化。在试样 E1 的细等轴晶区，可以发现晶粒的平均尺寸约为 1～2μm，并且晶粒的颜色由红(主要颜色)、蓝、绿三色组成，说明细等轴晶区的晶粒取向由(0001)(主要取向)，$(10\bar{1}1)$和$(11\bar{2}1)$组成。与细等轴晶区相比，试样 E1 过渡区的平均晶粒尺寸增加至约

4μm，并且晶粒的颜色基本上全部被红色所占据，说明过渡区的晶粒取向基本上沿着(0001)方向。在粗等轴晶区，试样 E1 的平均晶粒尺寸达到最大约为8μm，并且，晶粒的颜色由红色转变为蓝绿色，说明粗等轴晶区的晶粒取向由$(10\bar{1}1)$和$(11\bar{2}1)$组成。图 3-12(a)显示试样 E1 的晶粒颜色大多为红色，通过与反极图进行对比分析，试样 E1 的晶粒沿着激光扫描方向显示出强烈的(0001)取向[17]。随着激光能量密度的增大，晶粒的尺寸与取向发生改变，如图 3-12(b)所示，试样 E2 的细等轴晶区、过渡区和粗等轴晶区晶粒尺寸均变大，其平均晶粒尺寸分别增加至约 3μm、5μm 和 10μm。同时，从三个区域晶

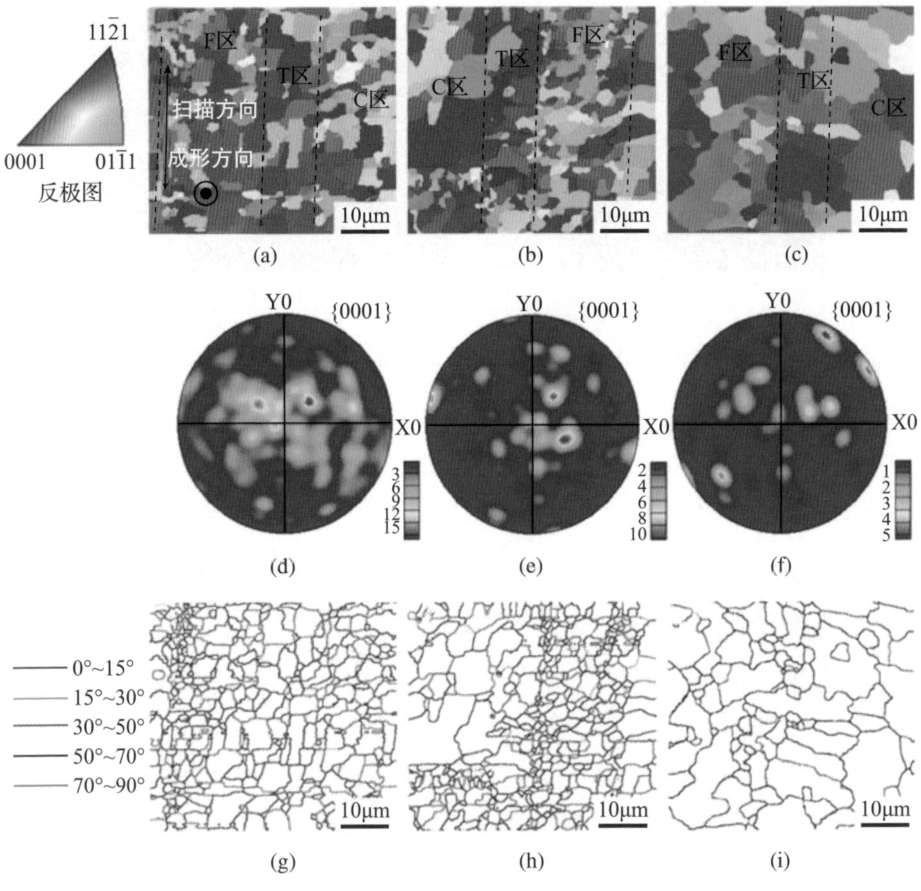

图 3-12　SLM 成形 Ti-45Al-2Cr-5Nb 合金 EBSD 晶粒取向成形图

(a) E1 上表面；(b) E2 上表面；(c) E3 上表面；(d)、(e)、(f) 分别为试样 E1、E2 和 E3 上表面{0001}取向的极图；(g)、(h)、(i)分别为试样 E1、E2 和 E3 上表面晶粒晶界角分布图。

粒的颜色变化可以发现，红色的区域面积减少而蓝绿色的区域面积增加，以反极图作为参考依据，试样 E2 晶粒的取向(0001)方向强度被削弱，而$(10\bar{1}1)$和$(11\bar{2}1)$方向强度增强。当激光能量密度达到最大时，细等轴晶区、过渡区和粗等轴晶区晶粒的平均尺寸也增加至最大。如图 3-12(c)所示，从试样 E3 晶粒的颜色分布可以发现，红色的区域面积进一步减少，蓝绿色的区域面积进一步增加，并且三种颜色的面积趋于平衡，说明试样 E3 晶粒取向为(0001)、$(10\bar{1}1)$和$(11\bar{2}1)$的混合方向，并在各个方向具有相当的强度。因此，激光能量密度的增大会导致晶粒尺寸变大，同时会引起晶粒的取向由强烈的(0001)方向逐步转变为具有同等强度的(0001)、$(10\bar{1}1)$和$(11\bar{2}1)$混合方向[33]。

图 3-12(d)、(e)和(f)分别代表试样 E1、E2 和 E3 上表面的极图，通过极图可以获取计算晶体学织构时所需的取向分布函数(orientation distribution function，ODF)。事实上，在所有极图中，{0001}取向是晶粒沿着激光扫描方向择优生长的方向，利用取向分布函数，可以准确地计算出{0001}方向的织构。如图 3-12(d)所示，试样 E1 具有强烈的{0001}织构，这与试样 E1 的晶粒具有强烈(0001)取向完全吻合。为了具体量化{0001}方向织构的大小，引入了织构指数(texture index，TI)和织构强度(texture strength，TS)的概念，通过取向分布函数，定义织构指数为[18]

$$\mathrm{TI} = \int_{\mathrm{eulerspace}} (f(g))^2 \mathrm{d}g \tag{3-2}$$

式中：f 为取向分布函数；g 为欧拉空间坐标系。对于各向同性的材料，织构指数理论上等于单元 1，而各向异性的材料织构指数通常大于单元 1[19]。织构强度为织构指数的平方根，客观来说，在衡量织构大小时，织构强度比织构指数更有意义，这是因为织构强度与织构大小有相同的单位量纲。从图 3-12(d)和(e)中可以发现，试样 E1 和 E2 在{0001}方向具有较强的织构，利用式(3-2)，计算其织构指数分别为 15.98 和 12.27。相应地，其织构强度分别为 2.99 和 2.51。但是，试样 E3 在{0001}方向的织构指数下降得非常严重，如图 3-12(f)所示，根据织构指数式(3-2)，其织构指数和织构强度分别为 6.34 和 1.52。

晶界角是衡量晶粒结构和特征的另一重要的参数指标。图 3-12(g)、(h)和(i)分别代表试样 E1、E2 和 E3 上表面晶界角分布。为了便于研究，本节中所有试样的晶界角被划分为小角度晶界(low-angle，小于15°)和大角度晶界(high-angle，大于15°)。很明显，试样E1、E2和E3晶界角均由大角度晶界所构成，利用软件对大角度晶界含量进行统计分析，其含量分别为88.0%、90.7%和92.8%。这主要是由于SLM成形过程的特殊性导致的，离散金属粉末在快速移动的高能束激光作用下熔化凝固成为制造单层，单层通过累积叠加成为制造实体。当一个新的制造单层成形完毕，先前的凝固层受到激光的作用会发生部分或完全重熔，这种现象与循环退火热处理非常相似，退火处理会引起晶粒发生重新结晶，而重结晶是导致大角度晶界产生的最主要原因，因而，试样E1、E2和E3的晶界角基本上由大角度晶界所组成。但是，由于激光束的快速移动，先前凝固层的重熔时间非常短，致使重结晶来不及完全进行，导致晶粒的晶界角中留有残余的小角度晶界。另外，大角度晶界的含量随着激光能量密度的提高而增大，这是由于高的激光能量密度会导致先前凝固层的重熔时间增长，从而延长重结晶时间，导致大角度晶界含量增大。

为了研究SLM成形件正面的晶粒结构与晶粒特征，同样采用EBSD技术对试样E1正面的晶粒取向、织构与晶界角分布进行表征，其结果如图3-13所示。与图3-12(a)中试样E1的上表面呈等轴晶的形貌完全不同，试样E1的正面晶粒为柱状晶，如图3-13(a)所示，并且柱状晶的生长方向与试样E1的制造方向平行，K. Kunze和M. Simonelli等[20-21]在研究SLM成形Ni基高温合金和Ti合金过程中也得到了类似的结果。这主要由于SLM采用层层叠加制造成形，并且在单层制造时会产生非常大的温度梯度，会导致晶粒在试样E1正面的生长具有“继承性”，即晶粒会沿着试样E1的制造方向穿过多个熔池进行生长，也正是由于这个原因，SLM成形件的晶粒通常具备各向异性的特征[18]。

另外，从图3-13(a)的EBSD取向成像图中可以看出，晶粒的颜色为红、绿、蓝三色共存，参考图3-12的反极图，说明试样E1正面的晶粒沿取向为(0001)、$(10\bar{1}1)$和$(11\bar{2}1)$的混合方向。图3-13(b)为试样E1正面的极图，利用式(3-2)，试样E1正面沿{0001}方向的织构指数和织构强度分别为14.89和2.85，由于试样E1的晶粒沿着制造方向以柱状晶的方式生长，而沿着激光扫描方向以等轴晶的方式生长，因此，试样E1在正面的织构指数向和织构强度(沿{0001}取向)要略低于其上表面。此外，从图3-13(c)的晶界角分布图中可以发现，试样 E1 正面的晶界角同样也是由大角度晶界所组成，利用 Channel-5 软件对晶界角含量进行分析可知大角度晶界含量为 88.28%，与试样 E1 上表面大角度晶界含量大致相同。

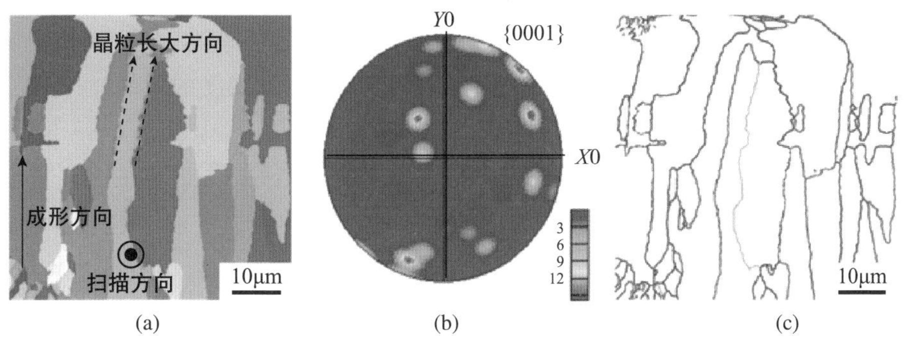

图 3-13　SLM 成形 Ti-45Al-2Cr-5Nb 合金试样 E1 上表面 EBSD 取向成像图
(a) 晶粒取向图；(b) {0001}取向的极图；(c) 晶粒晶界角分布图。

3.3.3　Ti-45Al-2Cr-5Nb 合金相组成与相演变机理分析

Ti-45Al-2Cr-5Nb 合金在 SLM 成形过程中，由液态转变为固态时的相转变可以归纳为[22]

$$L \rightarrow L + \beta \rightarrow \beta + \alpha \rightarrow \alpha + \gamma + \beta \rightarrow \alpha_2(Ti_3Al) + \gamma(TiAl) + B_2$$

值得指出，α_2 相和 B_2 相分别为低温有序的 α 相和 β 相。从 Ti-Al 二维相图中(图 3-14(a))可以发现，Ti-45Al-2Cr-5Nb 合金在 SLM 成形时主要经历了两个相转变，即 $L+\beta \rightarrow \alpha$ 包晶反应和 $\alpha \rightarrow \alpha_2+\gamma$ 共析反应[23]。图 3-14(b)为试样 E1、E2 和 E3 上表面的 X 射线衍射分析(XRD)结果，很明显，所有试样的衍射峰均由 α_2 相、B_2 相和 γ 相组成，并且没有检测到其他物质的峰位。另外，经过归一化处理之后，XRD 图谱显示衍射主峰是衍射角在41.13°时的$(20\bar{2}1)$ α_2 相。更值得注意的是，随着激光能量密度的增加，处于38.98°和72.97°衍射角的(0002) α_2 和$(20\bar{2}3)$ α_2 相峰位强度均有所增强，而其他衍射角度的 α_2 相峰位强度基本保持不变。与此同时，(220) B_2 相、(620)B_2 相和(202) γ 相分别对应于36.10°、79.83°和64.88°衍射角的峰位强度均有所减弱，这主要是由于随着激光能量密度的增大，在 SLM 成形时，Ti-45Al-2Cr-5Nb 合金处于液相的时间就会增加，因此会有利于 $L+\beta \rightarrow \alpha$

包晶反应的进行。由于强β稳定相元素 Cr 和 Nb 的存在，L + β→α 包晶反应不可能完全完成[24]，因此会导致残余的β相产生。但是β相在低温并不稳定，会在冷却的过程中有序转变为低温稳定的 B_2 相。此外，$\alpha \rightarrow \alpha_2 + \gamma$ 共析反应对冷却速率非常敏感[25]，在 SLM 成形时由于快速熔化与快速凝固导致冷却速率非常大，可达 10^6K/s，因此 $\alpha \rightarrow \alpha_2 + \gamma$ 共析反应将会受到抑制，导致 γ 相含量减少并促进 $\alpha \rightarrow \alpha_2$ 相的有序转变。所以，随着激光能量密度的增加，α_2 相的含量增加而 B_2 相和 γ 相的含量减少。

为了进一步研究试样 E1、E2 和 E3 的相组成和相分布，利用 EBSD 技术分别对其进行相鉴定分析，结果如图 3 - 14(c)、(d)和(e)所示。相组成主要是由 α_2 相所构成的(黄色)，同时包含少量的 B_2 相(红色)和 γ 相(蓝色)。同样利用 Channel - 5 软件对各相的含量进行计算分析，可以得出试样 E1、E2

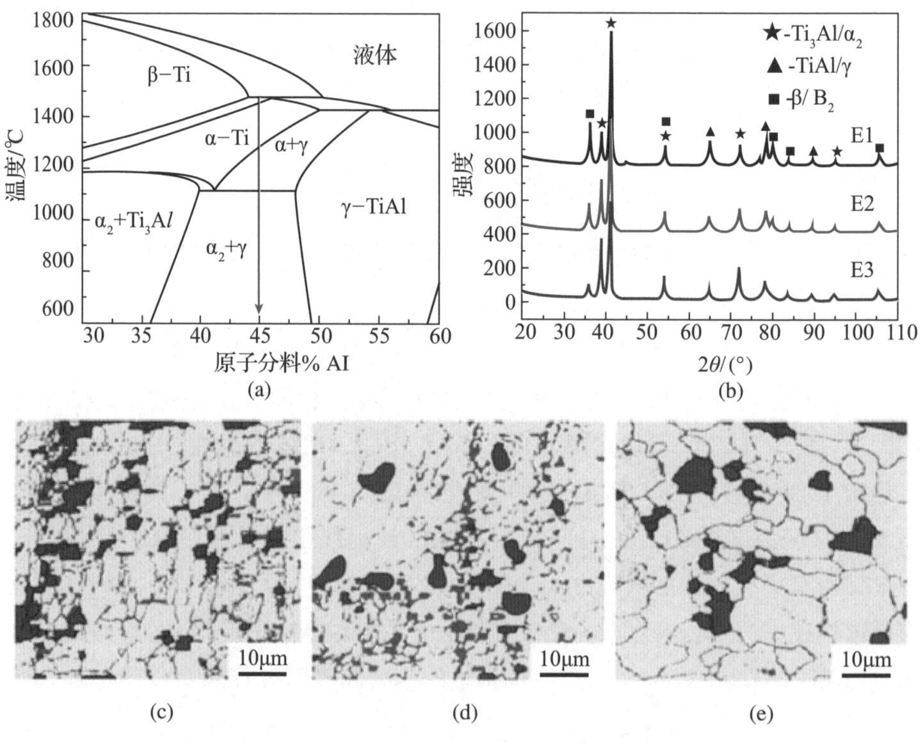

图 3 - 14 **SLM 成形 Ti - 45Al - 2Cr - 5Nb 合金相分析结果**

(a) Ti - Al 二元相图，红色箭头代表 Ti - 45Al 合金凝固时的相转变；(b) 试样 E1、E2 和 E3 上表面 XRD 衍射图谱；(c)、(d)、(e) 试样 E1、E2 和 E3 上表面相组成和相分布 EBSD 结果。

和 E3 的 α_2 相含量分别为 85%、87% 和 90%，B_2 相的含量分别为 7%、6% 和 4%，γ 相的含量分别为 8%、7% 和 6%。因此，随着激光能量密度的增大，α_2 相的体积分数增加，B_2 相和 γ 相的体积分数减小，这与图 3－14(b)的 XRD 分析结果完全吻合。另外，可以发现 B_2 相基本上沿着晶界析出，而 γ 相则随机分布于 α_2 相基体中。这主要是由于 Ti－45Al－2Cr－5Nb 合金凝固时包晶反应 $L+\beta\rightarrow\alpha$ 非常容易在晶粒的边界析出 Cr 元素和 Nb 元素[26-27]，上面已提及 Cr 和 Nb 属于强 β 稳定性元素，因此 β 相通常存在于晶界处，最终残余 β 相发生有序的 $\beta\rightarrow B_2$ 相转变，导致 B_2 相存在于晶粒的边界处。

为了进一步研究确定 α_2 相、B_2 相和 γ 相的演变规律，利用透射电镜(TEM) 和高分辨透射电镜（HRTEM）分别对试样 E1 进行分析表征。图 3－15(a)为试样 E1 的 TEM 明场图，很明显可以发现，少量的微细 B_2 相(红色箭头指出)和 γ 相(蓝色箭头指出)分布于 α_2 相(蓝色箭头指出)的基体表面，并且微细的 B_2 相颗粒极有可能起源于没有完全转化的 $\beta\rightarrow\alpha$ 相变。图 3－15(b)为图 3－15(a)的选区电子衍射图(SADP)，从 SADP 中可以发现，衍射环直径与衍射角度和 XRD 的标准卡片库良好匹配，由于 SADP 多个衍射环的存在，可以确定图 3－15(a)的 TEM 明场图为典型的多晶结构。另外，还可以发现衍射环的直径比分别为 1 ∶ 1.127(bcc) ∶ 1.499(L10) ∶ 1.714(D019) ∶ 1.963 (D019)，利用 XRD 标准 PDF 卡片(XRD PDF 卡片代码分别为 12－0085、65－0428 和 14－0451)以及 Digital－Micrograph 分析软件，衍射环晶面间距的大小分别为 $d_{11\bar{2}0}=0.293\text{nm}$($\alpha_2$ 相)，$d_{200}=0.260\text{nm}$(B_2 相)，$d_{200}=0.195\text{nm}$(γ 相)，$d_{20\bar{2}2}=0.171\text{nm}$($\alpha_2$ 相)和 $d_{22\bar{4}0}=0.149\text{nm}$($\alpha_2$ 相)。为了进一步探究 α_2 相、B_2 相和 γ 相的特征及其相位关系，采用 HRTEM 对图 3－15(a)的 A 区、B 区和 C 区分别进行研究，结果如图 3－15(c)、(d)和(e)所示。可以分别在图 3－15(c)、(d)和(e)的右上角清楚地观察到快速傅里叶变换(FFT)图，并且 FFT 图谱与 HRTEM 结果具有良好的一致性。图 3－15(c)、(d)和(e)的面间距可利用 Digital－Micrograph 分析软件计算出来，分别为 $d_{20\bar{2}0}=0.247\text{nm}$($\alpha_2$ 相)，$d_{210}=0.235\text{nm}$(B_2 相)和 $d_{110}=0.284\text{nm}$(γ 相)。根据面间距实测结果以及 XRD 标准 PDF 卡片，可以得出 B_2 相和 γ 相几乎同时沿 α_2 相基体表面析出，并且 B_2 相和 γ 相以 $(110)B_2//(0002)\alpha_2$ 和 $(1\bar{1}0)\gamma//(11\bar{2}0)\alpha_2$ 的平行相位关系在几百纳米的范围内均匀分布在 α_2 相基体中[28-29]

(图 3 - 15(a))。从 Ti - Al 二元相图以及 Ti - 45Al - 2Cr - 5Nb 合金凝固相转变可以确定，$(20\bar{2}0)$ α_2 相和(110) γ 相主要来源于(210) β 相，因此，SLM 成形 Ti - 45Al - 2Cr - 5Nb 合金的相演变机理可以归纳为：(210) β 相转变为 $(20\bar{2}0)$ α_2 相和(110) γ 相，随后，残余的 B_2 相和未完全转化的 γ 相将会均匀地分布于 α_2 相基体。

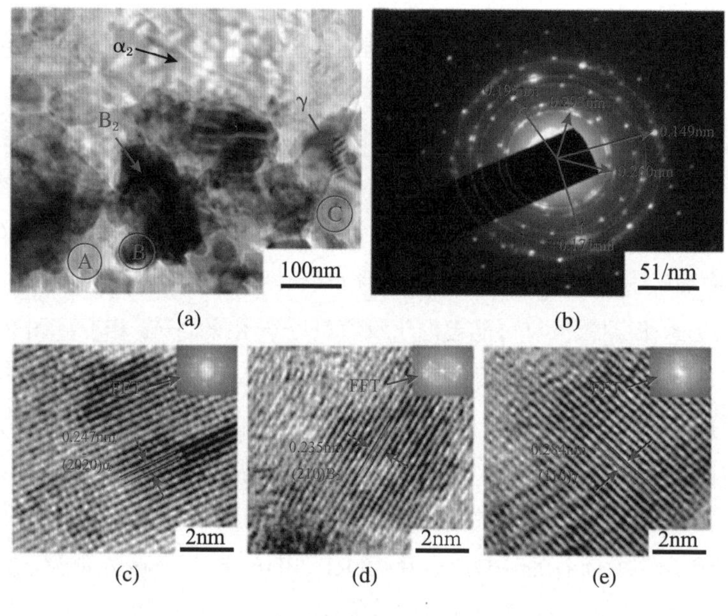

图 3 - 15　SLM 成形 Ti - 45Al - 2Cr - 5Nb 合金 TEM 分析结果

(a) 试样 E1 明场 TEM 图；(b) 试样 E1 明场 TEM 的选区电子衍射图(SADP)；
(c)、(d)、(e) A 区、B 区和 C 区的 HRTEM 图。

FFT 的衍射强度和点位关系分别表明有序 α_2 相、B_2 相和 γ 相的初始形成阶段及其相位关系。事实上，B_2 相在平行于(111)的方向上择优取向生长，并且这种择优生长的方向可以利用 α_2 相、B_2 相和 γ 相之间的伯格斯(Burgers)取向关系进一步解释阐明。在这种情形下，α 相和 γ 相将会从 β 相中析出形核，并且 α 相和 γ 相分别以 $(20\bar{2}0)$ 和 $(1\bar{1}0)$ 的择优取向平行于 $(111)B_2$ 相方向生长，α_2 相、B_2 相和 γ 相的相位关系(orientation relationship)可以归纳为 $(111)B_2 // (1\bar{1}0)\ \gamma // (11\bar{2}0)\alpha_2$ [32]。

3.4 成形件力学性能

硬度是 Ti-45Al-2Cr-5Nb 合金抗塑性变形能力的一个重要指标，为了研究激光能量密度引起的硬度变化规律，采用维氏硬度分别对试样 E1、E2 和 E3 的上表面进行硬度表征，在不同的区域随机选择 10 个点进行硬度测试，测试结果取平均值，如图 3-16 所示。图 3-16(a)为维氏硬度测试过程中的压痕点，可以发现压痕点呈平直的四面体结构，其大小约为 120μm，并且在压痕点四周未发现明显的裂纹。图 3-16(b)分别为试样 E1、E2 和 E3 的维氏硬度测试结果：580.1$HV_{1/15}$ ± 16.4$HV_{1/15}$，572.2$HV_{1/15}$ ± 15.3 $HV_{1/15}$ 和 561.7$HV_{1/15}$ ± 16.1$HV_{1/15}$，很明显随着激光能量密度的增大，试样 E1、E2 和 E3 的维氏硬度逐渐减小。首先，激光能量密度的增大导致晶粒变大，根据霍尔佩奇公式，晶粒的增大会导致硬度下降；其次，在 α_2 相、B_2 相和 γ 相中，B_2 相最硬(硬度大小 $B_2 > \alpha > \gamma$)[30]，但是随着激光能量密度的增大，XRD 和 EBSD 结果表明 B_2 相的含量逐渐减少，因此导致硬度下降。虽然维氏硬度随激光能量密度的增大略有降低，但是试样 E1、E2 和 E3 的维氏硬度值要远大于离心铸造的 Ti-48Al-2Cr 合金(489HV ± 28.55HV)[31]，这主要是由于 SLM 成形 Ti-45Al-2Cr-5Nb 合金的 B_2 相是沿着晶界均匀分布析出的(图 3-16(c)、(d)和(e))，因此会在晶界起强化作用，提高硬度；同时，SLM 成形的过程中，试样内部会累积内应力，内应力的集中会大大提高试样的硬度(类似于加工硬化)。

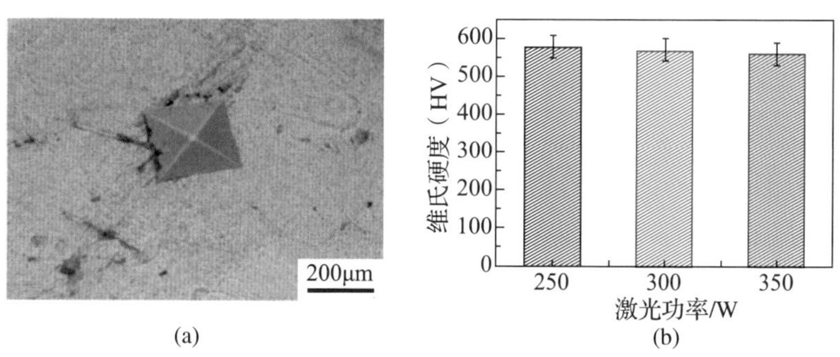

图 3-16 SLM 成形 Ti-45Al-2Cr-5Nb 合金硬度测试结果
(a) 维氏硬度测试过程中的压痕点；(b) 试样 E1、E2 和 E3 维氏硬度测试结果。

参考文献

[1] 郑玉峰，李莉. 生物医用材料学[M]. 哈尔滨：哈尔滨工业大学出版社，2009.

[2] 张超武，杨海波. 生物材料概论[M]. 北京：化学工业出版社，2005.

[3] 李红梅，雷霆，方树铭，等. 生物医用钛合金的研究进展[J]. 金属功能材料，2011(02)：70 - 73.

[4] KRISHNA B V，XUE W C，BOSE S，et al. Functionally graded Co - Cr -Mo coating on Ti - 6Al - 4V alloy structures. Acta Biomaterialia[J]. Acta Biomaterialia，2008，4(3)：697 - 706.

[5] 张升，桂睿智，魏青松，等. 选择性激光熔化成形 TC4 钛合金开裂行为及其机理研究[J]. 机械工程学报，2013(23)：21 - 27.

[6] FISCHER P，ROMANO V，WEBER H P，et al. Pulsed laser sintering of metallic powders[J]. Thin Solid Films，2004，453 - 454：139 - 144.

[7] YADROITSEV I，GUSAROV A，YADROITSAVA I，et al. Single track formation in selective laser melting of metal powders[J]. Journal of Materials Processing Technology，2010，210(12)：1624 - 1631.

[8] APPEL F，CLEMENS H，FISCHER F D. Modeling concepts for intermetallic titanium aluminides[J]. Progress in Materials Science，2016，81：55 - 124.

[9] SHIUE R K，WU S K，CHEN Y T，et al. Infrared brazing of Ti50Al50 and Ti - 6Al - 4V using two Ti-based filler metals[J]. Intermetallics，2008，16：1083 - 1089.

[10] NIU H Z，KONG F T，KIAO S L，et al. Effect of pack rolling on microstructures and tensile properties of as-forged Ti - 44Al - 6V - 3Nb - 0.3Y alloy[J]. Intermetallics，2012，21(1)：97 - 104.

[11] YANG Z W，ZHANG L X，HE P，et al. Interfacial structure and fracture behavior of TiB whisker - reinforced C/SiC composite and TiAljoints brazed with Ti - Ni - B brazing alloy[J]. Materials Science & Engineering A，2012，

532：471－475.

[12] THIJS L，KEMPEN K，KRUTH J P，et al. Fine-structured aluminium products with controllable texture by selective laser melting of pre－alloyed AlSi10Mg powder[J]. Acta Materialia，2013，61：1809－1819.

[13] LOUVIS E，FOX P，SUTCLIFFE C J. Selective laser melting of aluminium components [J]. Journal of Materials Processing Technology，2011，211：275－284.

[14] TANG B，CHENG L，KOU H C，et al. Hot forging design and microstructure evolution of a high Nb containing TiAl alloy [J]. Intermetallics，2015，58：7－14.

[15] NIU H Z，CHEN Y Y，ZHANG Y S，et al. Producing fully-lamellar microstructure for wrought beta-gamma TiAl alloys without single α－phase field，Intermetallics[J]. Intermetallics，2015，59：87－94.

[16] XU W，BRANDT M，SUN S，et al. Additive manufacturing of strong and ductile Ti－6Al－4V by selective laser melting via in situ martensite decomposition[J]. Acta Materialia，2015，85：74－84.

[17] CARTER L N，MARTIN C，WITHERS P J，et al. The influence of the laser scan strategy on grain structure and cracking behaviour in SLM powder-bed fabricated nickel superalloy[J]. Journal of Alloys & Compounds，2014，615：338－347.

[18] THIJS L，SISTIAGA M L M，WAUTHLE R，et al. Strong morphological and crystallographic texture and resulting yield strength anisotropy in selective laser melted tantalum[J]. Acta Materialia，2013，61：4657－4668.

[19] KOCKS U F，TOMÉ C N，WENK H R. Texture and Anisotropy[M]. Cambridge：Cambridge University Press，1998.

[20] KUNZE K，ETTER T，GRÄSSLIN J，et al. Texture，anisotropy in microstructure and mechanical properties of IN738LC alloy processed by selective laser melting (SLM) [J]. Materials Science & Engineering A，2015，620：213－222.

[21] SIMONELLI M，TSE Y Y，TUCK C. Effect of the build orientation on the mechanical properties and fracture modes of SLM Ti－6Al－4V

[J]. Materials Science & Engineering A, 2014, 616: 1-11.

[22] YANG D Y, GUO S, PENG H X, et al. Size dependent phase transformation in atomized TiAl powders[J]. Intermetallics, 2015, 61: 72-79.

[23] BERAN P, PETRENEC M, HECZKO M, et al. In-situ neutron diffraction study of thermal phase stability in a γ-TiAl based alloy doped with Mo and/or C[J]. Intermetallics, 2014, 54: 28-38.

[24] CLEMENS H, WALLGRAM W, KREMMER S, et al. Design of novel β-solidifying TiAl alloys with adjustable β/B_2-phase fraction and excellent hot workability[J]. Advanced Engineering Materials, 2008, 10: 706-713.

[25] MISHIN Y, HERZIG C. Diffusion in the Ti-Al system[J]. Acta Materialia, 2000, 48: 589-623.

[26] IMAYEV R M, IMAYEV V M, OEHRING M, et al. Alloy design concepts for refined gamma titanium aluminide based alloys[J]. Intermetallics, 2007, 15: 451-460.

[27] WANG J W, WANG Y, LIU Y, et al. Densification and microstructural evolution of a high niobium containing TiAl alloy consolidated by spark plasma sintering[J]. Intermetallics, 2015, 64: 70-77.

[28] NIU H Z, CHEN Y Y, XIAO S L, et al. Microstructure evolution and mechanical properties of a novel beta γ-TiAl alloy[J]. Intermetallics, 2012, 31: 225-231.

[29] TAKEYAMA M, KOBAYASHI S. Physical metallurgy for wrought gamma titanium aluminides: microstructure control through phase transformations [J]. Intermetallics, 2005, 13: 993-999.

[30] GÖKEN M, KEMPF M, NIX W D. Hardness and modulus of the lamellar microstructure in PST-TiAl studied by nanoindentations and AFM[J]. Acta Materialia, 2001, 49: 903-911.

[31] ZHU D D, DONG D, NI C Y, et al. J. Effect of wheel speed on the microstructure and nanohardness of rapidly solidified Ti-48Al-2Cr alloy[J]. Materials Characterization, 2015, 99: 243-247.

[32] LI W, LIU J, ZHOU Y, et al. Effect of substrate preheating on the texture, phase and nanohardness of a Ti - 45Al - 2Cr - 5Nb alloy processed by selective laser melting[J]. Scripta Materialia, 2016, 118: 13 - 18.

[33] 李伟. SLM 成形钛铝合金微观组织与性能演变规律研究[D]. 武汉: 华中科技大学, 2017.

第4章 SLM成形铝合金材料组织及性能

铝是一种轻金属，在地壳中的含量仅次于氧和硅，是地壳中含量最丰富的金属元素。纯铝的导电、导热性能优良，延展性好，非常适合用于导电材料。但是纯铝的硬度及强度都很低，通常需要在铝基体内加入一些硅、镁、锰、钛、铬等合金元素来强化铝合金的力学性能，以满足更多的生产需求。铝合金是以铝为基体的合金总称，目前为止，铝合金是应用最多的轻金属合金材料，铝合金以其优异的轻金属材料性能，已经被广泛应用到航空航天、汽车工业等领域[1]。图4-1所示为Space X公司的COTS Dragon太空飞船铝合金压力舱结构件。

图4-1
Space X公司的COTS Dragon太空飞船铝合金压力舱结构件

目前，我国的机械制造行业广泛使用铸造Al-Si合金，按照所含合金元素分类属于4系铝合金，按照Si含量的不同可以分为亚共晶合金(Si的质量分数为8%～10%)、共晶合金(Si的质量分数为11%～13%)、过共晶合金(Si的质量分数为16%～26%)三类。因为铝硅合金中的Si元素相对密度较小(2.34 g/cm^3)，所以合金中由于Si元素的加入，降低了合金的密度。此外，Si元素可以提高合金的气密性，显著增加铝合金溶体的液态流动性，降低合金的熔点和原料成本。图4-2为Al-Si合金的二元相图，从图中可知，Al

和 Si 的相互固溶度很小。合金在冷却凝固过程中，能够以纯 Si 的形式被析出，从而提高合金的硬度以及耐磨性。在共晶温度时，Si 在 Al 中的固溶度达到最大值 1.65%，共晶反应温度为577℃，共晶点 Si 的质量分数约为 126%。此时会发生共晶反应：L→α+β，形成 Al-Si 共晶体，其中 L 为液相，α 为 Al 相，β 为 Si 相，共晶 Si 相呈粗大的针状分布。共晶 Al-Si 合金的金相组织主要由 α-Al 固溶体、Al-Si 共晶体和不规则粗大块状初晶 Si 组成。在制造车轮、滑轮、离心机、通风机、起重机、泵的零部件、活塞和发动机汽缸等时起到重要作用。在国外，汽车上用的铝合金主要是铝铸件和压铸件，此外还有锻造成形件。因为铝属于轻金属，密度较小，所以汽车上每使用 1kg 铝就可降低 2.25kg 自重，轻量化效应高达 125%，并可减少废气排放[2-3]。

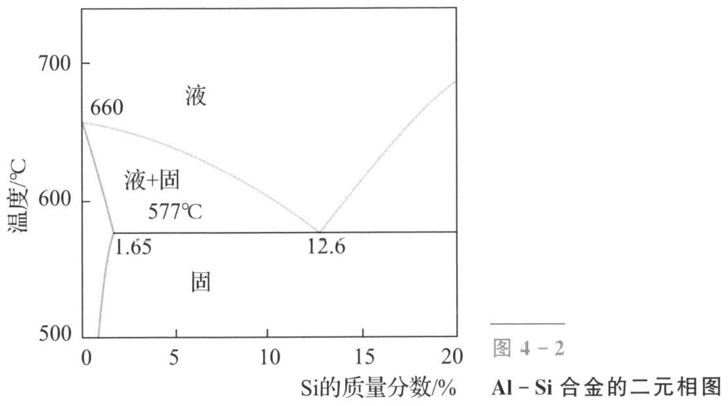

图 4-2　Al-Si 合金的二元相图

AlSi10Mg 是一种典型的铸造铝合金，属于 Al-Si 系合金，具有良好的焊接性、淬透性和耐蚀性，适合用 SLM 技术成形。AlSi10Mg 合金中 Si 是主要的合金元素，它的密度比 Al 还小，具有低的线膨胀系数和收缩率，可以改善铝合金的流动性，减轻合金的密度，降低热裂倾向，减少铸件的缩孔、缩松、变形等缺陷，提高致密性。室温时，Si 在 Al 中的溶解度只有 0.05%，在 Al 中基本不固溶，合金在冷却凝固过程中，Si 被析出，可以提高合金的硬度以及耐磨性。此外，由于 AlSi10Mg 合金含有 Mg 元素，Mg 和 Si 元素会形成 β′相和 Mg_2Si 相（β 相），产生的相会在材料失效硬化中起作用。

随着产品技术水平的不断提高和研制周期的不断缩短，工业应用对复杂精密铝合金构件的制造技术提出了大型化、整体化、形状复杂化、薄壁化、高精化的要求，不仅要求制造技术高效、快速，而且还要具有随装备设计变化而变化的快速响应能力，以及对复杂精密构件生产制造的适应性。传统的铝合金成形工艺主要是铸造、锻造、机械加工等，这些工艺具有一定的局限性，往往需要模具或者刀具，耗时耗力，生产周期长，因此，开发适合AlSi10Mg等铝合金的增材制造技术成为当今的研究热点[4-8]。

除此之外，AlSi10Mg合金的各种力学性能与加工工艺条件（如凝固率）有很大关系[9]。而SLM加工方法在提高铝合金的凝固率方面具有很大的灵活性，这激起了人们对SLM加工铝基材料（包括金属合金和金属基复合材料）的研究。

然而利用SLM技术成形AlSi10Mg合金具有较高难度，主要原因在：低激光吸收率、高热导率及易氧化性。这些难题会导致成形时出现铺粉不均匀、熔体浸润性差、容易溅射等问题。①铝粉是一种反光性很强的材料（反光率约为91%，远低于Ti的59%、Fe的45%），激光照射时很大一部分能量不能被铝粉吸收而是被反射出去，需要调整合适的激光功率及扫描速度获得合适的激光能量使金属粉末完全熔化而减少飞溅。②铝合金热导率高达237$W \cdot m^{-1} \cdot K^{-1}$（为Ti的11倍、Fe的5倍），温度扩散快，熔池中气泡无法及时溢出便已经凝固，使得选择性激光熔化成形件致密度下降。一般来说，低功率CO_2激光器很难使Al合金粉末发生有效熔化，即便使用短波长、高功率光纤或Nd：YAG激光器使其发生初始熔化，其高热导率又将使输入热量急速传递消耗，导致熔池温度降低、熔池内液相黏度增加。③Al熔体与氧具有很强的亲和能力，即便激光成形仓内抽真空或通保护气体，也将存在氧分压，故会在熔体表面形成Al_2O_3氧化膜，从而降低熔体对基体的润湿性，造成熔池内层与层之间不能完全熔合产生间隙，这阻碍了逐层堆积，严重时可能使选择性激光熔化过程停止。

但是，以上问题均可以通过提高粉末质量、优化工艺参数、改变激光器种类等途径改善。目前，该领域的大量国内外科研工作者对选择性激光熔化铝合金出现的问题进行了研究并取得了一些突破。选择性激光熔化的铝合金材料主要有AlSi10Mg、Al15Si和AlSi7Mg等合金[10-13]。本章将对AlSi10Mg、AlSi7Mg和Al15Si三种典型的合金进行深入研究，探究其SLM成形的工艺可行性及特点，消除成形缺陷，获得致密的成形部件，并且测试SLM试样的组织特点及室温力学性能，研究其在热处理后的组织与性能变化，为SLM成形铝基类合金提供理论基础和工程经验。

4.1　AlSi10Mg 合金 SLM 成形工艺

4.1.1　粉末材料

研究材料用的是气雾化 AlSi10Mg 合金球形粉末。理论密度为 2.67 g/cm^3，熔点为 570～660℃。AlSi10Mg 合金粉末成分如表 4-1 所列，采用JSM-7600F 场发射扫描电子显微镜观察粉末微观形貌，如图 4-3(a)所示。图中可以看到粉末多为球形或者近球形，粉末流动性很好。采用激光粒度仪(马尔文 3000，MALVERN，MasterMini 颗粒分析设备)检测粉末的粒度，粒径分布如图 4-3(b)所示，Dv(10)、Dv(50)、Dv(90)分别为 10.0μm、21.8μm、38.5μm，平均粒径大小为 21.8μm，粉末的粒度大小整体呈现正态分布，符合 SLM 成形的材料粒径要求。

表 4-1　AlSi10Mg 合金粉末成分

成分	Al	Si	Mg	Mn	Cu	Fe	Ni	Zn
质量分数/%	88.59	9.2	0.48	0.21	0.26	0.84	0.17	0.25

(a)

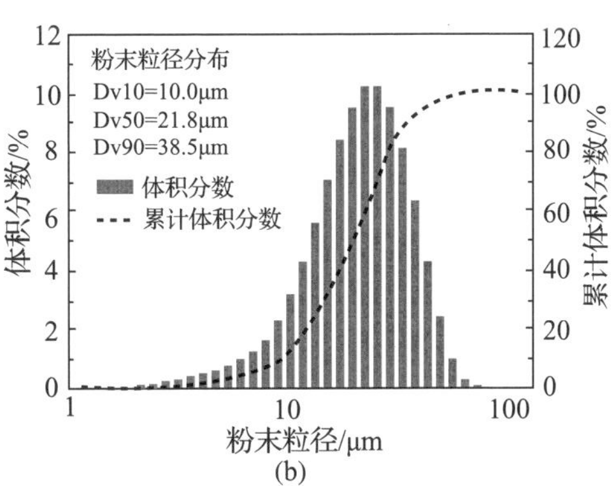

(b)

图 4-3　AlSi10Mg 合金粉末表征

(a) 粉末宏观形貌；(b) 粉末粒径分布。

4.1.2　SLM 工艺参数

研究方法包括单道扫描、单层制造和多层制造。单道扫描主要用来优化成形工艺参数，确定单道成形工艺窗口，研究工艺参数对熔化道宽度的影响规律。在单道扫描的基础上进行单层制造，确定合适扫描间距。选用合适的工艺参数进行多层制造。具体成形工艺参数在下面对应研究结果处说明。

4.1.3 成形工艺优化

1. 单道扫描成形

单道扫描是 SLM 成形的基础，单道熔池能反映出激光与 AlSi10Mg 粉末的作用机理，包括常见的球化现象，腔体内保护气氛的影响，激光功率及扫描速度对熔池性能的影响[14-15]。采用不同工艺参数组合，在铝合金基板上进行铝合金粉末单道熔化研究，通过光学显微镜观察，研究激光功率 100～180W、扫描速度 300～1000mm/s、光斑直径 60～150μm 对单熔化道形貌和宽度的影响规律。在单道扫描的基础上进行多道扫描研究，而扫描间距是多道扫描的关键参数，它影响着成形的表面形貌和质量。同时研究了重熔对多道扫描质量的影响，因为重熔可使第一次多道扫描中出现的球化现象，单道熔池之间的搭接不均匀及氧化膜问题得到解决。最终由单道研究得出优化工艺窗口，研究中各个工艺参数范围如表 4-2 所列，单道扫描熔池宽度、激光功率与扫描速度之间的关系如图 4-4 所示。

表 4-2　激光单道扫描工艺参数

激光功率 P/W	扫描速度 v/(mm/s)	激光光斑直径 D/μm	沉积基板厚度/mm	基板材质
100～180	300～1000	60～150	10	铝合金板

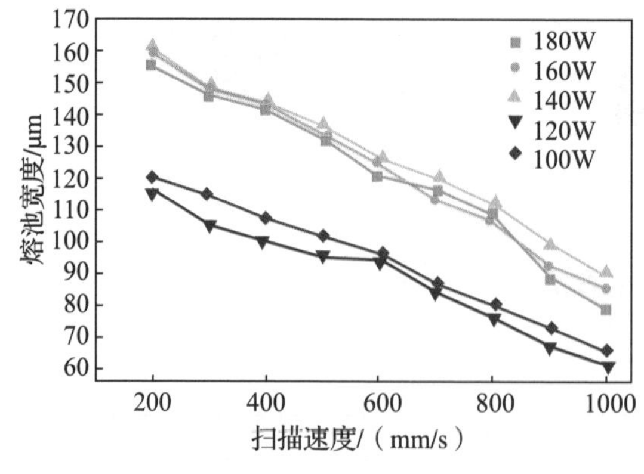

图 4-4　单道扫描熔池宽度、激光功率与扫描速度的关系

基于单道扫描熔池的宽度，分别研究不同扫描间距对单层扫描质量的影响，图 4-5 为扫描间距 0.04mm、0.06mm、0.08mm 的 SLM 成形 AlSi10Mg 的表面形貌。可看出，扫描间距过小容易产生球化，主要是因为熔池之间堆叠较多，产生过高凸起造成。除此之外，表面的不平整导致下一扫描层的凸起增加，累积效应可导致 SLM 成形 AlSi10Mg 零件的失效。扫描间距过大会导致某些区域熔化不够完全，或者部分熔池之间搭接不够良好，影响下层的成形质量。即使扫描间距选择比较适当，球化现象较少，从图 4-5(b)可以看出，表面的平整度还是不太高，尤其是在两个熔池的搭接处。所以，在铺铝合金粉末之前，对已经扫描过的单层再次进行扫描，即重熔，不仅能使扫描层表面平整，还能去除表面的球化现象及氧化物杂质，有利于层与层之间的熔合。

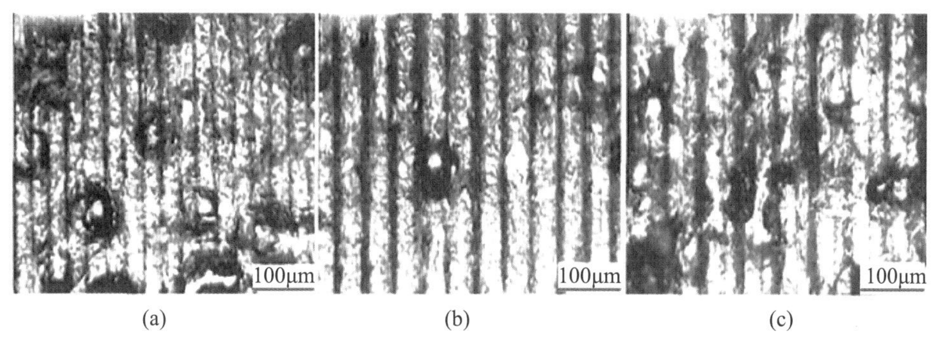

图 4-5　**不同的扫描间距下 SLM 成形 AlSi10Mg 的表面形貌**
(a) 0.04mm；(b) 0.06mm；(c) 0.08mm。

由于铝合金粉末较易氧化(即使在较低氧气含量条件下也十分容易发生氧化)，在本研究设备的密封腔体内，抽真空外加通入高纯氩气保护也无法避免氧化物的产生。所以 SLM 成形 AlSi10Mg 粉末时，通过重熔再去除氧化物等杂质是一种有效的方法。

图 4-6 是单层扫描成形 AlSi10Mg 粉末未重熔和重熔后表面形貌。可以看出，重熔后的表面形貌比未重熔的表面形貌要好，不仅氧化物较少，表面比较清洁，熔池与熔池之间的搭接也比较好。因此，重熔后的单层比未重熔的单层，更利于下层的连接，使层与层之间更能致密地结合在一起。然而，即使重熔的效果如此明显，仍有不足之处。即熔池与熔池之间搭接处的氧化物等杂质无法更好地去除掉，因为重熔的扫描路径与第一次扫描的路径完全

一致，这样只能最大限度去除熔池表面的氧化物等杂质，在熔池的搭接处依然无法去除。研究通过调节 SLM 设备的软件，把重熔扫描路径的方向进行了改变，即重熔扫描时的方向与第一次扫描时的方向成90°，这样就能把熔池搭接处的氧化物等杂质有效地去除，使 SLM 成形的单层表面质量更好。

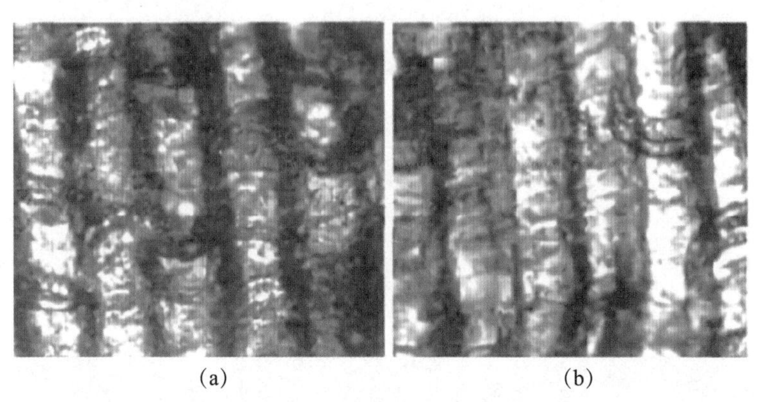

图 4-6　单层扫描成形 AlSi10Mg 粉末未重熔和重熔后表面形貌
(a) 未重熔；(b) 重熔。

图 4-7(a)为重熔的方向与第一次扫描的方向一致的表面形貌，图 4-7(b)为重熔的方向与第一次扫描的方向成90°的表面形貌。对比图 4-7(a)、图 4-7(b)可知，重熔方向成90°的单层扫描表面质量比重熔方向一致的更好，其表面更加整洁，氧化物等杂质也比较少。因此，合适的扫描间距(如0.06mm)及恰当的重熔方式是获得 SLM 成形高质量 AlSi10Mg 单层的关键。

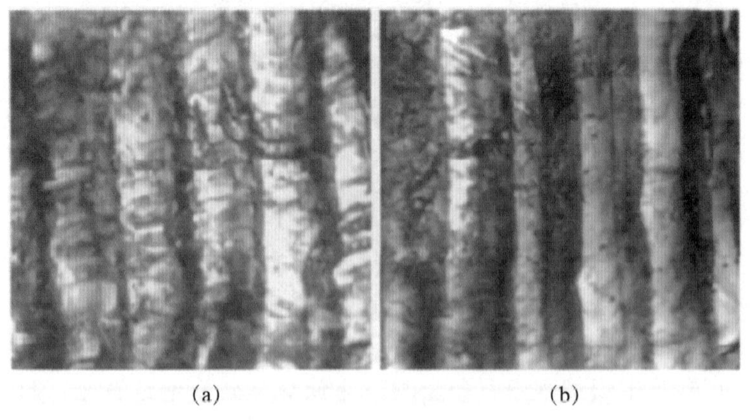

图 4-7　不同重熔方向的单层 SLM 成形表面形貌
(a) 重熔方向未变；(b) 重熔方向成90°。

2. 致密度分析

研究了单道及多道SLM成形AlSi10Mg后，获得了一批比较好的工艺参数和手段，可尝试进行块体AlSi10Mg的SLM成形。本次块体成形选取的加工参数如下：扫描速度为700～1000mm/s，激光功率为140～190W，扫描间距为0.05～0.07mm，铺粉层厚度为0.02mm，重熔方向与前次扫描成90°，SLM成形的AlSi10Mg尺寸为Φ10mm×12mm圆柱件，再使用线切割把成形件从金属基板切下来。根据阿基米德原理，使用排水法测出试样1～10的相对密度，测量结果如表4-3所列。相对密度为测试密度与真实密度的比值。

表4-3　不同工艺参数下成形件的相对密度

试样	激光功率 P/W	扫描速度 v/(mm/s)	扫描间距/mm	相对密度/%
1	140	700	0.05	87
2	140	800	0.05	83
3	160	700	0.05	87
4	160	800	0.05	87
5	140	800	0.06	95
6	140	700	0.06	89
7	160	700	0.06	89
8	160	800	0.07	93
9	160	850	0.07	88
10	180	800	0.07	83

根据表4-3可知，第一，在其他参数一定时，相对密度随功率的增大而略微上升，因为激光功率增加导致单位体积内熔化量增加，并且降低熔池的表面张力及黏度，增大了熔池的宽度和深度，提高焊接的搭接率使组织更加致密，而且熔池存在时间长气孔有足够的时间逸出，增大了致密度；第二，在其他条件不变时，扫描速度增加，相对密度变化较小，这是因为速度在一定范围内变化导致的激光的能量吸收变化比较小而引起的；第三，扫描间距的变化会引起相对密度的变化比较大。

从表4-3还可知，SLM成形AlSi10Mg的圆柱件相对密度最高只有95%。若想SLM零件能够使用，其相对密度要大于等于99%。总结影响相对密度的因素主要有：第一，铝合金粉末密度比较小，激光扫描时容易对粉末产生冲击，使粉末四处飞溅，造成熔池质量不高；第二，铝合金热导率高，温度扩散快，熔池未等及时流动就已凝固；第三，SLM 成形 AlSi10Mg 合金依然有氧化铝等杂质存在，造成熔池之间、层与层之间不能完全熔合，产生间隙。还有其他原因需要进一步通过研究验证，并逐一解决。

4.2 AlSi10Mg 合金 SLM 组织与性能

4.2.1 粉末材料

热处理是提高铸造 AlSi10Mg 合金力学性能的常用方法，如 T6（固溶处理+完全人工时效）、淬火和时效硬化等。而 SLM 成形技术由于熔化凝固速度快，使得 SLM 技术成形 AlSi10Mg 合金在不做固溶时效等热处理的情况下能够得到非常细小的组织，获得优异的力学性能[16-18]。然而，从前面的力学性能测试结果可以看出，SLM 成形 AlSi10Mg 试样虽然能得到较高的极限抗拉强度和屈服强度，但延伸率却与铸造相当。

具体退火工艺：分别在450℃、500℃、550℃下保温 2h 进行固溶处理，然后水冷淬火。在固溶处理后，将一半的样品在180℃的炉中保温 12h 进行人工时效处理，然后所有的样品进行水冷淬火处理至室温。通过对热处理前后样品的显微形貌、相分布、显微硬度及力学性能进行对比，分析热处理工艺对 SLM 成形 AlSi10Mg 试样的组织及性能的影响规律。

4.2.2 成形件微观组织与相分析

Al-Si 相图如图 4-8(a)所示，SLM 成形及热处理后的样品 XRD 结果分析如图 4-8(b)所示。根据数据显示，Al、Si、Mg_2Si 的衍射峰明显且分别对应 PDF 卡片 89-2837、89-5012 和 01-1192。在 XRD 谱图上，热处理样品的 Si 峰强度高于未热处理试样的 Si 峰。这表明热处理后 Si 在铝基体中的固溶度显著降低。根据维加德定律，Si 在 Al 基体中的原子分数为 8.89%，在450℃、500℃和550℃热处理后，Si 在 Al 基体中的原子分数分别为 3.25%、2.75%和 2.13%。值得注意的是，在180℃人工老化 12h 后，Si 峰强度进一步增强。经180℃固溶处理和人工时效 12 h 后，Al 基体中残余 Si 的原子分数分别为 2.52%、2.02%和 1.68%，表明人工时效使 Al 基体中的 Si 原子进一步析出。此外，热处理前样品的 Mg_2Si XRD 峰强度低于热处理后样品的 Mg_2Si

XRD 峰强度。这主要是由于 Si 经热处理后从铝基体中析出，再与 Mg 反应形成 Mg_2Si 相。然而，与固溶强化处理的样品相比，经过人工时效样品的 Mg_2Si 峰基本保持不变。这可能是由于 AlSi10Mg 合金中 Mg 含量较低（0.4%～0.5%）所致。虽然人工时效处理的样品沉淀出较多的 Si，但没有多余的 Mg 形成更多的 Mg_2Si 相，表明 Mg 是生成 Mg_2Si 相的有限反应物[19-20]。

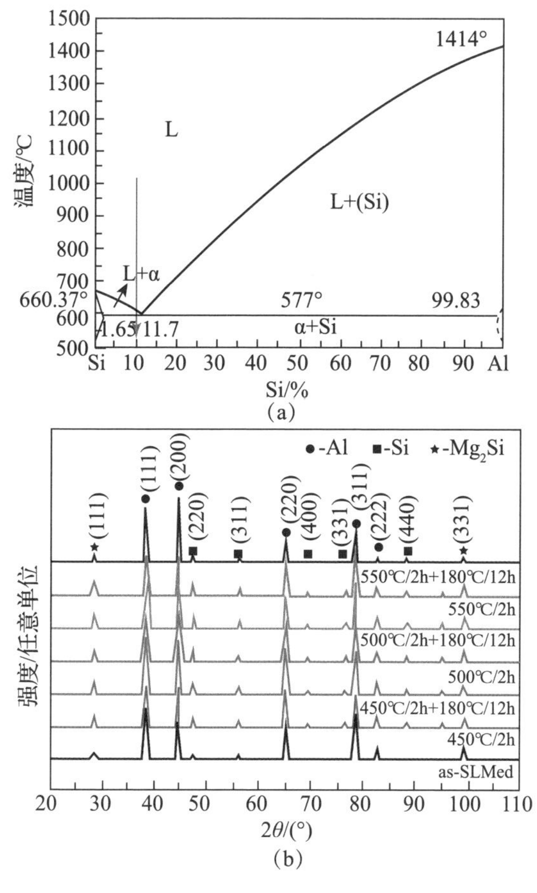

图 4-8　SLM 成形样品相分析结果

(a) Al-Si 二元合金相图，红色箭头阐明了 AlSi10Mg 凝固和相变的路线；
(b) SLM 成形的 AlSi10Mg 样品及不同温度热处理后的 XRD 衍射图。

图 4-9 是 SLM 成形的 AlSi10Mg 样品及热处理后的显微结构图。图 4-9(a) 显示沿扫描方向（*X* 轴）的单道微观形貌。与铸造 AlSi10Mg 合金中铝基体有

大的棒状或针状 Si 颗粒沉积不同的是，SLM 成形的 AlSi10Mg 出现了一种全新的共晶硅颗粒。可以观察到沿着熔化道出现了平均晶粒为 1μm 的树枝晶。灰色的胞状结构为 α－Al 基体，基体周围白色的网状物质为针状 Si 晶粒。SLM 成形的 AlSi10Mg 样品中的 Al 基体周围细小的网状 Si 晶粒可以有效提高合金的力学性能[21-22]。在单道熔池上，可以明显区分出三个具有不同微观结构的区域，即粗晶区（C 区）、过渡区（T 区）和细晶区（F 区）。这三个区域经历了不同的热循环。与熔体轨迹边界对应的 C 区和 T 区的平均宽度分别为 6μm 和 3μm，分别用红色实线和红色虚线标示。图 4－9（b）、（c）是三个不同区域的放大 SEM 图，可以进一步观测。结果表明，熔融边界具

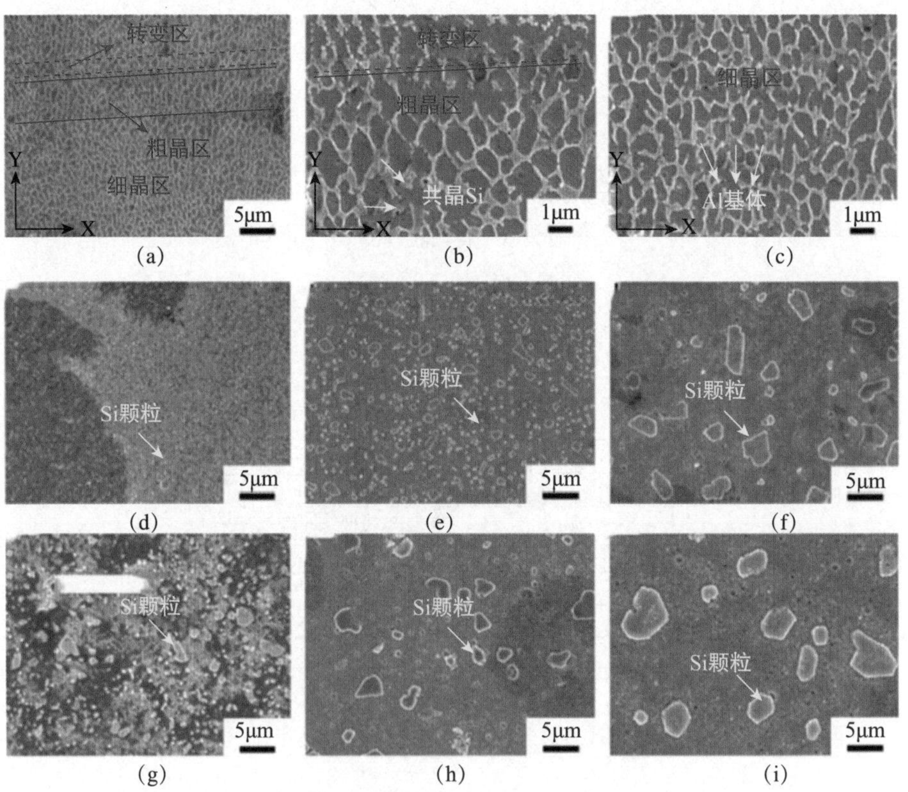

图 4－9　SLM 制备的和经过热处理的 AlSi10Mg 样品的微观形貌

（a）具有三个不同区域的单道；（b）单道中粗晶区和过渡区的边界；（c）熔池内部的细晶结构；（d）450℃ 2h 下 SEM 图；（e）500℃ 2h 下 SEM 图；（f）550℃ 2h 下 SEM 图；（g）450℃ 2h＋180℃ 12h 下 SEM 图；（h）500℃ 2h＋180℃ 12h 下 SEM 图；（i）550℃ 2h＋180℃ 12h 下 SEM 图。

有较粗的晶粒。C 区和 T 区的晶粒大小分别为 2～4μm 和 1～2μm，而熔池内部表现出更细的结构，平均晶粒大小为 0.6～0.8μm。同时，值得注意的是，由于 Si 在 T 区的扩散速率增加，使得 Si 在 T 区形成亚晶，从而在一定程度上破坏了共晶的Al-Si 网络结构。固溶强化对合金的微观结构影响如图 4-9(d)、(e)、(f) 所示。当处理温度从450℃上升到550℃时，晶粒变得粗大。而通过图 4-9(g)、(h)、(i)可以看出在经过 12h 180℃的人工时效处理后，晶粒进一步变粗大。为了研究共晶 Si 颗粒在热处理过程中的尺寸和数量的变化，对不同热处理条件下 AlSi10Mg 样品微观形貌的 SEM 显微照片进行了详细的图像分析，如图 4-10所示。

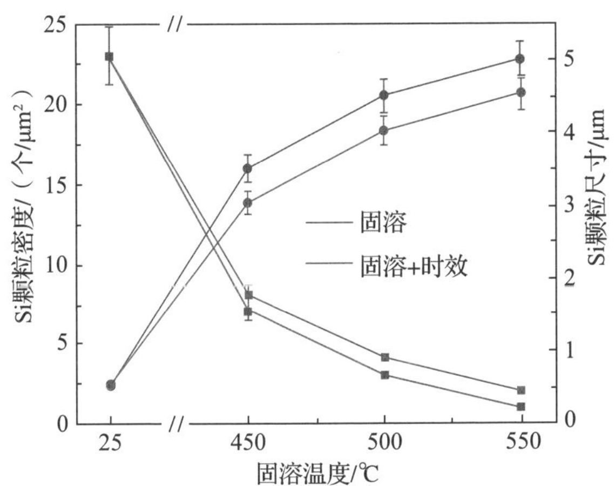

图 4-10
固溶处理与人工时效对 Si 颗粒的粒径与密度的影响规律

从图 4-9 测量得到 SLM 成形的 AlSi10Mg 合金在经过450℃ 2h 的固溶强化热处理后大部分 Si 颗粒粒径小于 1μm，且均匀地分散在铝基体中。当固溶温度从500℃上升到550℃时，有一部分 Si 颗粒粗化至 2～4μm，可从图 4-9(e)、(f)测出。同时，可以从图 4-9(g)～(i)明显看出 Si 颗粒在经过时效处理后增大至 5μm。Si 颗粒尺寸的增加表明，在 SLM 制备样品时，Al 基体是过饱和的，导致热处理过程中过量的 Si 析出。

从图 4-10 可以看出，随着固溶处理温度的提高 Si 颗粒的数目随之下降。Si 颗粒数目的减少可归因于颗粒聚结以及奥斯特瓦尔德熟化，其中大颗粒以小颗粒消失为代价长大。Si 颗粒在自生试样微观结构中的均匀分布可能是由于 Si 相沿 Al-Si 晶界析出所致。

如图 4-11 所示，可以用示意图描述 SLM 制备的 AlSi10Mg 试样在热处理过程中的微观结构演变。如上面所讨论的那样，所制备的 SLM 试样呈现出由过饱和 Al 基体组成的微结构，表面饰有针状 Si 颗粒(红色箭头标示)，名为 A 相。经固溶热处理和人工时效后，共晶 Si 从过饱和 Al 中被排斥，形成以 B 相表示的小 Si 颗粒。在这个阶段，晶粒边界变得模糊。当固溶强化温度升高时，Si 颗粒沿 Al - Si 晶粒边界析出，体积变大并且数量随之明显减少。然后，粗 Si 颗粒均匀分布在 Al 基体表面，用相 C 表示。

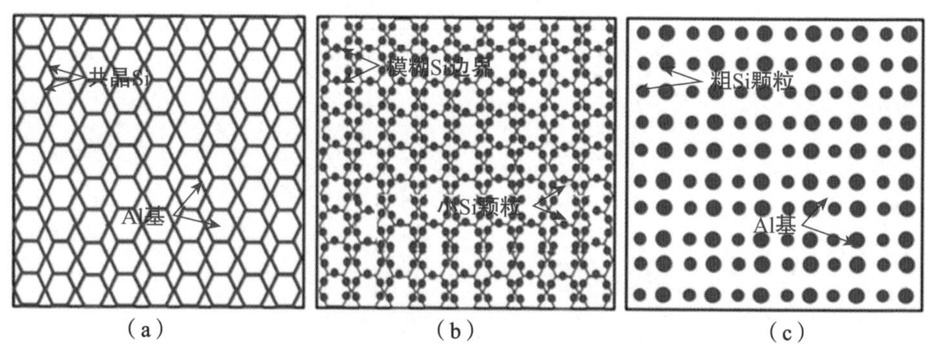

图 4 - 11 SLM 制备的 AlSi10Mg 样品在固溶强化和人工时效处理过程中的微观结构演化原理图（蓝色特征代表富硅区，白色特征代表富铝区）

(a) A 相；(b) B 相；(c) C 相。

为了更详细地检测 SLM 处理后试样中 Al、Si 和 Mg 的分布，则进行 EDX 分析。图 4 - 12(a)～(d)分别为 SEM 图，Al、Si、Mg 的 EDS 图。可以看出 Si 主要分布在 Al 的晶粒边界，而 Mg 相比于 Si 则分布得更加均匀。但 Si 颗粒上的 Mg 含量高于 Al 基体，这可能是因为 Mg 能与 Si 反应形成 Mg_2Si 相，这与 Al - Si - Mg 铸造合金的强化机制有关。

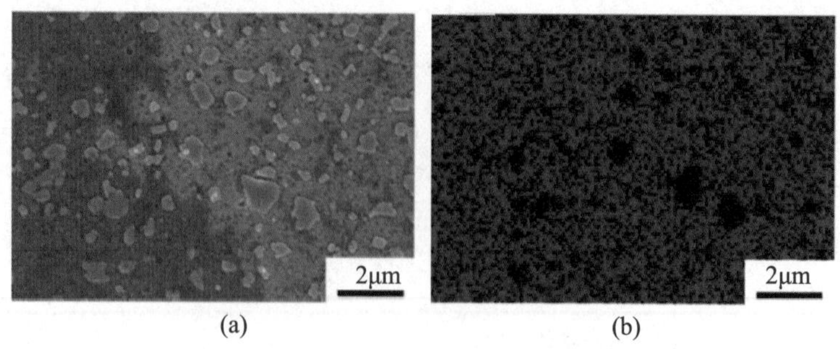

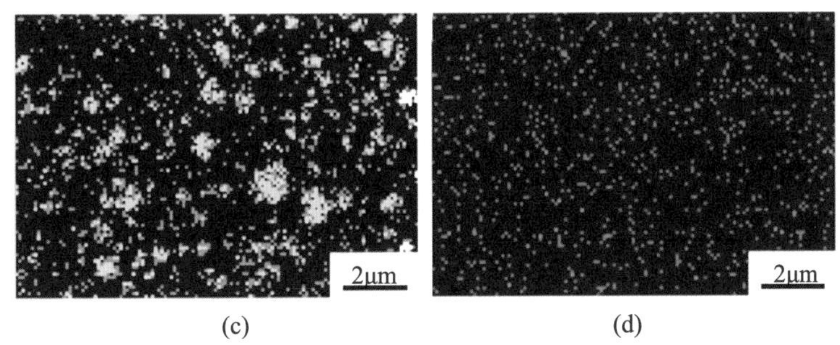

(c)　(d)

图 4-12　经过 500 ℃固溶处理 2h 后的 AlSi10Mg 微观结构 SEM 图和 EDS 图
(a) 对应的 SEM 图；(b) Al 的 EDS 图；(c) Si 的 EDS 图；(d) Mg 的 EDS 图。

4.2.3　成形件力学性能

力学性能直接决定了制备合金的使用寿命，力学性能越好，制备合金的使用寿命越长。为了满足实际应用，必须对制备的合金进行力学性能分析和研究。而力学性能的表征主要有硬度、强度、韧性等。一般硬度越高，材料的耐磨性就越好。在 SLM 过程中，AlSi10Mg 合金不可避免地会出现各种缺陷，而缺陷的存在直接影响材料的力学性能，这就需要对 SLM 合金的力学性能进行研究，以便了解缺陷对合金组织性能的影响，为以后的合金加工提供准确的理论依据。

金属材料的力学性能是指在外力作用下，材料所表现出的抵抗变形或破坏的能力，是用一系列力学性能指标表征的，直接决定了制备合金的使用寿命。而合金的力学性能主要由合金内部的组织结构决定。传统铸造铝合金和 SLM 制造的铝合金由于制备工艺不同，造成合金内部结构不同，进而直接影响其力学性能。SLM 制备 AlSi10Mg 合金时，AlSi10Mg 合金不可避免地会出现如气孔、裂纹、残余应力等缺陷，而缺陷的存在直接影响材料的力学性能。为了得到致密度更高、缺陷更少的成形构件，需对 SLMAlSi10Mg 合金构件的力学性能进行深入分析、研究。

铝硅合金的力学性能主要由合金中的 Al、Si 相含量和共晶 Si 在 Al 中的形貌、分布决定。由于在传统铸造铝硅合金过程中，凝固速度相对缓慢，在这个过程中合金往往会生成大量的针状或者板状共晶 Si，严重时甚至会产生粗大的块状初晶 Si，这种组织会严重地割裂 Al 基体，导致铝硅合金的力学性能下降。到目前为止，铝硅合金可以通过变质处理来抑制 Si 相的长大，起到晶粒细化的作用，从而提高合金的力学性能。应用变质处理是通过添加一定的变质剂来实现 Si 相的形态变化，改变 Si 的生长方式。常用的变质剂有 Na、Sr、稀土(RE)等。采用变质剂 Na 时，由于 Na 原子在 Al 基体中是不溶的，会以薄膜状吸附在 Si 相表面，形成 NaSi，影响 Si 相在液相中的移动速度，而相应的 Al 相形核速度领先 Si 相，会将 Si 相包围，从而抑制了 Si 相的形核长大，起到了晶粒细化作用。采用变质剂 Sr 时，与 Na 相比，它的加入量和加入温度不仅影响了 Si 相的共晶组织，还对 Si 相的生产特征产生作用。目前，研究人员尝试加入新的变质剂如 Ba、Ca、Sb、Y 来抑制铝硅合金中 Si 相的长大，达到细化晶粒、提高合金力学性能的目的[23-24]。

尽管通过加入金属元素与稀土元素对铸造铝硅合金进行变质处理可以抑制 Si 相的长大，达到晶粒细化、提高铸造合金力学性能的目的。然而，这些元素的加入一方面会提高铸造铝硅合金的生产成本，引起元素的偏析，污染环境，影响设备的正常工作，对合金的生产制造带来很大的弊端；另一方面，加入的 Na、Sr 等元素会影响 Al、Si 相的流动性，降低合金的致密度，进而影响合金的性能。因此，变质处理在提高铸造铝硅合金力学性能的同时也会导致新的问题出现，制约了其生产应用。

与铸造 AlSi10Mg 合金相比，SLM 成形 AlSi10Mg 合金的抗拉强度(460MPa)远远高于铸造 AlSi10Mg 合金(300 MPa)；屈服强度(270MPa)也高于铸造 AlSi10Mg 合金(170MPa)；断裂伸长率也比铸造合金要高；弹性模量基本相同。可知，在最优工艺参数条件下，SLM 成形的 AlSi10Mg 合金的力学性能比铸造 AlSi10Mg 合金的要好，强度和塑性都有明显的提高。这主要是由成形工艺的不同造成的。SLM 成形 AlSi10Mg 合金过程中会发生快速冷却过程，而冷却速度(10^3 K/s)比铸造成形快得多，AlSi10Mg 合金由高温熔融状态迅速转变为凝固态，合金组织中的 Al、Si 元素的扩散和晶粒的长大比较困难，从而得到了晶粒比较细小、组织分布比较均匀的结构。通过观察可知，铸造 AlSi10Mg 合金的显微形貌主要由粗大的针状或条状共晶 Si 和 Al 基体组成，而 SLM 成形 AlSi10Mg 合金的显微形貌则主要由纳米级的球状 Si 颗粒和岛状的 Al 基体组成。细小的晶粒会起到细晶强化作用，导致 SLM 成形 AlSi10Mg 合金的力学性能较铸造合金优异。另外，分散在 Al 基体中的 Si 颗粒会形成固溶强化，也会相应地提高 AlSi10Mg 合金的力学性能。

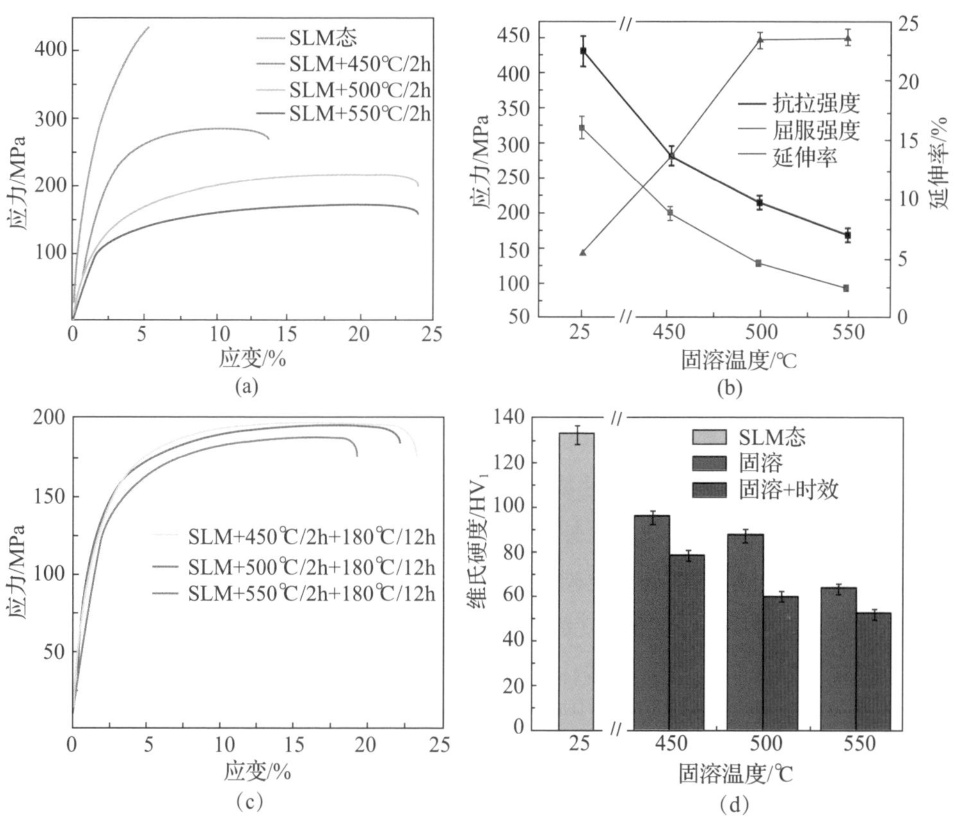

图 4-13　**SLM 成形件拉伸性能**

(a) 室温下 SLM 成形及经过不同温度后处理的 AlSi10Mg 样品的拉伸应力-应变曲线图；(b) 对应的力学性能数据；(c) 经过固溶强化和人工时效双重处理的拉伸应力-应变曲线图；(d) SLM 成形及经过不同温度后处理的 AlSi10Mg 样品的维氏硬度。

图 4-13(a)中给出了室温下 SLM 成形及经过后处理的 AlSi10Mg 样品的拉伸应力-应变曲线图。图 4-13(b)中给出了抗拉强度、屈服强度和延伸率随着固溶强化温度变化的规律。SLM 成形的样品表现出超高的拉伸和屈服强度，分别为 434.25MPa ± 0.7MPa 和 322.17MPa ± 8.1MPa，但是延伸率较低，只有 5.3% ± 0.22%。固溶强化处理对 AlSi10Mg 样品的力学性能有很大的影响。当对样品进行450℃ 2h 的固溶强化处理后，抗拉强度和屈服强度分别下降至 282.36MPa ± 6.1MPa 和 196.58MPa ± 3.6MPa，可喜的是延伸率快速提高至 13.4% ± 0.51%。当固溶强化温度进一步提高至500℃时，抗拉强度和屈服强度分别下降至 213.75MPa ± 4.6MPa 和 126.00MPa ± 2.1MPa，伸

长率提高至 23.5% ± 0.81%。然而当固溶强化温度提高至550℃时，抗拉强度和屈服强度分别下降至 168.11MPa ± 2.4MPa 和 90.52MPa ± 1.6MPa，延伸率只有微小的提升(23.7% ± 0.84%)。经过固溶强化和人工时效双重处理的样品的力学性能如图 4 - 13(c)所示。结果表明，随着固溶温度的升高，其极限强度和延伸率均降低。随着固溶温度从500℃升高至550℃，抗拉强度从 197.11MPa ± 3.5MPa 下降至 187.14MPa ± 3.1MPa，延伸率从 23.3% ± 0.87%下降至 19.5% ± 0.69%。

未经过后处理的 SLM 制备的 AlSi10Mg 样品的力学性能可归功于晶粒细化。晶粒尺寸对力学性能的影响可用半经验公式霍尔 - 佩奇来解释。尺寸引起的强化来自于晶界位错堆积和位错对滑移转移导致的阻力。晶粒细化可以减小 Si 颗粒之间的距离从而大幅度提高强度，这是因为增加的 Al - Si 界面可以有效地减少位错的运动。此外，由于在自制的 AlSi10Mg 试样中加入了纳米共晶网络 Si，可以缓解局部剪切应力，从而提高强度。热处理后的 AlSi10Mg 试样强度和延伸率受 Si 相的数量、形貌和尺寸以及初始硬化率和回复率等因素的影响，后两个因素与固溶体中的溶质含量密切相关。固溶强化和人工时效处理后，Al 基体中的 Si 原子迅速析出到现有的共晶网络 Si 上，从而减少固溶体的强化。同时，Si 颗粒之间的距离显著增加，这也导致抗拉强度和屈服强度降低。对于已成形的 SLM 试样和溶液热处理试样的延伸率，需要考虑两个方面：首先，Si 颗粒数量的减少和尺寸的增加引起局部应力或应变的减小；其次，固溶强化热处理可以减少 SLM 过程中积累的残余应力。这两个因素有利于提高固溶强化处理后 AlSi10Mg 试样的延伸率。然而，由于过时效效应，人工时效后延展性下降。

硬度也是衡量材料抗塑性变形能力的重要指标。为了评价热处理对 SLM 制备的 AlSi10Mg 样品硬度的影响，利用维氏显微硬度仪测量了硬度，结果在图 4 - 13(d)中显示。热处理后试样的硬度值一般低于预制试样。由于 Al 基体中分散的细小的共晶 Si 颗粒，未经过后处理的 SLM 制备的 AlSi10Mg 样品有着最高的硬度 132.55HV_1 ± 5.3 HV_1。经过450℃ 2h 的固溶强化处理后，试样的显微硬度显著降低(95.65HV_1 ± 3.6HV_1)。当固溶强化温度从500℃进一步提高至550℃时，样品的显微硬度从 87.85HV_1 ± 3.1 HV_1降低至63.55HV_1 ± 1.9 HV_1。值得注意的是，人工时效对固溶强化处理后试样的显微硬度也有负面影响。经过 12h 180℃的人工时效处理后且经过450℃、500℃、550℃固溶强化的样品显微硬度分别降低至 78.15HV_1 ±2.8HV_1、60.55HV_1 ±1.7HV_1 和 52.5HV_1 ±1.4 HV_1。这种现象与拉伸研究中发现的证据很好地吻合。这一结果也可以归因于小的 Si 颗粒的聚结以及 Ostwald 成熟机制，会导致粒子尺寸的增大和粒子数量的减少。

图 4-14 说明了 SLM 成形及经过后处理的 AlSi10Mg 样品断口的形貌。图 4-14(a)给出了未经处理的样品断口形貌。显然，在断口上存在两种主要的形貌：韧窝和解理断裂平台。韧窝的尺寸大约为 1μm，用红色箭头表示，是韧性断裂的标志。而台阶解理面(黄色箭头表示)显示典型的脆性断裂，与低延伸率一致。未经过后处理的 SLM 制备的 AlSi10Mg 样品的断口形貌呈现出较高的脆性。当试样在450℃下热处理 2h 后，在整个断口上观察到平均尺

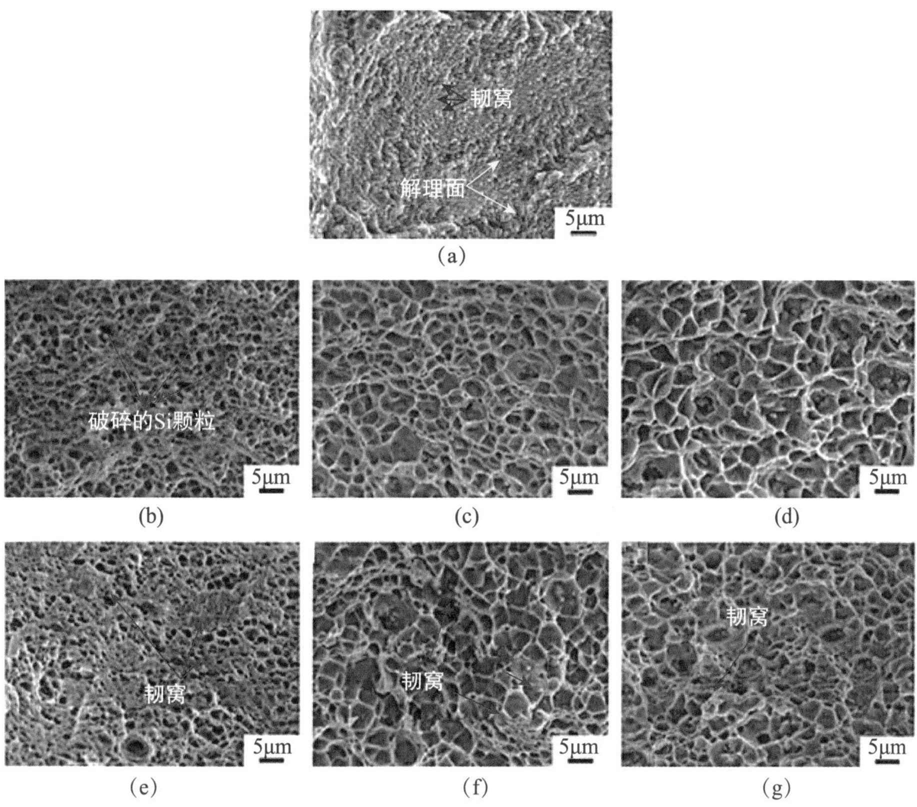

图 4-14　**SLM 成形及经过后处理的 AlSi10Mg 样品断口 SEM 图**

(a) 未处理；(b) 450℃ 2h；(c) 500℃ 2h；(d) 550℃ 2h；(e) 450℃ 2h + 180℃ 12h；(f) 500℃ 2h + 180℃ 12h；(g) 550℃ 2h + 180℃ 12h。

寸为 2μm 左右的等轴晶韧窝，如图 4－14(b)所示，显示高度延展性断裂。此外，通常在韧窝的末端观察到断裂的 Si 颗粒(图中用红色箭头标记)，没有观察到来自基体的 Si 颗粒的解离，这说明 Al 基体与 Si 颗粒结合得十分紧密。从图 4－14(c)、(d)可以看出，当固溶强化温度进一步上升时，等轴晶韧窝的尺寸也随之上升，当温度达到550℃时，韧窝平均尺寸达到 5μm。仔细观察发现，韧窝边缘通过 Al 基体和共晶 Si 颗粒，进一步证实了共晶 Si 颗粒与 Al 基体紧密相连。从图 4－14(e)～(g)可以看出，当样品经过 12h 180℃的人工时效处理后，除了韧窝堆积现象外，样品的断裂形貌没有发生明显的变化。最有可能的是，裂缝在塑性变形能力相对较低的“韧窝堆积”区域开始并传播。

4.3 AlSi7Mg 合金 SLM 组织与性能

4.3.1 粉末材料

这里[25]使用气雾化球形 AlSi7Mg 粉末，粉末形貌如图 4－15(a)所示，平均粒径为 39.7μm，粉末化学成分如表 4－4 所列。在氩气氛中(残余氧浓度，约 0.1%)制备立方体形状的样品(长度和宽度为 10mm，高度为 5mm)，成形参数如下：激光扫描功率为 350W，激光扫描速度为 1300mm/s ，层厚为 30μm，扫描间距为 0.2mm，基板预热至200℃，扫描策略旋转 67°。部分样品在300℃下退火 3h。用 X 射线残余应力法(EempyreanX 射线衍射法)测定残

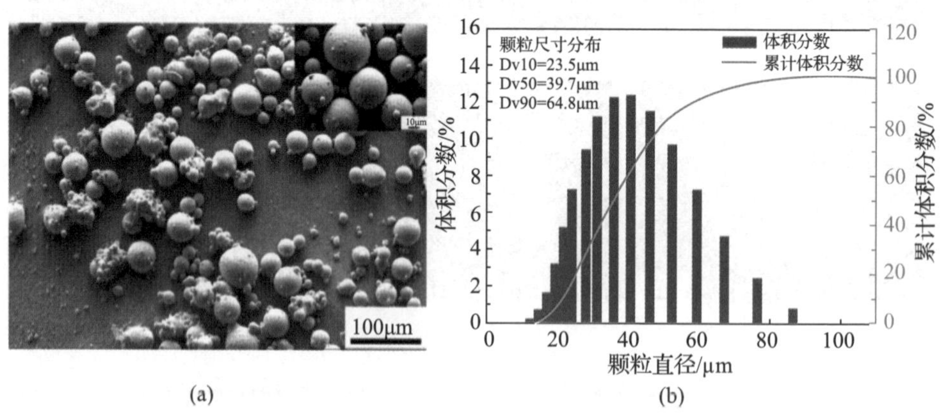

(a) (b)

图 4－15 粉末形貌及粒径分析

(a) AlSi7Mg 粉末的颗粒形貌；(b) 粒度分布。

余应力。使用具有 532nm 激发波长的拉曼光谱仪（Bruker，VERTEX70）进行拉曼光谱的测量。AlSi7Mg 拉伸样示意图如图 4－16（b）所示。使用 Zwick Roell 020 万能研究机进行拉伸研究（室温，应变速率为 1mm/min）。使用 430SVD 硬度研究机（Wilson Hardness，America）测试维氏硬度（加载力为 10N，加载时间为 10s）。

表 4－4　AlSi7Mg 合金的化学成分

元素	Si	Mg	Ti	Fe	Al
质量分数/%	6.5～7.5	0.15～0.75	0.08～0.25	≤0.2	余量
	7.18	0.66	0.18	0.03	余量

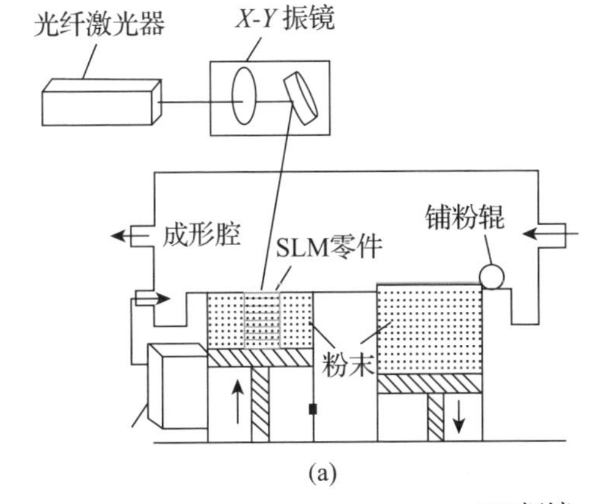

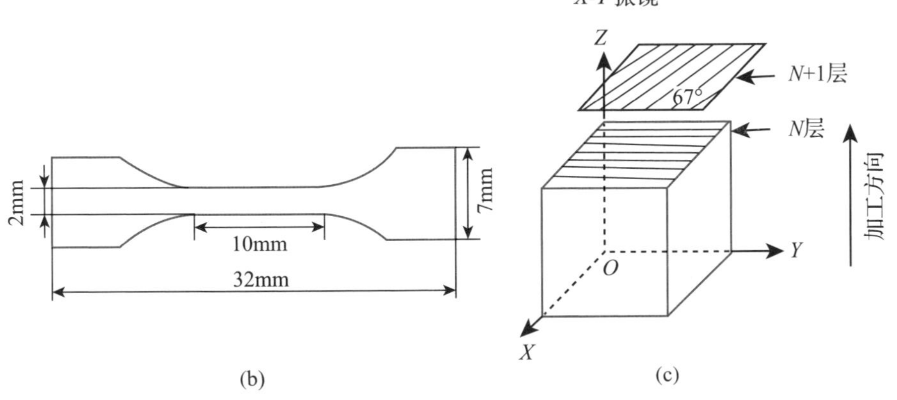

图 4－16　成形件及拉伸样示意图

（a）SLM；（b）拉伸样品；（c）成形样品的扫描策略示意图。

4.3.2 成形件微观组织与相分析

图4-17为试样退火前后的上表面和侧面光学显微镜图像。从图4-17(a)中的试样上表面可以清楚地看到连续的和不连续的熔化道。由于熔池深度和形状的变化，熔池不一定是连续的。从图4-17(c)的侧面可以看出熔池是半圆柱形的。根据像素统计结果，确定熔池深度约为75μm，宽度约为207μm。扫描间距为200μm，使相邻扫描轨道之间熔池宽度重叠。经过300℃退火3h后，试样的显微组织结构发生变化。如图4-17(b)所示，退火样品表面的熔化道表面变得模糊。熔池边界变得难以区分，同时侧面的微观结构变得均匀，如图4-17(d)所示。所有的图片均显示，不规则的孔洞(缺陷)主要位于熔池边界处或其附近，而球形孔洞主要位于熔池内部。缺陷是由粉末未完全熔化或激光轨道之间的搭接不足引起的。球形孔也称为冶金孔，这是由于氢气被困在熔池中或在快速凝固过程中未从粉末中逸出引起的。

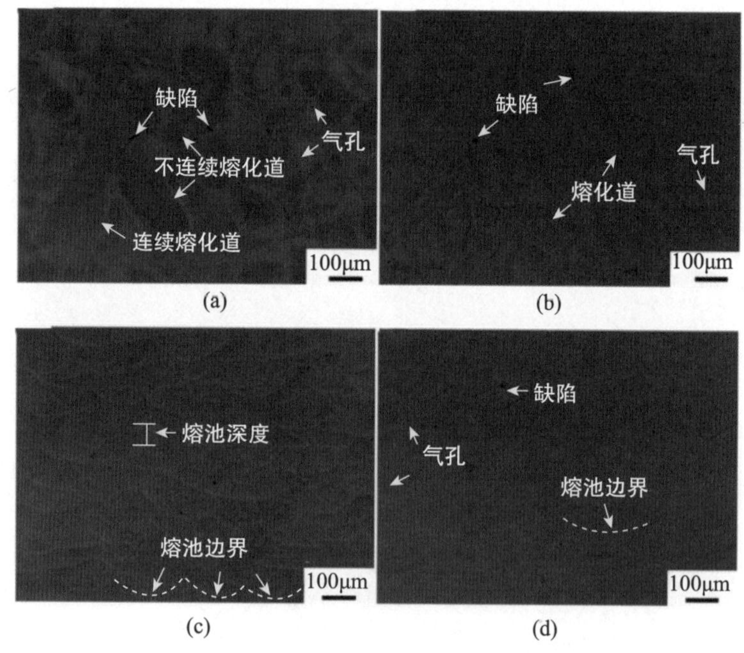

图4-17 **AlSi7Mg样品的光学显微照片(低放大倍数)**

(a)、(c) 制造样品的上表面和侧面；

(b)、(d) 退火样品的上表面和侧面。

图 4－18 为用扫描电镜得到的试样上表面和侧面的微观结构图。在上表面，图 4－18(a)中的三个同区域可分为细小胞状晶区、粗大胞状晶区和过渡区。结果表明，这些区域经历了不同的热过程。如图 4－18(b)所示，在细小胞状晶区，细小的等轴胞晶经历了各向异性的生长。细等轴晶组织的形成与温度梯度(G)和凝固速率(R)有关，尤其与 G/R 有关，在熔池中心 G 与 R 的值均高，故 G/R 的值很低。因此，容易形成细小的等轴晶结构。在熔池边界中，由于激光的移动，在下一次熔化过程后，重叠区域重熔，热温度梯度下降，它们长时间保持高温，凝固速率(R)降低，导致晶胞变得更粗大。细小胞状晶区和粗大胞状晶区之间是明显的过渡区。从图 4－18(c)和(d)中侧表面的 SEM 微观结构来看，熔池由柱状 Al 晶粒组成，这些晶粒倾向于沿着成形方向朝向熔池中心伸长。这是因为 SLM 采用逐层扫描的策略，温度梯度沿垂直方向，Al 晶粒先形核后沿温度梯度生长。由于冷却速度快，一部分 Si 固溶在 Al 基体中，而其他 Si 则排出 Al 基体沿着亚晶胞的边界聚集。这一现象导致了亚晶界周围出现极细小、紧密堆积的共晶 Si 颗粒，形成网状结构。然而，由于 Mg_2Si 的数量和尺寸太小，导致无法被检测到，因此难以区分。

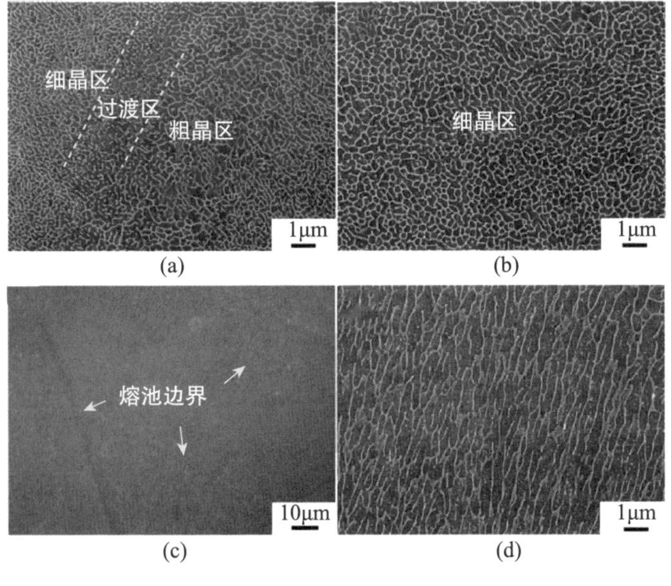

图 4－18　**SLM 成形件显微组织**

a) SEM 上表面的三个不同区域；(b) 细小胞状晶区的局部放大；
(c) SEM 侧面微观结构；(d) 侧面熔池中心。

图 4-19 为退火样品上表面和侧面观察到的微观结构。在300℃下退火 3h 后，样品的微观结构发生变化。熔化道变得模糊，网络结构被打破。由于形核能低，样品中的高残余应力对形核产生促进作用；共晶 Si 网络结构首先破裂，固溶在 Al 基体中的 Si 同时析出。Si 颗粒通过合并预先析出的小共晶 Si 颗粒而变得更粗大、分离。如图 4-19 所示，上表面和侧面微结构组织均匀。

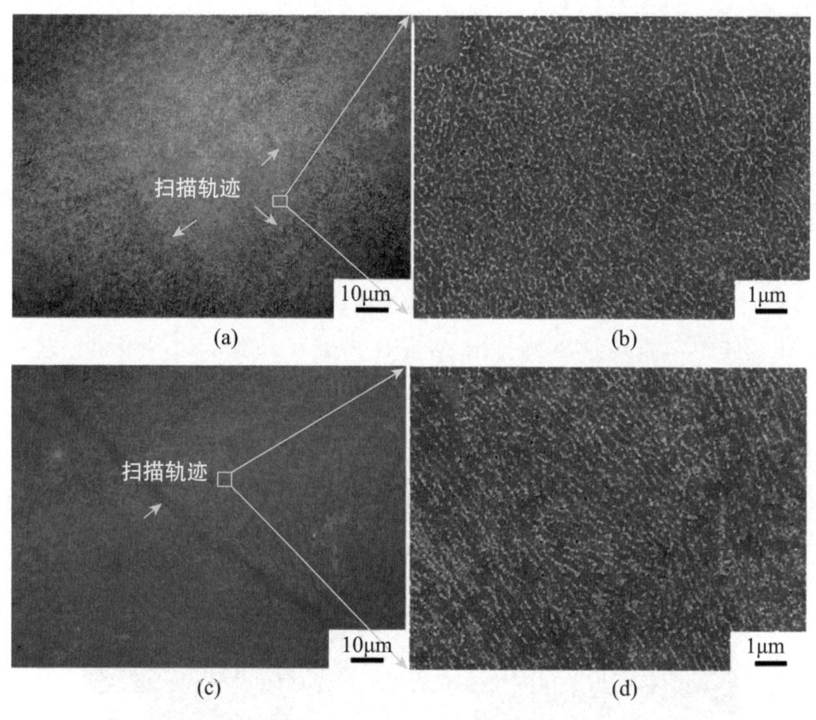

图 4-19　退火样品上表面和侧面观察到的微观结构

(a) 低倍上表面；(b) 高倍上表面；(c) 低倍侧面；(d) 高倍侧面。

为了进一步研究材料的微观结构特征，对样品和退火样进行了 EBSD 分析。EBSD 图的颜色与样品的晶体取向之间的关系如图 4-20(a)和(b)所示。从图 4-20(a)可以看出，所制备的样品主要由粗大的柱状晶粒组成。然而，与图 4-18(d)中的标尺相比，可以进一步确定大柱状晶中包含亚晶结构，共晶硅颗粒在亚晶界周围析出。以反极图(IPF)为参考，可以发现晶粒主要呈现(001)、(101)和(111)晶体取向，不同熔池可以清楚地区分。在熔池中心，晶粒的平均大小约为 10μm，并且具有外延生长特性。远离熔池处可以看见小的晶粒择优生长。然而，只有少数晶粒能够穿过熔池边界。图 4-20(a)显示了较强的(001)取向，这说明样品中的晶粒倾向于沿成形方向生长。退火后，显微组织仍由柱状晶粒组成。然而，许多小晶粒成核，晶粒取向发生改变。红色区域减少，蓝绿区增多，因而(001)取向减少，(111)和(101)取向增多。这是因为退火后内应力释放，晶粒内储存的能量释放。在再结晶过程中，由于残余应力的作用导致出现细小晶粒，使织构发生变化。

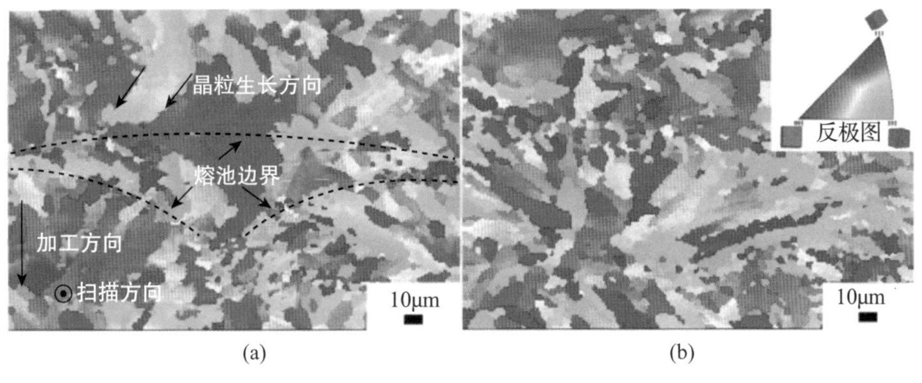

图 4-20　SLM 成形件侧面 EBSD 取向图
(a) SLM 样品；(b) 去应力后的退火样品。

为了进一步定量描述退火处理的影响，晶体织构、晶粒尺寸和取向角分布的影响如图 4-21 所示。为了评估局部织构强度，织构指数引入如下公式：

$$\int_{\text{eulerspace}} (f(g))^2 \mathrm{d}g$$

式中：$f(g)$为欧拉空间中的取向分布函数(ODF)；g 为欧拉空间坐标。各向同性材料的织构指数为 1。根据图 4-21(a)所示织构指数计算为 3.90 和 3.28，表明退火后织构强度降低 15.9%。退火后，小晶粒数量增加。平均晶粒尺寸从 3.09 下降到 2.90(下降了 6.15%)。这是由于高残余应力的释放导致了再结晶现象的发生。从图 4-21(c)和(d)中的晶粒取向差角分布可以发现，原始样品和退火的样品都被大角度晶界(HAGBs>15°)占据。但是，取向偏差分布在大约2°和40°处有两个峰。大约2°的取向差表明在柱状 α-Al 晶粒内存在高密度、低角度的边界。统计 HAGBs 体积分数占 68.9%和 81.6%。由于在 SLM 的快速熔化和凝固过程中，易形成亚晶粒组织，导致小角度晶界(小于15°)比例较高。而再结晶导致形成新的小晶粒，这将产生更多的晶界。最终，HAGBs 的比例增加。

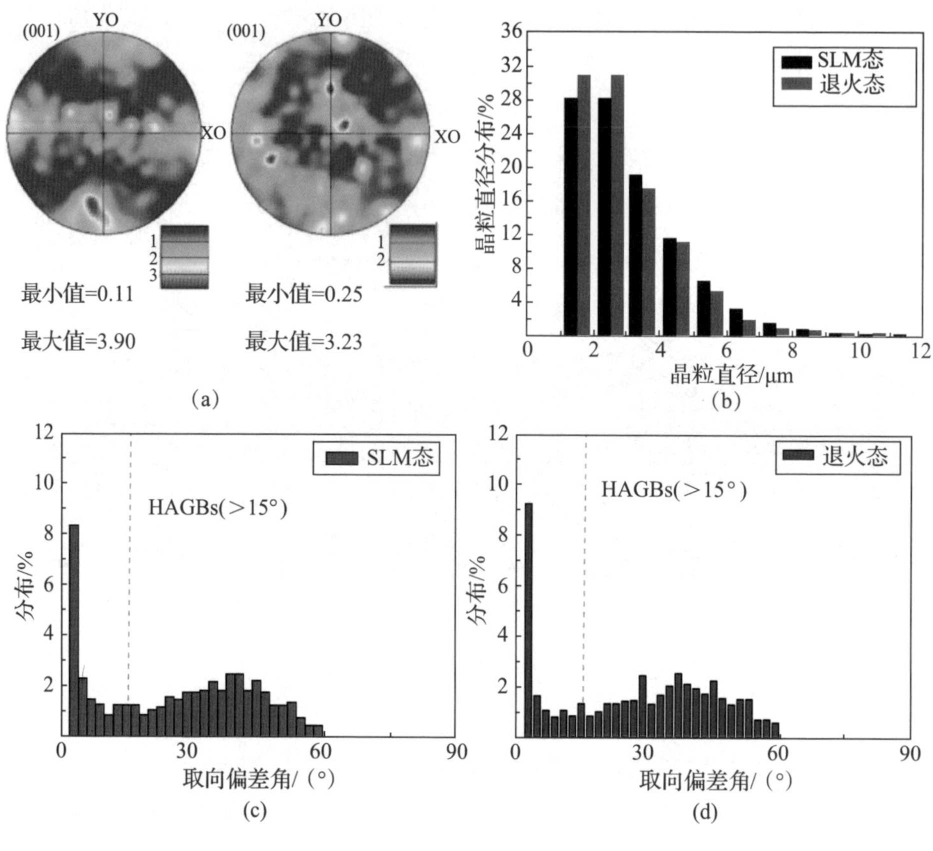

图 4-21 SLM 成形件 EBSD 统计分析结果

(a) SLM 样品和退火样品的取向极图；(b) SLM 样品和退火样品的晶粒尺寸分布；(c) SLM 样品的取向差分布；(d) 退火样品的取向差分布。

残余应力主要源于热应力和收缩应力。一方面，激光束的热密度具有高斯分布的特点，同时能量密度在中心处最高且向四周减小。温度分布的不均匀性会影响加热、熔化和凝固过程并引起热应力。另一方面，在凝固过程中，相变和体积收缩会导致收缩应力。X 射线衍射可以检测残余应力而不会损坏样品。当样品中存在残余应力时，晶体间距将会发生变化。一组特定(hkl)平面的晶面间距 d 可以通过布拉格衍射定律从衍射图中的峰位置确定。峰值移动的距离与应力强度有关。通过使用具有不同入射角的 X 射线，可以获得相应的衍射角 2θ。根据使用 Dölle-Hauk 方法计算的结果，SLM 样品和退火样品中的残余应力是拉应力。在试样中，该值为 34.8MPa ± 7.9MPa，退火后，残余应力降至 4.3MPa ± 2.5MPa，显著消除近 87.6%。为了进一步确定这些变化，残余应力的分布也通过图 4-22 中 Si 的拉曼峰位移来表征。Si 的应变与残余应力的关系式为 $\sigma = -425\Delta w$，其中 σ 为残余应力，Δw 为拉伸应变。正位移代表压缩应力，负位移代表拉伸压缩。从图 4-22 中可以看出，与标准无应力 Si 波峰(520.7cm)相比，样品中存在较大的负拉曼位移，表明样品具有较高的拉伸应力。退火后的拉曼峰转变更小，表明应力有明显的释放，所得结果与 X 射线衍射所得的残余应力结果较好吻合。

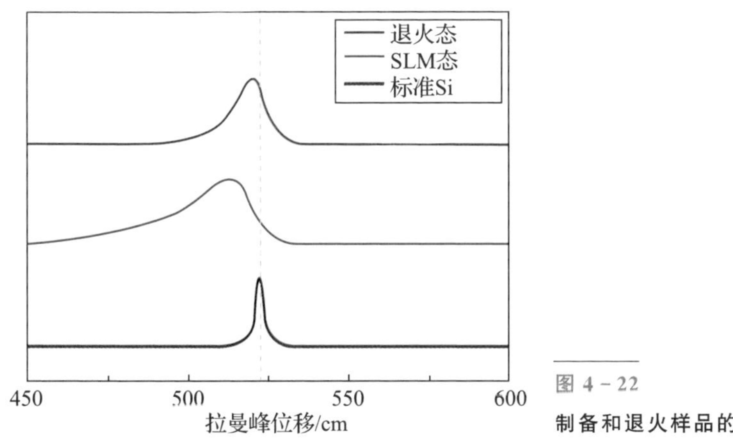

图 4-22　制备和退火样品的残余应力分布

为研究样品的相组成，对 SLM 试样及退火样品进行了 XRD 分析，如图 4-23所示，粉末的初始相为 Al 和少量 Mg_2Si。激光扫描后，试样由 Al、Si 和少量 Mg_2Si 组成。Si 的存在意味着，与原始粉末相比块体样品中存在着大量的“自由”Si。根据 Al-Si 二元相图，AlSi7Mg 液相首先经历了 L→L+α 凝固反应，Si 从液相中析出。由于冷却速度快，Mg 和 Si 在 Al 中的溶解度增大，Si 在液体中的浓度降低。随后，液相发生 L→α+Si 的共晶反应，剩余的 Si 颗粒在亚晶胞周围析出，在 Al 晶粒内形成共晶 Si。由于 Mg 含量过低，同时部分 Mg 是 Al 基体中的固溶体，Mg_2Si 含量较小，Mg_2Si 峰较低。

退火后，样品的主要相没有发生改变，然而在退火过程中，释放了较高的残余应力。固溶在 Al 基体中的 Mg 和 Si 原子有足够的析出时间，部分 Mg 与 Si 结合形成 Mg_2Si，多余的 Si 与预先析出的共晶 Si 结合。这说明，粗 Si 颗粒的生长是以消耗邻近的小共晶 Si 颗粒为代价的。结果表明，Mg_2Si 和 Si 的强度增加，表明 Mg_2Si 和 Si 含量增加。通过放大(311)Al 峰，可以清楚地看到退火后(311)Al 峰向右移动。根据布拉格方程 $2d\sin\theta = n\lambda$，峰位的移动是

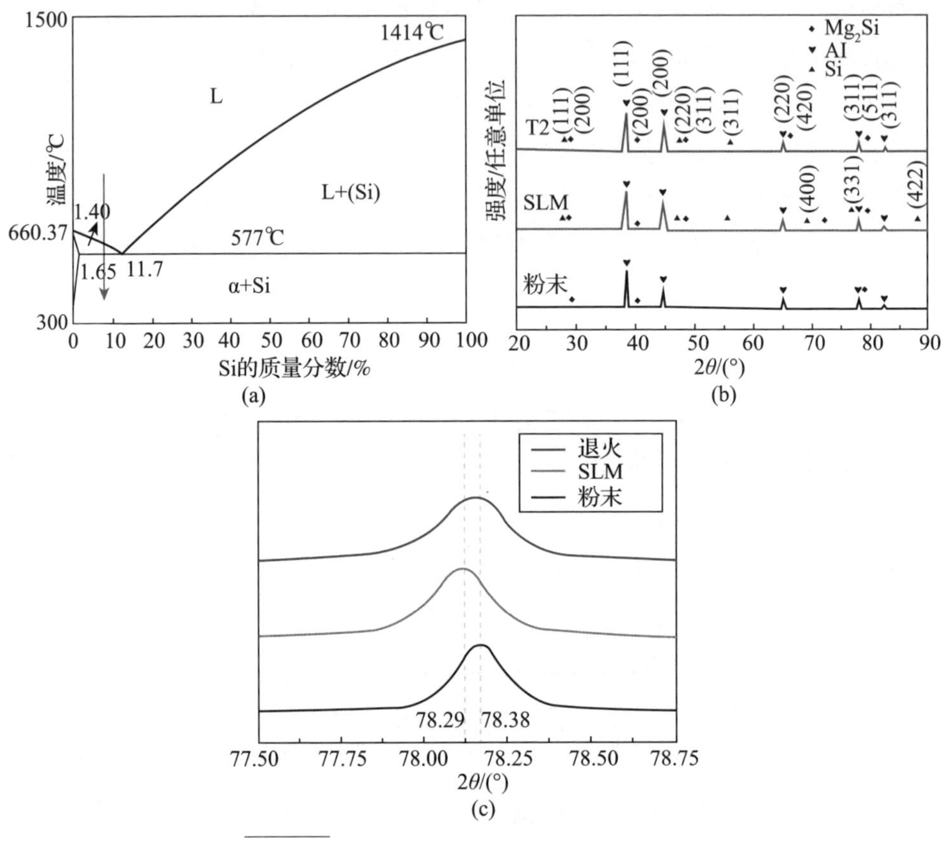

图 4-23　制备和退火样品的 X 射线衍射分析

(a) 合金相图；(b) XRD 曲线及标定结果；(c) (311)Al 峰放大图。

Al 晶体结构松弛的结果。因为 Mg、Al 和 Si 的半径是相似的，所以比间隙固溶体更容易形成置换固溶体。当 Mg 和 Si 析出时，晶格参数减小，因此峰值向右移动。

为了进一步证实相的存在，进行了透射电镜(TEM)检测。从图 4-24(a)中可以清楚地看到在 Al 基体中，Si 在亚晶界析出形成网络结构，这与图 4-18(b)中的微观结构是一致的。图 4-24(b)显示了元素分布。从 EDS 结果可以清楚地看出，Mg 和 Si 固溶在基体，从而形成固溶强化。部分 Mg 在晶界析出，说明 Mg_2Si 是存在的。虽然 Si 和 Mg_2Si 颗粒较小，但通过 HRTEM 图像可以识别它们。退火后网络消失，显微组织均匀。HRTEM 可以区分分散在 Al 基体中的 Si 颗粒，通过图 4-24(f)中的 HRTEM 图像，还可以检测到 Mg_2Si 的存在。

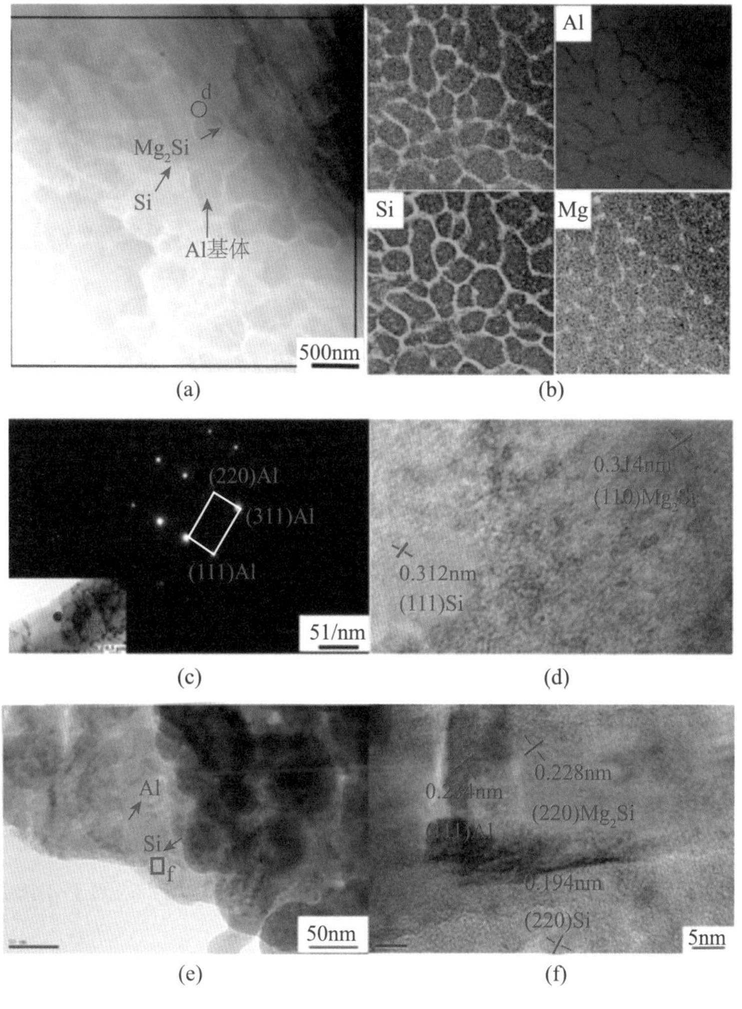

图 4-24　SLM 成形件 TEM 分析结果

(a) Al、Si 和 Mg_2Si 颗粒形貌的暗场像；(b) 相应区域的 HAADF 图像；(c) 基体中选定区域衍射图；(d) Si 和 Mg_2Si 的 HRTEM 图像；(e) 退火样品的明场像；(f) HRTEM 图像。

4.3.3　成形件力学性能

如图 4-25 所示，研究了 SLM 试样和退火样品的维氏硬度。为了确保数据的可靠性，研究测量了上表面和侧面的 5 个随机点。试样上表面平均维氏硬度为 132.7HV±2.2HV，与侧面硬度(124.3HV±0.8HV)相似。退火后，上表面和侧面的维氏硬度值分别下降到 78.3HV ± 2.4HV 和 75.9HV ± 2.5HV，下降了近 41%，其原因可能是退火后显微组织的变化。一方面，由于 SLM 冷却速度快，Mg 和 Si 原子在 Al 基体中形成固溶体产生了固溶强化；另一方面，共晶 Si 颗粒在亚晶胞边界附近凝聚，增加了位错并有较高的热残余应力，硬度上升。但退火后，晶界被打破，高热应力消除，Mg 和 Si 从基体中析出，形成粗 Si 颗粒，显微组织变得均匀，强化效果降低，从而降低了维氏硬度。

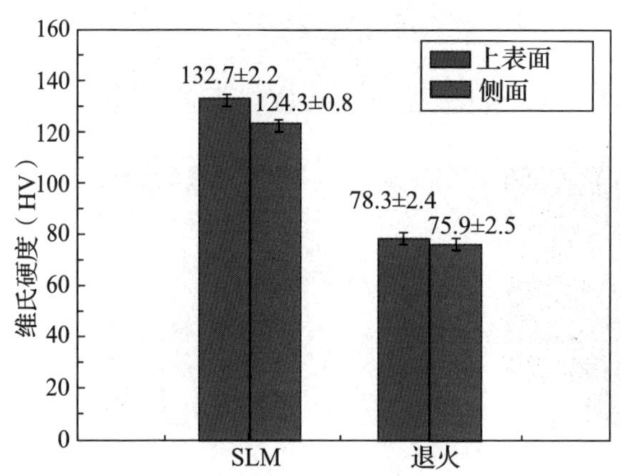

图 4-25　SLM 制造和退火样品的维氏硬度

图 4-26 为 SLM 试样和退火样品室温下的拉伸结果。SLM 试样的抗拉强度为 368.73MPa ± 6.03MPa，明显高于常规铸造试样(177MPa)。退火后，试样的极限抗拉强度由 368.73MPa ± 6.03MPa 降至 226.32MPa ± 3.06MPa(仍高于 177MPa)，下降近 38.6%。断裂延伸率由 9.21% ± 1.14% 提高到 12.87% ± 1.68%。

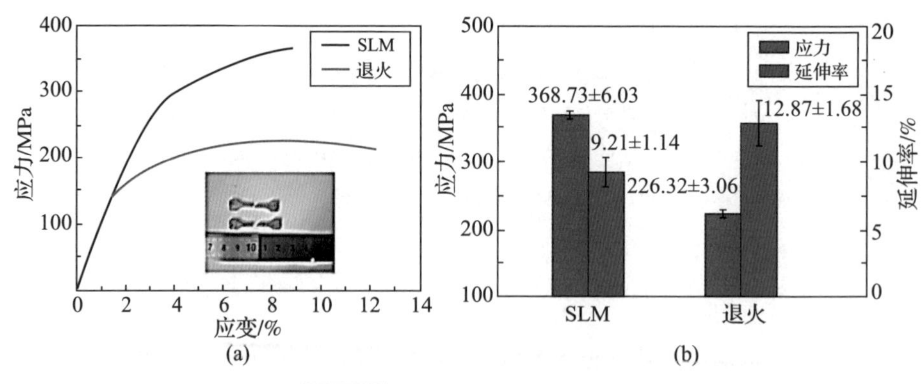

图 4-26　SLM 成形件拉伸曲线

(a) SLM 样品和退火样品的工程应力-应变曲线；(b)相应的力学数据。

根据霍尔－佩奇关系，Al 的强化系数 k_y值约为常规合金的 5～10 倍，如钢。如图 4－21(b)所示，晶粒直径减小了 6.15%，这对强度的影响不大。有其他研究显示，在 AlSi7Mg 中，共晶硅颗粒的破裂是断裂累积的主要原因。抗拉强度下降的原因有三个：首先，对于试样，亚晶界周围的纳米 Si 颗粒可以抑制裂纹的萌生和扩展，退火后，亚晶胞网络中 Si 颗粒破裂，残余应力被释放。其次，固溶在 Al 基体中的 Mg 和 Si 产生了固溶强化，这些元素在热处理后从 Al 基体中沉淀出来。最后，由于在退火过程中细 Si 颗粒的聚集和奥斯特瓦尔德长大效应，Si 颗粒变得粗大。大而粗的 Si 颗粒产生应力集中，从而导致断裂。

为了研究拉伸性能的演化机制，在图 4－27 中给出了 SLM 试样和退火试样的断口形貌。从图 4－27(a)和(b)可以看出，试样的断口是不规则的，可明显观察到未熔化的粉末、气孔和孔洞。这些缺陷可能成为断裂源，形成复杂的断裂表面，导致拉伸应变降低，与成形方向垂直的孔洞可能是相邻轨道间不完全熔化引起的。解理面是典型的脆性断裂，在图 4－27(c)的表面也可以看到拉长的韧窝，这是塑性断裂的特征。此外，这些韧窝的大小与图 4－18(d)中观察到的微观结构相似。似乎试样沿亚晶胞边界断裂失效，这可能是因为

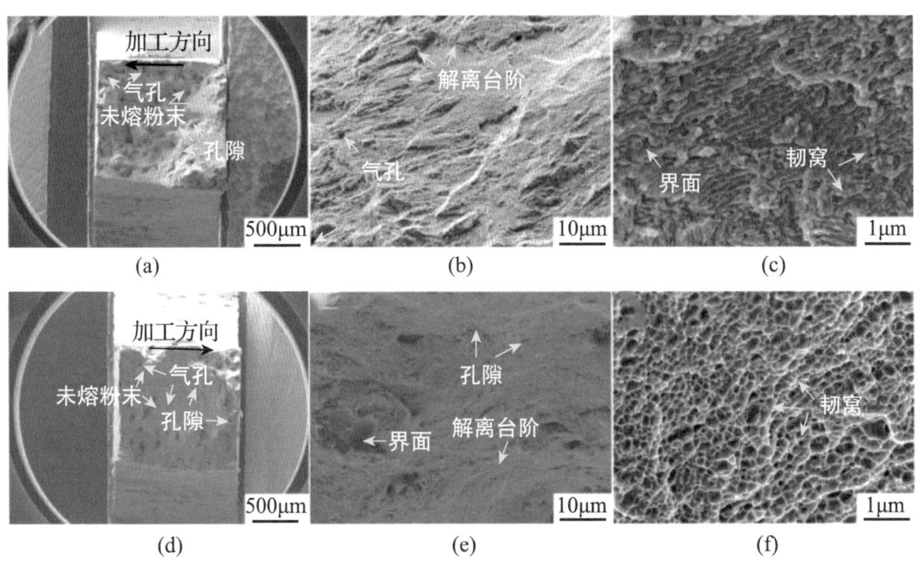

图 4－27　**SLM 样品和退火样品的断口扫描电镜图像**

(a)、(b)、(c) SLM 样品；(d)、(e)、(f) 退火样品。

亚晶胞边界附近的较硬的共晶 Si 成为破坏源。退火后断口发生了很大的变化，图 4-27(d)中的孔洞来自于试样，解理面减少(与图 4-27(b)相比)，并形成等轴晶韧窝，韧窝的大小约为 2μm，呈现出典型的韧性特征。

为了进一步分析断裂表面，对断面进行腐蚀(图 4-28)。从 SLM 试样中可以看出细共晶 Si 网络更容易聚集，导致试样的延伸率降低。退火后，连续的 Si 网络破裂，Si 从 Al 晶粒中析出，聚集形成粗 Si 团簇。Al/Si 界面可以有效地减少位错的运动。然而，在图 4-28(d)中可以清楚地看到，退火后大的 Si 颗粒与 Al 基体之间的界面是疏松的，这些区域是力学性能弱区，在大的 Si 颗粒附近似乎更容易发生断裂。

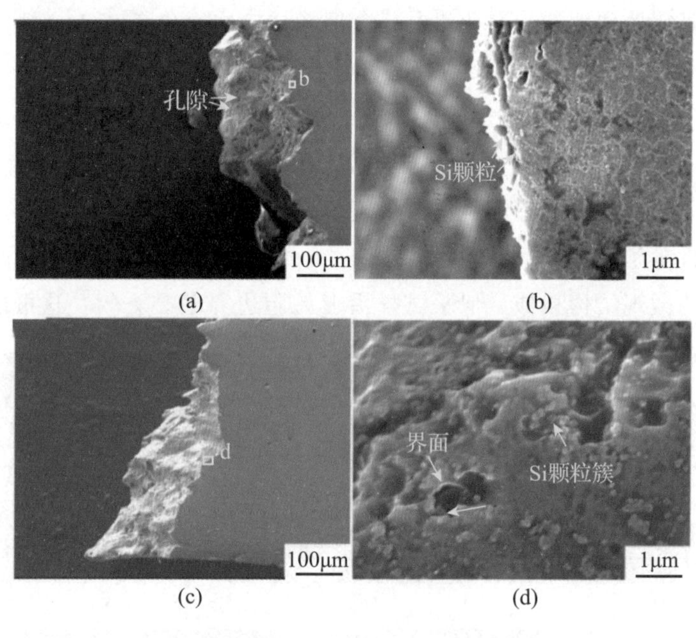

图 4-28 试样的断裂截面

(a)、(b) SLM 样品；(c)、(d) 退火样品。

4.4 Al15Si 合金 SLM 组织与性能

4.4.1 粉末材料

本节主要对 SLM 成形 Al15Si 合金进行研究，其中，Al15Si 因具有较高的 Si 含量而展现出优越的耐磨性和较高的硬度。本节重点考察了 TiC 增强相、激光重熔和热处理对显微硬度和耐磨性的影响。成形中通过选择合适的条件以期获得较高的显微硬度和较好的耐磨性，来满足较高的强度和硬度的应用要求。本研究采用纯度为 99.5%的球形（D50 = 25μm）Al15Si 粉末和纯度为 99.7%的近球形（D50 = 6μm）TiC 粉末。首先，利用高能球磨将两种粉末混合在一起，磨球和粉末的质量比为 1∶1，球磨速度为 200r/min，时间为 4 h。其后，将混好的粉末用于 SLM 成形。

4.4.2　SLM 成形工艺

成形所使用的设备为 HRPM－Ⅱ（华中科技大学自主研发设备）。成形工艺参数如下：激光功率为 360W，扫描速度为 650mm/s，扫描间距为 0.06mm，层厚为 0.02mm。同时，为了考察热处理对硬度和耐磨性的影响，将试样置于 623 K 保温 6 h 后，一半的试样随炉冷却（退火），剩余一半的试样用水冷却（淬火）。

4.4.3　成形件力学性能

表 4　5 是 SLM 成形的 Al15Si 和 Al15Si/TiC 试样的致密度，从表中可以看出，通过激光重熔使得成形件的致密度增加了约 1%，这是因为激光重熔扫描策略能够将试样表面污染物去除，除去其表面氧化膜，并在原子级别提供一个较干净的固-液界面，从而促进了合金更好地熔化。此外，从表 4－5 中可以看出，掺杂了 TiC 试样的致密度要比不掺杂的低。这是因为在 SLM 成形过程中，TiC 使 Al 合金熔液的黏度增加，就使得熔液的流动性降低，熔液的流变力学行为变差。

表 4－5　不同试样的致密度

试样	Al15Si	Al15Si（重熔）	Al15Si/TiC	Al15Si/TiC（重熔）
致密度/%	96.92	98.05	96.25	97.13

图 4－29 描述了 Al15Si 和 Al15Si/TiC 在不同成形工艺及热处理条件下试样上表面的显微硬度。可以看出，由 SLM 加工得到的试样具有较高的显微硬度值，这是因为 SLM 工艺是一个急速冷却的过程，急冷后获得细小的晶粒，使硬度升高。然而，热处理（退火或淬火）之后，所有试样的硬度值都下降了 6%～35%。然而，激光重熔得到的 Al15Si/TiC 试样硬度值降低最少，大约

6%，这是因为激光重熔过程使得试样中的残余应力降低，使其在SLM过程中保持组织结构稳定。此外，TiC颗粒还能够抑制在负载过程中基体发生的局部变形，因此，其硬度在经过热处理后降低最少。

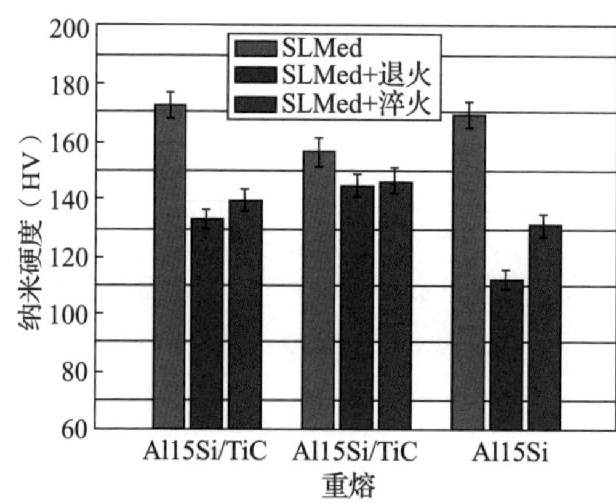

图4-29
TiC掺杂和热处理对Al合金试样显微硬度值的影响

为了研究SLM成形的Al-Si合金显微硬度和耐磨性之间的关系，本研究选择了三组典型试样。所选试样的摩擦系数(COF)和磨损速率如图4-30所示，图4-30为其对应的磨损表面。由图4-30(a)可以看出，在摩擦的初始阶段，试样的摩擦系数变动较大。而当试样表面的氧化膜被破坏，其与摩擦副直接接触摩擦时，试样的摩擦系数值开始变得稳定。

通常情况下，硬度较高其耐磨性也会较好。然而，在本研究中，加入TiC和经过热处理得到的样品，其硬度与耐磨性的关系发生改变。如图4-30(b)、(c)所示，Al15Si的显微硬度值较高(170HV)，平均摩擦系数为0.45，磨损率为$3.0\times10^{-5}mm^3/(N\cdot m)$，其摩擦表面破损严重，磨痕较深且磨槽较宽，如图4-31(a)、(b)所示。而经过淬火得到的Al15Si/TiC试样，其硬度值下降到147HV，摩擦系数为0.51，磨损率为$3.1\times10^{-5}mm^3/(N\cdot m)$，如图4-30(b)、(c)所示，其在三组试样中性能最差，而且其摩擦表面上明显覆盖着许多被压实的磨屑，如图4-31(e)、(f)所示。同时淬火Al15Si/TiC试样表面的TiC在摩擦过程中脱离了基体充当了磨粒，因此在摩擦磨损研究中伴随着磨粒磨损的发生。TiC脱离是由于在经过淬火处理后，试样的延展性降低，TiC在基体上的附着能力变弱导致的。

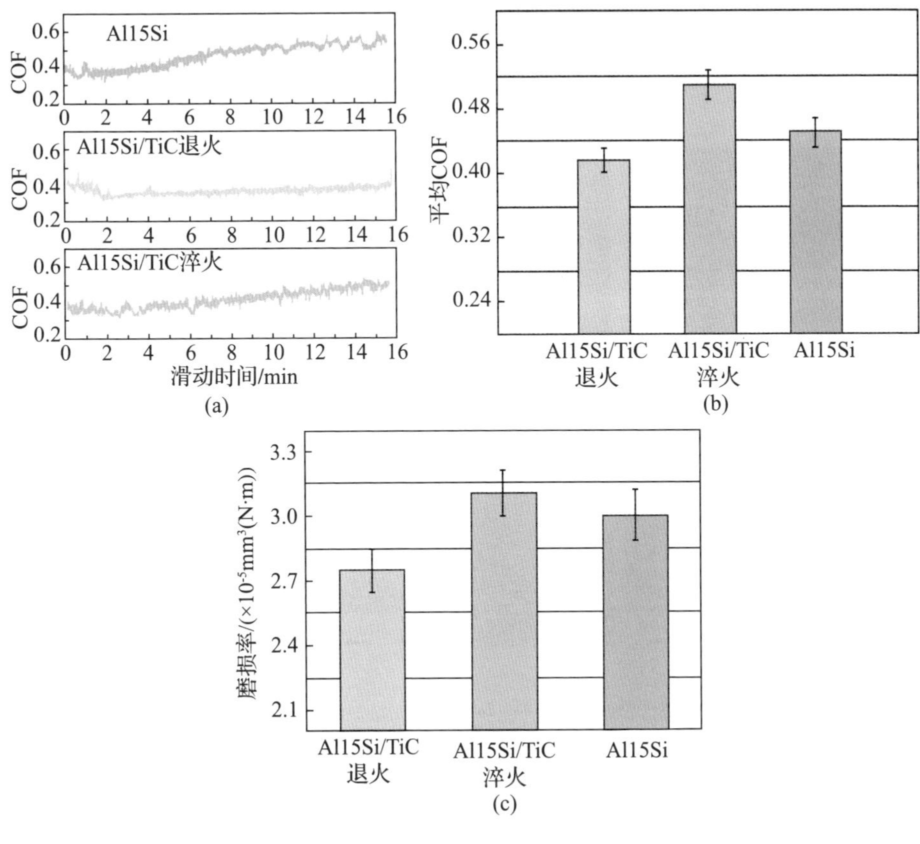

图 4-30　**成形件磨损性能**

a）摩擦系数随时间的变化；(b) 平均摩擦系数值；(c) 不同试样的磨损速率。

对于经过退火处理的 Al15Si/TiC 试样，虽然其硬度最低，但其摩擦系数和磨损率也是最低的，分别为 0.42 和 $2.75\times10^{-5}\mathrm{mm}^3/(\mathrm{N}\cdot\mathrm{m})$，如图 4-30(b)、(c)所示。其摩擦表面上磨槽较窄，磨屑较少，如图 4-31(c)、(d)所示。在摩擦过程中，磨屑很难从基体中脱离，这是因为退火使得材料延展性提高，TiC 在基体上的附着能力变强。除此之外，TiC 还承担了摩擦过程中施加的大部分的力并抑制了表面的塑性变形，因此，由激光重熔和退火得到的 Al15Si/TiC 试样其耐磨性最好。

本节研究了 TiC、激光重熔和热处理对 SLM 成形的 Al15Si 的致密度、显微硬度和耐磨性的影响。结果显示，加入质量分数为 5% 的 TiC，SLM 成形过程中采用激光重熔扫描策略，并经过退火处理后的 Al15Si/TiC 试样性能最好，致密度为97.13%，硬度为145HV，摩擦系数为0.42，磨损率为$2.75\times10^{-5}mm^3/(N\cdot m)$。本研究为将来提高Al15Si的硬度和耐磨性等性能提供了一种重要方法。

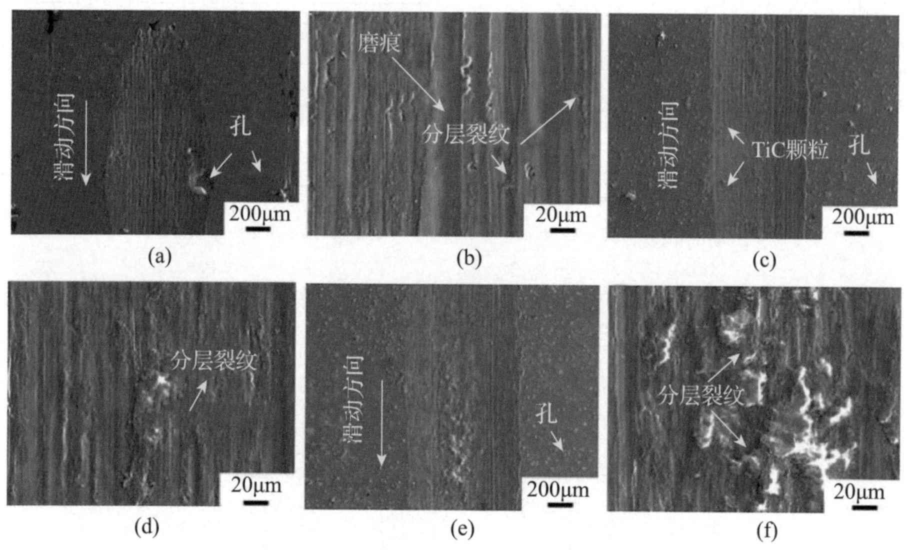

图4-31 摩擦表面的SEM图

(a)、(b) SLM成形的Al15Si；(c)、(d) 经过退火处理的SLM态Al15Si/TiC；(e)、(f) 经过淬火处理的SLM态Al15Si/TiC。

参考文献

[1] 武恭，姚良均，李震夏. 铝及铝合金材料手册[M]. 北京：科学出版社，1994.

[2] HEINZ A，HASZLER A，KEIDEL C，et al. Recent development in aluminium alloys for aerospace applications[J]. Materials Science and Engineering：A，2000，280(1)：102-107.

[3] WANG Z，PRASHANTH K G，CHAUBEY A K，et al. Tensile properties of Al-12Si matrix composites reinforced with Ti-Al-based particles[J]. Journal of A Woys and Compounds，2015，630：256-259.

[4] CALIGNANO F. Design optimization of supports for overhanging structures in aluminum and titanium alloys by selective laser melting[J].

Materials & Design，2014，64：203－213.

[5] LI Y，GU D. Parametric analysis of thermal behavior during selective laser melting additive manufacturing of aluminum alloy powder[J]. Materials & Design，2014，63：856－867.

[6] READ N，WANG W，ESSA K，et al. Selective laser melting of AlSi10Mg alloy：Process optimisation and mechanical properties development[J]. Materials & Design（1980—2015），2015，65：417－424.

[7] BRANDL E，HECKENBERGER U，HOLZINGER V，et al. Additive manufactured AlSi10Mg samples using Selective Laser Melting（SLM）：Microstructure，high cycle fatigue，and fracture behavior[J]. Materials & Design，2012，34：159－169.

[8] KEMPEN K，THIJS L，YASA E，et al. Process optimization and microstructural analysis for selective laser melting of AlSi10Mg[C]//Solid Freeform Fabrication Symposium，2011，22：484－495.

[9] ROSENTHAL I，STERN A，FRAGE N. Microstructure and mechanical properties of AlSi10Mg parts produced by the laser beam additive manufacturing（AM）technology[J]. Metallography，Microstructure，and Analysis，2014，3(6)：448－453.

[10] 王小军. Al－Si合金的选择性激光熔化工艺参数与性能研究[D]. 北京：中国地质大学，2014.

[11] GU D，WANG H，DAI D，et al. Densification behavior，microstructure evolution，and wear property of TiC nanoparticle reinforced AlSi10Mg bulk－form nanocomposites prepared by selective laser melting[J]. Journal of Laser Applications，2015，27(S1)：S17003.

[12] 李瑞迪. 金属粉末选择性激光熔化成形的关键基础问题研究[D]. 武汉：华中科技大学，2010.

[13] ZHANG H，ZHU H，QI T，et al. Selective laser melting of high strength Al－Cu－Mg alloys：Processing，microstructure and mechanical properties[J]. Materials Science and Engineering：A，2016，656：47－54.

[14] 袁学兵，魏青松，文世峰，等. 选择性激光熔化AlSi10Mg合金粉末研究[J]. 热加工工艺，2014，43(4)：91－94.

[15] 张骁丽，齐欢，魏青松. 铝合金粉末选择性激光熔化成形工艺优化研究[J]. 应用激光，2013，33(4)：391-395.

[16] THIJS L, KEMPEN K, KRUTH J P, et al. Fine-structured aluminium products with controllable texture by selective laser melting of pre-alloyed AlSi10Mg powder[J]. Acta Materialia, 2013, 61(5): 1809-1819.

[17] WEI K, WANG Z, ZENG X. Influence of element vaporization on formability, composition, microstructure, and mechanical performance of the selective laser melted Mg-Zn-Zr components[J]. Materials Letters, 2015, 156: 187-190.

[18] ABOULKHAIR N T, MASKERY I, TUCK C, et al. On the formation of AlSi10Mg single tracks and layers in selective laser melting: Microstructure and nano-mechanical properties [J]. Journal of Materials Processing Technology, 2016, 230: 88-98.

[19] LAM L P, ZHANG D Q, LIU Z H, et al. Phase analysis and microstructure characterisation of AlSi10Mg parts produced by Selective Laser Melting[J]. Virtual and Physical Prototyping, 2015, 10(4): 207-215.

[20] LI W, LI S, LIU J, et al. Effect of heat treatment on AlSi10Mg alloy fabricated by selective laser melting: Microstructure evolution, mechanical properties and fracture mechanism[J]. Materials Science and Engineering: A, 2016, 663: 116-125.

[21] COLLEY L J, WELLS M A, POOLE W J. Microstructure-yield strength models for heat treatment of Al-Si-Mg casting alloys Ⅱ: modelling microstructure and yield strength evolution[J]. Canadian Metallurgical Quarterly, 2014, 53(2): 138-150.

[22] KEMPEN K, THIJS L, VAN HUMBEECK J, et al. Mechanical properties of AlSi10Mg produced by selective laser melting[J]. Physics Procedia, 2012, 39: 439-446.

[23] DAI D, GU D. Tailoring surface quality through mass and momentum transfer modeling using a volume of fluid method in selective laser

melting of TiC/AlSi10Mg powder[J]. International Journal of Machine Tools and Manufacture, 2015, 88: 95 - 107.

[24] BIROL Y, EBRINC A A. Fatigue failures in low pressure die cast AlSi10Mg cylinder heads[J]. International Journal of Cast Metals Research, 2008, 21(6): 408 - 415.

[25] WANG M, SONG B, WEI Q, et al. Effects of annealing on the microstructure and mechanical properties of selective laser melted AlSi7Mg alloy[J]. Materials Science and Engineering: A, 2019, 739: 463 - 472.

第5章 SLM成形镍合金材料组织及性能

高温合金通常是指用于540℃温度以上的合金，广泛用于航空工业零件、船舶工业、燃气涡轮机、核反应器、石油化工厂、医学牙齿构件等。高温合金长时间工作在650℃以上还可以保持自身大部分性能不发生变化，同时拥有良好的低温韧性和抗氧化性能[1-2]。

高温合金以基体元素分为镍基、铁基、钴基三种[3]，通常含有 Fe、Ni、Co 和 Cr 元素，同时也有微量 W、Mo、Ta、Nb、Ti 和 Al 等元素[1]。尽管室温下铁是体心立方结构，钴是密排六方结构，镍是面心立方结构，但是三种金属基体的高温合金都包含面心立方结构(FCC)奥氏体。这些合金含有不同种类的合金元素，这些元素的共同作用为形成 FCC 晶体结构提供基础。高温合金一般较重，密度在 7.8～9.4 g/cm^3。密度取决于添加的合金元素种类，如添加 Al、Ti、Cr 可以降低合金密度，而添加 W、Rh 和 Ta 元素则能提高合金密度[4]。

一般通过改变镍基高温合金影响因素来增加强度主要有两种方式，其中最主要的影响因素为元素的种类及含量。如图 5-1 为镍基高温合金按元素分类增强的体系图，一种主要依靠金属间化合物沉淀在面心立方结构矩阵中对合金进行加强，称为沉淀强化，代表合金如 Inconel 718[5-6]。另一类镍基高温合金代表是 Inconel 625 等，它们本质上是一种固溶体合金，元素固溶后会对基体起到强化作用，同时也可能通过一些后续处理引发碳化物沉淀而产生强化作用[7-9]。

镍基超耐热 Inconel 625 合金是一种无磁性、抗腐蚀、抗氧化的高温合金，基体内 Nb 和 Mo 等元素固溶对基体产生强化作用。Ni 和 Cr 元素保证了合金抗氧化的能力，Mo 元素可以防止合金使用过程中发生点蚀和隙间腐蚀，Nb 元素可以提高合金焊接稳定性而不会被敏化。从低温到1093℃范围内，合金都保持良好的屈服强度、抗拉强度、蠕变强度、优良的加工性、可焊性和良好的抗高温腐蚀能，但机械加工性能、铸造和锻造工艺难以控制[10-11]。Inconel 625 合金主要用于航空、航天、化工、石化和海洋等领域，如海底传感控制器、船排气管道、涡轮发动机管道、燃烧衬垫、推力室管道和喷射棒、化学工厂硬件和其他特殊应用等[12]。

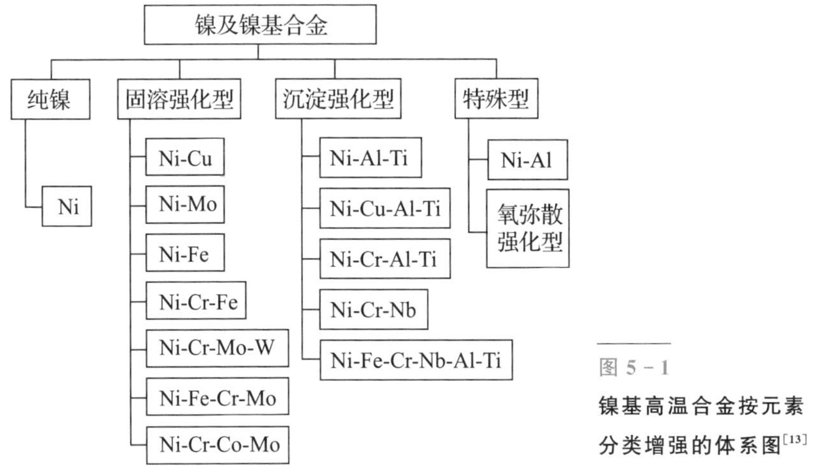

图 5-1
镍基高温合金按元素分类增强的体系图[13]

Inconel 718 合金对应国内牌号 GH4169[14]，是最重要的一种变形高温合金。Inconel 718 是含 Nb、Mo 的沉淀硬化型镍铬铁合金，在700℃时具有高强度、良好的韧性以及在高低温环境均具有耐腐蚀性。原材料可以是固溶处理或沉淀硬化态。在700℃时具有高的抗拉强度、疲劳强度、抗蠕变强度和断裂强度；在1000℃时具有高抗氧化性[15]；在低温下具有稳定的化学性能；整体具有良好的焊接性能。Inconel 718 合金主要以 $\gamma''(Ni_3Nb)$ 和 $\gamma'(Ni_3(Al, Ti, Nb))$ 作为强化相，属于沉淀强化类型的镍基合金[16]。该材料一个很大的特点就是通过调整热处理工艺参数，可以获得具有不同晶粒尺寸和不同性能水平的产品，满足发动机中不同零部件的性能要求，目前这种合金的使用量占镍基合金的 45%以上。例如：在航天飞机的 SSME 发动机中，有 1500 种零部件采用 Inconel 718 合金制造；在航空发动机中，Inconel 718 合金占 CF6 发动机质量的 34%，占 CY2000 发动机质量的 56%[17]。因此，Inconel 718 是一种使用量大和使用范围非常广泛的合金材料。

从前面可以看出，Inconel 625 和 Inconel 718 两种合金占全部镍基合金使用量的 60%以上，同时一种为固溶强化，一种为沉淀强化，代表了两种最主要类型的高温合金。本节将对这两种典型的镍基合金进行深入研究，探究其

SLM 成形的工艺可行性及特点，消除成形缺陷，获得致密的成形部件，并且测试分为 SLM 的组织特点及高温、室温力学性能，研究其在高温盐雾下的腐蚀特性，为 SLM 成形镍基类合金提供理论基础和工程经验。

5.1 SLM 成形 Inconel 625 合金组织与性能

5.1.1 粉末材料

本研究用的镍基高温合金是气雾化 Inconel 625 合金球形粉末（Heganars，Belgium）。理论密度为 8.44g/cm³，熔点为 1290～1350℃。化学成分如表 5-1 所列，采用 JSM-7600F 场发射扫描电子显微镜观察粉末微观形貌如图 5-2(a)所示。图中可以看到粉末多为球形或者近球形，粉末流动性很好，研究所用粉末在烘箱中烘干 10h，便于 SLM 成形。采用激光粒度仪检测粉末的粒度，粒径分布如图 5-2(b)所示，Dv(10)、Dv(50)、Dv(90)分别为 24.4μm、34.63μm、58.6μm，粉末的粒度大小整体呈现为正态分布，符合 SLM 成形的材料粒径的要求。粉末表面存在黏附的卫星粉末及不平凸起，这类粉末的存在一定程度上影响了材料的流动性和成形质量，存在潜在的缺陷点。研究主要技术参数如表 5-2 所列。

表 5-1 Inconel 625 合金粉末化学成分

元素	Ni	Cr	Mo	Nb	Fe	Mn	Si	N	Ti	Al	C	O
含量/%	63.89	21.5	8.8	3.71	0.96	0.47	0.41	0.12	0.03	0.02	0.01	0.08

表 5-2 HRPM-Ⅱ型 SLM 增材制造装备主要技术参数

类别	HRPM-Ⅱ
激光器功率及类型	200W 光纤激光器(美国 IPG)
激光器扫描方式	三维振镜动态聚焦
激光最小光斑直径/μm	50
成形空间($L\times W\times H$)/mm×mm×mm	250×250×400
振镜扫描速度范围/(mm/s)	10～1000
激光波长/nm	1090±5
送粉方式	下送粉
保护气	氩气、氮气

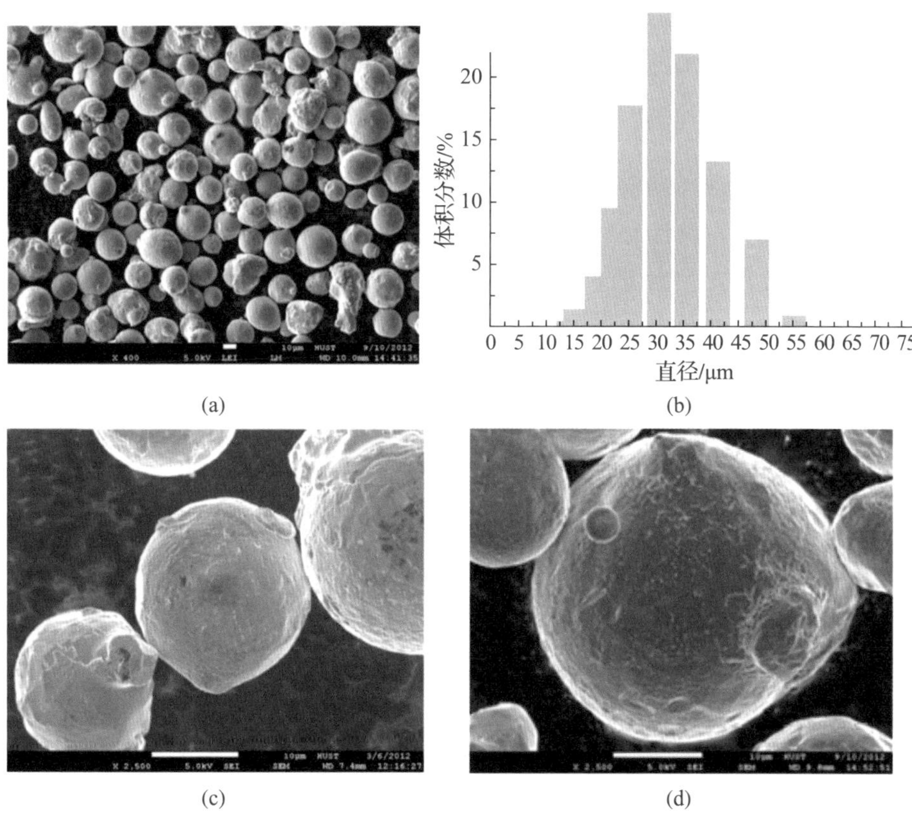

图 5-2　**Inconel 625 合金粉末表征**

(a) 粉末宏观形貌；(b) 粉末粒径分布；(c) 粉末颗粒表面形貌；(d) 单颗粉末表面特征。

激光束经三维振镜聚焦后光斑尺寸为 0.05～0.12mm。采用铺粉辊铺粉，单缸下送粉装置，同时配备了随动落料斗，保证粉末量较少时可以开展成形研究，装备采用自主研发的控制软件，实现模型切片、机械运动和激光的扫描控制。成形过程中为了减少高温金属熔体的氧化，采用先抽真空后通氩气的方法进行保护。在后面章节，成形设备没有单独指明时均是采用该设备进行测试。

研究方法包括单道扫描、单层制造和多层制造。单道扫描研究主要用来优化成形工艺参数，确定单道成形工艺窗口，研究工艺参数对熔化道宽度的影响规律。在单道扫描的基础上进行单层制造，确定合适扫描间距。选用合适的工艺参数进行多层制造。具体成形工艺参数在下面对应研究结果处说明。

5.1.2 SLM 成形工艺参数

1. 单道扫描成形

SLM 成形新材料时需要确定合适的成形工艺窗口，不同材料的 SLM 工艺因热物理和化学特性与激光交互作用机理以及成形设备的不同而存在差异。目前，优化成形工艺的方法一般为结合单道、单层、块体成形研究逐步确定合适的工艺，主要优化的成形工艺参数有激光扫描速度、激光功率、扫描间距和扫描层厚等。

SLM 成形过程中三维实体零件是通过一系列的二维平面累积而成的，而每个平面又是由单条的熔化道填充的，稳定连续的熔化道才能保证与相邻熔化道的良好搭接以及层与层之间的结合，因此单条熔化道的形貌特点对最终成形件的致密度有至关重要的影响。在工艺研究之前，将要用的粉末置于55℃干燥炉中保温 10h 烘干，选取预先清理干净的 316L 不锈钢基板作为粉末成形基底，这种不锈钢材料可以很好地跟 Inconel 625 高温合金粉末润湿。为了得到成形材料合适的工艺参数，需要针对新材料进行一定的工艺探究，一般成形质量取决于激光功率、扫描速度、铺粉层厚、材料物理性质、材料粒径大小等[18-19]，使用工艺优化过后的参数成形试样可以有效地提高致密度和力学性能。选择对成形影响较大的两个因素作为研究变量参数：扫描速度(v)和激光功率(P)。根据研究室熔化金属的经验数据设置这个研究变量参数。设置 5 种扫描速度(300mm/s、350mm/s、400mm/s、450mm/s、500mm/s)和 6 种激光功率(120W、130W、140W、150W、160W、170W)。单道的扫描间距设置为 0.1mm，对于块体成形选择的激光扫描间距为 70μm，层厚选择 20μm。

图 5-3 显示了在光学显微镜下不锈钢基板上单道熔池形态，使用不同的参数粉末表面熔融显示出不同的形态。图 5-3(a)、(b)两图中，激光能量不够，粉末和激光接触时间太短，粉末并没有完全熔化成连续的线条，而是形成断续的点状结构，在激光能量密度较低时，仅有小尺寸粉末熔化且无法润湿合并成连续的微熔池；图 5-3(c)单道熔化良好，轮廓清晰连续，没有明显的球化颗粒，为研究所采用的熔池特征。当激光能量充足时，不仅粉末颗粒熔化，同时基体也发生熔化，有足够的高温液相形成连续的微熔池。在此区

域内采用不同的成形工艺参数也会影响熔池的铺展效果；扫描速度较快时，熔池润湿铺展时间短，形成高且窄的单道形貌；当激光能量较高时，熔池液相增多，同时润湿铺展时间增加，形成较宽单道形貌。图 5-3(d)中单道熔池表面发黑，表明激光能量过多，熔池温度远超过材料的熔点，在短时间内即发生了氧化，同时熔池在高温下沸腾，飞溅出细小的颗粒，凝固后在熔池附近发生了球化，属于过烧现象。

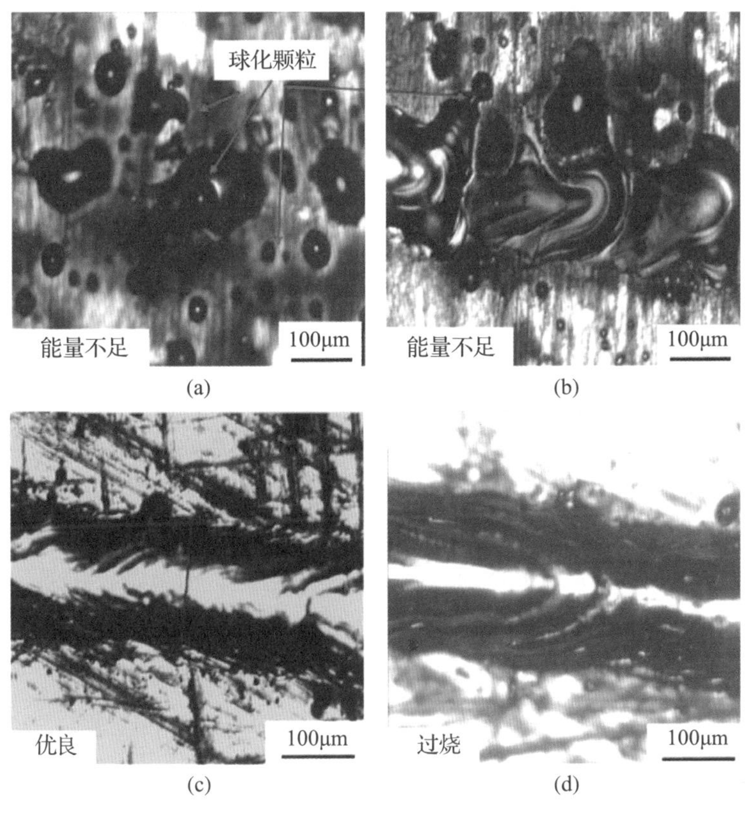

图 5-3　**不同工艺下单道形貌**

(a) 激光功率 $P = 120W$，扫描速度 500mm/s；(b) 激光功率 $P = 140W$，扫描速度 300mm/s；(c) 激光功率 $P = 150W$，扫描速度 400mm/s；(d) 激光功率 $P = 170W$，扫描速度 350mm/s。

依据图中的分类标准，将不同激光功率和扫描速度得到的结果划分成 3 个区域：成形差、成形较好、成形好。将观察的数据列成图 5-4(a)所示的形式。

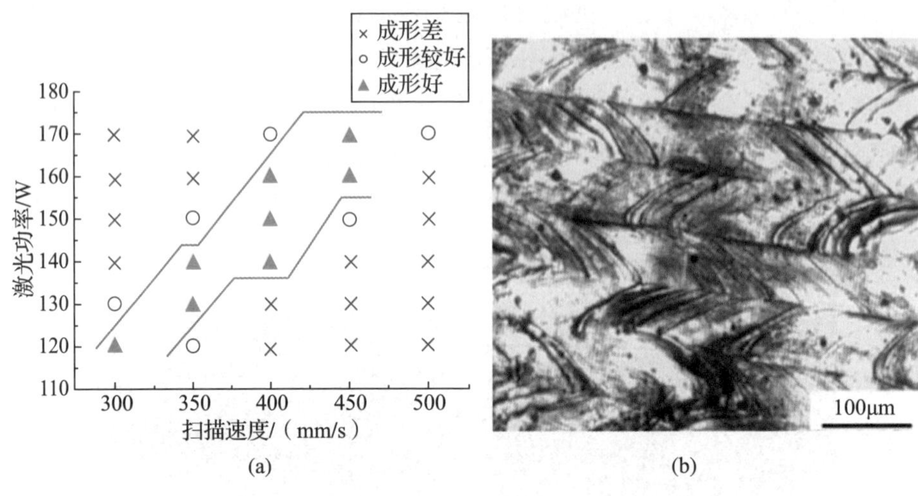

图 5-4　Inconel 625 合金 SLM 工艺窗图

(a) Inconel 625 镍基合金 SLM 单道工艺窗口；(b) 较好单道参数下的面扫描形貌（激光功率 P 为 150W，扫描速度为 400mm/s）。

图 5-4(a)为 Inconel 625 合金 SLM 工艺窗口图，右下角区域激光能量密度较小，不能熔化粉末；左上角区域激光能量密度较大，熔池会出现过烧发黑现象；中间区域粉末在激光作用下熔化良好，单道熔池连续光滑。图 5-4(b)是从窗口中选取较好单道参数下的熔化单层粉末的形貌，从图中可以看到该工艺参数下成形效果都比较好，激光道与道之间轮廓清晰，相邻熔化道搭接良好，无空隙出现。由于激光束是来回“之”字扫描的方式，从一道熔池中还可以看到激光束扫描的轨迹，相邻的熔化道扫描方向相反。

2. 致密度分析

为了进一步分析工艺参数对成形体致密度的影响，本书选取了 15 组不同的工艺参数组合成形块体，将成形以后的块体从基板上切割下来，用丙酮洗净并烘干后用排水法测量块体的致密度，具体数据如表 5-3 所列。具体方法如下：测量试件质量记为 m_1；烧杯装入半杯水放在天平上，并将其置零；将试样通过细线系下，缓慢地放入盛水烧杯中，读出读数，记为 m_2。此时，试件的密度即为 $\rho = m_1/m_2$。推导过程如下：

$$F = \rho_{水} g\nu \tag{5-1}$$

$$F/g = \rho_{水} \nu = m_2 \tag{5-2}$$

$$\rho = m_1/v = m_1\rho_{水}/m_2 \tag{5-3}$$

取水的密度 $\rho_{水} = 1g/cm^3$，即得 $\rho = m_1/m_2$。

表5-3　Inconel 625合金不同参数块体相对密度与能量密度关系

序号	功率/W	速度/(mm/s)	能量密度/(J/mm^3)	m_1/g	m_2/g	密度/(g/cm^3)	相对密度/%
1	120	400	214.29	5.169	0.635	8.14	96.4
2	130	500	185.71	5.350	0.673	7.95	94.2
3	140	300	333.33	5.115	0.623	8.21	97.3
4	140	350	285.71	5.100	0.613	8.32	98.6
5	140	400	250.00	4.885	0.585	8.35	99.0
6	140	450	222.22	4.886	0.593	8.24	97.6
7	140	500	200.00	5.426	0.665	8.01	94.9
8	150	300	357.14	5.188	0.635	8.17	97.0
9	150	350	306.12	4.857	0.588	8.26	97.9
10	150	400	267.85	5.504	0.656	8.39	99.4
11	150	450	255.10	5.469	0.655	8.35	98.9
12	160	350	326.53	4.767	0.575	8.29	98.2
13	160	400	285.71	4.929	0.591	8.34	98.8
14	160	450	253.97	5.202	0.623	8.35	99.0
15	170	350	346.94	5.451	0.664	8.21	97.3

注：Inconel 625理论密度为 $8.44g/cm^3$。

为了更直观地表现工艺参数和成形质量的关系，可以把工艺参数归纳为一个参量：激光能量密度，用字母 E 来表示。E 代表激光能量密度大小，是SLM成形性关键因素[20]。单位为 J/mm^3，激光功率为 P、扫描速度为 v、扫描间距为 H、层厚为 D，定义公式为

$$E = \frac{P}{HDv} \tag{5-4}$$

不同工艺参数下SLM成形Inconel 625高温合金块体致密度 ρ 与激光能量密度 E 有一定关系，对数据点进行数学拟合进一步得到 E 与 ρ 的关系，如图5-5所示。ρ 与 E 的关系方程如下：

$$\rho = -4.985 \times 10^{-4} E^2 + 0.283E + 58.75 \tag{5-5}$$

由上述方程可知，E 取 284.3 $\mathrm{J/mm^3}$ 时相对密度取得最大值，因为研究过程会有一定误差，所以并不像实际情况下 267.85 $\mathrm{J/mm^3}$ 取得相对密度，拟合方程的结果可以对工艺参数选择提供指导。

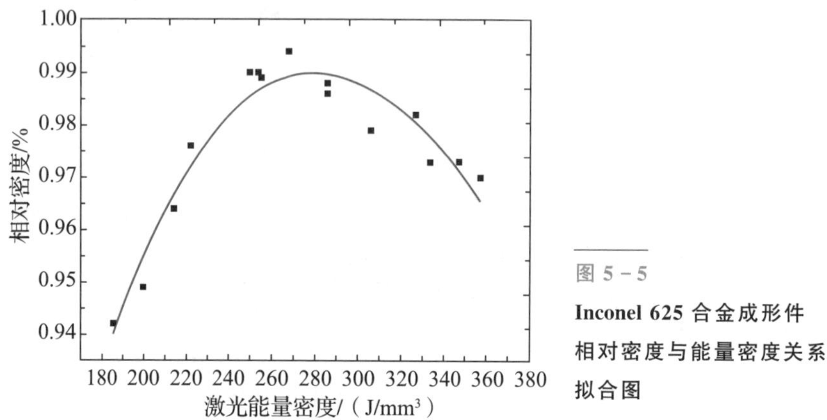

图 5-5
Inconel 625 合金成形件相对密度与能量密度关系拟合图

5.1.3 成形件微观组织与相组成分析

1. SLM 成形态组织分析

Inconel 625 合金在服役工程中通常会面临各种复杂工况，如持续的机械与热应力、酸碱条件下的腐蚀等问题。材料内部的微观组织特点必定会影响材料的宏观性能，目前的主要研究集中在宏观力学性能上，对微观组织和相组成关注比较少。G. P. Dinda 利用激光辅助直接金属沉积的方式成形出 Inconel 625 合金样件，研究了在热处理条件下的微观组织演变和热稳定性[21]。但是激光沉积使用的大光斑激光通常直径为 2mm，形成的熔池更宽，温度梯度相对 SLM 更低。例如，SLM 过程中的冷却速度可以到 10^6 K/s[22]。因此，SLM 零部件表现出完全不同于铸造、锻造的组织特点。同时，由于镍基合金服役状况的复杂性，原始的 SLM 组织不一定能满足使用条件要求，必须通过热处理等后续手段进行改进。因此，研究 SLM 成形镍基合金的热处理制度也十分必要。在本节中，Inconel 625 样件将采用图 5-6 所示的双向扫描策略进行成形，利用 SEM 分析 XY 和 YZ 截面上的组织特点，利用 EBSD 技术分析织构特点、晶粒取向等。同时，对热处理材料的微观硬度、晶体常数和碳化物的分布也进行了详细的讨论。

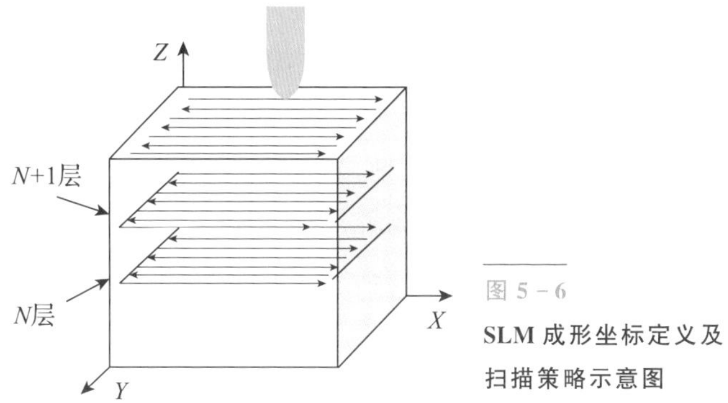

图 5-6　SLM 成形坐标定义及扫描策略示意图

图 5-7 显示了上表面在抛光之前的形态特点，可以很清楚地看到一种“V”字的形貌，这种形貌通常在焊接中可以发现，其形成和激光作为移动热源有关。激光光斑可以看作一个点热源[23]，在快速移动过程中形成一个纺锤形的温度场，在熔池前沿的粉末不断熔化进入熔池，后方的液态金属不断凝固，同时，不平衡的温度场导致熔池不同部位的液态金属密度和表面张力不同，这两者互相作用导致熔池不断搅动并且形成对流，金属完全凝固后便会

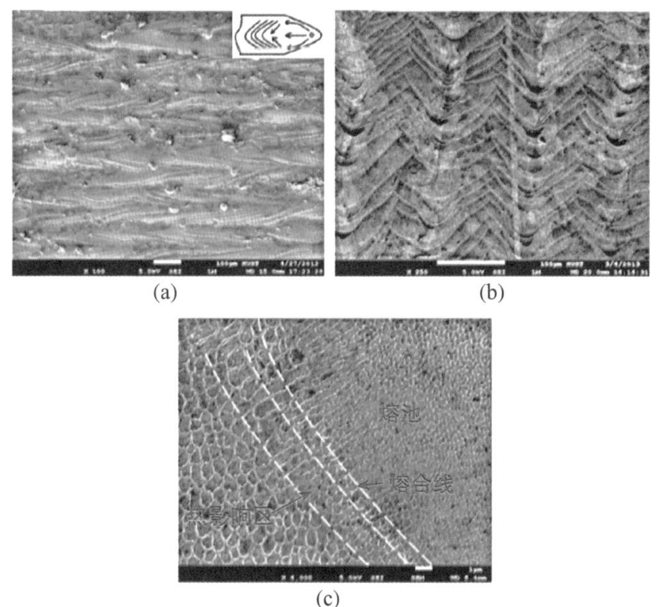

图 5-7　SEM 电镜下的 SLM 零件微观组织

（a）未抛光条件下的上表面形貌；（b）*YZ* 截面形貌及明显的鱼鳞层结构；（c）高分辨率下的熔池边界形貌。

形成“V”字结构形态。激光移动的速度越快，“V”的夹角也就越小，相应的熔化道的宽度也减小，其他材料中也观察到类似的特点。测量发现，相邻熔池的间距约为 80μm，熔池的宽度为 100μm，熔池之间相互重合，形成比较致密的层面结构。在 *YZ* 截面上，经过抛光腐蚀之后，可以看出非常明显的鱼鳞结构，这种鱼鳞结构与激光高斯能量分布一致。图 5－7(c)显示了熔池边界的高倍形貌，可以发现典型的三个区域：热影响区(HAZ)、熔合线(fusion line)和熔池(molten pool)。亚晶粒的尺寸从 0.2μm 到 0.8μm 变动。在靠近熔合线部位，凝固过程中，基体处于低温状态，该区域的热量迅速通过已凝固区散失，形成非常快的冷却速度，因此一次枝晶间距特别小。熔合线的宽度大约为 1μm，该区域直接与原来的基底接触，容易形成氧化物等杂质，对于 SLM 往往成为性能的弱区，在受力状态下容易形成潜在的缺陷。在 HAZ 区域温度通常也比较高，亚晶粒的边界由于受热逐渐发生溶解，形成断续的组织特点。

在纵截面的 SEM 图 5－8(a)可以看出，熔化道内形成许多一次枝晶。枝晶的取向各异，由于当时液态金属与其周围存在温度梯度，产生表面张力梯度及马兰各尼对流，使金属内部在凝固过程中产生非常复杂的金相组织。由图 5－8(b)可以看出，纵截面组织多为胞状组织，一次枝晶间距约为 0.5μm，有些枝晶甚至可以穿透熔化道。这种组织产生的原因是 SLM 成形冷却速度及梯度都比较大，结晶主干彼此平行沿着热量散失的反方向生长，侧向生长完全被抑制。同时在下一次扫描时，由于热作用新的柱状组织在原有组织基体上继续生长直至热散失不利于其生长，因此形成了穿越晶界的组织形貌。快速凝固理论公式如下[24]：

$$d = a\varepsilon^{-b} \tag{5-6}$$

式中：d 为一次枝晶间距；$b = -1/3$；$a \approx 50\mathrm{Kb}(\mu\mathrm{m/s})$。代入 $d = 0.5\mu\mathrm{m}$，可计算得到凝固速率 $\varepsilon = 10^{6}\mathrm{K/s}$。与模拟结果基本一致[25]，可见在 SLM 成形过程中凝固速率非常快。

2. 激光功率对一次枝晶间距的影响

由前面的研究发现，SLM 组织中存在大量的枝晶状组织，并且一次枝晶的间距非常小，这与传统的工艺存在明显的不同。为进一步揭示其形成机理，考虑从激光功率角度进行分析。考虑到工件晶体生长过程主要还受到扫描激

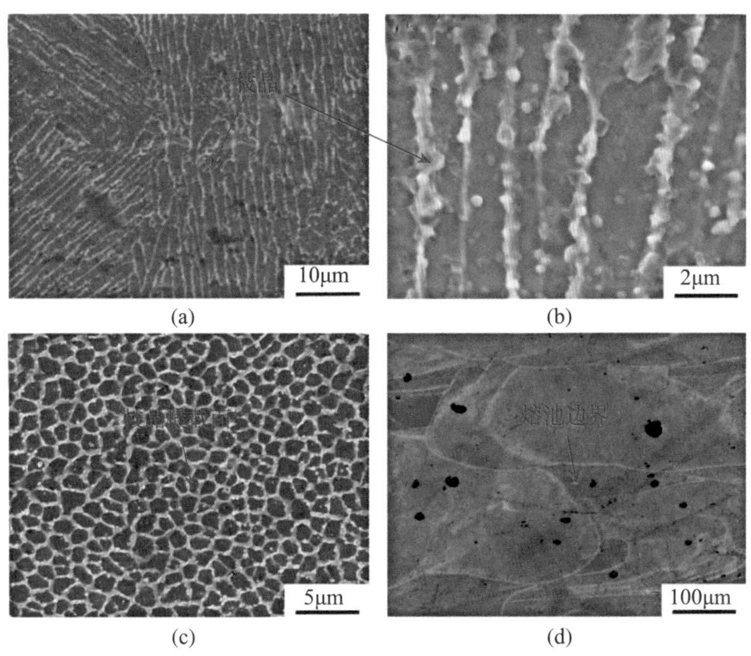

图 5-8　**SLM 成形件不同熔池位置的显微形貌图**

(a)、(b) 枝晶区域；(c) 熔池内部枝晶横截面；(d) 熔池边界。

光速率、扫描间距、原料粉末形态的影响，在此次研究中采用单向重复扫描方式，扫描速度为 500mm/s，层厚为 0.02mm，制造 8mm×8mm×8mm 的立方零件，采用 GB/T 6394—2017 金属平均粒度测定方法。研究参数选择如表 5-4 所列。

表 5-4　Inconel 625 合金 SLM 研究参数

研究组	1×2	2×2	3×2	4×2	5×2	6×2
扫描功率/W	90	100	110	120	130	140
扫描速度/(mm/s)	500	500	500	500	500	500
层厚/mm	0.02	0.02	0.02	0.02	0.02	0.02

激光功率从 90W 到 140W 成形的工件对相同部位(靠近熔池中心)进行 SEM 电镜观察并分析得到的组图如图 5-9 所示，显示不同功率下晶粒尺度的规律。从图中明显可以看出，随着激光功率的增加，亚晶粒的形貌基本没有发生变化，截面基本上是一种蜂窝状的结构，但是亚晶粒之间的距离逐渐减

小，变得更加细化。为定量表示激光能量输入与亚晶粒之间的关系，测量相邻亚晶粒之间的距离，对每幅图的数据取平均值，结果显示在表 5-5 中。

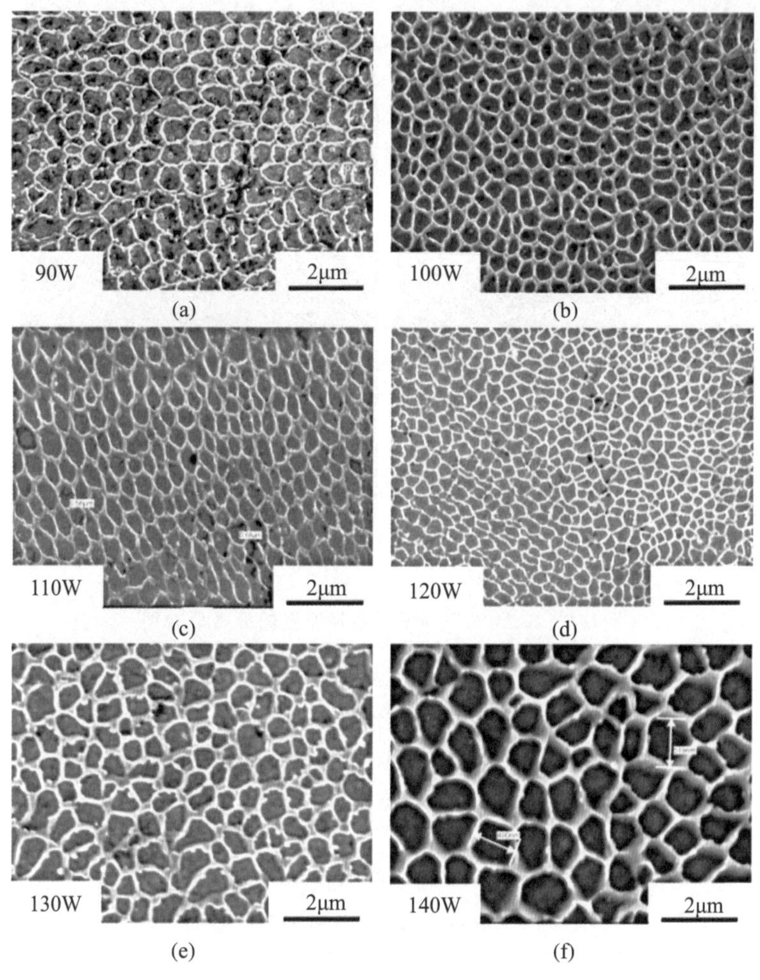

图 5-9　不同激光功率下晶粒尺寸 SEM 图

(a) 90W；(b) 100W；(c) 110W；(d) 120W；(e) 130W；(f) 140W。

表 5-5　SLM 成形件激光功率和一次枝晶间距关系

激光功率/W	90	100	110	120	130	140
平均尺寸/μm	0.57	0.42	0.37	0.31	0.30	0.27

依据测试数据，可以绘制晶粒尺寸与激光功率的关系。其一般关系为

$$\lambda = 1.54P^{-1.77} \tag{5-7}$$

式中：λ 为晶粒尺寸；P 为扫描激光功率。将该曲线绘制在图 5－10 中，可见与实际测量结果非常吻合。

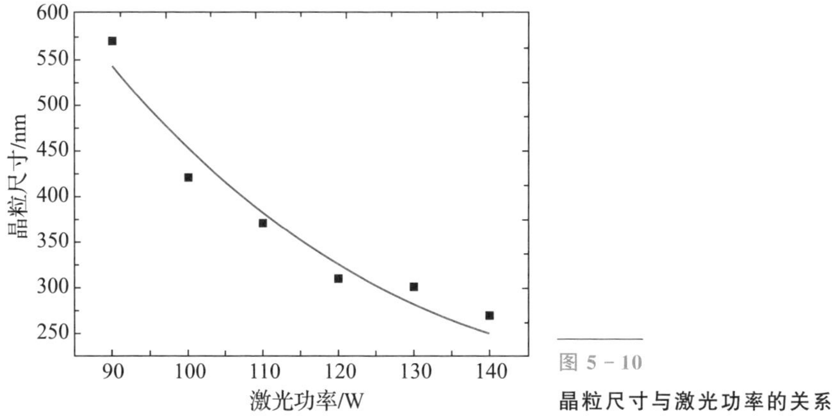

图 5－10 晶粒尺寸与激光功率的关系

下面从原理上分析产生这一现象的原因。在激光束与材料的相互作用过程中，由于激光束向金属表面层的热传递是通过逆韧致辐射效应实现的，高能量密度的激光束（$10^4 \sim 10^6\,W/cm^2$）[26]在很短的时间内（$10^{-3} \sim 10^{-2}\,s$）[27-28]与材料发生交互作用。这样高的能量足以使材料表面局部区域很快加热到上千摄氏度，使之熔化甚至汽化，随后借尚处于冷态的基材的换热作用，使很薄的表面熔化层在激光束离开后很快凝固，冷却速度可达 $10^5 \sim 10^9\,K/s$。在这种快速凝固条件下，材料在凝固过程中的热传导、溶质传输等过程与通常的铸态凝固相比发生了较大的变化，在低速凝固条件下所采用的液固界面局域平衡假设不再成立。同时，由于熔池中的凝固生长界面显著偏离平衡，使得材料的固溶极限显著扩大，组织结构显著细化，微观偏析也很可能得到明显改善（实际上，由于组织明显细化，即使存在一定的微观偏析，也很容易通过随后的热处理消除），并可能出现新的亚稳相[29]甚至非晶[30]，从而显著改善成形材料的物理、化学和力学性能。不过，上述情况通常出现在激光表面快速熔凝过程，对于激光快速成形过程，基于成形效率以及成形过程中应力变形控制方面的考虑，通常激光的扫描速度较低。同时，由于在快速成形过程中不断的热量累积，导致大部分情况下激光快速成形的冷却速度相比表面快速熔凝要低几个数量级，大约在 $10^4 \sim 10^6\,K/s$。

金属结晶后的晶粒度与形核速率 N 和长大速度 G 有关。所谓形核速率 N 即单位时间内在单位体积中所形成晶核的数目；所谓长大速度 G 即晶体长大的线速度。形核速率越大，单位体积中所生成的晶核数目越多，晶粒也越细小；若形核速率一定，长大速度越小，则结晶的时间越长，生成的晶核越多，晶粒越细小。单位体积内晶粒的总数目 Z_v 与形核速率 N 和长大速度 G 之间存在如下关系[31]：

$$Z_v = 0.9\left(\frac{N}{G}\right)^{3/4} \tag{5-8}$$

单位面积内晶粒总数 Z_S 的关系式为

$$Z_S = 1.1\left(\frac{N}{G}\right)^{1/2} \tag{5-9}$$

从金属结晶的过程可知，凡是促进形核、抑制长大的因素，都能细化晶粒。金属结晶时，形核速率 N 和长大速度 G 都与过冷度有关，随着过冷度的增加，形核速率 N 和长大速度 G 都增加，并在一定过冷度下达到最大值。但随着过冷度的进一步增加，两者都减小，这是由于温度过低时，液体中原子扩散困难，N 和 G 都随之减小。

激光快速成形过程中快速凝固的特点在材料重熔过程中产生了较大的过冷度，而且过冷度随着激光功率的提高而增加，因此这说明了研究结果中随着加工激光功率增加零件晶粒尺寸减小的原因。而这一原理，可以根据 D. Turnbull 和 J. C. Fisher 提出的均匀形核理论解释。

D. Turnbull 和 J. C. Fisher 利用绝对反应速度理论提出了均匀形核速度方程式[32]：

$$N^* = \frac{nkT}{h}\mathrm{e}^{-\frac{16\pi\delta^3 T_{\mathrm{m}}^2}{3L_{\mathrm{m}}^2(\Delta T)^2 kT}} \cdot \mathrm{e}^{-\frac{Q}{kT}} \tag{5-10}$$

式中：N^* 为单位时间、单位体积中所形成的晶核数目，即形核率；n 为单位体积中的原子总数；h 为普朗克常数；k 为玻耳兹曼常数；δ 为表面张力；L_{m} 为熔化潜热；Q 为原子越过液固相界面的扩散激活能。

根据形核率的定义，当金属液从开始结晶到结晶结束，体积为 V 的金属液在任一时间 t 形成的晶粒数 N 可由下式得到[33]

$$N = \int_0^t V \cdot f_{\mathrm{t}} \cdot N^* \,\mathrm{d}t \tag{5-11}$$

式中：f_{t} 为任意时间 t 时的液相分数。

过冷金属结晶时，有

$$T = T_m - \Delta T \tag{5-12}$$

式中：T 为绝对温度；T_m 为熔点；ΔT 为过冷度。

将式(5-10)、式(5-11)代入式(5-12)，得

$$N = \int_0^t V \cdot f_1 \cdot \frac{nkT}{h} e^{-\frac{16\pi\delta^3 T_m^2}{3L_m^2 (\Delta T)^2 kT}} \cdot e^{-\frac{Q}{kT}} dt \tag{5-13}$$

金属液在任一温度 T 时，在一个微段时间 dt 内，新生成的固相微增量 $Vd(1-f_1)$ 所释放的结晶潜热减去金属液向外界导出的微热量，等于金属在 dt 时间内的微热量变化，热量平衡方程为

$$V\rho C dT = L_m V d(1-f_t) - \alpha(T-T_f)dt \tag{5-14}$$

式中：ρ 为金属的密度；C 为金属的比热；α 为综合热导(即总热传导系数)；T_f 为外界环境温度；dT 为温度微变量。

由式(5-14)推导可得

$$\frac{df_t}{dt} = -\frac{\rho C}{L_m V} \cdot \frac{dT}{dt} - \frac{\alpha}{L_m V}(T-T_f) \tag{5-15}$$

凝固过程中过冷度与温度的关系如下：

$$\frac{dT}{dt} = -R \tag{5-16}$$

因此可得任意时刻液相分数为

$$f = \int_0^t \left[\frac{\rho C}{L_m V} \cdot R - \frac{\alpha}{L_m V}(T-T_f)\right] dt \tag{5-17}$$

而综合热导 α 和冷却速度 R 关系如下：

$$\alpha = \rho CR/(T_m - T_f) \tag{5-18}$$

综上可得晶粒数一般方程：

$$N = \int_0^t V \cdot \frac{nkT}{h} e^{-\frac{16\pi\delta^3 T_m^2}{3L_m^2 (\Delta T)^2 kT}} \cdot e^{-\frac{Q}{kT}} dt \cdot \left\{\int_0^t \left[\frac{\rho C}{L_m V} \cdot R - \frac{\alpha}{L_m V}(T-T_f)\right] dt\right\} \cdot dt \tag{5-19}$$

需要注意的是，上述公式中忽略了润湿角带来的影响，因为在本研究中，只有一种材料而且不加入变质剂，所以式中除了各种常量参数外，只有温度 T，冷却速度 R 为变量，而 T 可以由 R 积分得到，实际上晶粒数 N 在此只与冷却速度 R 有关。

将比例类常数记为 A 可将式(5－19)简化为

$$N = A \cdot \frac{\rho C}{L_m} \cdot R \cdot \int_0^t \left[\frac{\rho C}{L_m V} \cdot R - \frac{\alpha}{L_m V}(T - T_f)\right] dt \cdot dt \quad (5-20)$$

简单分析式(5－20)即可知，$-\frac{(T - T_f)}{(T_m - T_f)} > 0$，所以可以得知晶粒数 N 与冷却速度 R 大致成正比。由前面的理论分析讨论可以得出，激光功率越高，冷却速度越快，因而晶粒数也越多，从而晶粒的尺寸随之下降，晶粒随激光功率增大而细化，并且满足一定的数学规律。

5.1.4 热处理工艺

1. 不同热处理状态下的硬度及相特点

由于 SLM 成形过程中冷却速率非常快(约为 10^6K/s)，大部分元素如 Mo、Nb 等都固溶在 γ 基体中，因此引起了很大的晶格畸变。引入了点缺陷，形成“柯氏气团”[34-35]，这种柯氏气团对位错起到束缚和钉扎作用，若使位错线运动，脱离气团的钉扎就需要更大的力，从而增加了合金的塑性变形抗力，导致其硬度明显大于铸锻水平(小于 305 HV)。在镍基高温合金中，当 Nb 含量超过 5%时，就有可能析出 Ni_3Nb 相[36]，按照结构来分，有两种 Ni_3Nb：一种是体心四方的 γ″－Ni_3Nb 相，点阵常数为 $a = 3.624$Å，$c = 7.406$Å，当 Ni_3Nb 开始从基体中析出时，先形成一种亚稳定结构的 γ″；另一种是正交晶系的 δ 相，点阵常数为 $a = 5.74$Å，$b = 4.22$Å，$c = 4.54$Å。它是一种稳定结构，继续时效过程中由 γ″向 δ 转变[37]。尽管 Inconel 625 属于固溶强化的镍基高温合金，在热处理过程中仍然存在相的转变[38]。700℃的硬度略比 SLM 态低，主要原因是在退火过程中残余应力的降低所致。800℃、900℃硬度上升，是因为在800℃以后从奥氏体基体中有 γ″相的析出，γ″相与基体的点阵失配度比较大，引起硬度的上升。当温度上升到800℃以后，γ″相逐渐转变成失配度较小 δ 相。同时晶粒也逐渐长大，使硬度产生较大的下降，趋近于固溶状态，如图 5－11 所示。

SLM 直接成形样品的 XRD 图谱如图 5－12 所示，SLM 直接成形的样品基体为 γ″－Ni 相，(200)晶面为最强峰，碳化物及其他复杂化合物均没有被发现。形成这种情况的主要原因如下：由于激光光斑快速移动(600mm/s)，熔池的尺寸在几十微米[39]，热量通过已凝固金属迅速散失，因此凝固速度非常

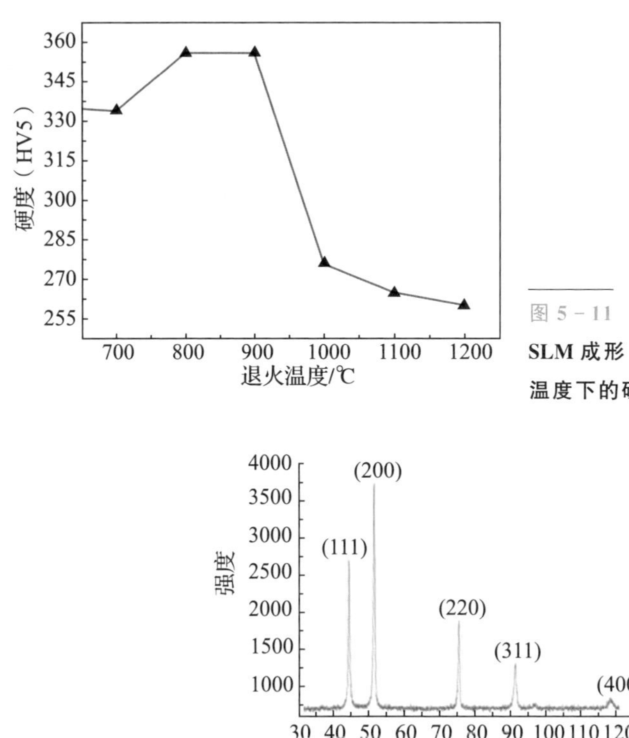

图 5-11
SLM 成形 Inconel 625 合金在不同退火温度下的硬度 HV5 变化

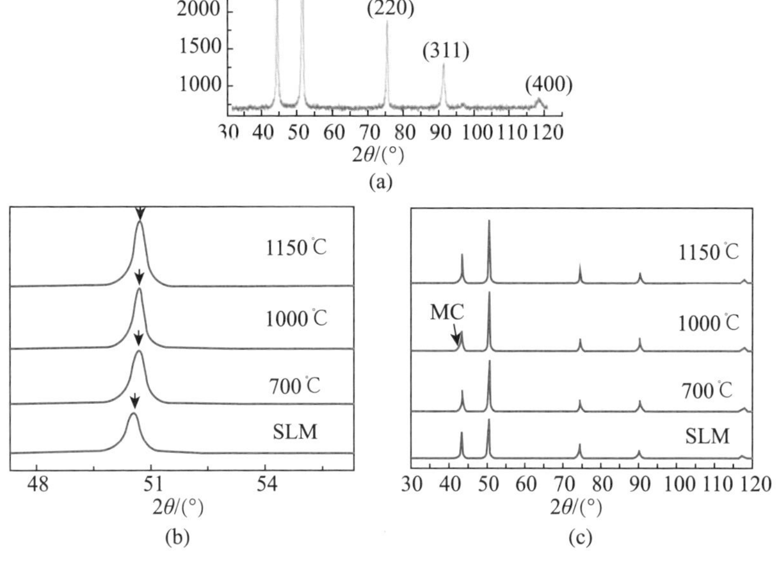

图 5-12　**SLM 成形 Inconel 625 合金 XRD 分析结果**

(a) SLM 直接成形 Inconel 625 合金样品 XRD 图谱；(b) 不同热处理状态下的(200)衍射晶面的 XRD 图谱；(c)不同热处理温度下的 SLM 样品图谱。

快(通常小于 1ms)。在短程结晶前沿的原子重构速度远大于分子迁移的速度，所以起到强化的固溶原子基本上被 γ″相基体捕捉，无法形成有效的强化相，这种现象又被称为“溶质捕获”[40]。大部分固溶原子 Nb、Cr、Mo 等都被基体俘获，同时非金属元素 C 也很难析出形成化合物。经过热处理之后的 XRD 测试表明，合金的组织和原始的 SLM 形态基本相同，都是 Cr 在 Ni 基体中的固溶物。一些在铸造或是锻造中常见的金属间化合物 $\gamma''-Ni_3Nb$ 相、δ 相等均未被发现。研究表明，这些金属间化合物在 SLM 状态下可以析出，但是由于含量比较低，颗粒尺寸相对较小，很难被 XRD 直接探测到[41]。采用 TEM 对微区进行了观察，如图 5-13 所示，发现在基体中析出了块状的 MC 碳化物和圆球状的 γ''相，但是 MC 碳化的尺寸只有 70nm 左右，γ''相的数量比较少，直径仅有 10nm，因此在 XRD 测试时很难被探测到。

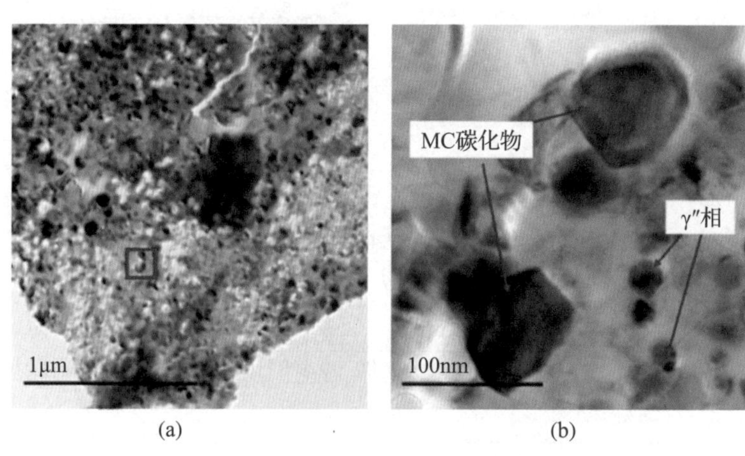

图 5-13 SLM 成形 Inconel 625 合金 TEM 下的微区形貌
(a)微区低倍下的形貌；(b)碳化物及 γ''相的形貌及分布。

根据晶体学理论可以知道，外界原子固溶到晶体中，会引起周围的原子晶格发生畸变，晶格常数发生变化。晶格常数变化越大，相应的畸变越严重。因此，可以通过研究晶格常数，推断在不同条件下的固溶原子析出规律。根据布拉格衍射公式，用图 5-12(c)中的(200)衍射峰来计算不同热处理条件下的晶格常数。计算公式如下[42-43]：

$$2d_{(hkl)}\sin\theta = n\lambda \tag{5-21}$$

$$d_{(hkl)} = a/\sqrt{h^2+k^2+l^2} \tag{5-22}$$

式中：d_{hkl}为晶面间距；(hkl)为晶面，在这里即为(200)衍射峰；θ 为对应的峰位位置；λ 为衍射物质的波长。在本研究中采用铜靶。将数据代入式(5-22)中，可以得到不同热处理下的晶格常数，如表 5-6 所列。

表 5-6　不同状态下 Inconel 625 合金的晶格常数

热处理	晶格常数/Å
SLM	3.60401 ± 0.001416
SLM + 700℃，1 h，AQ	3.59926 ± 0.001522
SLM + 1000℃，1 h，AQ	3.59722 ± 0.00066
SLM + 1150℃，1 h，AQ	3.59472 ± 0.00055

对于 SLM 态，大部分固溶强化元素如 Nb、Mo 被基体捕获，引起很大的晶格畸变，此时晶格常数达到最大值。当样品加热到700℃时，基体中的 Nb 元素析出，形成非稳定的体心四方的 $\gamma''-Ni_3Nb$ 相，此时晶格常数相应发生下降。当温度加热到800℃时，γ''相转变为一种稳定的正交系结构 δ 相[44]，同时，当样品加热到1000℃时，达到了 Inconel 625 合金的固溶温度。理论上，强化元素应该重新进入镍基体中，引起晶格常数的上升，但是研究发现在1000℃时，晶格常数继续下降。通过 XRD 发现明显的 MC 碳化物析出峰，碳化物的析出，固定了强化元素，强化元素无法进入到基体中，随着温度的继续升高，C 元素变得更加活跃，迁移速度变快，与更多的元素形成碳化物，大量强化元素被固定下来，因此晶格常数持续下降。图 5-12 显示了(200)峰的放大图，可以很明显地看到半宽和峰位的变化，从 SLM 态、700℃、1000℃到1150℃半宽逐渐变窄，说明结晶的程度越来越高，晶粒尺寸逐渐增大。同时，峰位向右移动，表明基体的面间距也在增大。

2. 热处理对显微组织的影响

由图 5-14 可以看出，SLM 成形件在800℃仍能保持原始形貌，仍然可以看到熔化道的存在，当热处理的温度超过900℃以后，原始的熔化道逐渐消失，晶粒长大。因为随着温度的上升，熔池边界的偏析元素在热激活的作用下扩散，原子运动速率增加，逐渐溶解进入 γ 基体，组织趋向于均匀化。在1100℃时可以看到有明显的晶粒形成，晶粒呈细长的条状，基本上横跨原来的熔化道，平行排布，明显长大，但是在尺度上依然小于传统的工艺，呈现类似于定向凝固再结晶组织的特点。研究表明[45]，熔池在急剧冷却的过程中，冷却速度不均匀，在熔池内残留有大量的残余应力。这种残余应力基本上垂直于扫描方向，在残余应力的诱导下，晶粒沿着应力方向生长，形成细长的条状晶粒。当退火温度达到1200℃时，原始的沉积态形貌完全消失，细条状的晶粒逐渐向稳定的等轴晶形貌转变，并且在晶粒内部可以观测到退火孪晶的存在。这种再结晶过程界面迁移要求总界面能减少，由于层错的存在，在三叉晶界处以层错为核形成片状孪晶。虽然界面数量增多，但是半共格的孪晶界降低了整体能量[46]，降低了内部的残余应力，也是残余应力存在的一个佐证。

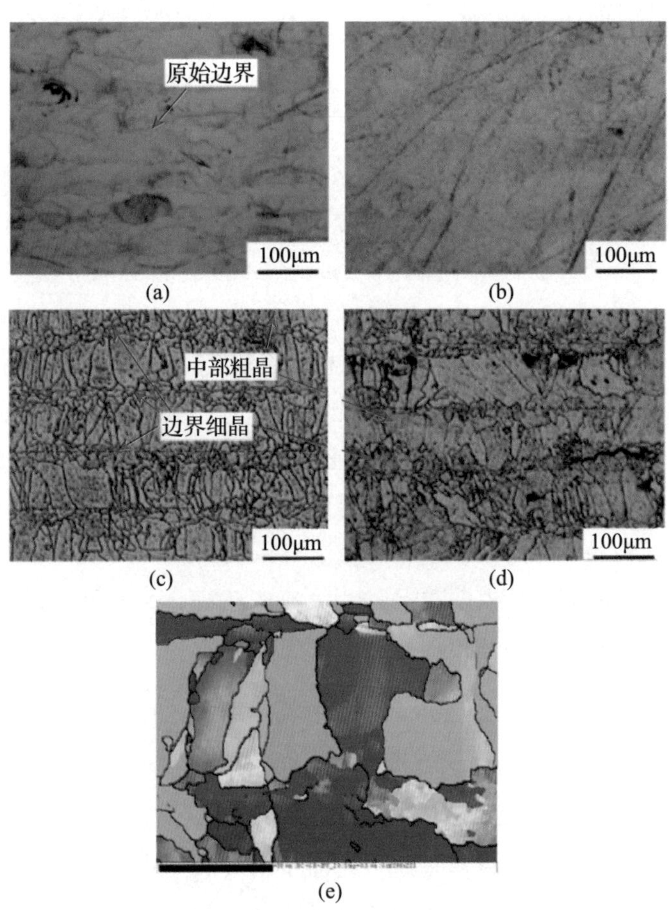

图 5-14 不同退火温度的横截面的金相显微组织

(a) 700℃；(b) 800℃；(c) 1000℃；(d) 1150℃；(e) 1000℃退火后 EBSD 取向分布图。

为了进一步观察和分析热处理对其显微组织的影响及其相的转变，采用扫描电子显微镜 SEM 做进一步观察，并对其析出物的成分做了 EDS 能谱分析，来推断热处理对成形件的影响。

从图 5-15 可以更加明显看出显微组织的变化，图 5-15(a)为700℃下退火的放大 10000 倍的照片，可以清晰地看到原始的蜂窝状组织保存完好，并未出现长大现象。图 5-15(b)显示800℃以后保温 1h，原始的晶粒边界逐渐消失，并且开始在晶界边缘形成链状物，链状物呈现小圆点或是小方块。当到达1000℃时，晶粒明显长大，晶粒边界的链状物的尺寸也逐渐增大。到1150℃时，链状物消失，这时晶粒已经长得很大，可达 100μm 左右。在图 5-15 中，可以观察到大量的菱形小坑，这些小坑的对角线长度大约为 0.2～1μm。并且从 700～1150℃退火，菱形坑有增加的趋势。需要指出的是，在研究中并未观察到 δ 相和 γ″相，前面 TEM 可以看出 SLM 成形的样品中析出相的尺寸仅有 10nm，SEM 条件下难以观察到。

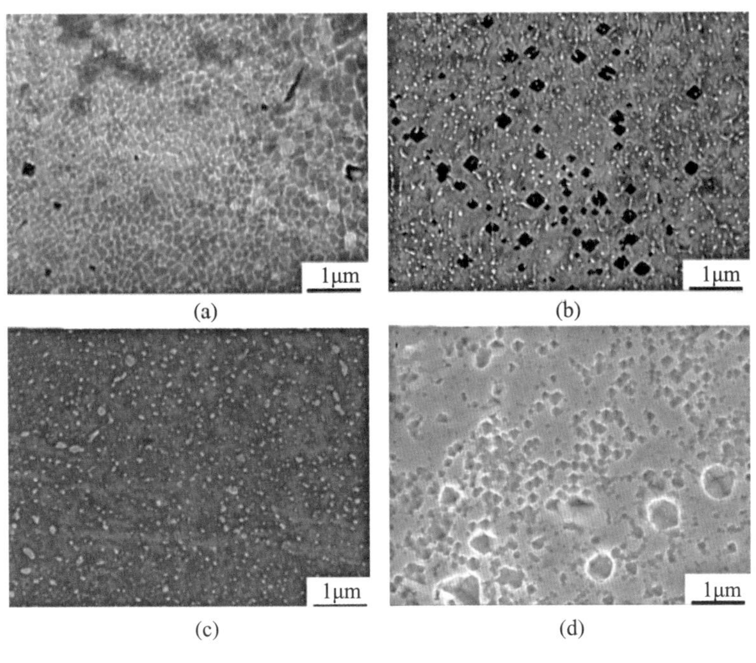

图 5-15　不同退火温度的横截面的 SEM 显微组织
(a) 700℃；(b) 800℃；(c) 1000℃；(d) 1150℃。

可以看到，图 5-16 和表 5-7 中谱图 1 号点为边界的颗粒，2 号点为内部点状颗粒，3 号点为基体成分。能谱分析时进行归一化处理，所得元素为质量分数。其数值仅做定性的对比，不能作为元素含量处理。由上面的能谱测试可以清楚地看出，在 1 号点 Nb、Mo、C、Si 的含量明显比较高，Mo、Nb 都是强烈的碳化物元素，与碳的亲和力很强，在高温使用和热暴露时容易形成。随着温度和时间的增加，这种碳化物的尺寸有所增加。Mo、Nb 的质量分数约占 45%，C 的质量分数占 6%，恰好满足 MC 碳化物的比例。因此，可以推断其主要成分为 NbC、MoC 等碳化物。2 号点与 3 号基体相差不大，可能是腐蚀的时候，腐蚀剂或是抛光不均匀造成的。

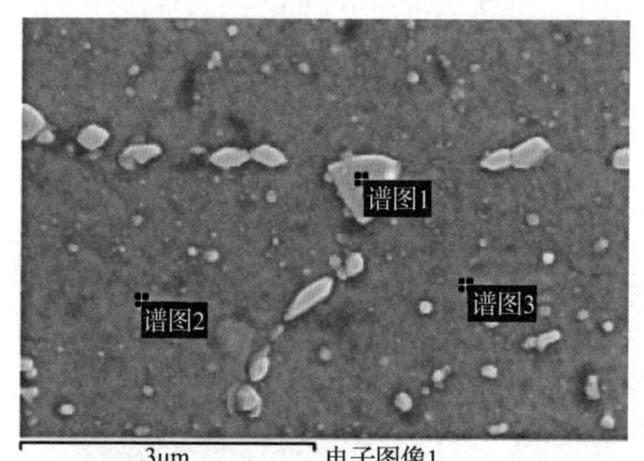

图 5-16
退火处理晶界元素能谱分析

表 5-7 退火处理晶界元素能谱元素分析

谱图	C	Si	Cr	Fe	Ni	Nb	Mo	合计
谱图 1	6.27	4.02	14.33	—	31.37	23.45	20.56	100.00
谱图 2	3.70	0.52	21.79	0.88	64.56	—	8.55	100.00
谱图 3	3.48	0.62	21.78	1.12	63.89	—	9.11	100.00
最大质量分数	6.27	4.02	21.79	1.12	64.56	23.45	20.56	—
最小	3.48	0.52	14.33	0.88	31.37	23.45	8.55	—

对 MC 碳化物的分布进行研究发现，在碳化物的周边晶粒的边界发生了很大的变形，形成一种“弯曲晶界”现象如图 5-17 所示。弯曲晶界常见于镍基高温合金中，它的存在增大了晶界的长度，晶界之间相互交错，形成一定的咬合力，可以显著提高材料的强度及疲劳性能[47-48]。本书提出了一种由碳化物引起晶界弯曲的解释，碳化物尖端的原子迁移引起了晶界位置的蠕变。晶界的弯曲程度和碳化物的尺寸、取向和间距有关。大尺寸的碳化物吸收更多的溶质原子，引起更多的弯曲。同时，如果相邻两个碳化物的尖端指向相同，两边同时吸收同样的原子数，晶界就会呈现直线状态。这个假设正好与实际观察的结果匹配。

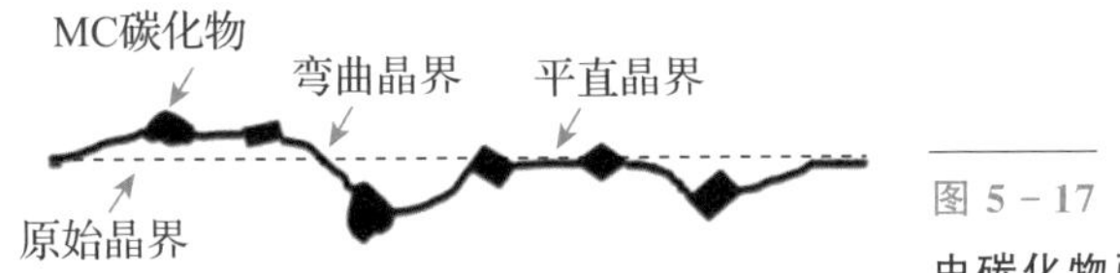

图 5-17
由碳化物引起的弯曲晶界原理示意图

同时，对广泛分布的菱形坑进行了能谱分析，如图 5-18 所示，在菱形坑中 O、C、Si 的含量比较高，说明 C、O 在这里聚集，同时 Nb 的含量也比较高。具体成分现在还无法推断出来，必须采用其他方式来证明。以下从分布和形貌上可以给出大致的解释。

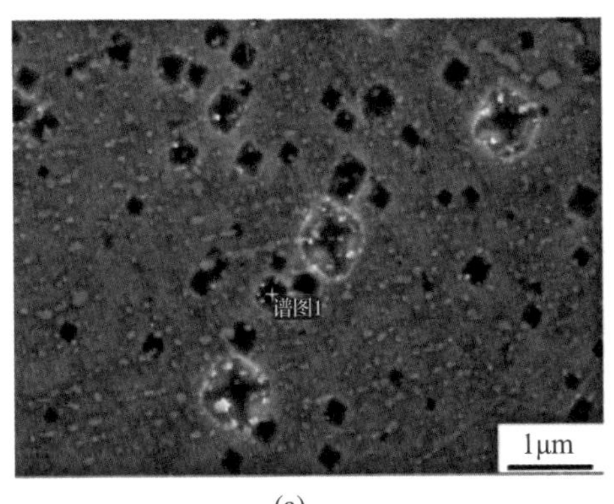

(a)

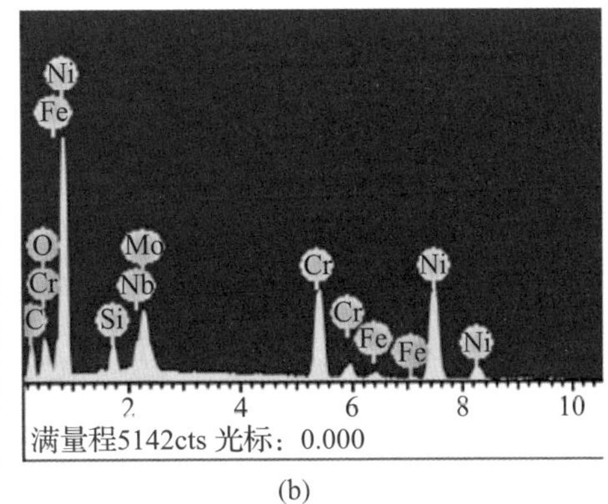

(b)

图 5-18　菱形坑显微形貌及坑内能谱
(a) SEM 形貌；(b) 对应能谱图。

根据其形貌及分布可以初步断定该菱形坑为位错的腐蚀坑(corrosion pit)[49]。由于位错附近的点阵畸变，原子处于较高的能量状态，再加上杂质原子在位错处的聚集，这里的腐蚀速率比基体更快一些，因此在适当的侵蚀条件下，会在位错的表面露头处，产生较深的腐蚀坑。位错腐蚀坑与位错对应，如图 5-19 所示。位错的蚀坑与一般夹杂物的蚀坑或者由于试样磨制不当产生的麻点有不同的形态，夹杂物的蚀坑或麻点呈不规则形态，而位错的蚀坑具有规则的外形，如三角形、正方形等规则的几何外形，且常呈有规律的分布，如很多位错在同一滑移面排列起来或者以其他形式分布；此外，在台阶、夹杂物等缺陷处形成的是平底蚀坑，也很容易区别于位错露头处的尖底蚀坑。位错蚀坑的形状与晶体表面的晶面有关，因此，按位错蚀坑在晶面上的几何形状，可以反推出观察面是何晶面，并且按蚀坑在晶体表面上的几何形状对称程度，还可判断位错线与观察面(晶面)之间的夹角，通常是10°～90°[50]，Inconel 625合金的位错线与晶面的夹角一般为90°，若位错线平行于观察面便无位错蚀坑。位错蚀坑的侧面形貌与位错类型有关。对于面心立方晶系的晶体，观察面为{111}晶面时，位错蚀坑呈正三角形漏斗状；在{110}晶面上的位错蚀坑呈矩形漏斗状；在{100}晶面上的位错蚀坑则是正方形漏斗状。蚀坑侧面光滑平整时是刃型位错，蚀坑侧面出现螺旋线时是螺型位错，因此，在研究中观察到的位错为典型的刃型位错。根据位错蚀坑的分布特征，能够识别晶体中存在的小角度晶界和位错塞积群。当晶体中存在小角度晶界时，蚀坑将垂直于滑移方向排列成行；而当出现位错塞积群时，蚀坑便沿滑移方向排列成列，并且它们在滑移方向上的距离逐渐增大。从图中红色圈出区域可以看出，在熔池的边界，密集排列着位错坑，主要是因为在该区域热处理过程中，原子大量迁移，迁移形成的空穴形成点缺陷。

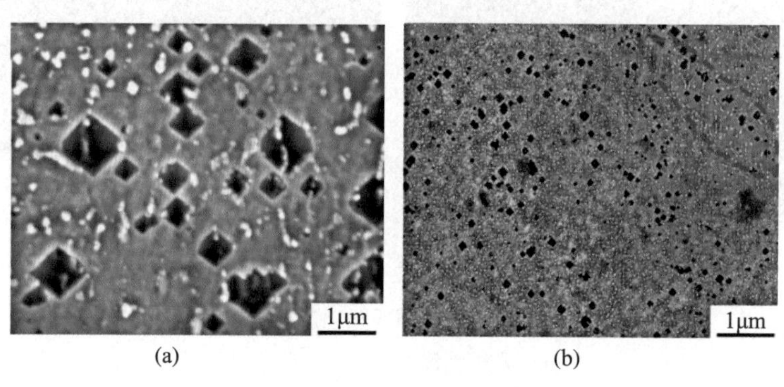

图5-19 **退火处理菱形腐蚀坑及在熔池中的分布**

(a) 腐蚀坑SEM形貌；(b) 腐蚀坑分布情况。

5.1.5 成形件拉伸性能

1. 预热温度对拉伸性能的影响

采用成形参数为 $P=150$W，$v=450$mm/s，扫描间距 $d=0.07$mm，层厚 $h=0.02$mm，扫描方式为逐行扫描。在不锈钢基板上成形后，分别在常温和预热温度100℃、200℃、300℃下拉伸试样，切取拉伸试样，打磨至光滑并没有熔化痕迹。经过打磨的试件表面的裂纹和高低不平的凸起部分得到消除，表面粗糙度比较小，同时打磨后表面残留有压应力[50]，在一定程度上阻碍了裂纹从表面扩展，使强度提高。经过打磨后的拉伸试样实物如图 5 - 20 所示。采用 Zwick/RoellZ020 型万能材料研究机测试材料的抗拉强度，每组温度做 4 个试样，最终取平均值。

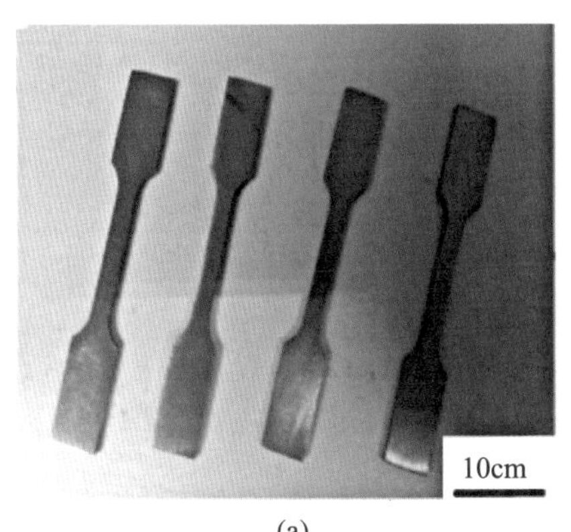

(a)

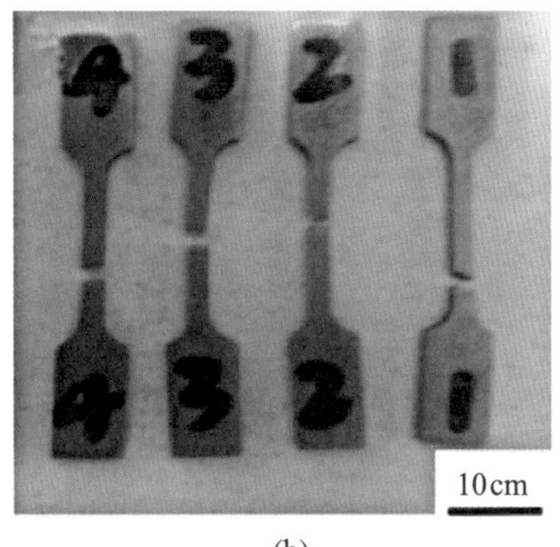

(b)

图 5 - 20　**拉伸件尺寸及断后形貌**
(a) 打磨后拉伸试样；(b) 拉断后试样。

图 5 - 21 是根据拉伸数据绘制出来的不同预热温度下的拉伸应力 - 应变图，从拉伸曲线可以发现材料在拉伸过程中都经历弹性变形、塑性变形和断裂三个阶段。但是 SLM 成形件没有明显的屈服阶段，拉伸试样在载荷不断增大过程中突然断裂。从应力 - 应变曲线可以看出，拉伸试样具有很强的分散性，延伸率及强度都出现了不同程度的波动。室温拉伸性能同时与美国 ASTM(B564)标准锻件进行对比，在室温下，平均抗拉强度为 936.24MPa ± 26.52MPa，屈服强度为 682.98MPa ± 25.65MPa，延伸率约为 7.22% ± 1.66%，远低于 ASTM 退火状态下的 30%的标准。随着预热温度的提升，抗拉强度在300℃达到 1135MPa ± 112.88MPa，超过 ASTM 标准 50%以上。同时屈服强度同样达到 702.6MPa ± 20.85MPa，大大超过了 ASTM 标准 414～621MPa。但是，延伸率大大小于此标准，在预热300℃情况下，试样的最高抗拉强度大小高于最低标准 37%，高于最高标准 9.7%，而试样表现出最高延伸率 9.65%，也仅仅为最低标准的 32%左右，材料表现出了高强度低塑性的特点。根据曲线的倾斜程度，可以看出预热处理对材料的弹性模量影响不大。

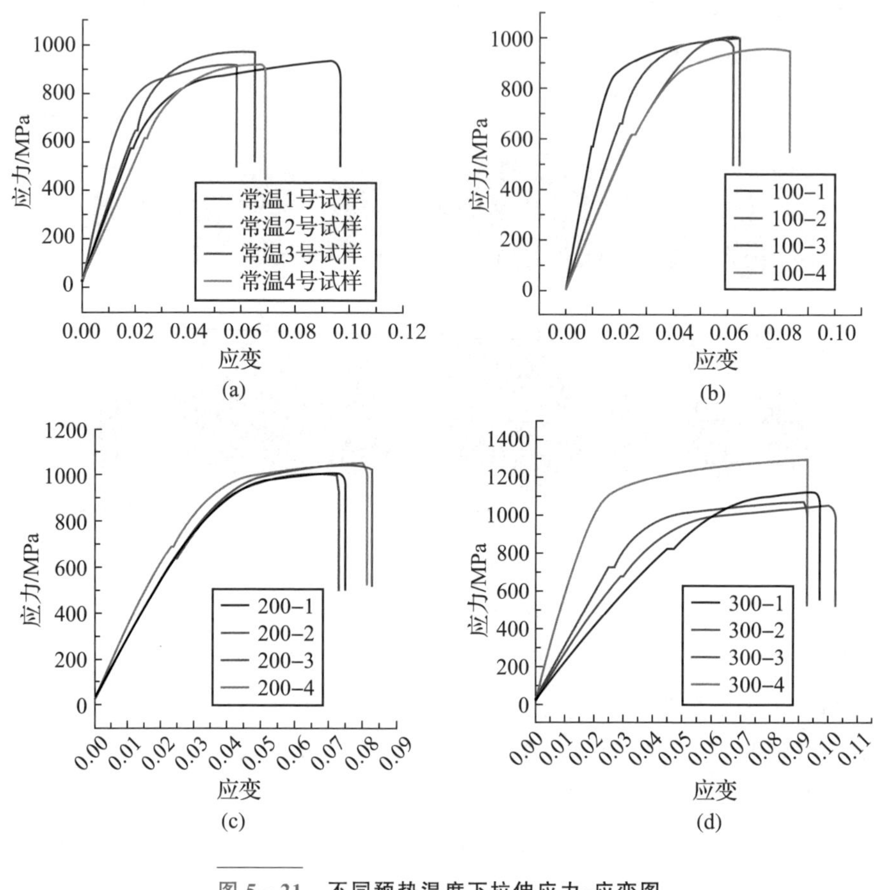

图 5-21　不同预热温度下拉伸应力-应变图

（a）常温下；（b）预热100℃；（c）预热200℃；（d）预热300℃。

2. 拉伸性能分析

对于绝大多数 SLM 方法制备的材料都展现出了明显的各向异性，目前也有很多研究关注这方面的问题。零件的摆放方向实际上决定了制造平面和载荷施加方向之间的夹角，本书提出了熔池边界可能是影响 SLM 力学性能的重要因素。本书在前期研究基础上沿不同方向进行取样，研究熔池特殊空间拓扑结构对力学性能的影响。随着预热温度的提高，抗拉强度不断提高，但是分散性也增加了，主要由于预热虽然减少了整体上的裂纹，但使裂纹的随机性增大，导致抗拉强度数据分散较大。同时材料的延伸率也随之增加，但是即使在300℃预热的条件下，延伸率依然达不到 ASTM 材料标准。从总体来看，在预热工况下 SLM 成形制件的强度和塑性都有一定程度的提高。通常金属材料拉伸延伸率低于 5%的为脆性断裂，高于 5%的为塑性断裂，SLM 成形的 Inconel 625 高温合金材料表现出明显的高强度、低塑性特点，如图 5-22 所示。

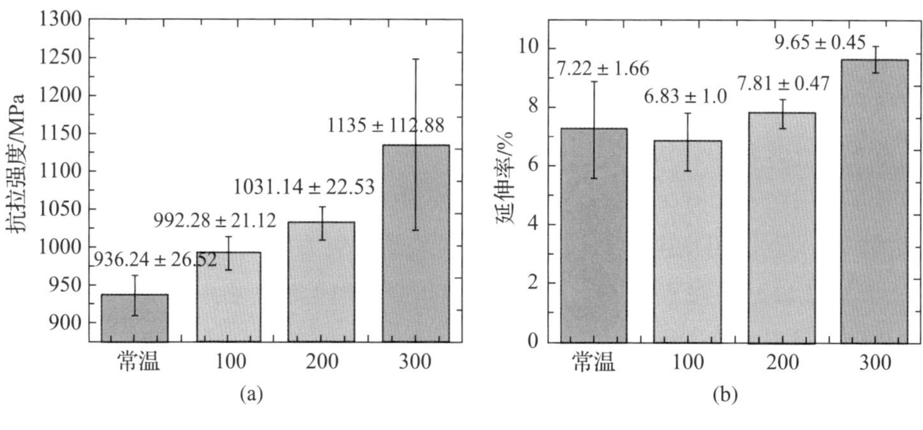

图 5-22　不同预热温度下的性能对比
(a) 平均抗拉强度；(b) 平均延伸率。

SLM 成形件特殊力学性能成形原因可从以下几个方面进行讨论。

(1)晶粒细化对抗拉强度的影响。通常材料主要通过三种机制进行强化，三种机制线性叠加强化材料，如下式[51]：

$$\Delta\delta = \Delta\delta_{cr} + \Delta\delta_{wh} + \Delta\delta_{ps} \tag{5-23}$$

其中 $\Delta\delta_{cr}$ 为晶粒细化带来的抗拉强度的提升，$\Delta\delta_{wh}$ 为加工硬化带来的抗拉强度的提升，$\Delta\delta_{ps}$ 为第二相析出带来的抗拉强度的提升。Song 研究了纯 Fe 的 SLM 成形件力学性能，提出了晶粒细化是 SLM 成形件性能强化的主要机制。

从前面的分析中可以看出，成形 Inconel 625 合金过程中未发生明显的相变，因此主要强化机制仍为晶粒细化强化。晶粒细化的作用可用霍尔-佩奇关系来表述：

$$\Delta\delta_{cr} = kD^{-1/2} \tag{5-24}$$

式中：D 为晶粒的平均尺寸；k 为霍尔-佩奇斜率。当晶粒平均尺寸越小时，材料的强化效果越明显。亚晶粒为微米和亚微米级别，与传统锻造退火态的材料相比晶粒细化效果明显，因此试样抗拉强度明显高于 ASTM 锻件退火标准。

(2)微观缺陷对抗拉强度的影响。虽然目前通过工艺控制可以成形出接近全致密的金属零件，但SLM成形件中一些常见的微观缺陷很难完全消除，即使在高温预热下，由于Laves相低熔点共晶引起的微观裂纹也难以全部消除。在材料变形的过程中，这些微观缺陷处会形成应力集中，随着载荷增大这些缺陷处的应力会率先达到材料的屈服强度和最终断裂强度，从而造成裂纹的扩展。随着预热温度升高，微裂纹减少，减少了拉伸断裂的裂纹源，因此极限抗拉强度提高。但是，基体中广泛分布的Laves硬脆相，几乎不能抵抗任何变形，并且互相连通成网格状，极大地破坏了材料基体的连续性。在受到拉伸应力时，在Laves相与基体结合的界面处就会形成分离界面，形成微型孔洞，这些孔洞相互连接，就会导致大面积的断裂失效。

(3)SLM成形过程中材料经历了快速熔凝和周期性的热作用，从前面残余应力测试可以发现，在材料内部残留了大量的拉伸应力。试样在拉伸时外部拉伸力结合内部残余拉应力使得合金材料较快从弹性变形阶段进入塑性变形阶段。预热消除残余应力，消除的这部分残余应力作用由拉伸力替代，材料进入塑性变形阶段较晚，所以延伸率会有相应提高。

3. 断口分析

如图5-23所示，对拉伸试样断口进行观测。在预热和未预热条件下基本看到相同的断裂特征，断口边缘没有明显的宏观变形和缩颈，试样发生了脆性断裂。从图中的高倍SEM图片中可以看出断口由一些高低起伏的小平面组成，同时呈现出平行的纤维状结构，试样中存在大量的微裂纹及一小部分未融颗粒缺陷。对撕裂的平面进行高倍分析，可以看到明显的解理断裂特征，断裂延着红色箭头呈现河流状特点，从一个点区域向四周扩散，这种断裂方式通常在脆性材料中观察到，属于穿晶断裂的范畴。从图5-23(e)所示为原始SLM基体中的微裂纹。这种裂纹在拉伸时发生扩展，当裂纹互相连接，就会发生材料的急剧破坏。从图5-23(f)中可以看出试样的韧窝尺寸十分小(约为100nm)，深度较浅，这与试样宏观延伸率有限的结果一致。材料受到拉伸力后经历弹性变形阶段后达到塑性变形阶段，这时候当材料的局部发生应力集中时，会破坏原子相互结合的力量，形成孔洞，韧窝就是由这些微孔随着变形的继续一直处在三向应力集中的状态拓展或者合并形成的。韧窝尺寸越小，说明在形成韧窝的过程中发生的塑性变形越轻微，那么断裂过程中就不会吸收更多的能量，材料这部分的塑韧性就越差，这也是从断口形貌分析合金延伸率低的原因。

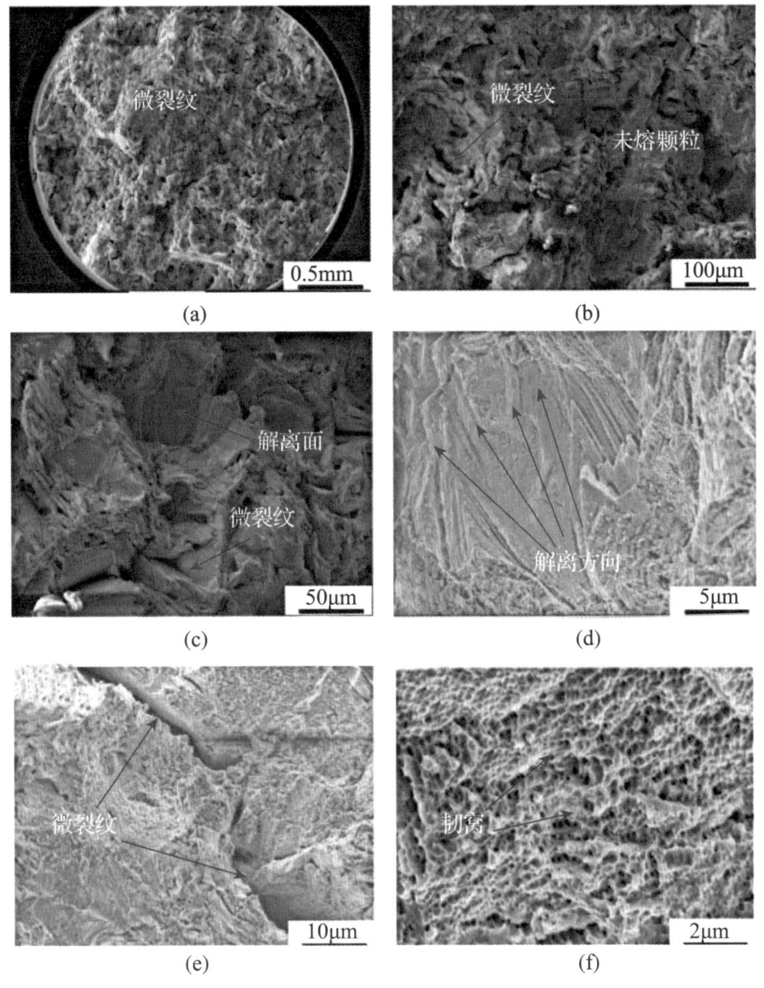

图 5－23　**Inconel 625 合金 SLM 室温拉伸典型断口形貌**

（a）宏观形貌；（b）裂纹密集区断口低倍形貌；（c）解离断裂低倍形貌；（d）解离断裂高倍形貌；（e）原始 SLM 基体裂纹形貌；（f）SLM 延伸性韧窝。

图 5－24 为 SLM 试样拉伸断裂后断口截面光学显微镜微观形貌。通过腐蚀后观察到断口在熔化道搭接处附近，拉伸过程中变形较小，微熔池形状未发生显著变形。在断裂的边缘发生明显的撕裂，撕裂部位发生在相邻熔化道之间，主要由于该区域在打印中往往是非金属或是杂质元素聚集的部位，结

合强度受到破坏，在承受拉伸作用下发生撕裂。同时，在断口处可以看到由原始的裂纹产生的破坏，在应力下，裂纹变得更宽，长度也增加，穿过 2 层以上的熔化道。在图 5-24(b)中可以看出，在熔池的中间部位产生很宽的裂纹，这是由于在凝固后期熔池中心温度最高，最后凝固，Mo、Nb 等强化元素不断富集，非金属杂质也增多，在 Laves 相共同作用下产生裂纹。拉伸应力下，裂纹向下一层熔池扩展，裂纹的长度不断增加。由此可见，Inconel 625 合金的拉伸断裂失效是内部微裂纹和熔化道性能弱区共同作用的结果。SLM 基体中原始的裂纹为裂纹扩展提供了最原始的基础，同时性能弱区又不断产生新的缺陷，在两者的共同作用下，导致材料很快发生断裂，断裂延伸率很低。

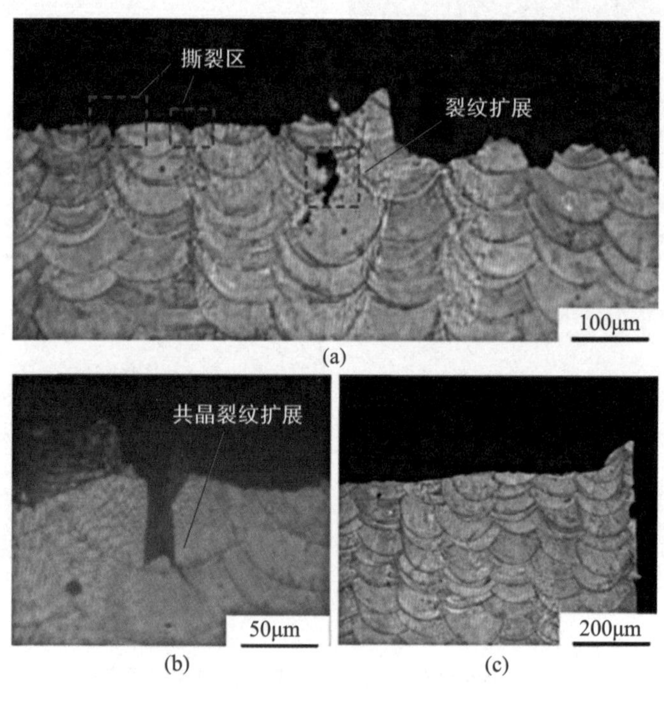

图 5-24 SLM 试样拉伸断裂后断口截面形貌

(a) 低倍断口形貌；(b)、(c) 断口边缘裂纹形貌。

4. 拉伸性能各向异性

前面讨论了预热条件下的合金拉伸性能，但是 SLM 成形件通常表现出比较明显的各向异性，不同的拉伸方向获得的力学性能并不完全相同，为此，设计了一组试验，研究不同受力方向对零件性能的影响，如表 5-8。分别从水平成形方向（XY 面）和竖直成形方向（XZ 面）切取试样。拉伸试样尺寸和 5.1.4 节中保持一致。从研究结果来看，抗拉强度水平方向高于竖直方向，大约 5.2%，延伸率水平方向试样也略微高于竖直方向，大约 4.3%。两个方向试样力学拉伸性能表现出各向异性，这种力学各向异性是很多因素综合导致的结果。

表 5-8　不同成形方向试样力学性能

成形方向	试样	抗拉强度/MPa	屈服强度/MPa	延伸率/%
水平	1号	927.92	689.12	9.62
	2号	922.46	645.23	5.83
	3号	918.98	701.21	6.92
	4号	975.61	696.34	6.51
	平均	936.24±26.52	682.98±25.65	7.22±1.66
竖直	1号	845.20	624.43	8.23
	2号	935.45	745.60	6.21
	3号	888.70	685.38	6.34
	平均	889.78±45.13	685.14±60.59	6.92±1.13
参照	ASTM（退火）	827～1034	414～621	30～55

从断口角度分析，图 5-25 中的低倍断口图可以看到断口处有很多孔洞和裂纹产生。沿着竖直方向拉伸时，拉伸方向垂直于层与层之间的边界，层与层之间的边界处在 SLM 过程中结合可能产生孔隙。图 5-25(a)是沿着水平方向拉伸试样的断口 SEM 图，图中有三条明显的裂纹层，其中有两条裂纹主要垂直于材料沉积方向，并且在材料沉积方向相隔距离大约 20μm，与每层铺粉的层厚相当，裂纹是沿着层与层之间的边界处萌生并扩展，说明此处是材料性能的弱区，材料容易在此处断裂，裂纹沿熔池边界进行扩展。图 5-25(b)是切取沿着竖直拉伸样断口打磨、抛光和腐蚀后的低倍 SEM 图。图中可以清晰看到 U 形的层层沉积的熔池，其中一条裂纹缺陷在层与层之间扩展，从另一个角度佐证了层层结合处是组织性能弱区，而竖直方向截面上相比水平方向有更多的层层边界，这就不难解释沿着垂直方向拉伸试样的抗拉强度会低于水平方向。

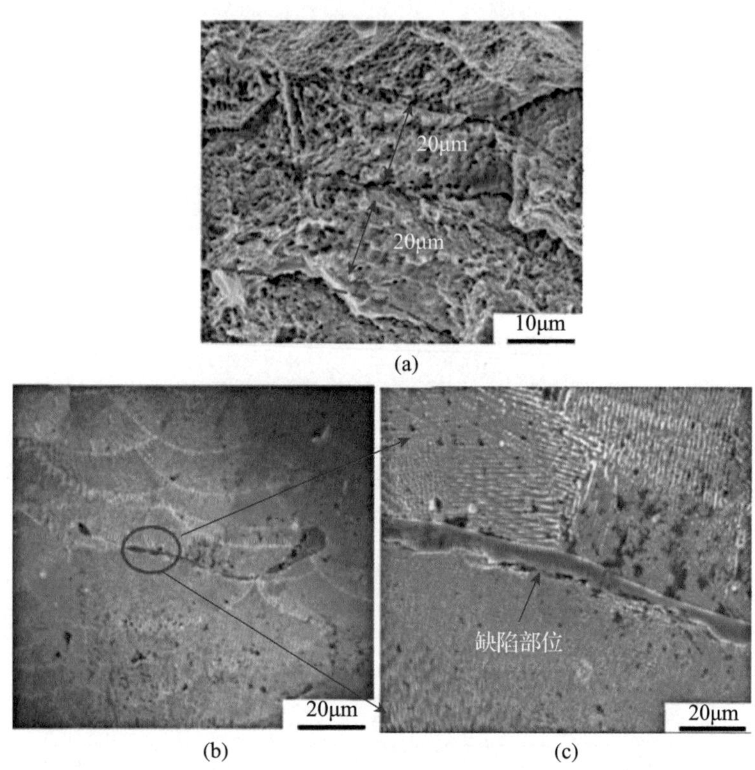

(a)

(b) (c)

图 5-25 断口及断口腐蚀图

(a) 沿水平方向拉伸断口图；(b) 沿竖直方向拉伸断口腐蚀低倍图；(c) 沿竖直方向拉伸断口腐蚀高倍图。

针对 SLM 成形件异性问题，课题组创造性地从熔池角度阐述了该问题。受 SLM 过程熔池快速凝固影响，熔池一层层叠加形成“层-层”边界，两侧为取向一致的细长柱状晶；一道道搭接形成“道-道”边界，两侧柱状晶取向明显不同。如图 5-26 所示，当扫描间距大于层厚时，“层-层”边界长度大于“道-道”边界。“道-道”边界呈尖角接触，受力容易产生应力集中而开裂。在熔池边界处存在局部“粗晶区”，且边界上非金属元素呈不稳定状态。因此，熔池是 SLM 零件的性能弱区，是影响其拉伸性能的重要因素。因此，在拉伸时可以看到明显的层与层分离的特点。沿水平拉伸时试样受力横截面上熔池边界密度较沿竖直拉伸时大，导致塑性变形阻力更大。从滑移理论分析，沿成形面拉伸塑性主要源于“道-道”边界滑移，相邻滑移面间距约为激光扫描间距。沿竖直方向拉伸塑性源于“道-道”和“层-层”两类边界滑移累加，相邻“层-层”滑移面间距约为粉末层厚，远小于“道-道”滑移面间距。单位长度内沿竖直方向拉伸时的熔池滑移面数量远多于沿成形面拉伸时，因此在宏观上表现出更优的延伸率。当拉伸方向与激光扫描及成形面方向夹角改变时，熔池边界产生滑移的难易程度随之改变，宏观上表现出不同的拉伸延伸率。

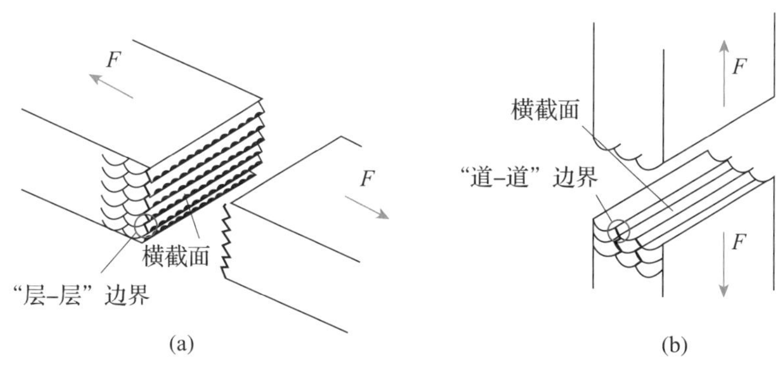

图 5-26　**SLM 拉伸时横截面上熔池边界示意图**

(a) 水平成形；(b) 竖直成形。

5.2　SLM 成形 Inconel 718 合金组织与性能

5.2.1　粉末材料

研究材料用的镍基高温合金是气雾化 Inconel 718 合金球形粉末(heganars，belgium)。理论密度为 8.44 g/cm^3，熔点为 1290～1350℃。Inconel 718(国内牌号 GH4169)是以体心四方的 γ''和面心立方的 γ'相沉淀强化的镍基高温合金，在 -253～700℃温度范围内具有良好的综合性能，650℃以下的屈服强度居变形高温合金的首位，并具有良好的抗疲劳、抗辐射、抗氧化、耐腐蚀性能，以及良好的加工性能、焊接性能和长期组织稳定性。Inconel 718 的合金粉末化学成分如表 5-9 所列，采用 JSM-7600F 场发射扫描电子显微镜下观察粉末微观形貌，如图 5-27(a)所示。图中可以看到粉末多呈球形或者近球形，流动性很好。研究所用粉末在烘箱中烘干 10h，目的是去除水分，便于 SLM 成形。采用激光粒度仪(马尔文 3000、MALVERN、MasterMini 颗粒分析设备)检测粉末的粒度，Dv(10)、Dv(50)、Dv(90)分别为 20.4μm、30.63μm、45.6μm，粉末的粒度大小整体呈现正态分布，符合 SLM 成形材料粒径的要求。

表 5-9　Inconel 718 合金粉末的化学成分

合金	%	镍	铬	铁	钼	铌	钴	碳	锰	硅	硫	铜	铝	钛
Inconel 718	最大	50	17	余量	2.8	4.75	—	—	—	—	—	—	0.2	0.7
	最小	55	21		3.3	5.5	1 0	0.08	0.35	0.35	0.01	0.3	0.8	1.15

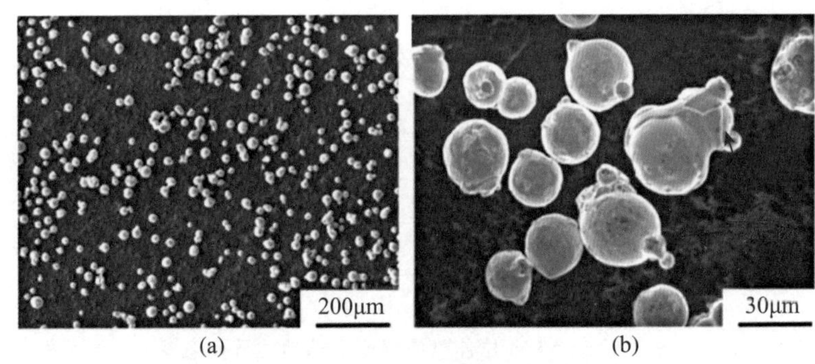

图 5-27　**Inconel 718 合金粉末表征**

(a) 粉末宏观形貌；(b) 粉末粒径分布。

本次研究采用德国 SLM Solutions 公司生产的 SLM HL250 设备。打印开始前先通入氩气排出空气，直至氧含量下降至 0.2%形成保护气氛，成形时预热至100℃。

采用经过优化的成形工艺参数：激光功率为 180W，扫描间距为 0.09mm，层厚为 0.3mm。扫描方式为棋盘式，最大程度减小应力。购置锻造退火态的 Inconel 718 合金加工成相同尺寸作为对照组。在本研究中，依照相应的 GB/T 228—2002 标准，简化了夹持端设计，设计了适合高温拉伸的片材样品。按照图 5-28 所示拉伸试样的尺寸进行线切割，试样去油污后使用 800 目砂纸打磨至表面无明显切割痕迹。

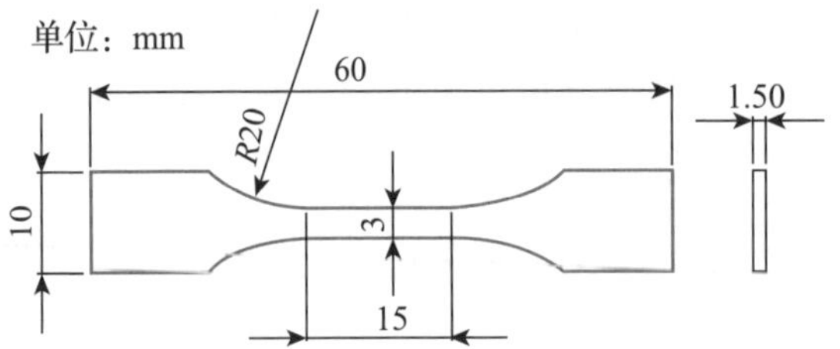

图 5-28

用于高温拉伸测试试样几何尺寸图

为了能够更加清晰地分析在高温条件下的拉伸变形特征，采用高温激光共聚显微镜原位观察，拉伸速度为 0.5mm/min，最大加热温度为650℃。为适应原位拉伸观察的要求，按照图 5-29 图纸加工成测试件，测试件表面经过 2000 目金相砂纸打磨，在利用绒布和 0.5μm 金刚石磨料进行抛光至表面无明显划痕，再利用王水对表面进行腐蚀 30s，以显露出激光熔池。

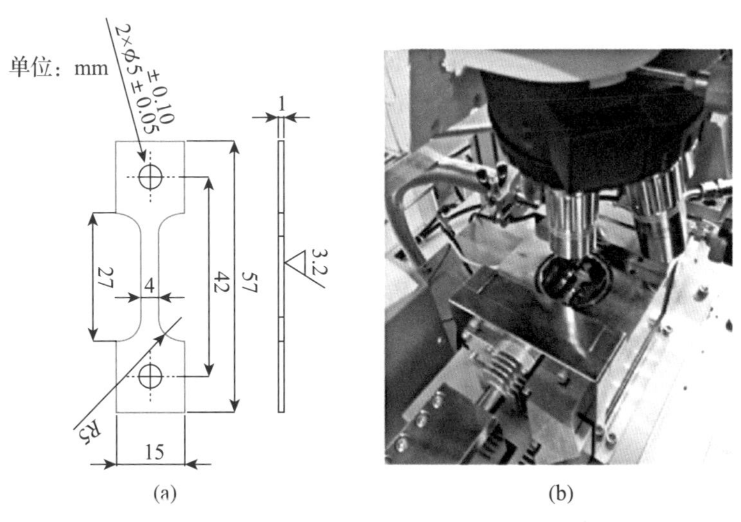

图 5-29　**高温原位拉伸测试试样几何尺寸及测试过程仪器**

(a) 拉伸样尺寸；(b) 测试仪器。

为研究热处理对 SLM 件的性能影响规律，防止在热处理中氧化造成的干扰，试样采用真空热处理炉进行热处理，先对热处理炉进行抽真空，再通入高纯氩气形成保护氛围。采用的热处理制度如表 5-10 所列。

表 5-10　热处理制度(1)

均匀化处理(HE)*	标准热处理(SHT)**	直接时效(DA)热处理
(步骤 1+2+3)	(步骤 2+3)	(步骤 3)
步骤 1：均匀化	加热至1093℃，保温 1h，空冷至室温	
步骤 2：固溶	加热至960℃，保温 1h，空冷至室温	
步骤 3：时效	加热至718℃，保温 8h，炉冷至620℃，保温 10h，空冷至室温	

注：*依据 AMS-5383D 热处理制度；**依据 AMS-5662M 热处理制度。

为进一步揭示 SLM 态 Inconel 718 合金微观组织及相析出特点，采用透射电镜 TEM 进行观察。样品制备时利用金相砂纸将样品打磨至 50μm，再放在电解双喷仪中减薄至目标厚度。双喷采用的电解液为甲醇：高锰酸钾 = 3：1，电压为 24V。

5.2.2 成形件微观组织及相组成

从图 5-30 可以看出，SLM 成形 Inconel 718 和 Inconel 625 合金基本表现出相同的宏观形貌，在横截面上可以清晰地看到互相平行的熔池形貌，相邻熔池的间距与扫描采用的工艺参数一致，熔池之间相互搭接，无间隙产生。在纵截面上，可以观察到非常明显的熔化道截面轮廓，轮廓呈现高斯形态，与激光的高斯光斑能量分布一致，上下相邻熔池间距与描参数中的铺粉层厚一致。从金相图 5-30(a)、(b)可以看到，SLM 成形的 Inconel 718 合金几乎没有发现裂纹等缺陷。前面分析过 Inconel 625 合金，由于热应力等作用，很

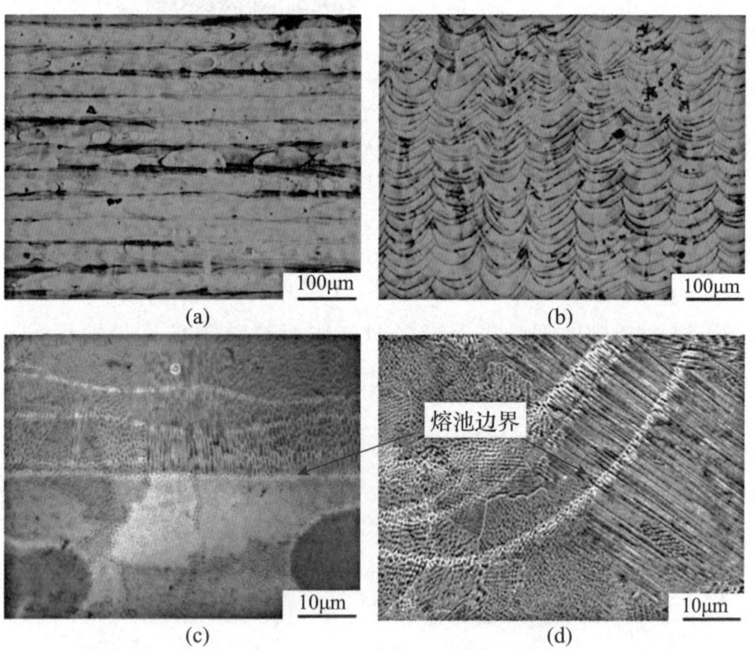

图 5-30 Inconel 718 合金横纵截面 LOM 图及高倍下的 SEM 图

(a) 横截面 LOM 图；(b) 纵截面 LOM 图；(c) 横截面熔池边界放大图；(d) 纵截面熔池边界放大图。

容易导致微观裂纹等缺陷，造成性能的严重下降。而 Inconel 718 合金却没有这些缺陷，说明固溶强化的镍基合金和析出强化的镍基合金具有明显不同的特点，具体的解释将在后面展开。对熔池边界进行放大分析，可以看出不同取向及尺寸的亚晶粒结构，这些亚晶粒的尺寸与凝固时的传热密切相关，对于面立方晶格(FCC)结构的晶体，总是沿着最有利的生长方向延伸，熔池中传热复杂，获得的晶粒的取向也各不相同。将纵截面高倍放大后可以看到，熔池边界其实为激光的热影响区导致的亚晶粒的变化。在晶体生长中往往会贯穿晶界，获得连续的长条状晶体。枝晶之间互相平行形成非常有规则的排列。在一般的慢速凝固中，二次枝晶非常明显，但是在 SLM 快速凝固中，二次枝晶来不及生长，几乎被完全抑制，只有主干得以保留。

从图 5-31 的 XRD 图谱可以分析出，在宏观上 SLM 成形的 Inconel 718 呈现为奥氏体形态。(200)晶面为最强峰，碳化物、γ′相等复杂化合物均没有被发现。这主要是由于激光光斑快速移动(600mm/s)，熔池的尺寸约几十微米，热量通过已凝固金属迅速散失，在短程结晶前沿的原子重构速度远大于分子迁移的速度，形成“溶质捕获”现象，这与第 2 章中的结果几乎相同。大部分固溶原子 Nb、Cr、Mo 等都被基体俘获，同时非金属元素 C 也很难析出形成化合物。研究表明，这些金属间化合物在 SLM 状态下可以析出，但是由于含量比较低，颗粒尺寸相对较小，很难被 XRD 直接探测到。为此，对 XRD 的峰进行细化分析，选取主峰进行比较。经过对比，对突出的小尖峰检索，找到了一些 B_2A 型的化合物，找到对应的物质有 Fe_2Ti、Fe_2Mo、

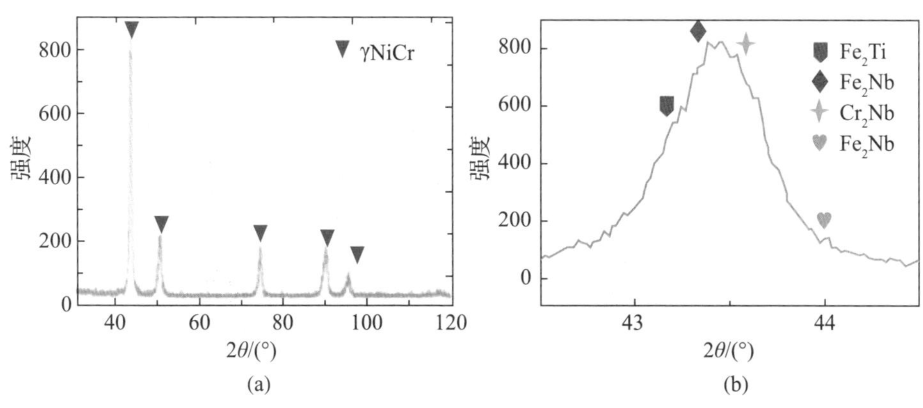

图 5-31　SLM 态下的 Inconel 718 合金 XRD 图谱及主峰放大图

(a) XRD 图谱；(b) 主峰放大图。

Cr_2Nb、Fe_2Nb 等，这些物质都具有典型的 B_2A 的形态特点，与常见的 Laves 相结构形式相同。可以推断，这些物质均为 Laves 相的组成物质，SLM 过程中产生的 Laves 是一种多元的化合物，包含有 Fe_2Ti、Fe_2Mo、Cr_2Nb、Fe_2Nb 等，可以缩写成 $(Ni, Fe, Cr)_2(Nb, Ti, Mo)$ 结构形式。作为一种高温合金中的 TCP 相，晶体结构为复杂的密排六方结构，这与 Inconel 625 合金的相结构基本相同。该物质的存在在一定程度上会降低 Inconel 718 合金的力学性能，使材料变脆。但是 Inconel 718 是一种 γ'' 相强化的镍基合金，需要进一步判断其特点，因此，为进一步揭示 SLM 成形 Inconel 718 合金的相组成，我们采用 TEM 透射进行分析。

通过 TEM 进行微区观察及衍射花样，我们发现，在 SLM 成形 Inconel 718 合金中存在互相平行分布的短棒状结构，这种短棒状结构的长度在 15～50nm，直径约为 5nm，有规律地分布在基体之中，如图 5-32(a)中红色尺寸标注位置。这些短棒物质往往是一组平行结构分布。对该物质进行高分辨率观察，可以清晰地看到原子条纹状排列，间距约为 2.030Å。对该区域进行明

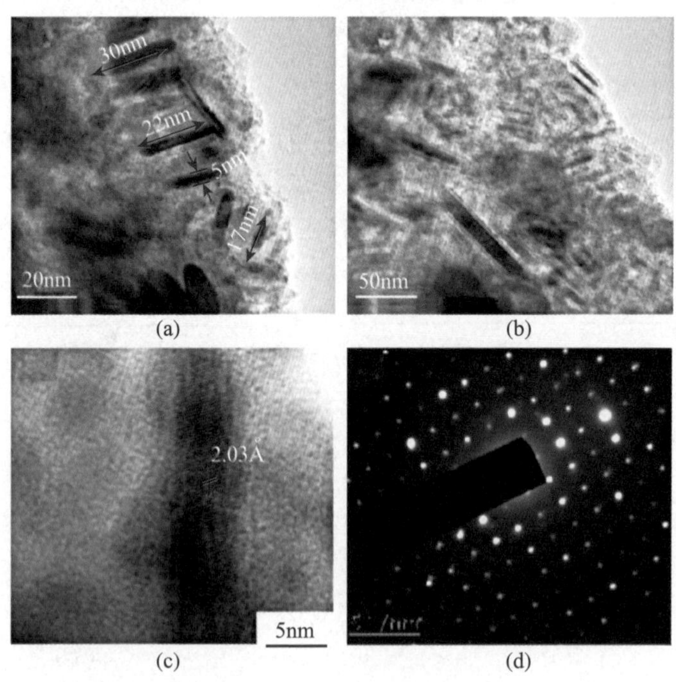

图 5-32　SLM 成形的 Inconel 718 合金 TEM 显微组织特点及高分辨率下的衍射花样

(a)、(b) 析出相形貌及尺寸；(c) 高倍 TEM 图；(d) 电子衍射花样。

场下的衍射花样及晶面指数分析，可以确定该物质具有体心立方分布的原子排列方式。对于具有体心立方结构的物质，可以获得其晶面间距的一般计算方法如下：

$$d = \frac{a}{\sqrt{h^2 + k^2 + l^2\left(\frac{a^2}{c^2}\right)}} \tag{5-25}$$

式中：d 为面间距；a、c 分别为四方晶系的晶格常数；h、k、l 为晶面指数。结合实际测量的原子排列面间距，通过 XRD 标准数据卡片对比，我们发现，该间距对应体心四方的 $Ni_3Nb-\gamma''$的[002]晶面。从 TEM 显示可以确定，经过 SLM 成形之后，在基体中形成了 Inconel 718 合金的强化相 Ni_3Nb，强化相的尺寸远小于常规成形方法，通常在铸造、锻造中强化相的尺寸在微米级尺度。从数量上进行统计，γ''相的体积分数比较小，只有 15%左右，强化效果较差。综上所述，对于 SLM 成形的 Inconel 718 合金，主要相组成为 γ 基体、Laves 相和部分强化相 γ''。

5.2.3　成形件拉伸性能

Inconel 718 合金在大部分使用条件下均不会超过650℃，因此选择室温和650℃进行测试，同时考虑到成形件的各向异性特点，选取 XY 向和 Z 向两个不同方向进行测试。从图 5－33 可以看出，直接 SLM 成形 Inconel 718 合金的拉伸曲线，无论室温还是高温条件下均表现出明显的延伸性。材料经过弹性变形阶段之后进入塑性变形阶段，没有明显的屈服变形阶段，直至最后的断裂。从图 5－33 和表 5－11 中可以看出，XY 向样品的拉伸延伸率高于Z 向样品的延伸率。在室温下，XY 向样品的延伸率可以达到 34% ± 2%，高温下的延伸率可以达到 37.5%。而 Z 向样品的延伸率大大降低，仅有 21%，在650℃条件下测试时延伸率进一步降低，只到 12%就发生了断裂。从抗拉强度上分析，Z 向的抗拉强度在室温下略低于 XY 向的强度，但是在高温条件下 Z 向的强度低于 XY 向 120MPa。无论何种方向，在高温下的强度都降低。从屈服强度的角度看，表现为相同的规律，Z 向成形的样品屈服强度在650℃时只有 423MPa，说明材料在该条件下发生明显的软化，变形抗力非常小。取标准锻件和铸件在退火状态下的性能对比，锻件在室温条件下的使用标准是抗拉强度 1276MPa，延伸率不小于 12%，同时在650℃下依然有较高的要求，最低抗拉强度 1134MPa，延伸率不小于 19%，和 SLM 成形件对比，无论在室温还是在650℃，抗拉强度和屈服强度都达不到锻件的要求，但是延伸率无论何种成形方向均超过了锻件的使用标准，可见，对于 SLM 成形的 Inconel 718 合金，表现出完全不同于 Inconel 625 镍基合金的特性。Inconel 625 合金直接成形条件下的特点是高强度、低塑性，这是因为 Inconel 625 是一种固溶强化的合金，在快速凝固的过程中，强化元素 Mo、Nb 的加入使晶格发生严重的畸变，在晶体结构中形成点缺陷和较大的位错密度，强化了合金的强度，但是同时形成比较大的内应力，局部产生微小的裂纹等缺陷，在受到拉伸作用时成为裂源，很容易发生断裂。而 Inconel 718 合金作为一种析出强化的合金，Mo、Nb 等强化元素加入量不大，主要依靠缓慢凝固中形成的 γ''相等起到钉扎和强化作用。从前面的组织及相分析可以看出，在 SLM 成形后合金的强化相等虽然也有析出，但是含量非常少，很难起到强化作用，因此，在拉伸过程中表现的强度很低。同时，需要注意的是 Inconel 718 的力学性能表现出十分明显的各向异性，XY 方向的抗拉强度在室温下是 Z 向的 1.2 倍，延伸率是其 1.5 倍，在高温下，延伸率甚至是 Z 向的 3 倍之多。

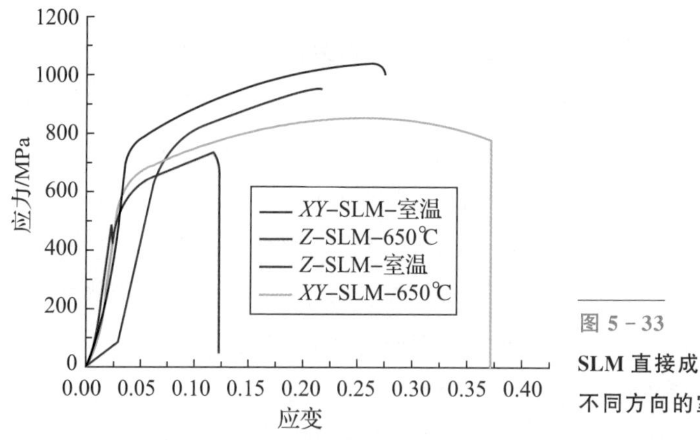

图 5 - 33
SLM 直接成形 Inconel 718 合金不同方向的室温和高温拉伸曲线

为了更加深入地了解 SLM 直接成形 Inconel 718 镍基合金在高温拉伸下的动态特点，采用高温激光共聚仪原位观察晶界、熔池、缺陷等变化特征。在测试时，先保温一段时间，确保整个样品均匀受热，再进行力加载，直至断裂，记录力和位移曲线，并采集整个过程中的变化特点。如图 5 - 34 所示，图中显示了在加热过程中的熔池等组织的变化，分布取室温、330℃、477℃及650℃保温一段时间的组织特点。力的加载方向如图中红色箭头所示，为方便起见，之后的图示默认力加载均为箭头所示的水平方向。从图中可以看到明显的高斯形状的熔池边界，因此可以确定该拉伸方向为 Z 向，加载力与打印成形方向平行。

表 5-11　SLM 直接成形 Inconel 718 合金不同方向及室温、高温下的力学性能

方向	温度/℃	抗拉强度/MPa	屈服强度/(MPa，R_P0.2%)	延伸率/%	弹性模量/GPa
XY 向	25	1037 ± 12	751 ± 12	34 ± 2	260 ± 7
Z 向	25	995 ± 15	664 ± 10	21 ± 2	179 ± 16
XY 向	650	852 ± 11	600 ± 9	37.5 ± 3	235 ± 13
Z 向	650	731 ± 18	423 ± 14	12.4 ± 1	284 ± 18
锻件标准*	25	1276	1034	12	
锻件标准**	650	1134	1027	19	
铸件标准#	25	862	758	5	

注：* 参见 Q/3B548-1996。

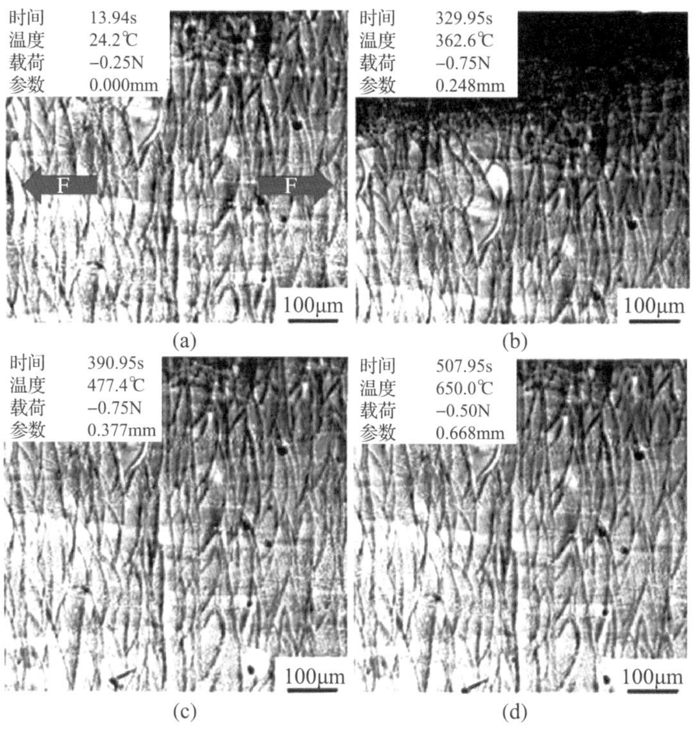

图 5-34　加热阶段不同时刻下的微观组织特点

(a) 13.94s；(b) 329.95s；(c) 390.95s；(d) 507.95s。

对比 4 幅图可以看出，从室温到650℃熔池显微组织并没有发生明显的变化，熔池边界清晰可见，同时在图片的水平方向可以发现长条状贯穿整幅画面的柱状晶粒。随着温度的升高，晶粒尺寸保持稳定，熔池的边界也并未发生迁移，因此，在650℃以下，SLM 成形的基本组织特点会保持稳定，在短时间内不会随着温度发生变化，熔池边界也不会因为加热而消失。高温下的强度降低主要是因为 Ni 基体发生软化造成的。在常温条件下，如果滑移面上的位错运动受阻产生塞积，滑移不能进行，只有在更大应力条件下，位错滑移才能重新开始运动和增殖。而在高温下，位错可以借助外界提供的热激活能和空位扩散克服某些短程的障碍，在材料宏观性能上表现为软化。对于 SLM 成形的变形镍基合金，由于没有经过锻造等热机械变形阶段，位错密度比较低，同时强化相在快速凝固条件下难以析出，阻碍滑移的阻力降低，因此材料软化特别明显，尤其是在高温条件下。但是这种软化带来了另外的好处就是材料的延伸率大大提高，在固溶镍基合金中常见的热应力得到了释放，微观裂纹产生的数量大大降低。裂纹缺陷的减少，也促进了延伸率的提高。

图 5 - 35 显示了 SLM 成形 Inconel 718 合金原位拉伸的组织变形特点及缺陷的产生、扩展长大的过程。图中红色圆圈内是观察的参照物，在材料未施加拉力时为一个完整的高斯光斑能量分布形状熔池，熔池的边界清晰可见。这种形态的组织在整个成形件中是普遍存在的。当测试件受到拉力时，如图 5 - 35(b)为 1577s 时图片，此时施加在样品上的拉力为 2525 N，处于材料的弹性变形区的极限，继续施加拉力，材料将发生不可逆的破坏性变化。此时，从图中明显可以看出熔池发生了畸变，熔池发生了较大幅度的运动，熔池变窄，长度变长，与材料一起发生了塑性变形。而大熔池旁边的一些比较微小的熔池在材料变形过程中被拉伸合并，在图中已经无法寻找到。在标记区域的下方，一个多熔池边界交叉位置，此时由于熔池边界的迁移开始逐渐形成空洞缺陷，该处推测为成形过程的缺陷位置，如氧化物或是夹杂等缺陷。在 SLM 成形过程中，杂质元素通常处于熔池边界，多条熔池交错的位置形成缺陷的可能性就会大大提高。在受到拉应力时，缺陷界面与基体结合不牢固便会形成裂纹源。当加载力达到 2700 N 时，此时的工程应力达到 625MPa，熔池剧烈变形，标记区域原有的熔池边界变得模糊不清，并且在熔池的中部区域和边界区形成分离裂纹，整个视场中的熔池都发生了不同程度的迁移。同时，贯穿视场的长条状晶粒表现出纤维化的特点，晶粒边界越来

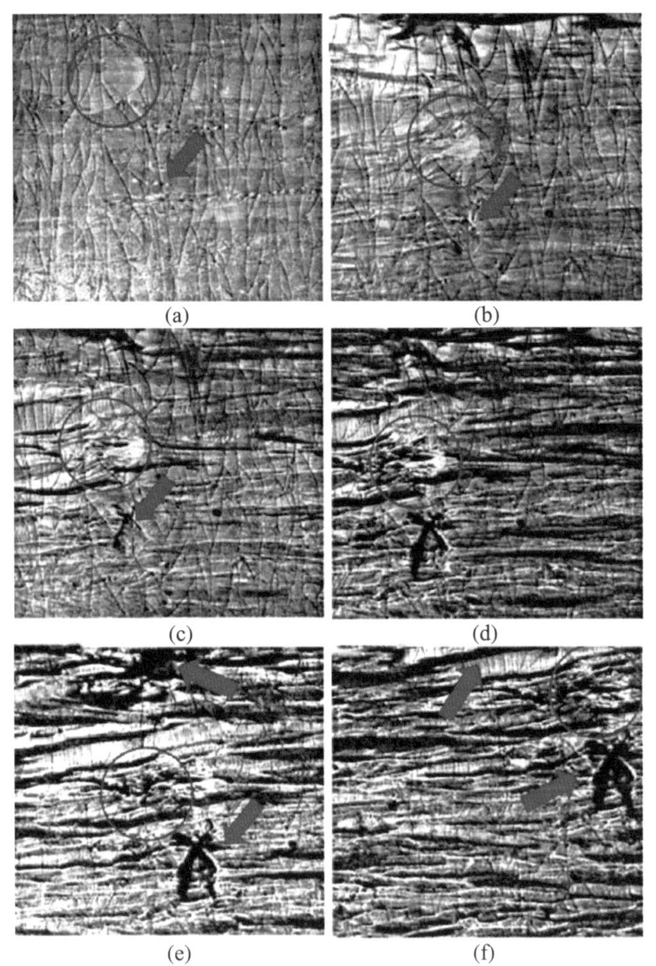

图 5－35　**SLM 成形镍基合金在650℃下的拉伸变形特点及缺陷产生、扩展长大示意图**
(a)、(b) 未施加力时熔池状态；(c)、(d) 拉力为 2525N 时熔池状态；
(e)、(f) 拉力为 2978N 时熔池状态。

越清晰，出现分离面并且沿着熔池边界逐渐扩展。对于局部缺陷形成的空洞，在应力作用下沿着熔池边界不断扩展。在多条熔池边界交叉处，形成 X 形扩展裂纹，裂纹穿越晶界。随着拉力的进一步提高，分离面进一步扩展，可以清晰地看到标记区域的熔池被裂纹从中间切开。主要是因为在熔池凝固过程中，熔池中部为最后凝固区域，由于元素偏析等作用，在最后凝固区通常是元素及杂质含量最高的部分，形成大量的微观缺陷，也是性能的弱区，在拉力的作用下，凝固界面发生分离。同时 X 形裂纹进一步扩展，长度达到

100μm以上。但是当裂纹扩展与取向完全不同的晶界交叉时，应力无法将晶界撕裂，裂纹在该方向的扩展便会停止。随着拉力的进一步提高，大量熔池边界发生分离，在 2978 N 拉力时，工程应力接近 720MPa，在样品的边界区域也发生了熔池边界的分离，形成由外向内的裂纹扩展。标记区域的熔池此时已经严重变形，很难从形貌上区分。X 裂纹继续扩展，但是其中两个扩展臂受到晶粒的阻碍停止生长，在其他方向上，晶界受到应力开始滑动，又出现新的裂纹扩展，如图 5－35(e)和(f)中箭头所示。在样品断裂的最后时刻，熔池严重变形，边界很难识别，一些柱状晶内出现了很明显的滑移线，标记区域内形成发散状的裂纹缺陷。X 形裂纹长度上不再增加，但是裂纹的宽度逐渐增加。这些缺陷持续增加，最后在一处缺陷最多的部位发生断裂。由于断裂是瞬间完成的，裂纹扩展速度很快，本次测试采用的相机难以直接拍摄到。

5.2.4　热处理工艺

1. 合金热处理显微组织

前面的研究发现，Inconel 718 合金在 SLM 直接成形时，强化相 γ″等均未见析出，导致合金基体软化，室温及高温力学性能不足。为了提高其力学性能，我们采用热处理方式优化合金组织及相构成。

图 5－36 中显示了 SLM 成形 Inconel 718 合金经过热处理之后的显微组织。图 5－36(c)中采用直接时效(DA)热处理，最高温度为718℃，在该热处理条件下，原子迁移的能力不足，构成 Laves 相的合金元素缓慢发生迁移，Laves 中的 Nb 元素向四周扩散，为原有 γ″相的生长提供了元素，可以看到在 Laves 相的周边形成了小的 γ″相，强化相的形成，增强了基体的强度。δ 相为 Ni_3Nb 斜方晶体结构，含 Nb 的原子分数为 6%～8%，其析出温度范围为 860～995℃[50]。Laves 相的大量富 Nb 将导致其附近 Nb 含量的降低，使得 δ 相进一步析出的难度加大。在 SLM 成形过程中，由于冷却速度较快，使得 δ 相在这些区域通常无法析出。因此，在直接时效过程中，并没有观察到 δ 相的析出。在快速凝固条件下，虽没有析出相，但是造成了沉积态合金具有很大溶质过饱和度，具有较高的相析出驱动力，这将有利于热处理期间固态相变的发生。继续提高后处理温度，在晶界处析出了细小的针状 δ 相，尺寸长

度约为 1～2μm，同时在基体中弥散析出一定量的 γ″相，γ″相的正面呈现圆片状，侧面为椭圆状，如图 5-13(b)中可以看到小圆形颗粒。这里可以明显发现 Laves 相几乎完全溶解，难以从 SHT 处理之后的样品中找到，可以推测 Laves 相的溶解温度在960℃以下。文献中指出，当热处理温度超过1080℃时，Laves 相便可以完全溶解[51]，但是由于 SLM 中相析出驱动力远大于常规工艺，因此在960℃以下就发生了溶解。进一步提高热处理温度，经过1093℃的 1h 固溶处理，Laves 相彻底溶解，释放出更多的 Nb 元素，促进了强化相的析出，但是也导致更多的 δ 相的产生。δ 相作为合金的稳定相，其含量、形貌及分布对合金缺口敏感性有着重要的影响，适量的 δ 相对控制合金晶粒度、提高合金的塑性是有益的，并对晶界状态、晶界、晶内强度的匹配起着协调作用。但由于 δ 相本身占用强化相形成元素 Nb，大量 δ 相的析出会导致强化相数量的减少，基体弱化，强度下降。因此，处理中要注意控制 δ 相的析出量。同时在晶界逐渐形成块状的碳化物，从图 5-37 的能谱可以看出，这种块状碳化物多为 NbC 等，在一定程度上消耗了合金中的 Nb 元素，碳化物比较脆，也会形成潜在的缺陷，必须加以控制。

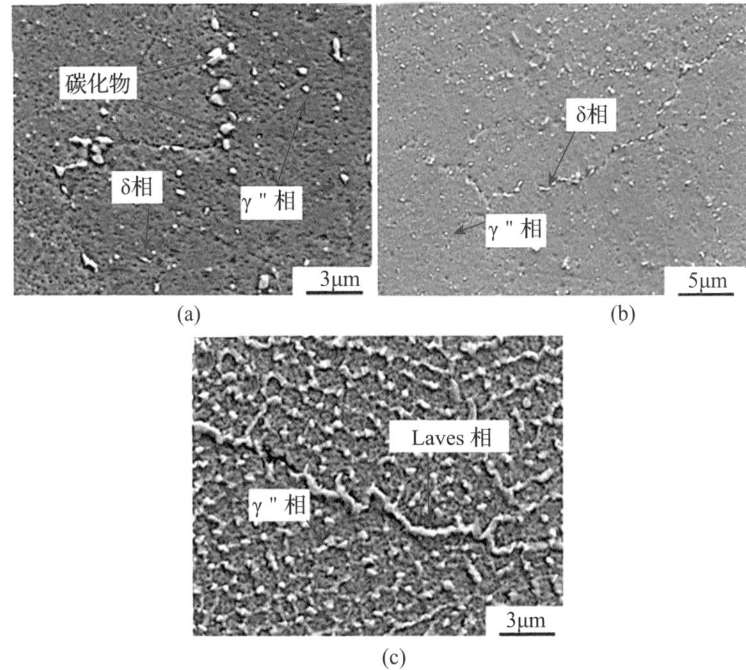

图 5-36　**SLM 成形 Inconel 718 合金经过热处理之后的显微组织**

(a) 均匀化处理(HE)态；(b) 标准热处理(SHT)态；(c) 直接时效(DA)热处理态。

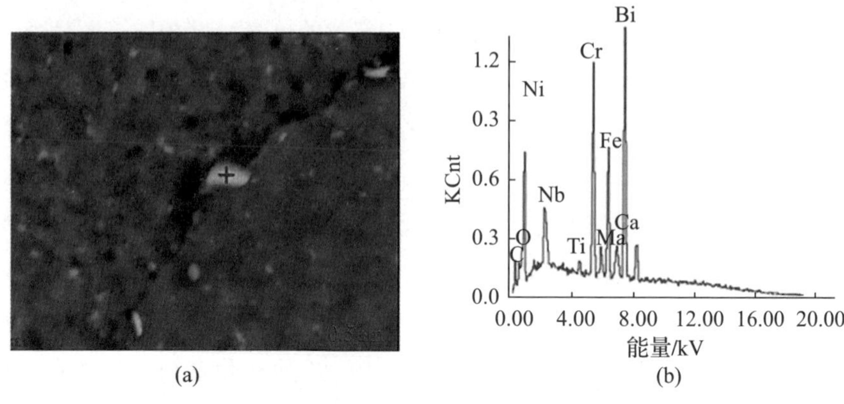

图 5-37 经过固溶后边界碳化物析出及其 EDS 能谱
(a) SEM 形貌图；(b) 能谱图。

为了更加清晰地显示 Inconel 718 合金在经过热处理时的相变规律，我们采用差示扫描量热分析(DSC)的方法测量加热过程中物相的变化。

图 5-38 显示采用 DSC 获取 SLM 成形态 Inconel 718 合金在加热过程中的吸热、放热分布。在金属材料中，合金的相变必然伴随着热量的变化，DSC 通过测量热量的变化及对应的温度点获取材料的相变规律。从图 5-38 可以看到，在刚开始阶段，样品吸热逐渐升温。当超过200℃时，由于温度的上升，材料内部在 SLM 成形工艺过程中储存的应力释放，应力释放的同时材料的原子回复到平衡位置，能量降低，因此会出现一个放热阶段。当温度达到550℃时，残余应力被全部释放出来，材料重新开始吸热。在640℃出现一个平台阶段，该处为 Laves 相开始分解的起点，Laves 相中的 Nb 元素逐渐发生

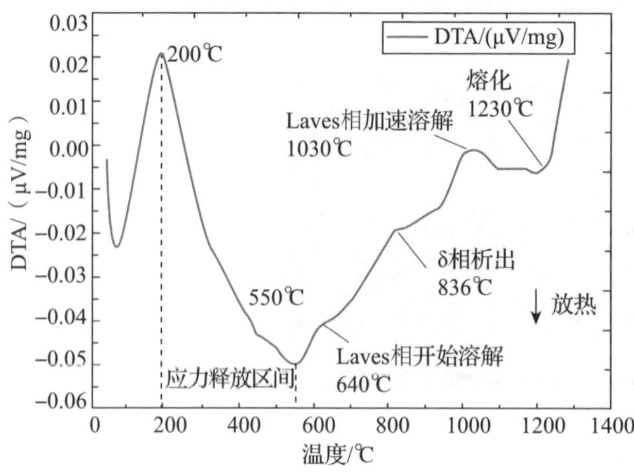

图 5-38 SLM 直接成形 Inconel 718 合金 DSC 图谱

扩散。当温度上升到836℃时，δ 相逐渐从基体出现，温度上升到1030℃时，Laves 相基本溶解完毕，出现一个下降过程。之后随着温度的上升，在1230℃时出现明显的吸热上升阶段，可以判断在该温度下材料开始发生熔化了。通过该 DSC 曲线的分析，可以为后续的去应力退火和热处理规范提供一定的指导。

图 5-39 所示为 SLM 成形 Inconel 718 合金沉积态和不同热处理后的 XRD 谱。可见，沉积态及热处理态条件下均仅能检测出 δ 相基体的衍射峰。此外，γ″相与基体 δ 相共格析出，γ″相的衍射峰被 δ 相所掩盖，从而导致 γ″相的衍射峰消失。同时，从 XRD 数据结果也可以看出，对于 HE 均匀化热处理和 SHT 热处理，在45℃左右出现了两个 δ 相衍射峰位。结合前面的 DSC 数据，可以得知这两种热处理状态均超过了 δ 相的析出温度，而 SLM 和时效处理没有该相的出现。因此可以通过调节不同热处理规范，获得不同类型的析出相，进而调节合金的力学性能。

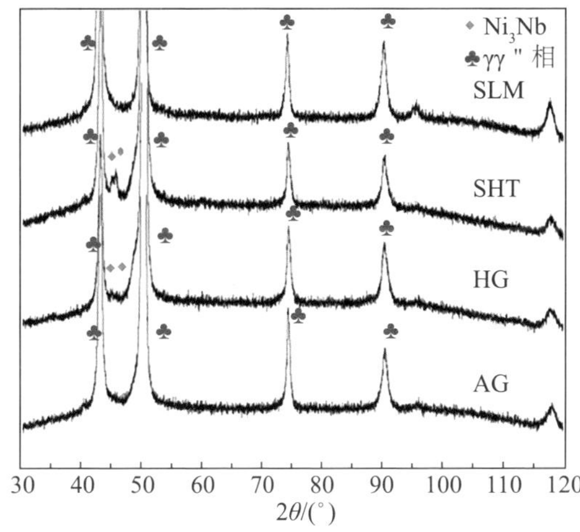

图 5-39
SLM 成形 Inconel 718 合金沉积态和不同热处理后的 XRD 谱

2. 热处理合金常温/高温力学性能分析

图 5-40 显示了 Inconel 718 合金直接成形和不同热处理条件下室温和高温性能以及不同成形方向的拉伸力学特性。首先对比其室温力学性能，经过热处理之后，无论何种拉伸方向，Inconel 718 合金件的强度性能都得到了大幅度的提升，对于不同热处理条件，材料的抗拉强度等变化不大，主要是延伸率不同。与未处理的状态相比，*XY* 向延伸率减少 50% 以上，*Z* 向也减少 30%。主要是因为在热处理中从基体中析出大量的强化相如 γ″、δ 等，这些析

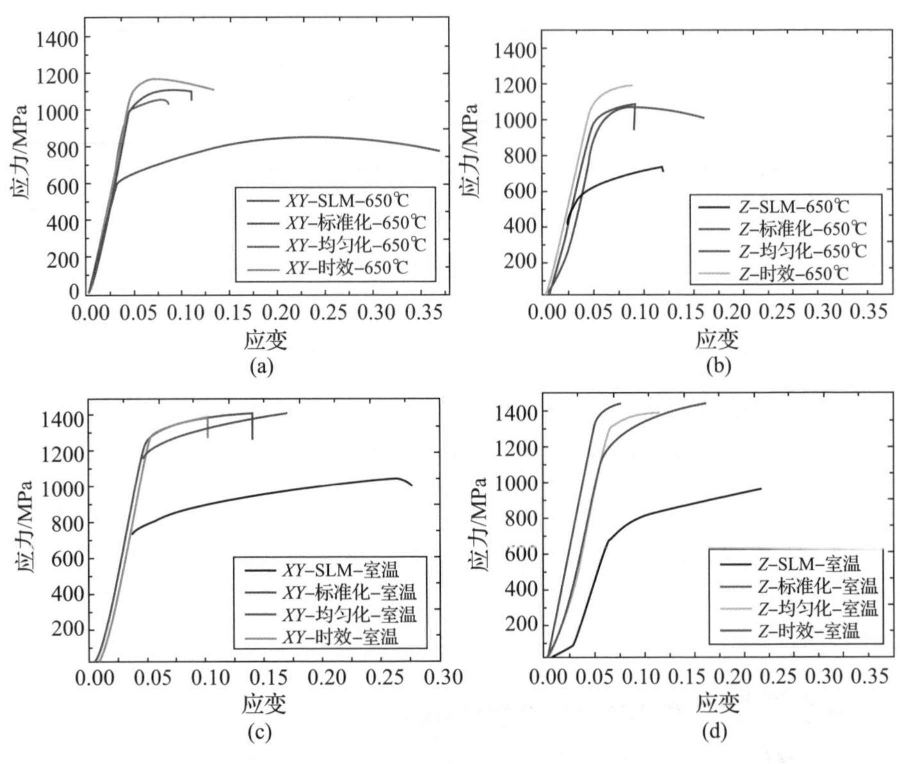

图 5-40　Inconel 718 合金直接成形和不同热处理条件下室温/高温性能以及不同成形方向的拉伸力学特性曲线

(a) *XY* 面，650℃高温；(b) *Z* 轴方向，650℃高温；(c) *XY* 面，室温；(d) *Z* 轴方向，室温。

出物起到了钉扎位错移动的作用，在材料变形中，必须克服强化相才能发生移动。同时，由于经过热处理后，熔池中的元素发生扩散，熔池的特性基本消失，因为熔池边界弱区引起的各向异性也得到了缓解。在室温条件下，标准热处理 SHT 获得的延伸率＞均匀化 HE＞时效 AG。在标准热处理时，获得比例比较合适的 γ''、δ 相，同时避免了有害相的析出，基体强化程度适中；在均匀化时，Laves 相全部溶解，大量形成了 δ 相，该相的尺寸远大于 γ''，强化效果变差，同时在 δ 相周边也容易形成显微裂纹，降低材料的塑性。在时效状态，Laves 相溶解不充分，Laves 相作为一种硬脆相，很难发生变形和移动，在受到拉力作用时，周边的基体和 Laves 相移动速度不同，就会形成变形不协调裂纹，同样破坏了材料的塑性，导致延伸率降低。对比高温下的拉伸曲线，同样，与 SLM 成形态相比，抗拉强度、屈服强度及弹性模量大幅度提升，强度从 800MPa 提高到 1200MPa 以上，提升 50%以上，但是延伸率下降很多。在热处理之前，延伸率可以达到 37.5%，但是经过处理之后，最大情况下不到 15%。主要归因于在热处理后，基体的软化得到了很好的缓解。熔池边界消除获得的材料强度的改善相比室温拉伸更加明显，因此性能提升的效果比室温条件下要好。经过标准热处理和均匀化热处理后，*Z* 向拉伸的性能短板得到弥补，在延伸率和最大强度方面与 *XY* 向基本一致，材料的各向异性基本消除。但是时效处理的零件依然表现出一定的各向异性，*XY* 向拉伸时，延伸率 13.5%，但是当 *Z* 向拉伸时，延伸率只有 8.6%。主要是因为在低温下热处理，熔池边界并不能完全消失，边界造成的性能差异依然存在。在高温条件下，熔池边界的能量最好，分子迁移等最活跃，首先会形成孔洞等缺陷，造成性能下降。在 *Z* 向拉伸时，边界迁移的速度要大于 *XY* 向，出现缺陷的时间就会提前。如果是在室温条件下，这种效应就会大大减弱，因此，室温下不存在的各向异性在高温条件下依然存在。要想消除这种高温下的各向异性，需要进一步提高后处理温度，完全溶解熔池边界。

将所有条件下的测试件力学性能归纳如表 5-12 所列，并取锻件标准和铸件标准做对比。对比发现，在室温条件下，经过热处理之后的材料的抗拉强度、屈服强度及延伸率均超过锻件标准。经过标准热处理之后，材料的抗拉强度超过锻件近 150MPa，屈服强度超过锻件标准 140MPa，同时延伸率依然高于锻件标准。时效处理样件表现出一定的各向异性，*Z* 向的延伸率略低于锻件标准。在高温条件下，经过热处理之后的 SLM 成形 Inconel 718 合金依然表现出优良的力学特性，无论在 *Z* 向还是 *XY* 向，抗拉强度和屈服强度均高于锻件标准，但是在高温下的延伸率只有 *XY* 向与锻件标准相当，*Z* 向的延伸率均低于锻件标准，主要原因是热处理时间短，原子扩散时间短，SLM 成形过程中积累的各向异性没有被完全消除。

表 5-12　Inconel 718 合金直接成形和不同热处理条件下室温/高温性能以及不同成形方向的拉伸力学性能

	方向	温度/℃	抗拉强度/MPa	屈服强度/(MPa，$R_{P0.2}$)	延伸率/%	弹性模量/GPa
SLM 态	*XY* 向	25	1037 ± 12	751 ± 12	34 ± 2	260 ± 7
	Z 向	25	995 ± 15	664 ± 10	21 ± 2	179 ± 16
	XY 向	65	852 ± 11	600 ± 9	37.5 ± 3	235 ± 13
	Z 向	65	731 ± 18	423 ± 14	12.4 ± 1	284 ± 18

（续）

	方向	温度/℃	抗拉强度/MPa	屈服强度/（MPa，$R_{P0.2}$）	延伸率/%	弹性模量/GPa
均匀热处理 HE	*XY* 向	25	1406 ± 21	1255 ± 13	14 ± 1	323 ± 10
	Z 向	25	1384 ± 10	1295 ± 15	11.7 ± 2	291 ± 11
	XY 向	65	1065 ± 11	1005 ± 16	14 ± 1	231 ± 9
	Z 向	65	1081 ± 14	979 ± 22	8.5 ± 3	250 ± 7
标准热处理 SHT	*XY* 向	25	1404 ± 17	1167 ± 9	17 ± 1	330 ± 12
	Z 向	25	1430 ± 10	1182 ± 11	16.8 ± 0	245 ± 18
	XY 向	65	1113 ± 13	987 ± 10	11 ± 3	281 ± 21
	Z 向	65	1078 ± 15	937 ± 21	10.1 ± 2	231 ± 26
时效热处理 DA	*XY* 向	25	1374 ± 6	1229 ± 17	10 ± 1	322 ± 16
	Z 向	25	1429 ± 9	1334 ± 21	12.7 ± 2	291 ± 14
	XY 向	65	1172 ± 22	1090 ± 23	13 ± 2	299 ± 11
	Z 向	65	1189 ± 11	1061 ± 9	8.6 + 3	256 ± 10
	锻件标准*	25	1276	1034	12	—
	锻件标准*	65	1030	930	12	—
	铸件标准*	25	862	758	5	—

注：* 参见 Q/3B 548—1996。

5.2.5 成形件高温失效规律

图 5－41 为 SLM 成形镍基合金熔池在高温条件下受力开裂示意图，在 SLM 快速凝固过程中，由于原子在金属熔体的迁移作用，快速扩散的填隙元素如 S、P、B、O 等就容易聚集在凝固最前端，一直到熔池的中央。另外，在第 3 章中，分析了 γ + Laves 共晶会在凝固后期形成，同样对于 Inconel 718 合金，这种机制依然存在。在这两者的共同作用下，熔池的中心呈现性能弱区，在受到拉力作用时，发生开裂。这是 SLM 成形零部件的一种典型缺陷。

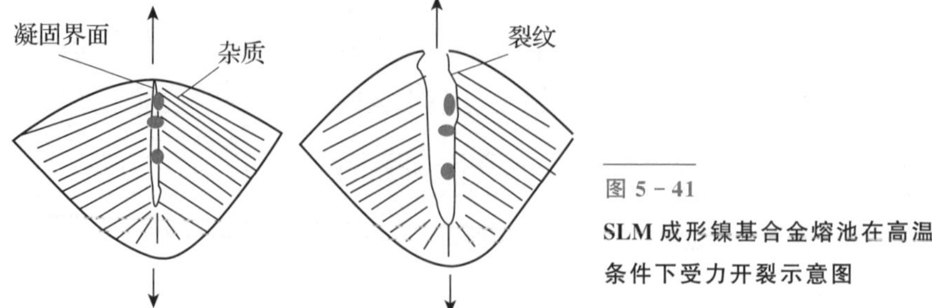

图 5－41
SLM 成形镍基合金熔池在高温条件下受力开裂示意图

同时，还发现另外一种 X 形的裂纹缺陷，其主要形成机理如图 5－41 所示。

从前面的研究与分析可以看出，对于 SLM 直接成形 Inconel 718 合金在高温拉伸条件下发生变形断裂，其熔池及熔池边界的迁移是失效的主要形式，如图 5－42 所示。在 SLM 成形过程中形成三种界面：亚晶粒界面、晶界和熔池边界。亚晶粒界面是一种元素的微观偏析，晶界是原子排列取向不同形成的界面，熔池边界是在宏观上层层叠加形成的分界面，有时会和晶界重合。从界面能角度上讲，熔池边界＞晶界＞亚晶界，从缺陷的密集程度上，也是熔池边界＞晶界＞亚晶界。在高温条件下，熔池边界最先迁移。由于位错密度、缺陷程度等限制，熔池的边界迁移并不是完全协调的，有些边界启动的时间早，有些边界启动的时间晚，在熔池边界迁移过程中，速度和时间的不同时形成迁移空洞，空洞一旦形成，应力在空洞周边集中，沿着性能最弱的熔池边界运动，形成类似 X 形的裂纹扩展。随着应力的增加，裂纹逐渐增加长大，此时如果裂纹与晶粒接近垂直相交，裂纹扩展力分成两个相反的方向，此时的应力很难直接切割整个晶粒，该条熔池边界线的生长就会受到阻碍停止。当裂纹与小夹角的晶粒边界相遇时，晶界处的裂纹扩展就会被启动，形成与熔池边界相同的扩展形式，直到应力不足以破坏晶粒边界为止。

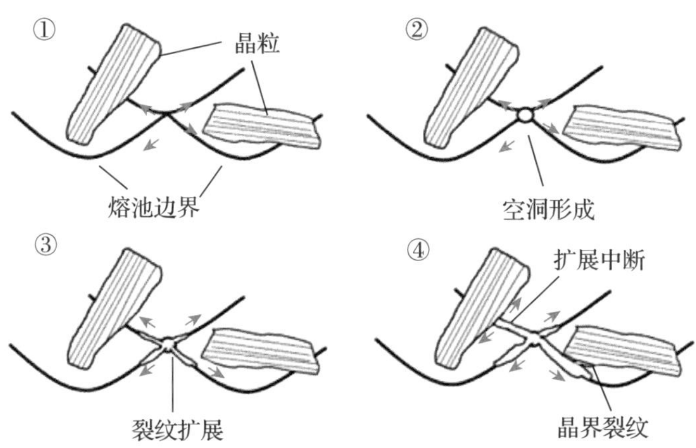

图 5－42　**熔池边界受力时熔池边界裂纹形成及扩展示意图**

综上所述，SLM 直接成形镍基合金裂纹首先沿着熔池边界弱区开始，同时在熔池内部最后凝固的区域也开始发生破坏，两者的共同作用导致 SLM 直接成形件的失效。强化相的析出不足引起基体的软化，再加上熔池边界性能弱区决定了直接SLM成形Inconel 718合金力学性能的不足。

图5-43显示了SLM成形件在*XY*向拉伸的断口形貌，从图中可以看到断口的形貌呈现韧性断裂和脆性断裂相结合的特征。在图5-43(b)中可以看出明显的韧窝形状，韧窝分布细密且均匀，具有良好的韧性。在图5-43(a)中，可以看到六边形的台阶形状，表面被Laves相覆盖，可以分析在该处发生了亚晶粒解离破坏，剪切力将沿着Laves脆性相六边形的亚晶粒撕开，这种穿晶断裂多出现在脆性断裂中。从图5-43(c)中明显发现尺寸较长的熔池边界裂纹，与在原位拉伸中出现的缺陷相呼应。在图5-43(d)中，可以发现撕裂的熔池边界裂纹，且熔池的高斯形状的弧面清晰可见。在熔池内部看到一个孔洞缺陷，孔洞的内壁光滑，推测为打印成形过程中的气孔。

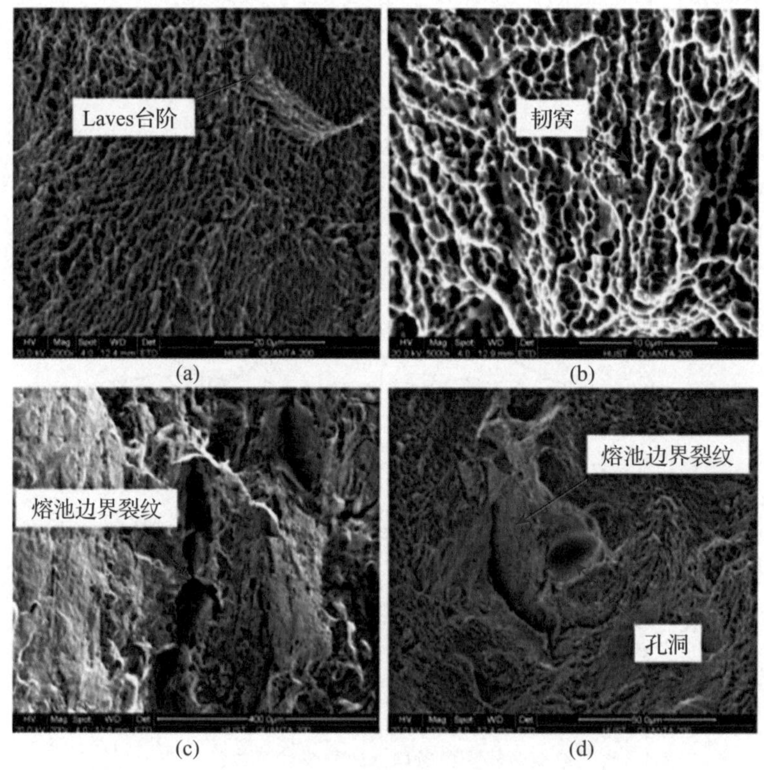

图5-43 SLM成形Inconel 718合金高温拉伸断口形貌

(a) 解理台阶形貌；(b) 韧窝形貌；(c)、(d) 熔池边界裂纹和孔洞形貌。

参考文献

[1] TIEN J K, COPLEY S M. The effect of uniaxial stress on the periodic morphology of coherent gamma prime precipitates in nickel-base superalloy crystals[J]. Metallurgical Transactions, 1971, 2(1): 215 - 219.

[2] 王会阳，安云岐，李承宇，等. 镍基高温合金材料的研究进展[J]. 材料导报，2011(s2): 482 - 486.

[3] 杨国安. 镍基高温合金[J]. 特钢技术，1991 (1): 95 - 98.

[4] 侯介山，丛培娟，周兰章，等. Hf 对抗热腐蚀镍基高温合金微观组织和力学性能的影响[J]. 中国有色金属学报，2011，21(5): 945 - 953.

[5] DUDZINSKI D, DEVILLEZ A, MOUFKI A, et al. A review of developments towards dry and high speed machining of Inconel 718 alloy [J]. International Journal of Machine Tools and Manufacture, 2004, 44 (4): 439 - 456.

[6] KURŞ B, CALISKAN H, GUVEN S Y, et al. Effect of Boron Nitride Coating on Wear Behavior of Carbide Cutting Tools in Milling of Inconel 718[M]. USA: Springer, 2016.

[7] SHANKAR V, RAO SANKARA B K, MANNAN S L. Microstructure and mechanical properties of Inconel 625 superalloy[J]. Journal of Nuclear Materials, 2001, 288(2): 222 - 232.

[8] RAI SANJAY K, KUMAR A, SHANKAR V, et al. Characterization of microstructures in Inconel 625 using X-ray diffraction peak broadening and lattice parameter measurements[J]. Scripta materialia, 2004, 51(1): 59 - 63.

[9] PAUL C P, GANESH P, MISHRA S K, et al. Investigating laser rapid manufacturing for Inconel - 625 components[J]. Optics & Laser Technology, 2007, 39(4): 800 - 805.

[10] YU Q, ZHANG W, YU L, et al. Development of thermal processing map and analysis of hot deformation mechanism of cast alloy Inconel 625[J]. Journal of Materials Engineering, 2014, 1: 30 - 34.

[11] ZETEK M, ČESáKOVá L, ŠVARC V. Increasing cutting tool life when

machining Inconel 718[J]. Procedia Engineering，2014，69：1115 - 1124.

[12] Al - FADHLI H Y，STOKES J，HASHMI M S J，et al. The erosion corrosion behaviour of high velocity oxy-fuel （HVOF） thermally sprayed inconel - 625 coatings on different metallic surfaces[J]. Surface and Coatings Technology，2006，200(20)：5782 - 5788.

[13] 倪莉，张军，王博，等. 镍基高温合金设计的研究进展[J]. 材料导报，2014，28(3)：1 - 6.

[14] NING Y，FU M W，CHEN XI. Hot deformation behavior of GH4169 superalloy associated with stick δ phase dissolution during isothermal compression process[J]. Materials Science & Engineering A，2012，540：164 - 173.

[15] SUE J A，CHANG T P. Friction and wear behavior of titanium nitride，zirconium nitride and chromium nitride coatings at elevated temperatures[J]. Surface and Coatings Technology，1995，76 - 77(1 - 3)：61 - 69.

[16] ANDERSON M，THIELIN A L，BRIDIER F，et al. δ Phase precipitation in Inconel 718 and associated mechanical properties[J]. Materials Science & Engineering A，2017，679：48 - 55.

[17] 庄景云，杜金辉，邓群. 变形高温合金 GH4169 组质与性能[M]. 北京：冶金工业出版社，2006.

[18] LORE T，KAROLIEN K，JEAN - PIERRE K，et al. Fine - structured aluminium products with controllable texture by selective laser melting of pre - alloyed AlSi10Mg powder[J]. Acta Materialia，2013，61(5)：1809 - 1819.

[19] MA M，WANG Z，MING G，et al. Layer thickness dependence of performance in high - power selective laser melting of 1Cr18Ni9Ti stainless steel[J]. Journal of Materials Processing Tech，2015，215(1)：142 - 150.

[20] ATTAR H，CALIN M，ZHANG L C，et al. Manufacture by selective laser melting and mechanical behavior of commercially puretitanium [J]. Materials Science & Engineering A，2014，593(2)：170 - 177.

[21] DINDA G P, DASGUPTA A K, MAZUMDER J. Laser aided direct metal deposition of Inconel 625 superalloy: Microstructural evolution and thermal stability[J]. Materials Science & Engineering A, 2009, 509(1): 98 - 104.

[22] KHAIRALLAH S A, ANDERSON A. Mesoscopic simulation model of selective laser melting of stainless steel powder[J]. Journal of Materials Processing Technology, 2014, 214(11): 2627 - 2636.

[23] DINDARLU M H M, TEHRANI M K, SAGHAFIFAR H, et al. Influence of absorbed pump profile on the temperature distribution within a diode side - pumped laser rod[J]. Pramana, 2017, 88(2): 36.

[24] BOETTINGER W J, SHECHTMAN D, SCHAEFER R J, et al. The effect of rapid solidification velocity on the microstructure of Ag - Cu alloys[J]. Metallurgical Transactions A, 1984, 15(1): 55 - 66.

[25] YUAN P, GU D. Molten pool behaviour and its physical mechanism during selective laser melting of TiC/AlSi10Mg nanocomposites: simulation and experiments[J]. Journal of Physics D Applied Physics, 2015, 48(3): 035303.

[26] NODERA Y, KAWATA S, ONUMA N, et al. Improvement of energy-conversion efficiency from laser to proton beam in a laser - foil interaction[J]. Physical Review E Statistical Nonlinear & Soft Matter Physics, 2008, 78(2): 046401.

[27] CHILDS T H C, HAUSER C, BADROSSAMAY M. Selective laser sintering (melting) of stainless and tool steel powders: experiments and modelling[J]. Proceedings of the Institution of Mechanical Engineers Part B Journal of Engineering Manufacture, 2005, 219(4): 339 - 357.

[28] DONG L, MAKRADI A, AHZI S, et al. Three - dimensional transient finite element analysis of the selective laser sintering process [J]. Journal of Materials Processing Tech, 2009, 209(2): 700 - 706.

[29] DONGDONG G U, WANG Z, SHEN Y, et al. In - situ TiC particle reinforced Ti - Al matrix composites: Powder preparation by mechanical alloying and selective laser melting behavior[J]. Applied Surface Science,

2009, 255(22): 9230 - 9240.

[30] PAULY S, LÖBER L, PETTERS R, et al. Processing metallic glasses by selective laser melting[J]. Materials Today, 2013, 16(1 - 2): 37 - 41.

[31] COHEN M H, TURNBULL D. Molecular transport in liquids and glasses[J]. Journal of Chemical Physics, 1959, 31(5): 1164 - 1169.

[32] TURNBULL D. Formation of crystal nuclei in liquid metals[J]. Journal of Applied Physics, 1950, 21(10): 1022 - 1028.

[33] 崔忠圻，覃耀春. 金属学与热处理[M]. 北京：机械工业出版社，2000.

[34] COTTRELL A H, BILBY B A. Dislocation theory of yielding and strain ageing of iron[J]. Proceedings of the Physical Society A, 1949, 62(1): 49.

[35] SUNDARARAMAN M, MUKHOPADHYAY P, BANERJEE S. Precipitation of the δ - Ni 3 Nb phase in two nickel base superalloys[J]. Metallurgical Transactions A, 1988, 19(3): 453 - 465.

[36] RADHAKRISHNAN B, THOMPSON R G. Solidification of the nickel-base superalloy 718: A phase diagram approach[J]. Metallurgical Transactions A, 1989, 20(12): 2866 - 2868.

[37] SUNDARARAMAN M, KUMAR L, PRASAD G E, et al. Precipitation of an intermetallic phase with Pt 2 Mo-type structure in alloy 625[J]. Metallurgical & Materials Transactions A, 1999, 30(1): 41 - 52.

[38] MUMTAZ K A, ERASENTHIRAN P, HOPKINSON N. High density selective laser melting of Waspaloy®[J]. Journal of Materials Processing Tech, 2008, 195(1 - 3): 77 - 87.

[39] WHEELER A A, BOETTINGER W J, MCFADDEN G B. Phase-field model of solute trapping during solidification[J]. Physical Review E Statistical Physics Plasmas Fluids & Related Interdisciplinary Topics, 1993, 47(3): 1893.

[40] LABUDOVIC M, HU D, KOVACEVIC R. A three dimensional model for direct laser metal powder deposition and rapid prototyping[J]. Journal of Materials Science, 2003, 38(1): 35 - 49.

[41] QIAN M, LIPPOLD J C. The effect of annealing twin-generated

special grain boundaries on HAZ liquation cracking of nickel-base superalloys[J]. Acta Materialia, 2003, 51(12): 3351 - 3361.

[42] 叶锐曾，徐志超，葛占英，等．镍基变形高温合金中弯曲晶界形成的机制[J]．金属学报，1985，21(2)：37 - 138.

[43] MU Z, YE R, LIANG G. Effect of zigzag grain boundary on creep and fracture behaviours of wrought γ' strengthened superalloy[J]. Metal Science Journal, 1988, 4(6): 540 - 547.

[44] HORVATH J, UHLIG H. Critical potentials for pitting corrosion of Ni, Cr-Ni, Cr-Fe, and related stainless steels[J]. Journal of the Electrochemical Society, 1968, 115(8): 791 - 795.

[45] YANG Y G, ZHANG T, SHAO Y W, et al. New understanding of the effect of hydrostatic pressure on the corrosion of Ni-Cr-Mo-V high strength steel[J]. Corrosion Science, 2013, 73(8): 250 - 261.

[46] LUO X T, YANG G J, LI C J. Multiple strengthening mechanisms of cold-sprayed cBNp/NiCrAl composite coating[J]. Surface & Coatings Technology, 2011, 205(20): 4808 - 4813.

[47] BO S, DONG S, DENG S, et al. Microstructure and tensile properties of iron parts fabricated by selective laser melting[J]. Optics & Laser Technology, 2014, 56(1): 451 - 460.

[48] KNAPP J A, FOLLSTAEDT D M. Hall-Petch relationship in pulsed-laser deposited nickel films[J]. Journal of Materials Research, 2004, 19(1): 218 - 227.

[49] WEN S, SHUAI L, WEI Q, et al. Effect of molten pool boundaries on the mechanical properties of selective laser melting parts[J]. Journal of Materials Processing Tech, 2014, 214(11): 2660 - 2667.

[50] RADAVICH J F. The physical metallurgy of cast and wrought alloy 718[C]. Conference Proceedings on Superalloy, 1989: 229 - 240.

[51] RAM G D J, REDDY A V, RAO K P, et al. Microstructure and tensile properties of Inconel 718 pulsed Nd-YAG laser welds[J]. Journal of Materials Processing Technology, 2005, 167(1): 73 - 82.

第6章 SLM成形生物金属材料组织及性能

医用金属材料属于与人体组织、体液或血液相接触或作用而对人体无毒副作用，不凝血，不溶血，不引起人体细胞突变、畸变和癌变，不引起免疫排异和过敏反应的特殊功能材料[1]。通常情况下，医用金属材料具有良好的机械强度和抗疲劳性能，主要作为承力植入材料，其临床应用遍及组织修复、人工器官和外科辅助器材等各个方面，目前主要用来修复骨骼、关节、牙齿及血管等方面。临床上常用的生物医用金属材料主要以合金材料为主，如钴铬合金、钛合金等。

医用钴铬(cobalt - chromium，Co - Cr)合金具有良好的耐腐蚀性和力学性能[1]，主要用于牙科修复体和人工关节的制造。常用的医用钴铬合金主要有两种基本牌号：一种是Co - Cr - Mo合金，一般通过铸造加工；另一种是Co - Ni - Cr - Mo合金，一般通过热锻加工。可铸合金Co - Cr - Mo已经在牙科中应用了几十年，近年来用于制造人工关节连接件。锻造加工的Co - Ni - Cr - Mo，用于制造关节替换假体连接件的主干，如膝关节和髋关节替换假体等。铸造和锻造钴铬合金的化学成分基本相同，都含有质量分数0.58%～0.69%的Co和质量分数0.26%～0.30%的Cr，主要区别是其处理过程不同，致使微观结构和力学性能有所不同。因其综合性能良好、价格经济，已经成为我国目前人工金属修复体中用量最大的材料之一。然而义齿、关节等属于个性化小批量制件，传统的铸造、锻造加工方式无法很好地满足患者对制件个性化的需求。利用SLM技术直接成形钴铬合金医用制件，可以不受其复杂形状以及尺寸规格繁多的限制。

钛合金密度较小(约为4.5g/cm^3)，接近于人体骨组织，生物相容性好。其弹性模量(110GPa)接近于人体骨骼，且耐腐蚀性能良好，具有优良的机械化学性质[2]。在生物医用金属材料中，钛合金凭借这些优良的综合性能已经成为人工关节(髋、膝、肘、踝、肩、腕、指关节等)、骨创伤产品(髓内钉、固定板、螺钉等)、脊柱矫形内固定系统、牙种植体、牙托、牙矫形丝、人工心脏瓣膜、介入性心血管支架等医用内植入物产品的首选材料。据估计，中国每年对钛合金人工关节的需求量超过 5000 套。目前，还没有比钛合金更好的金属材料用于临床。为避免内固定植入物的断裂失效，提高植入物的强度，在英国、美国、俄罗斯、日本等国，出现了采用高强度 Ti - 6Al - 4V 合金(ISO 5832 - 2)代替纯钛材料，其抗拉强度达到 860MPa，屈服强度达到 795MPa，延伸率达到 10%。目前，80%以上的钛合金植入物产品仍然在使用这种合金，尤其是在人工关节的制造上，更是具有无可替代的优势[4]。由于人工关节形状复杂，尺寸规格繁多，传统制造技术已经难以满足市场的需求。随着医疗技术的发展，钛合金在医疗产品中的使用越来越多，对其使用性能的要求也不断提高，传统钛合金加工方法已经很难满足良好的性能匹配要求，这将使钛合金的应用受到限制。利用 SLM 技术直接成形 Ti6Al4V 合金医用制件，可以不受其复杂形状以及尺寸规格繁多的限制，但该工艺涉及复杂的物理冶金和化学冶金过程，包括多重传热、传质及化学反应，成形 Ti - 6Al - 4V 合金制件过程中容易产生孔隙、裂纹等缺陷，要想使其满足临床使用要求，必须使制件具有良好的力学性能。

钛铌(Ti - Nb)合金的弹性模量较低且没有毒性，是很有发展前景的骨骼植入体材料，近年来得到广泛的关注。在平衡条件下，钛铌合金中仅存在两个稳定相：α 相及 β 相。一般来说，β 相为高温相。在纯 Ti 中，β 相转变温度为882℃，且当 Nb 的原子分数低于 3% 时，室温下为稳定的 α 相。随着 Nb 含量的增加，β 相转变温度逐渐降低，室温稳定相变成了 α + β 相。而且混合相中 β 相的含量随 Nb 含量的增加而增加，最终室温稳定相变为 β 相。在非平衡状态下，除了 α 和 β 相，钛铌合金中还可能出现几个亚稳相(α′、α″ 和 ω)，它们的存在由合金成分和冷却速度综合作用决定。Ti 合金中不同的相有不同的弹性模量，其中 β 相的弹性模量最低，ω 相最高[3]。由上述钛铌合金相图可知，可通过调整制造工艺和合金成分配比来改变相组成，进而调控弹性模量，以获得与人骨模量相匹配的钛铌合金。目前制备钛铌合金的方法以传统铸造为主，但由于 Ti 和 Nb 密度和熔点均相差较大(Ti 和 Nb 的密度分别为 4.51g/cm^3 和 8.57g/cm^3，熔点分别为1660℃和2468℃)，在制造过程中易产生重力偏析等缺陷，且不易得到性能均匀的铸件[4]。近来 SLM 技术的发展为钛铌合金植入体的制造难题提供了解决方案。SLM 便于制造没有任何几何约束的零件，适用于复杂零件的制备。此外，可用于 SLM 成形的材料范围十分广泛，尤其还能实现组分连续变化的梯度功能材料的制造。SLM 可以很好地实现难加工医用金属材料及其可控多孔材料的制备。

6.1 粉末材料

6.1.1 钴铬合金

1. 材料特性

钴铬合金粉末材料选用美国进口医用金属粉末材料 F75 钴铬合金，使用气雾化法制备，其形貌近似于球形，如图 6-1(a)所示。粉末的平均粒径为 22μm，其粒径分布如图 6-1(b)所示。其化学成分如表 6-1 所列。

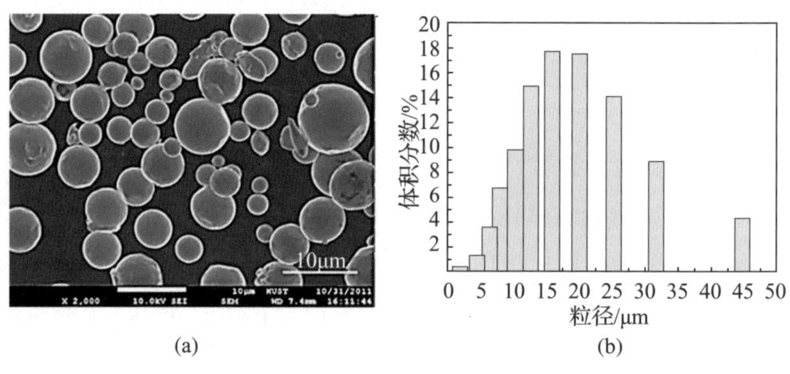

图 6-1 钴铬合金粉末颗粒形貌及其粒径分布
(a) 粉末形貌；(b) 粉末粒径分布。

表 6-1 钴铬合金粉末化学成分

元素	Cr	Mo	Ni	Fe	C	Si	Mn	W	P
质量分数/%	29.62	6.55	≤0.01	0.03	0.24	0.7	0.6	0.04	0.004
元素	S	N	Al	Ti	B	Cu	Cb	O	Co
质量分数/%	0.004	0.16	≤0.01	≤0.01	0.03	≤0.01	0.03	0.01	余量

2. SLM 成形条件

研究用工艺参数如下：激光功率为 80～120W；扫描速度为 300～600mm/s；扫描间距为 0.04～0.06mm；粉层厚度为单层粉末厚度，约

0.02mm。激光扫描方式采用简单的线性光栅扫描。

6.1.2　钛合金

1. 材料特性

采用等离子旋转电极法生产的 Ti-6Al-4V 合金粉末材料。材料的化学成分如表 6-2 所列，粉末形貌及粒径分布如图 6-2 所示，粉末为规则的球形颗粒，粒径范围为 20～120μm，平均粒径为 70μm。

表 6-2　Ti-6Al-4V 钛合金的化学成分(质量分数/%)

Al	V	Fe	C	O	N	H	Ti
6.0	4.0	0.12	0.02	0.09	0.01	0.002	余量

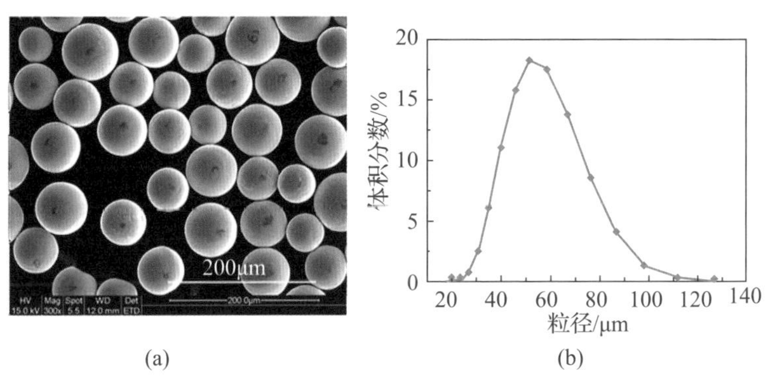

图 6-2　Ti-6Al-4V 合金粉末形貌及其粒径分布

(a) 粉末形貌；(b) 粉末粒径分布。

2. SLM 工艺条件

研究中使用的工艺参数如下：激光功率为 60～160W；扫描速率为 100～700mm/s；扫描间距为 0.03～0.09mm；粉层厚度为单层粉末厚度，约 0.07mm。激光扫描方式采用简单的线性光栅扫描。

6.1.3　钛铌合金

1. 材料特性

研究用原始粉末为纯 Ti 粉和纯 Nb 粉，粉末特性如表 6-3 所列。商用气雾化纯 Ti 粉末，平均粒径为 30.3μm，粉末形貌如图 6-3(a)所示，呈近球形。Nb 粉末采用机械破碎法制备，平均粒径为 25.9μm，粉末形貌如图 6－3(c)所示，呈不规则块状。

表 6－3　钛铌合金原始粉末特性

粉末	纯度/%	平均粒径/μm	密度/(g/cm^3)	熔点/℃	形貌
Ti	＞99.9	30.3	4.51	1660	近球形(图 6－3(a))
Nb	＞99.9	25.9	8.57	2468	不规则(图 6－3(c))

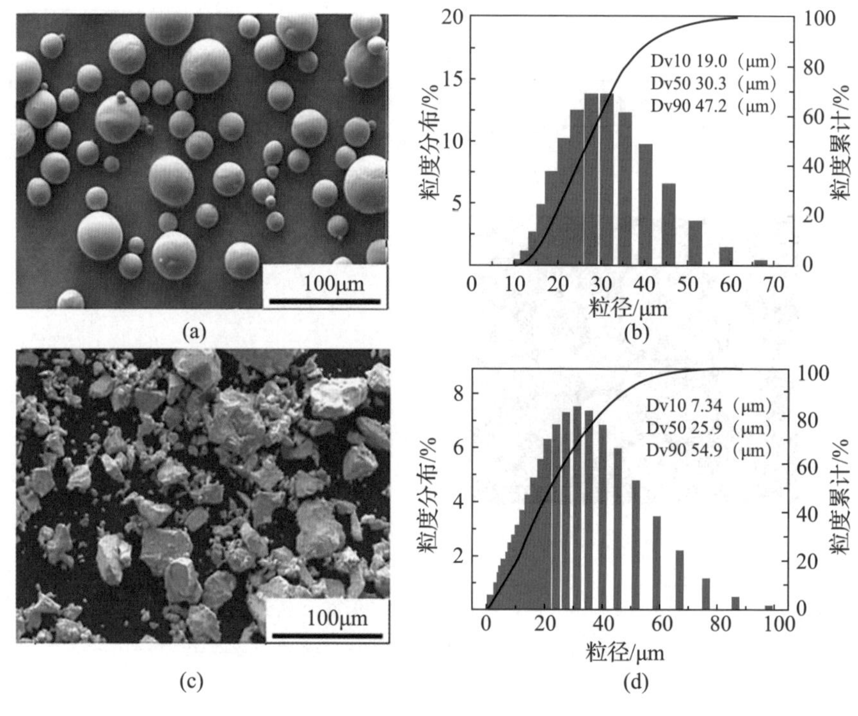

图 6－3　原始粉末表面形貌和粒径分布

(a) 纯 Ti 粉末形貌图；(b) 纯 Ti 粉末粒径分布图；(c) 纯 Nb 粉末形貌图；(d) 纯 Nb 粉末粒径分布图。

将纯 Ti 粉和 Nb 粉按原子比 85∶15、75∶25、55∶45 混合(名义上 Nb 质量占比分别为 25.55%、39.28% 和 61.36%)，分别对应 Ti－15Nb、Ti－25Nb、Ti－45Nb。采用南京大学仪器厂生产的 QM－3SP4 行星式球磨机对粉末进行混合。混合过程中采用不锈钢罐和玛瑙球，且为避免粉体氧化，采用高纯氩气保护。优化后的球磨工艺参数如下：球料比为 5∶1，转速为250r/min，时间为 2h。球磨后的混合粉末形貌和粒径分布如图 6-4 所示，Nb 粉和 Ti 粉混合均匀，Ti 粉仍保持良好的球形度，可以保证良好的流动性。混合粉末平均粒径随 Nb 含量的增多而有轻微下降，分别为 31.3μm、29.4μm 和 28.5μm。

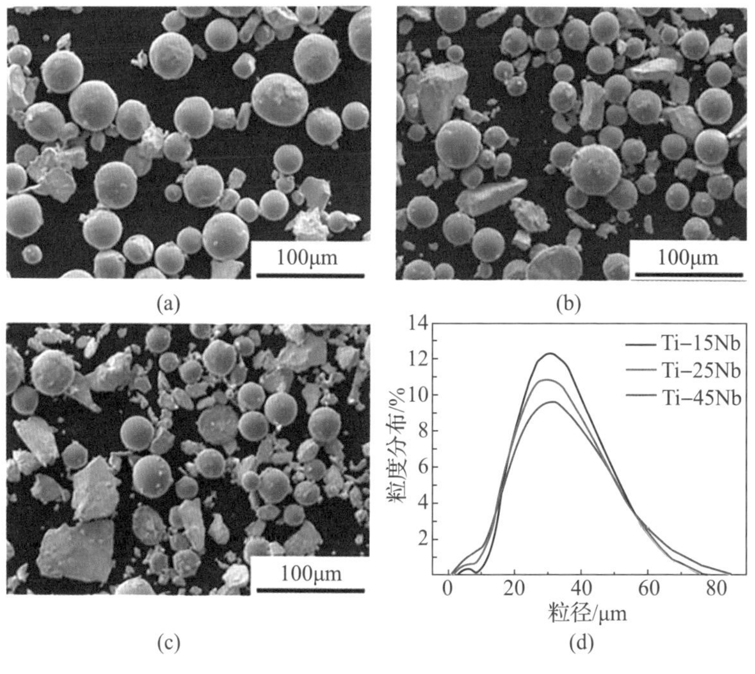

图 6-4 混合粉末形貌和粒径分布

(a) Ti-15Nb 混合粉末形貌图；(b) Ti-25Nb 混合粉末形貌图；(c) Ti-45Nb 混合粉末形貌图；(d)三种混合粉末粒径分布图。

2. SLM 工艺条件

Ti-Nb 混合粉末及 Ti 粉的 SLM 成形，采用德国 EOS 公司生产的 M280 SLM 装备。该装备包括激光系统、振镜系统、计算机控制系统和自动铺送粉系统，配有 400W 单模光纤激光器，波长为 1064nm，激光光斑直径约为 100μm。为避免 SLM 成形过程中发生氧化，采用高纯氩气进行保护，氧含量控制在 0.04%以下。采用前期优化的成形工艺，扫描速度为 1000mm/s，铺粉层厚为 0.03mm，扫描间距为 0.10mm。成形采用正交扫描策略，即在每层中选择双向扫描策略，并在层之间施加 90°旋转。成形研究分两个批次进行，首先，采用 Ti-15Nb 粉末进行钛铌合金的工艺优化研究，依次采用 210W、240W、270W、300W 和 330W 的激光功率成形块体试样，分别对应激光能量密度 $70J/mm^3$，$80J/mm^3$，$90J/mm^3$，$100J/mm^3$ 和 $110J/mm^3$，为叙述方便，5 种工艺参数成形的试样分别命名为 E1、E2、E3、E4 和 E5。然后，使用优化后的激光功率，采用 Ti、Ti-15Nb、Ti-25Nb 和 Ti-45Nb 4 种粉末，均分别成形块体和拉伸试样。

6.2 SLM 成形工艺参数

6.2.1 钴铬合金

1. 激光功率和扫描速度的影响

表 6-4 所列为不同激光功率和扫描速度的组合下，单道熔覆道成形质量表。从表中可以看出，所用的钴铬合金粉末具有较宽成形工艺窗口，单道熔覆道的成形质量对激光功率和扫描速度的变化敏感度较低，可以适应绝大多数的激光功率和扫描速度的搭配。从表中可以看出，只有激光功率密度低(小于等于 80W)同时扫描速度高(大于等于 600mm/s)的情况下，即在高于激光熔化钴铬合金最低能量密度阈值的情况下，熔覆道所获得的面能量密度小于 $1.67J/mm^2$ 时，熔覆道的成形形貌才会表现得较差。这主要是因为研究中所使用的粉末颗粒的平均粒径为 20μm，金属粉末完全熔化时所需要的时间更少，能量更低；同时，单层粉末的层厚也只有 20μm 左右，这样熔池中的液态金属相对较少，熔池的稳定性也更高，故其对工艺变化的适应性较强。

图 6-5 所示为 SLM 成形钴铬合金典型单道熔覆道形貌，可以看到在激光功率和扫描速度匹配性良好的条件下($P = 90W$，$v = 300mm/s$)，形成的形貌较好的熔覆道具有连续性、均匀性好的特点，熔覆道中间几乎没有明显的缺陷；在激光功率和扫描速度匹配性较差的情况下($P = 90W$，$v = 600mm/s$)，形成的形貌较差的熔覆道具有均匀性差的特点，熔覆道中有明显的缺失而造成其连续性较差，最终影响熔覆道的成形质量。结合表 6-4 可知，较差的熔覆道主要是由于熔覆道所获得的线能量密度太低而使部分较大的粉末颗粒不能完全熔化，从而导致熔覆道的连续性较差。

表 6-4　不同激光功率和扫描速度的组合下，单道熔覆道成形质量表

P/W	v/(mm/s)			
	300	400	500	600
80	M	M	U	U
90	M	M	M	U
100	M	M	M	U
110	M	M	M	M
120	M	M	M	M

注：M 表示单道熔覆道完整连续、成形质量良好；U 表示单道熔覆道成形质量较差，连续性、均匀性较差。

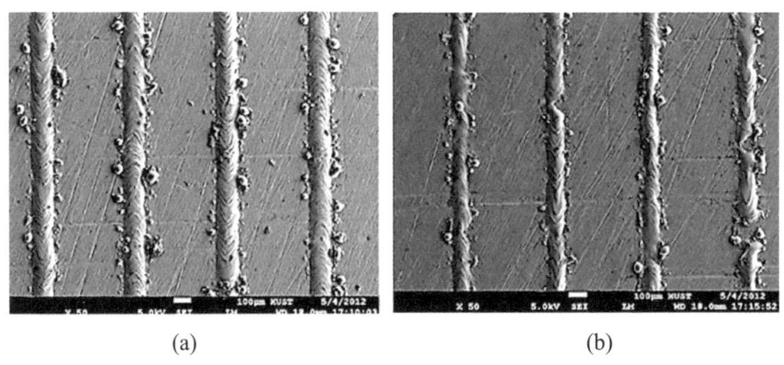

(a)　　(b)

图 6-5　SLM 成形钴铬合金典型单道熔覆道形貌

(a) 熔覆道形貌好(P = 90W，v = 300mm/s)；(b) 熔覆道形貌差(P = 90W，v = 600mm/s)。

2. 扫描间距的影响

表 6-5 为扫描间距为 0.04mm 时，不同激光功率和扫描速度组合下，熔覆层表面形貌质量表。从表中可以看出：当激光功率为 80W 时，其熔覆层表面形貌质量都较差；而激光功率为 120W 时，只有扫描速度为 300mm/s 时，熔覆层表面形貌才质量较差。可见 80W 的激光功率不足以完全熔化使用的钴铬合金粉末中的全部颗粒，有部分较大的粉末颗粒在较低的激光功率下不能完全熔化，表现为熔覆层整体表面平整度差。同时，面能量密度超过 10J/mm^2时，粉末也会表现出过熔现象，而使熔覆层的表面形貌质量变差。可以发现，0.04mm 的扫描间距可以和大多数的激光功率和扫描速度匹配，其为较优的扫描间距。

表 6-5　不同激光功率和扫描速度组合下，熔覆层表面形貌质量表

P/W	v/(mm/s)			
	300	400	500	600
80	N	N	N	N
90	G	N	G	G
100	G	G	G	G
110	G	G	G	G
120	N	G	G	G

注：G 表示单层熔覆层形貌平整，没有明显的凹凸不平；N 表示单层熔覆层形貌较差，有明显的球化现象。

图 6-6 为扫描间距为 0.04mm 时，熔覆层形貌质量较差的工艺，从图中可以看出熔覆层表面具有凸凹不平的气泡状特征。对比表 6-5 可以发现，这主要是由于激光能量较低，导致部分金属粉末不能完全熔化，但在扫描间距较小的情况下，未完全熔化的金属粉末颗粒被不断地重熔，从而导致表面产生气泡状的特征。

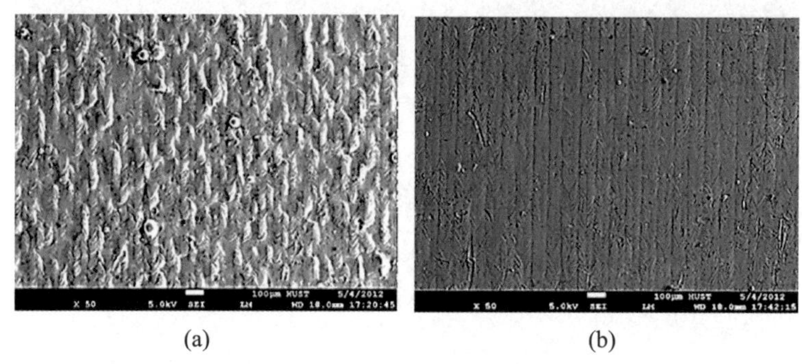

图 6-6　扫描间距为 0.04mm 时，熔覆层的典型形貌(SEM)
(a) 较差的熔覆层形貌(P = 80W，v = 600mm/s)；
(b) 优异的熔覆层形貌(P = 120W，v = 500mm/s)。

表 6-6 为扫描间距为 0.05mm 时，不同工艺参数组合下单层熔覆层的成形质量表。从表中可以看出，在扫描间距为 0.05mm 的条件下，绝大多数的激光功率和扫描速度的匹配都不能形成质量较好的单层熔覆层，只有扫描速度为 300mm/s 且激光功率大于等于 100W 时，单层熔覆层才表现出较好的成形形貌。可见，0.05mm 的扫描间距不是合适的扫描间距，这主要是因为对

于光斑尺寸为 100μm 左右的激光束来说，扫描间距为 0.05mm 时的搭接率约为 50%，熔覆道之间过多的搭接会造成熔覆道反复重熔，从而导致熔覆层的不稳定性增加，严重时其成形形貌会显著变差。

表 6-6　扫描间距为 0.05mm 时，不同工艺参数组合下单层熔覆层成形质量表

P/W	v/(mm/s)			
	300	400	500	600
80	N	N	N	N
90	N	N	N	N
100	G	N	N	N
110	G	N	N	N
120	G	N	N	N

注：G 表示单层熔覆层形貌平整，没有明显的凹凸不平；N 表示单层熔覆层形貌较差，表面平整度较差且具有明显的球化现象。

图 6-7 为扫描间距为 0.05mm 时，熔覆层的典型形貌。图 6-7(a)为工艺参数匹配性良好的熔覆层形貌，其表面较为平整，成形质量较好，但其中仍然有部分熔覆道因过熔而表现出起泡的趋势。图 6-7(b)为工艺参数匹配性较差时熔覆层的表面形貌，可以看到其表面具有明显的球化，球的直径约为 70μm，显著超过原始粉末颗粒的大小，这些表面形成的球会严重影响后续铺粉的平整性，甚至会引起成形的失败。

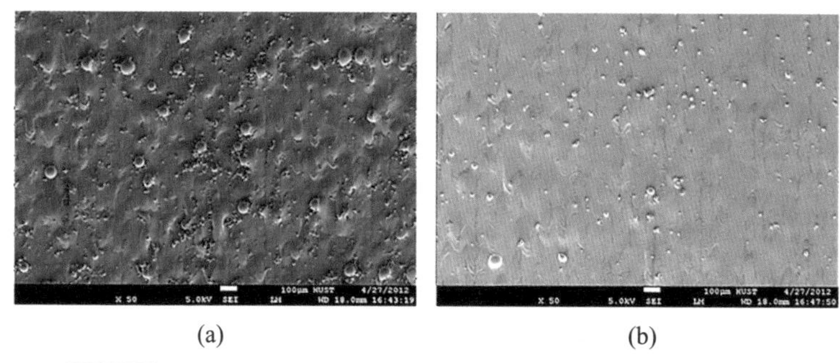

(a)　　(b)

图 6-7　**在扫描间距为 0.05mm 时，熔覆层的典型形貌(SEM)**
(a) 较差的熔覆层形貌(P = 80W，v = 500mm/s)；
(b) 较优的熔覆层形貌(P = 110W，v = 300mm/s)。

表 6-7 为扫描间距为 0.06mm 时，不同激光功率和扫描速度的工艺参数组合下成形的熔覆层质量表。从表中可以看出，当扫描间距为 0.06mm 时，

激光功率要大于100W，同时扫描速度要低于400mm/s，此时才能够形成表面质量良好的熔覆层。这主要是因为扫描间距增大时，增大激光功率同时降低扫描速度可以增加熔覆道的宽度，从而使单道熔覆道内有充足的金属液来充满扫描道之间的间隙，当扫描间距刚好满足相邻熔覆道之间的极限搭接率时，无数熔覆道相互搭接就会形成平整的熔覆层。可见，当扫描间距较大时，熔覆道需要获得较高的线能量密度才能形成良好的熔覆层。

图6-8为扫描间距为0.06mm时，熔覆层的典型形貌。图6-8(a)为质量较差的熔覆层形貌，可以发现一方面其表面存在粉末的球化现象，另一方面扫描道之间有明显的搭接不足痕迹。图6-8(b)为质量较好的熔覆层形貌，可以看出其表面平整，熔覆道之间形成连续平整的搭接。

表6-7　不同激光功率和扫描速度的工艺参数组合下成形的熔覆层质量表

P/W	*v*/(mm/s)			
	300	400	500	600
80	N	N	N	N
90	N	N	N	N
100	G	G	N	N
110	G	G	G	N
120	G	N	N	N

注：G表示单层熔覆层形貌平整，没有明显的凹凸不平；N表示单层熔覆层形貌较差，表面平整度较差且具有明显的球化现象。

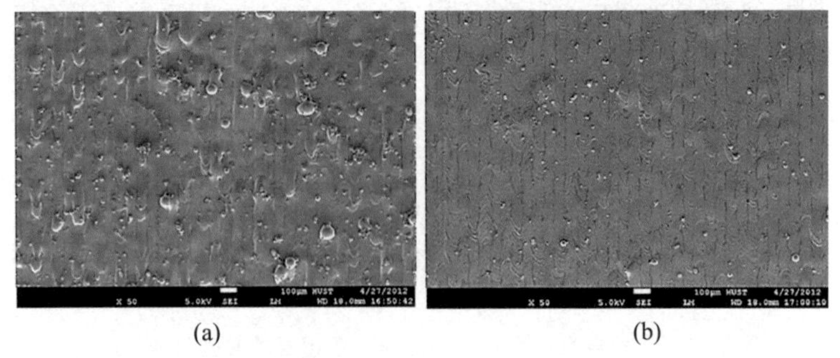

(a)　(b)

图6-8　**扫描间距为0.06mm时，熔覆层的典型形貌(SEM)**

(a) 较差的熔覆层形貌($P=80$W，$v=600$mm/s)；

(b) 较优的熔覆层形貌($P=100$W，$v=300$mm/s)。

6.2.2 钛合金

1. 激光功率和扫描速度对熔覆道形貌的影响

表 6－8 为不同激光功率和扫描速度下，对应的 Ti－6Al－4V 粉末单道熔覆道的成形轨迹特征。从表中可以发现，SLM 成形 Ti－6Al－4V 粉末的工艺窗口较窄，成形条件较为苛刻。这主要是因为研究中所用的金属粉末颗粒粒径较大，最大的粉末粒径约为 120μm，已经超过了光斑直径(100μm)，导致单道熔覆道中会存在较多的未完全熔化粉末颗粒。同时，在 SLM 过程中，能量密度太低会导致粉末颗粒不能完全熔化，能量密度太高会引起严重的过热现象，热影响区显著增加，从而导致熔池的稳定性显著变差。SLM 工艺成形 Ti－6Al－4V 粉末的熔覆道形貌整体较差，这主要是由于研究中所用的粉末粒径太大，导致激光能量低时粉末不能完全熔化，激光能量高时，熔覆道易出现过熔现象。

表 6－8　不同激光功率和扫描速度下，Ti－6Al－4V 粉末单道熔覆道的成形轨迹特征

v/(mm/s)	P/W					
	60	**80**	**100**	**120**	**140**	**160**
100	U	M	M	S	S	S
200	U	U	M	M	M	M
300	U	U	U	M	M	M
400	U	U	U	U	U	M
500	U	U	U	U	U	U
600	U	U	U	U	U	U
700	U	U	U	U	U	U

注：M 表示质量较好的有完整连续形貌熔覆道；U 表示质量较差的未形成连续的熔覆道；S 表示宽度较激光光斑显著增加的熔覆道。

由于在单道熔覆研究中，熔覆道的质量同时与激光功率和扫描速度有关系，为了便于研究激光功率和扫描速度的匹配性，因激光光斑尺寸对熔覆道的成形质量有显著的影响，故定义单道熔覆道的线能量密度为

$$C = \frac{P}{v} \tag{6-1}$$

式中：P 为激光功率；v 为激光扫描速度；常数 d 为激光光斑尺寸，在本研究中其值为 100μm，则线能量密度 C 的量纲为 J/mm。

图 6－9 为不同激光功率与扫描速度工艺条件下质量较差的典型熔覆道形貌。质量较差的熔覆道主要包括以下 4 种情况：①激光功率没有达到完全熔化金属粉末的阈值，导致激光扫描路径上粉末不能完全熔化，如图 6－9(a)所示；②激光扫描速度过高，导致熔覆道中颗粒较大的粉末在短时间内不能完全熔化，如图 6－9(b)所示；③熔覆道因激光功率太高、扫描速度太慢而使其获得的线能量密度太高，导致其热影响区显著增大而使熔池显著变宽，基体出现过熔现象，如图 6－9(c)所示；④熔覆道因扫描速度太快所获得的线能量密度太低，熔覆道的宽度较光斑尺寸显著减小，如图 6－9(d)所示。

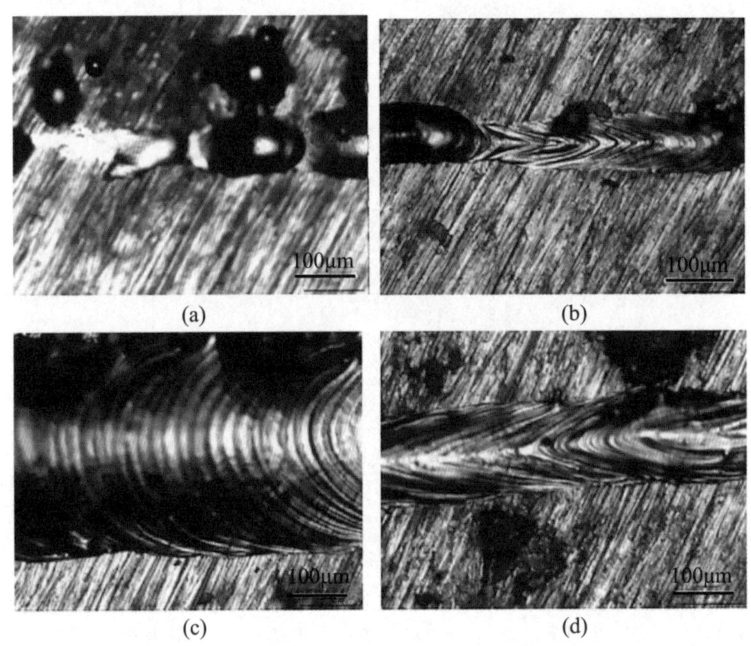

(a) (b) (c) (d)

图 6－9 不同激光功率与扫描速度工艺条件下质量较差的典型熔覆道形貌(SEM)
(a) 激光功率不足($P=60$W，$v=100$mm/s)；(b) 扫描速度过高($P=100$W，$v=700$mm/s)；(c) 线能量密度过高($P=160$W，$v=100$mm/s)；(d) 线能量密度过低($P=160$W，$v=600$mm/s)。

将粉末表面吸收激光热量并将热量传递到内部直至整颗粉末达到相同温度的时间进行计算，并用一个简单的公式来计算粉末从表面加热到内部温度均匀的时间ΔT。ΔT 与粉末材料的热扩散系数α及粉末粒径 D 存在一定的近似关系：

$$\Delta T \approx D^2/4\alpha \tag{6-2}$$

在本次研究中粉末平均粒径为 70μm，激光光斑直径在 100μm 左右。假设单个粉末的颗粒直径为 70μm，Ti-6Al-4V 合金材料的热扩散系数为$9.3\times10^{-6}\ m^2/s$，利用式(6-2)则可计算出该种粉末从激光辐射到粉末表面再到整体达到同样温度需要的时间约为 132μs。对于最大约 120μm 的粉末，完全熔化则需要 387μs。在一定扫描速度下，激光束完全辐射整个球体颗粒的时间则可以通过图 6-10 计算出来。当扫描速度从 100mm/s 到 700mm/s 时，粉末颗粒激光照射时间约为 900～130μs。而最大的粉末颗粒完全熔化需要的时间约为 387μs，对应的最大的激光扫描速度为 300mm/s。由此可见，在激光扫描速度过高时(超过 300mm/s)，部分粉末颗粒就会出现表面熔化而内部没有完全熔化的现象，粉末之间就会出现黏结，具体表现为熔覆道的不连续或不平整。粉末中由于存在一些颗粒细小的粉末，这些粉末在高扫描速度下，也能够熔化，这些熔化的粉末和未完全熔化的粉末黏结在一起，也同样会形成连续的熔覆道。当粉末材料接受等能量密度超过材料完全熔化所需的能量时，就会因线能量密度过高而产生显著的热影响区，具体表现为熔覆道宽度较光斑尺寸显著增加。

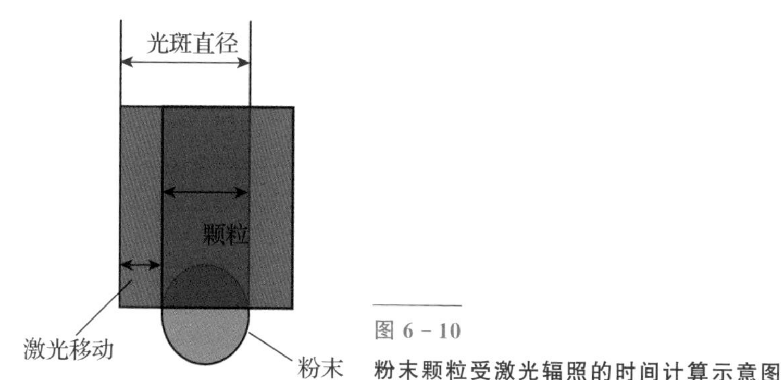

图 6-10　粉末颗粒受激光辐照的时间计算示意图

尽管粉末粒径较大的 Ti-6Al-4V 粉末会使单道熔覆道的成形质量下降，但在激光功率和扫描速度匹配良好的条件下，仍然可以成形出质量较好的单道熔覆道。图 6-11 所示为激光功率($P=140$W)和扫描速度($v=300$mm/s)匹配性良好的条件下，所形成表面质量形貌良好的熔覆道，此时最大的粉末颗粒刚好完全熔化。可以看出，此工艺条件下熔覆道连续性良好，宽度与激光光斑尺寸接近，且其具有较为一致的熔覆高度以及较为规整的边缘。

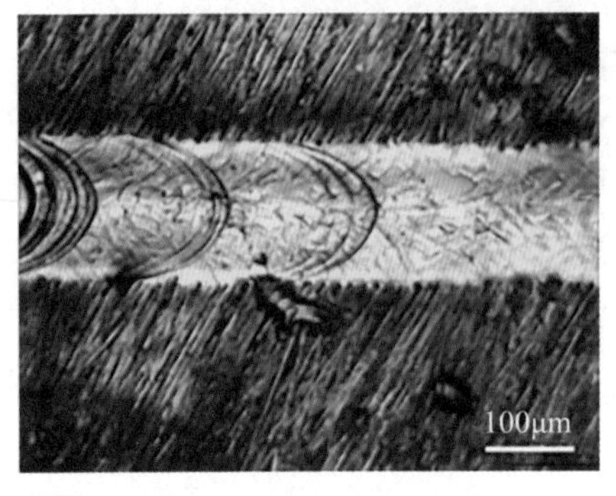

图 6-11
熔覆道质量良好的典型形貌

2. 扫描间距对熔覆层形貌的影响

在上述研究的基础上，选取 6 组激光功率（P）和扫描速度（v）相匹配的工艺参数，以逐一验证最佳的扫描间距（d）。表 6-9 所列为在单道熔覆道形貌良好的条件下，不同的扫描间距对单层熔覆层质量的影响。平均粒径为 70μm 的 Ti-6Al-4V 粉末对扫描间距的适应性也较差，只有扫描间距为 0.06mm 和 0.07mm 时，单层熔覆层的成形形貌较好，除此之外，任意的扫描间距很难成形出平整的单层熔覆层。据此可以判断 SLM 成形 Ti-6Al-4V 粉末的最优扫描间距为 0.06mm 和 0.07mm。在研究中，激光的光斑尺寸约为 100μm，相邻两条熔覆道的临界搭接率约为 33μm，其对应的临界扫描间距为 0.06～0.07mm，与本研究结果完全一致。可见对于粉末颗粒较大的材料，最适扫描间距约为激光光斑直径的 2/3，及两条熔覆道之间的搭接满足临界搭接条件时，才能形成平整的熔覆层。

表 6-9　不同的扫描间距对单层熔覆道质量的影响

激光功率	扫描速度	扫描间距 d/mm						
P/W	v/(mm/s)	0.03	0.04	0.05	0.06	0.07	0.08	0.09
100	200	N	N	N	G	N	N	N
120	400	N	N	N	N	N	N	N
140	200	N	N	N	G	G	N	N
140	400	N	N	N	G	G	N	N
140	500	N	N	N	G	G	N	N
160	500	N	N	G	G	N	N	N

注：G 表示单层熔覆道形貌好；N 表示单层熔覆道形貌差。

图 6 - 12 所示为不同工艺参数条件下，典型单层熔覆道表面形貌。可以看出，在扫描间距为 0.06mm 时，较好的工艺组合下其表面形貌较为平整（图 6 - 12(a)），满足连续制造的要求；而扫描间距为 0.09mm 时，熔覆层表面显著不平整，为较差的表面形貌(图 6 - 12(b))，不能满足连续制造的单层熔覆道形貌要求。

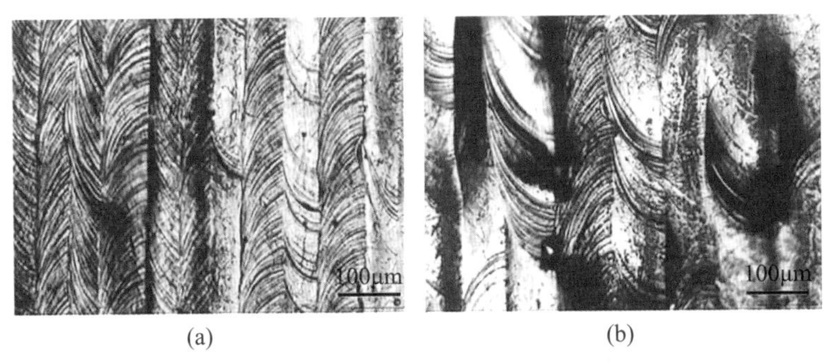

图 6 - 12　不同工艺参数条件下，典型单层熔覆道表面形貌

(a) 质量较好熔覆层形貌($P = 100$W，$v = 200$mm/s)；
(b) 质量较差熔覆层形貌($P = 140$W，$v = 200$mm/s)。

3. 能量密度综合调控

因 SLM 成形 Ti - 6Al - 4V 的工艺窗口较窄，为获得致密的制件，需要在上述优化激光功率、扫描速度、扫描间距的条件下，在固定的铺粉层厚条件下，从"线能量密度角度"研究其最适工艺窗口。在研究过程中，为了获得较小的铺粉层厚，逐步调节单层铺粉的厚度，直到一薄层粉末能够均匀地平铺在研究平台上，此时的铺粉层厚即为最小，最终获得的最小铺粉层厚为 0.035mm。

由于在单道研究中没有基板预热环节，而实际制造过程中，SLM 工艺的先一层熔化凝固都相当于为后一层预热，因此，实际制造过程中所需的激光功率要比单道研究用的功率稍低。经研究发现，在多层制造中，实际所需激光功率应为单道扫描研究中的 90%较为合适。根据阿基米德原理测得不同工艺条件下，块体试样的致密度，结果如表 6 - 10 所列。研究过程中 Ti - 6Al - 4V 合金的理论密度取 4.439g/cm^3，发现试样的致密度最高达到 99%以上。图 6 - 13 所示为不同致密度试样内部典型形貌，可以看出，99.01%致密度试样(图 6 - 13(a))的内部几乎完全致密，没有宏观缺陷；而致密度最低

(92.25%)的试样(图 6-13(b))内部存在有明显的原始未熔化粉末颗粒。

表 6-10 不同工艺参数条件下试样的致密度

编号	激光功率/W	扫描速度/(mm/s)	扫描间距/mm	密度/(g/cm³)	致密度/%
1	126	200	0.06	4.390	98.89
2	126	200	0.07	4.395	99.01
4	126	400	0.06	4.234	95.38
5	126	400	0.07	4.154	93.58
6	126	500	0.06	4.059	92.25
7	126	500	0.07	4.104	92.45
8	144	500	0.05	4.312	97.14
9	144	500	0.06	4.333	97.61

图 6-13 不同致密度试样内部典型形貌

(a) 致密度 99.01%的试样；(b) 致密度 92.25%的试样。

为方便描述扫描间距对熔覆层形貌的影响，为突出扫描间距的影响作用，在多层搭接扫描的过程中可以不考虑铺粉层厚和激光光斑尺寸的影响，我们在线能量密度的基础上引入面能量密度(S)的概念，定义如下：

$$S=\frac{P}{vh} \tag{6-3}$$

式中：P 为激光功率；v 为扫描速度；h 为扫描间距；S 为面能量密度，量纲为 J/mm^2。结合表 6-10 的结果，发现 S 值在 9～10.5 J/mm^2 时，致密度在 99%左右；S 值在 4.5～5J/mm^2时，致密度为 94%左右；S 值在 3.6～4.2J/mm^2 时，致密度在 92%左右；S 值在 4.8～5.8 J/mm^2 时，致密度在 97%左右。通过对数据的线性拟合，发现面能量密度(S)与致密度近似有如下关系：

$$\rho = 0.3S^2 + 5S + 77 \tag{6-4}$$

式中：ρ 为致密度；S 为面能量密度。可见，在一定范围内，致密度随着面能量密度的增加而增大；当面能量密度超过 17 J/mm^2 时，致密度随面能量密度的增加而减小，这主要是因为面能量密度太大时，熔池会发生过熔，不稳定性显著增加，从而导致制件中存在严重的气孔等缺陷，进而导致制件的致密度下降。

6.2.3　钛铌合金

不同激光能量密度下，SLM 成形 Ti－15Nb 合金的致密度如图 6－14 所示。随激光能量密度的变化，致密度总体上呈现出增加的趋势。试样致密度均在 96%以上，但未达 100%。对于 SLM 成形件，其致密度与微孔、微裂纹等缺陷密切相关，在 E1 表面发现明显的裂纹，所以其致密度最小。在不同试样中均发现了微孔和微裂纹，且 E1 中最多，E5 中最少，可推断缺陷的形成与能量密度相关。如图 6－15 所示为使用高倍 SEM 观察的 E1 中的裂纹和微孔。裂纹的长度约为 10μm(图 6－15(a))。该裂纹属于热裂纹，由残余热应力引起。微孔形貌如图 6－15(b)所示，可以分为球形孔和非规则孔，其中球形孔直径小于 2μm，而非规则孔尺寸较大(大于 5μm)。球形孔的形成是由于在凝固过程中，熔池内或者粉末中包含有气体，而不规则孔则是在快速凝固过程中由间隙造成的。

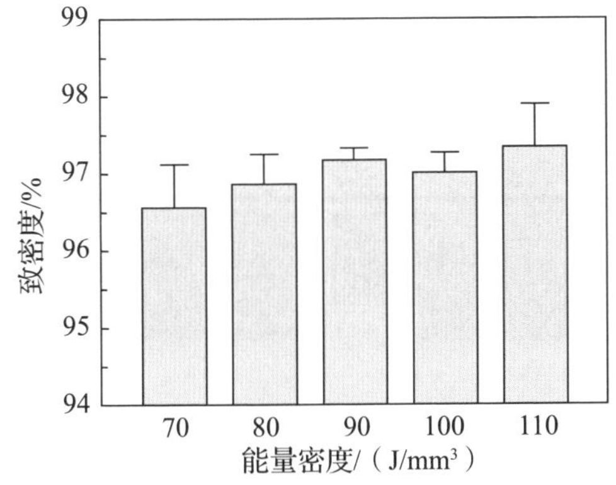

图 6－14
不同能量密度下，SLM 成形 Ti－15Nb 合金的致密度

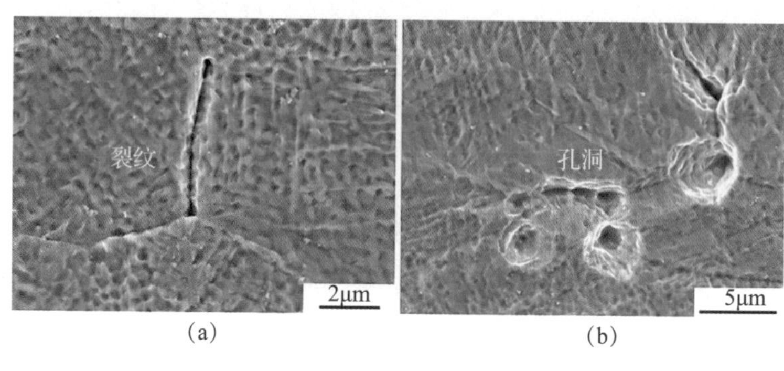

图 6-15 试样 E1 中缺陷的 SEM 形貌图
(a) 裂纹；(b) 微孔。

图 6-16 为不同激光能量密度下，SLM 成形 Ti-15Nb 合金的 EDS 结果。在采用低能量密度(70J/mm^3)制备的合金中发现了未熔化 Nb 颗粒(图 6-16(a))，而在采用高能量密度(110J/mm^3)制备的合金中，Ti 和 Nb 元素分布均匀(图 6-16(b))。随着扫描速度的降低，激光能量密度增加，未熔 Nb 颗粒减少，导致相对致密度增加。故采用高能量密度成形 Ti-15Nb 合金时，Nb 颗粒足以得到充分熔化，可获得近致密(97.3%)制件。

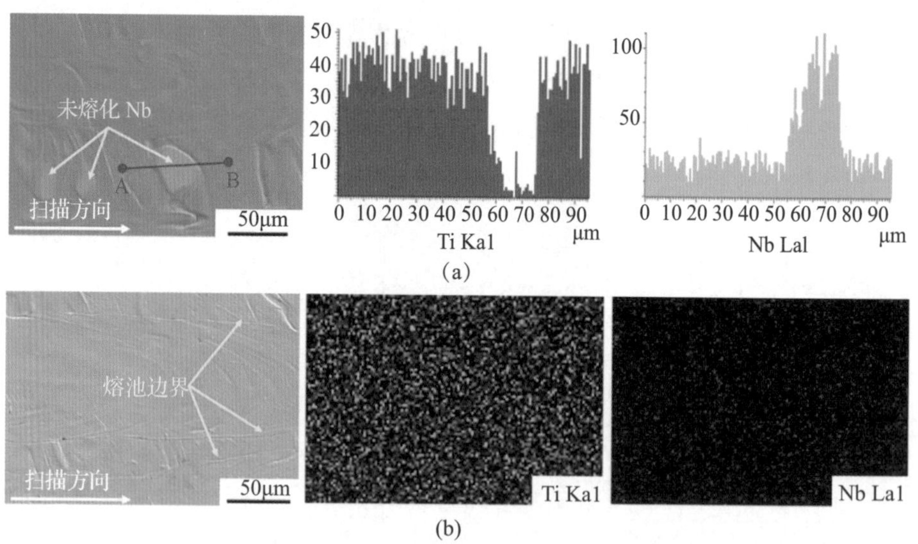

图 6-16 不同激光能量密度下，SLM 成形 Ti-15Nb 合金的 EDS 结果
(a) E1；(b) E5。

6.3 成形件微观组织及相组成

6.3.1 钴铬合金

图 6-17 所示为原始钴铬合金粉末的显微组织，从图中观察发现，原始粉末材料的显微组织主要由树枝状区域（浅色）和枝晶间区域（暗色）组成，这两种类型都是 CoCrMo 固溶体，但结构不同（FCC、HCP），浅色的相具有 FCC 结构，很难被侵蚀；相反，暗色的相具有 HCP 结构，容易被侵蚀。其显微组织主要由奥氏体基体及网状和树枝状碳化物组成。

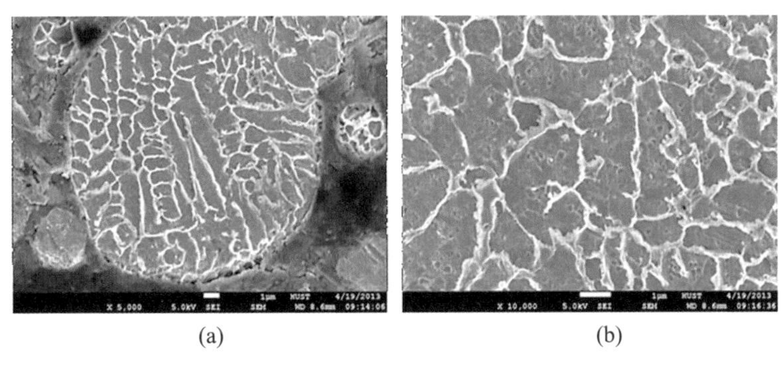

(a)　　(b)

图 6-17　**原始钴铬合金粉末的显微组织**

(a) 粉末界面组织；(b) 高倍组织。

图 6-18 所示为 SLM 成形钴铬合金不同侧面的显微组织形貌。可以发现，经过 SLM 工艺处理的钴铬合金，由于其经历了极其快速的熔化/凝固过程，其中的固溶增强体相显著细化。图 6-18(a)为 *XZ* 平面内垂直于扫描方向的显微组织形貌，可以看到，熔覆道之间相互搭接形成鱼鳞状的晶界，在熔池搭接的晶界较熔池内部有较多的白色颗粒。在高倍扫描电镜下观察熔池发现，白色颗粒主要为蚀坑，弥散在基体中的碳化物颗粒被腐蚀液腐蚀掉，但其边界仍然残留有部分碳化物黏附在蚀坑周围，因其耐腐蚀性强，宏观上表现为白色颗粒。图 6-18(b)所示为 *XY* 平面内垂直于增材方向的显微组织形貌，可以看出在熔覆道的边界有大量的呈白色状的物质析出，进一步分析发现，其白色物质主要为丝状的碳化物。图 6-18(c)所示为 *YZ* 平面内平行于扫描方向的显微组织形貌，仍然可以发现白色的碳化物在熔池边界出现富

集状态，进一步分析发现，碳化物和基体相呈现出交替排布的规律，这主要是由 SLM 过程中传热机制决定的。综上可以发现，SLM 成形钴铬合金主要是由 CoCrMo 形成的奥氏体固溶基体与其中弥散分布的丝状碳化物组成，且碳化物在熔池的边界呈现出富集现象。

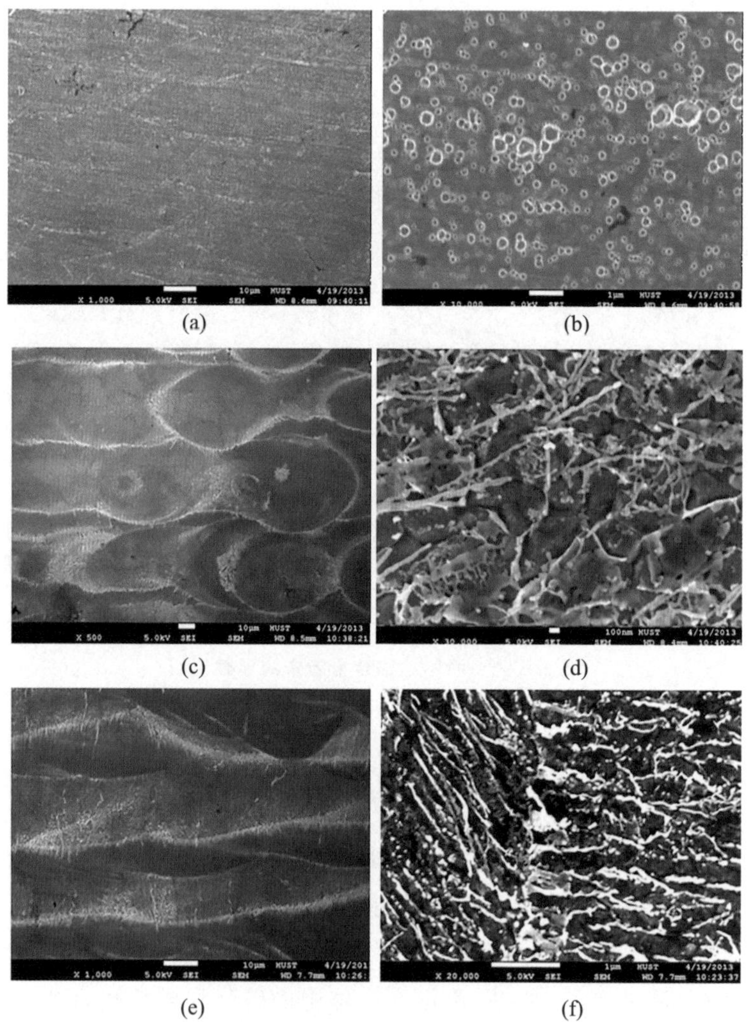

图 6-18　SLM 成形钴铬合金不同侧面的典型微观形貌

(a)、(b) *XZ* 平面内垂直于扫描方向的显微组织形貌(SEM)；(c)、(d) *XY* 平面内垂直于增材方向的显微组织形貌(SEM)；(e)、(f) *YZ* 平面内平行于扫描方向的显微组织形貌(SEM)。

图 6-19 所示为钴铬合金粉末的 XRD 衍射图，可以看出研究用钴铬合金晶体主要为面心立方结构，晶格参数 a、b、c 均为 3.586，三强峰的位置所对应的晶面指数分别是(111)、(200)、(220)。

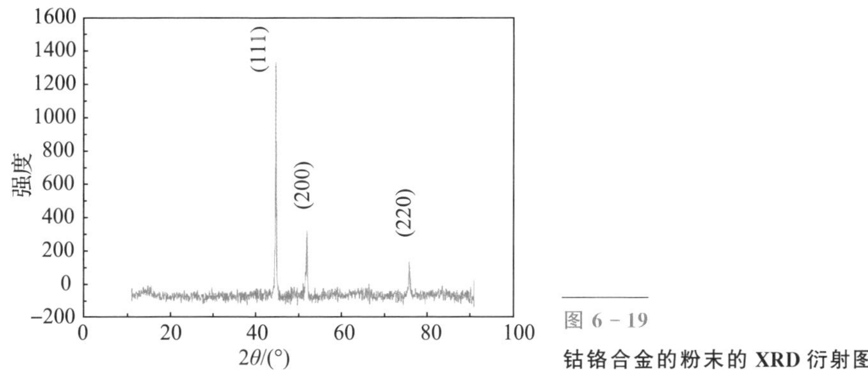

图 6-19
钴铬合金的粉末的 XRD 衍射图

利用 XRD 对试样内部晶体的整体取向进行分析，图 6-20 所示为垂直方向上 SLM 成形钴铬合金极图和取向分布(ODF)图。在{200}极图中极密度最

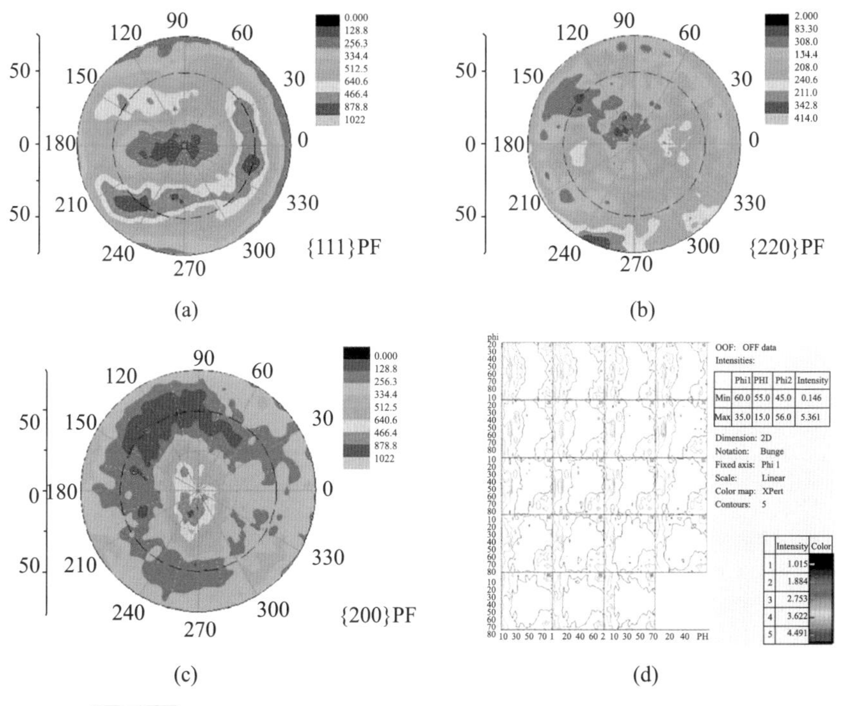

图 6-20　**垂直方向上 SLM 成形钴铬合金极图和取向分布(ODF)图**
(a)～(c) 极图；(d) ODF 图。

大的位置接近于圆心，与标准投影图相比较，可以认为[001]方向为 SLM 成形钴铬合金材料的择优取向。在 ODF 图中，密度大的点集中在 $\varphi<15^{\circ}$ 的范围内，具有丝织构的特点。在{111}极图中 45°左右的范围内，如果等高线明显地绕成一周，那么可以认为样品的织构情况与传统加工的丝织构类似。但是，由图中所得到的信息只能判断出材料内部的织构类似于丝织构。结合极图以及 ODF 图的信息，可以判断出材料内部比较明显接近＜001＞丝织构的择优取向，实际方向与[001]有一些偏差，显然这主要是由 SLM 成形过程中的传热方式和晶体的生长方式共同决定的。

图 6－21 所示为 SLM 成形钴铬合金垂直方向取向分析图。图中不同的颜色表示不同的晶粒取向，可以清晰地看到 SLM 过程中每一层晶体的生长状态。如图 6－21(a)所示，在熔覆道内，主要为柱状晶，部分柱状晶可以贯穿两层熔覆层。在第 N 层熔覆道和第 $N+1$ 层熔覆道之间存在大量的转向枝晶区，可见新一层的熔覆道会破坏之前熔覆道外延柱状晶的连续性。

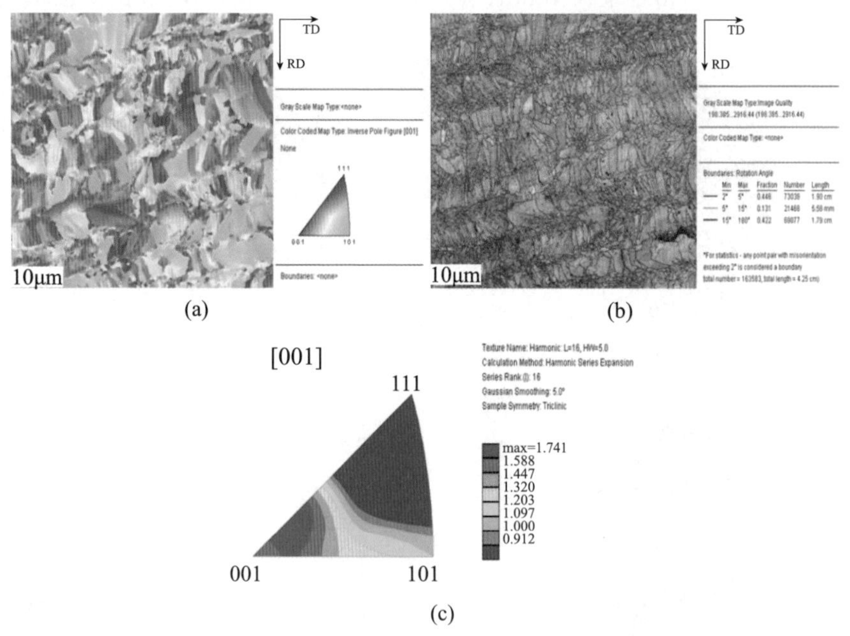

图 6－21　**SLM 成形钴铬合金垂直方向取向分析图**

(a)、(b) 晶粒取向及晶界角分布图；(c) IPF 图。

由于 SLM 加工过程中热量传输速度很快，冷却和加热的速度都很快，新一道的激光熔化的金属粉末与前面已经凝固的金属之间的温度梯度很大，这就使得在激光走过的过程中热量的传递方向性很明显，容易生长成为柱状晶，而当后面一道的激光重新走过前面一道长大的晶粒的时候，由于热量的传递也会使得在前面一道晶粒末端发生重熔再结晶现象，从而形成细小的晶粒。从扫描图中可以看到[001]附近方向取向的晶粒比较多，这初步表达了空间中近似[001]方向的一种择优现象。图 6－21(b)所示为试样表面不同晶粒生长方向的取向差分布情况，使用不同的颜色代表不同的角度范围。从图中可以看出，取向差在 2°～5°的小角度晶界主要分布在熔覆层与层之间的搭接区域，其次，是同一层内熔覆道与道的搭接区域，占晶粒总数的 44.6%；而取向差在 5°～15°的亚晶界主要集中分布在小角度晶界密集的地方，可以认为是小角度晶界向晶界转变的过渡区域，约占晶粒总数的 13.1%；而取向差在 15°～180°之间的晶界主要分布于熔覆道相互搭接的边界，在熔覆道内部晶粒的取向基本一致，晶粒约占总数的 42.2%。可见，在 SLM 成形的钴铬合金试样中，不同的熔覆道内晶粒的生长方向具有明显的取向差，这主要由 SLM 的成形工艺中的热传递决定，晶粒的生长方式与温度梯度的方向相反，故不同的熔覆道内晶粒的生长方向也随着热传递方向的不同而不同。在熔覆道相互搭接的区域，熔覆道经历了多次重熔，从而打乱了晶粒的取向，产生了显著的小角度晶粒及亚晶。图 6－21(c)所示为根据 EBSD 的扫描数据统计得出的[001]方向上的反极图。红色的区域代表取向的分布比较集中，通过反极图的区域分布情况，能判断出材料内部在[001]附近取向上的比较明显的丝织构情况。

图 6－22 所示为水平方向上 SLM 成形钴铬合金极图和取向分布(ODF)图。从图 6－22(b)中可以看出，在{200}极图中圆心部分极密度比较大。但从图 6－22(a)和(c)中观察发现，在{111}极图和{220}可以明显看到在与(200)面大约成 40°角的位置呈现 4 次对称分布的特点，说明试样的极图有部分立方织构的特点。通过与(001)面标准极图对照来看，可以发现在水平方向上，比较强的织构主要集中在[001]和[101]附近。从图 6－22(d)所示的 ODF 图也可以看出，衍射线在水平的两个方向上具有织构分布的特点，据此可以初步判断出材料内部有两个择优取向，分别是[001]方向和[101]方向。

图 6－23 所示为 SLM 成形钴铬合金水平方向取向分析图。图 6－23(a)所示为水平面上晶粒的取向成像图，可以清晰地看到 SLM 过程中每一条熔覆道中晶粒的生长状态。从 *XY* 平面上观察，熔覆道内的晶粒主要为不规则形状柱状晶，且柱状晶具有外延生长的特性，可以穿过几条熔覆道连续生长。

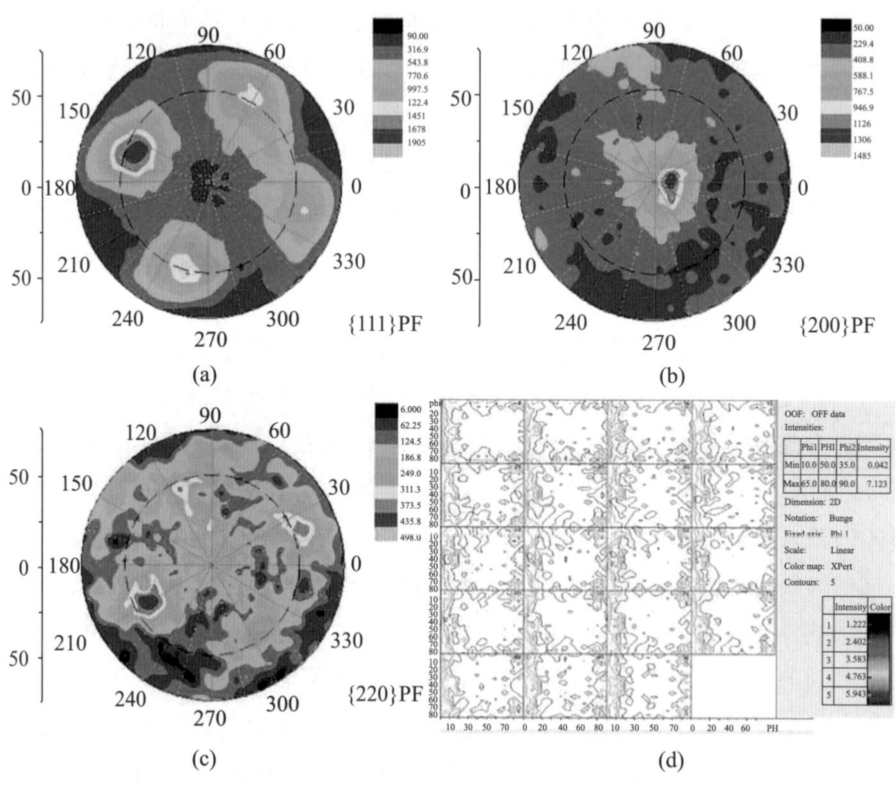

图 6-22 水平方向上 SLM 成形钴铬合金极图和取向分布图

(a)～(c) 极图；(d) ODF 图。

[001]和[101]方向上生长的晶粒占绝大多数，尤其是[001]方向上的晶粒更是具有明显的数量优势，可见在水平面上，[001]和[101]方向为晶粒的优先生长方向，但[001]方向的优先生长趋势更加明显。这初步表达了材料在空间中近似[001]方向的一种择优现象。图 6-23(b)所示为试样水平面内不同晶粒生长方向的取向差分布情况，使用不同的颜色代表不同的角度范围。从图中可以看出，取向差在 2°～5°的小角度晶粒约占晶粒总数的 53.8%，而取向差在 5°～15°的亚晶约占晶粒总数的 11.7%，这两种晶粒都分布在大角度晶界所形成的晶粒内部，而没有集中在熔覆道所形成的熔池边界，可见在水平方向上熔覆道相互搭接的性能较垂直方向上熔覆道相互搭接性能要好些。取向差在 15°～180°的晶界构成的晶粒约占晶粒总数的 34.5%，为构成显微组织的宏观晶粒，在水平方向上形成贯穿生长，形成相互交错生长的晶粒。这主要是因为在水平方向上，相邻两条熔覆道之间的温度梯度小，相邻熔池形成的时间

差一般只有几十到几百毫秒，新生成的熔池在晶粒生长过程中容易沿着前一熔覆道中的晶粒生长方向继续生长，从而表现出晶粒贯穿几个熔池的生长现象。图 6-23(c)所示为根据 EBSD 的扫描数据统计得出的[001]方向上的反极图，红色的区域代表取向的分布比较集中，从图中可以看到晶粒的取向在[101]方向和与[001]呈一定角度的区域分布比较集中。可以判断出材料内部大致存在两种类似于丝织构的择优取向分布，大致是在＜101＞和与＜001＞呈大约 10°角度的方向。

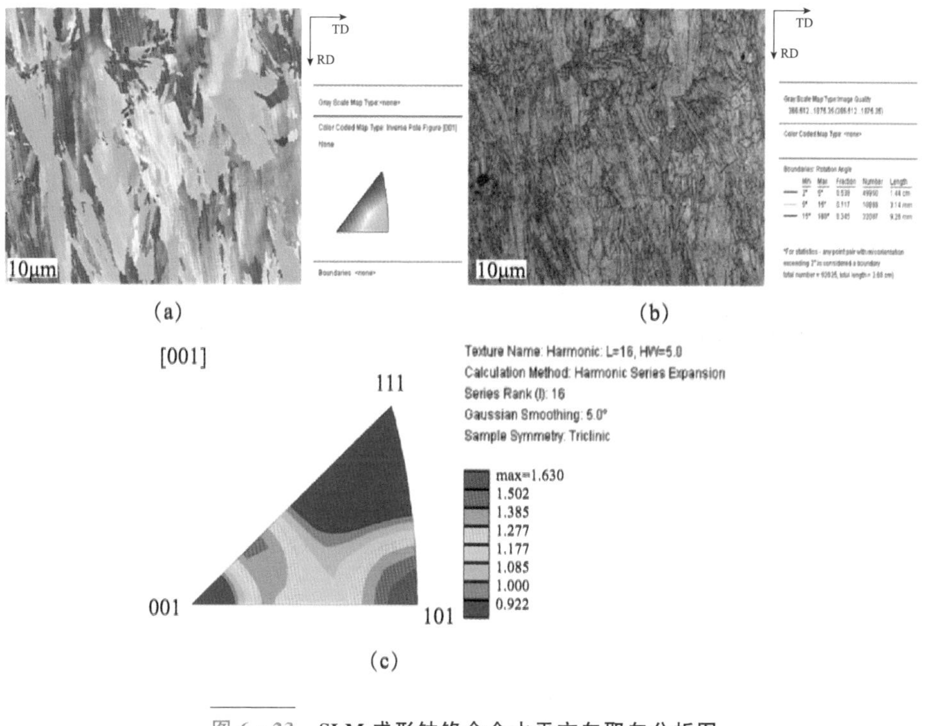

图 6-23　**SLM 成形钴铬合金水平方向取向分析图**

(a)、(b) 晶粒取向及晶界角分布图；(c) IPF 图。

6.3.2　钛合金

图 6-24 所示为 *XY* 平面内平行于熔覆道方向 Ti-6Al-4V 合金显微组织形貌。SLM 成形的 Ti-6Al-4V 合金的显微组织中熔覆道之间并没有明显的搭接晶界，说明相变在 SLM 成形 Ti-6Al-4V 合金的过程中占有主导地位。同时，可以看到其内部显微组织主要为针状的马氏体组织。这主要是因为在 SLM 过程中，Ti-6Al-4V 合金在经快速冷却的过程中，从 β 相转变为

α 相的过程来不及进行，β 相将转变为成分与母相相同、晶体结构不同的过饱和固溶体，即马氏体。而马氏体相变属于无扩散型相变，在相变过程中不发生原子扩散，只发生晶格重构。Ti－6Al－4V 合金的马氏体相变属于典型的切变相变，其晶格重构以接近声速的速度转变。此时，体心立方结构的 β 相中的原子做集中的、有规律的近程迁移，迁移距离较大时，形成六方 α′；迁移距离较小时，形成斜方 α″。显然，在 SLM 成形的 Ti－6Al－4V 合金的显微组织中，具有大量的针状结构的 α′集束(图 6－24(a))，同时，成集束状的 α′周围也存在有原子只发生近程迁移所形成的 α″(图 6－24(b))。

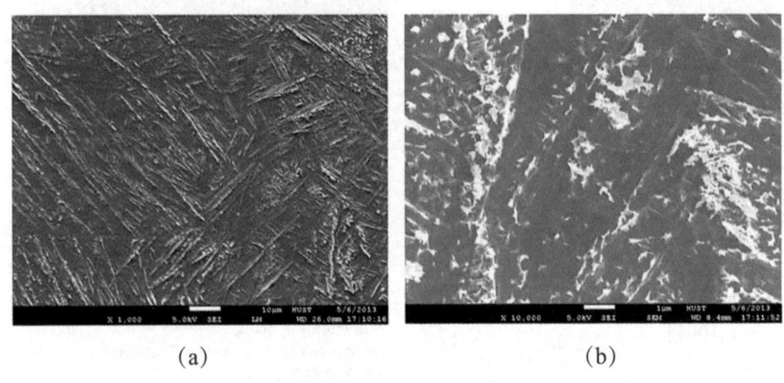

(a) (b)

图 6－24 *XY* 平面内平行熔覆道方向的 Ti－6Al－4V 合金显微组织形貌(SEM)

(a) 低倍形貌(1000 倍)；(b) 高倍形貌(10000 倍)。

图 6－25 所示为 *XZ* 平面内垂直于熔覆道方向的 Ti－6Al－4V 合金显微组织形貌，在低倍扫描电镜下观察其形貌(图 6－25(a))，发现在垂直方向上，

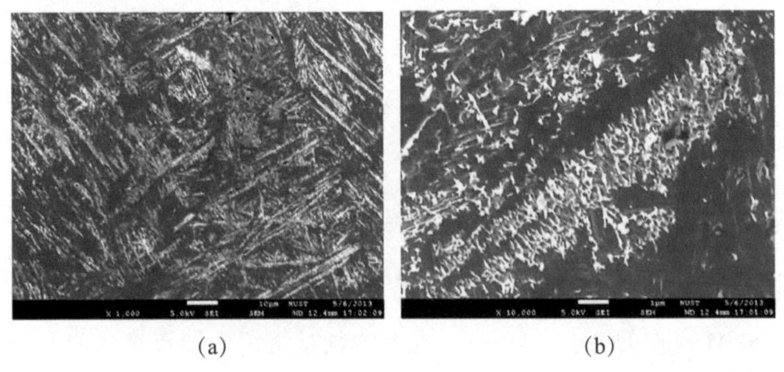

(a) (b)

图 6－25 *XZ* 平面内垂直于熔覆道方向的 Ti－6Al－4V 合金显微组织形貌(SEM)

(a) 低倍形貌(1000 倍)；(b) 高倍形貌(10000 倍)。

其仍然显示为针状的马氏体组织。进一步对其微区放大观察(图 6－25(b)),发现在此方向上 α 集束的短径垂直于观察面,其 α 相与 β 相呈相互交错的位相关系。说明其内部 α 相的生长具有一定的取向性,制件内部具有织构存在。

6.3.3 钛铌合金

图 6－26 为不同 Nb 含量下的 SLM 成形件的 XRD 图谱[5]。其中,Ti 表现出密排六方 α 相,而 Ti－Nb 合金的相由 Nb 含量所决定。当 Nb 的原子分数在 15%时,相组分包括了密排六方 α′马氏体和体心立方 β 相。当 Nb 的原子分数增加到 25%时,马氏体相的峰消失,Ti－Nb 合金以 β 相为主。另外,在 Ti－25Nb 和 Ti－45Nb 中还发现了 Nb 的峰。基于 XRD 的检测结果,合金相成分的体积分数通过使用参比强度方法(reference intensity ratio,RIR)计算得到[6]。相较于 Ti－25Nb,Ti－45Nb 合金中的 Nb 相含量较高,体积分数达 32%,而 β 相的含量较低,体积分数达 68%。

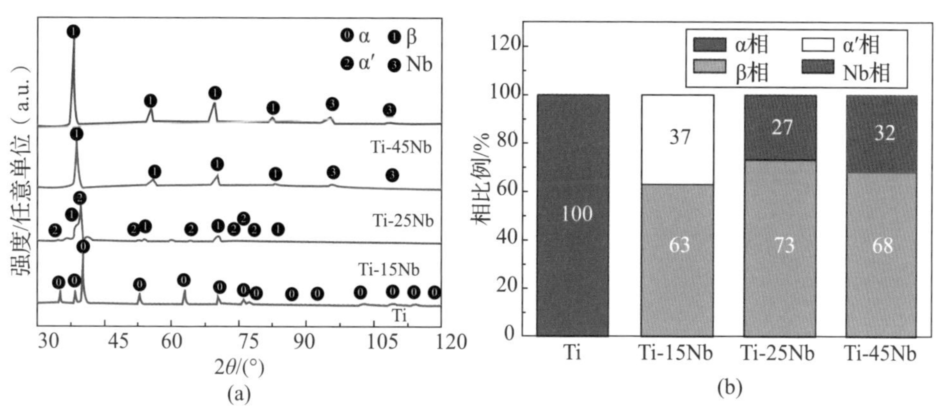

图 6－26　**不同 Nb 含量下的 SLM 成形件的 XRD 图谱**

(a) XRD 图谱;(b) 计算得到的相含量。

在平衡凝固条件下,Ti－Nb 合金可能包含两种稳定相:高温 β 相和低温 α 相。然而,SLM 成形过程与淬火类似,试样经历快速冷却,导致非平衡相的形成。因此,SLM 成形 Ti－Nb 合金中可能出现 α′和 α″等马氏体相。此外,当 Nb 作为 β 稳定相加入时,β 相以亚稳态的形式保留在室温。随着 Nb 含量的增加,β 相稳定力提高,马氏体转变(β → α′)被抑制。当 Nb 的原子分数增加至 25%时,合金中没有马氏体形成,β 相被全部以亚稳态保留下来。

图 6-27 为不同 Nb 含量下 SLM 试样的典型显微组织。与 Ti 不同，Ti-Nb 合金的熔池边界清晰可见，如图 6-27(b)～(d)所示。CP-Ti 组织为典型的板条状 α 马氏体，α 马氏体板条宽度约为 3μm。当 Nb 的原子分数为 15%时，显微组织由针状马氏体和胞状 β 晶粒组成。针状马氏体宽度约为 2μm，长度达 100μm。Nb 的存在搅乱了凝固平面，平面凝固模式转为胞状凝固模式，使得 Ti-15Nb 获得超细晶粒。当 Nb 的原子分数增加至 25%时，熔池内由不同方向的 β 柱状晶组成，凝固过程由外延生长机理主导，如图 6-27(c)和(d)所示。这些有规律的细小柱状晶是由于 SLM 成形过程中的定向热流和

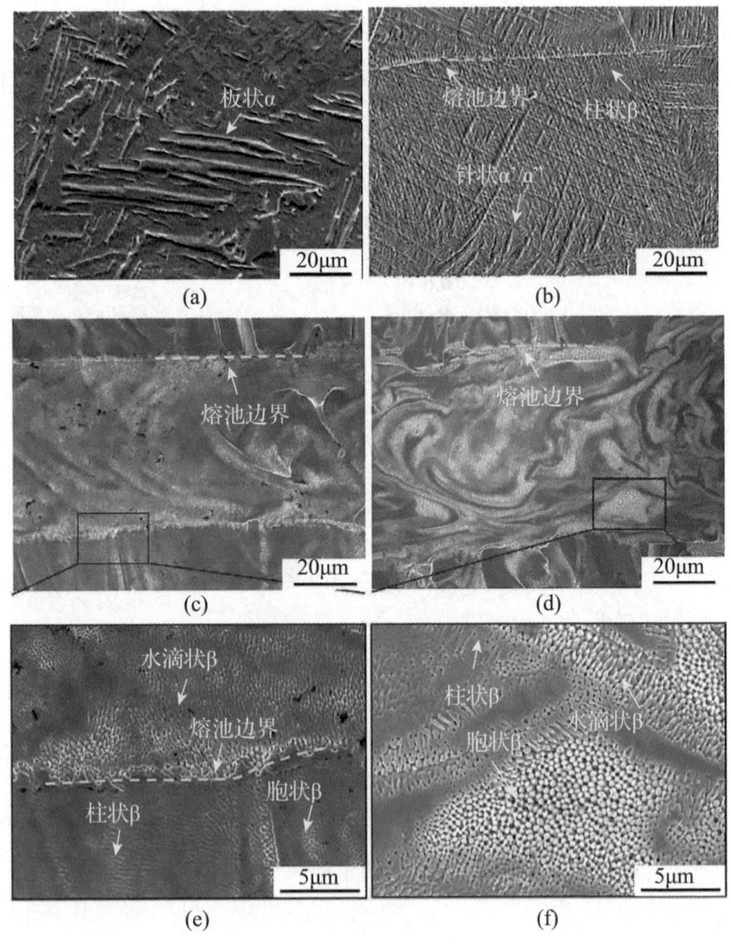

图 6-27　不同 Nb 含量下 SLM 试样的典型微观组织

(a) Ti；(b) Ti-15Nb；(c)、(e) Ti-25Nb；(d)、(f) Ti-45Nb。

快速凝固引起的。为了更好地观察熔池内的晶粒形貌，在高倍下观察了 Ti-25Nb 和 Ti-45Nb 的显微组织，如图 6-27(e)～(f)所示，柱状晶平行、倾斜或者垂直于熔池边界，在水平截面上分别表现为柱状、水滴状和胞状。此外，Ti-25Nb 中 β 亚晶粒的直径约为 1～5μm，而 Ti-45Nb 中的 β 亚晶粒小于 1μm。由于 Ti-45Nb 中的 Nb 含量更高，增多了形核点，故获得的组织更加细小。上述结果表明，SLM 成形 Ti-Nb 合金的组织与 Nb 含量密切相关，随着 Nb 含量的增加，组织变化如下：α 板条转变被抑制，全 β 生长出现；同时，晶内 β 亚晶粒尺寸不断细化。

图 6-28 为 Ti-45Nb 合金熔池形貌及 EDS 分析。结果表明，熔池边界和内部的 Ti 和 Nb 元素分布均匀。这与铸件有很大的不同，因为 Nb 比 Ti 拥有更高的熔点和密度，铸造过程中，Nb 元素容易产生更大的元素偏析。SLM 成形过程中，熔池凝固是在极短的时间内(10^{-3}～10^{-2}s)完成的，Nb 颗粒来不及沉到熔池底部，仅能保留在熔池内。因此，Ti 和 Nb 元素可以均匀地分布在 Ti-45Nb 合金表面。EDS 结果表明，采用 SLM 技术可以制造出没有宏观偏析的 Ti-Nb 合金。

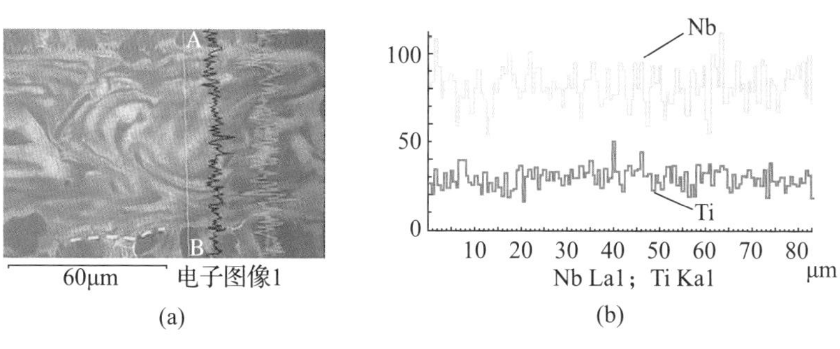

图 6-28　**Ti-45Nb 合金熔池形貌及 EDS 分析**

(a) 熔池形貌；(b) 线能谱结果。

6.4 力学性能

6.4.1 钴铬合金

SLM 成形钴铬合金的维氏硬度为 476HV±6HV。而传统医用铸造钴铬合金的维氏硬度一般为 300HV，医用锻造钴铬合金的维氏硬度为 265～450HV。可见，SLM 工艺成形的钴铬合金的硬度较传统铸造态钴铬合金高出 58%，比传统锻造态的钴铬合金最高硬度还高。这主要是由于在 SLM 成形过程中，钴铬合金粉末材料经历了快速熔化/凝固的冶金过程，其中的增强相碳化物显著细化并弥散在基体材料中，从而使其硬度显著增加。

图 6-29 所示为 SLM 工艺制备的钴铬合金试样的拉伸曲线，可以看出，不论是水平方向还是垂直方向，曲线都没有明显的弹性变形阶段，试样失效前应变较小，属于典型的脆性材料的拉伸曲线。通过表 6-11 得知，X 轴水平方向上试样的平均屈服强度为 1142MPa，抗拉强度为 1465MPa，延伸率为 7.6%；而 Z 轴垂直方向上试样的屈服强度为 1002MPa，抗拉强度为 1428MPa，延伸率为 10.5%。可见，SLM 成形的钴铬合金试样的力学性能具有明显的各向异性，其沿 X 轴水平方向上的抗拉强度要优于 Z 轴垂直方向上的抗拉强度，但其延伸率刚好相反。与传统医用铸造钴铬合金力学性能相比（屈服强度为 665MPa，抗拉强度为 860MPa，延伸率为 7.95%～10.00%），在水平方向上其屈服强度和抗拉强度提高约 50%，在垂直方向上其屈服强度和抗拉强度提高约 70%，延伸率与铸造钴铬合金的延伸率大致相当。而与传统医用锻造钴铬合金的力学性能相比（屈服强度为 962MPa，抗拉强度为 1507MPa，延伸率为 28%），屈服强度和抗拉强度与其接近，但延伸率约为锻造钴铬合金的 30%。可见，SLM 成形的钴铬合金的抗拉强度主要与锻造工艺的强度相近，其延伸率主要与铸造钴铬合金的延伸率相近。

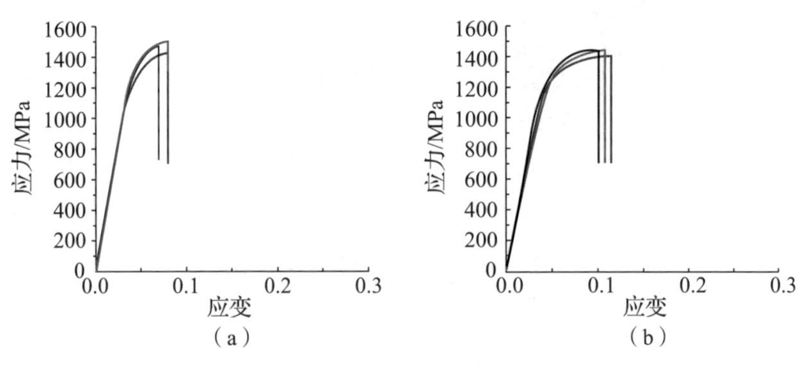

图 6-29 SLM 工艺制备的钴铬合金试样的拉伸曲线

(a) 水平方向；(b) 垂直方向。

表 6-11 SLM 成形钴铬合金室温拉伸力学性能

拉伸方向	屈服强度/MPa	抗拉强度/MPa	延伸率/%
水平方向	1142±26.6	1465±28.2	7.6±0.45
垂直方向	1002±7.1	1428±14.4	10.5±0.49

图 6-30 所示为 SLM 成形的钴铬合金拉伸试样的断口形貌，从低倍形貌观察，可以看其断面形貌具有明显解理面积和解理台阶，没有明显的韧窝特征，说明其塑性较差。同时在低倍形貌下，可以看到断面上有楔形裂纹出现，楔形裂纹主要平行于水平方向，垂直于竖直方向。在拉伸过程中，楔形裂纹作为裂纹的初始扩张源，对制件的性能有显著影响，这就是水平方向延伸率较差的主要原因之一。通过对其高倍显微形貌观察，发现水平方向上的酒窝状结构(图 6-30(b))的尺寸明显较垂直方向上的酒窝状结构(图 6-30(d))的尺寸大，同时在垂直方向上高倍形貌下可以观察到明显的层错台阶，而水平方向上只能在低倍形貌下(图 6-30(a))观察到层错台阶，说明其断裂方式主要为准解理断裂。同时，也说明 SLM 成形的钴铬合金在生长方向上具有明显的各向异性，主要沿垂直方向生长，这主要是由 SLM 过程中的热传递方式决定的。

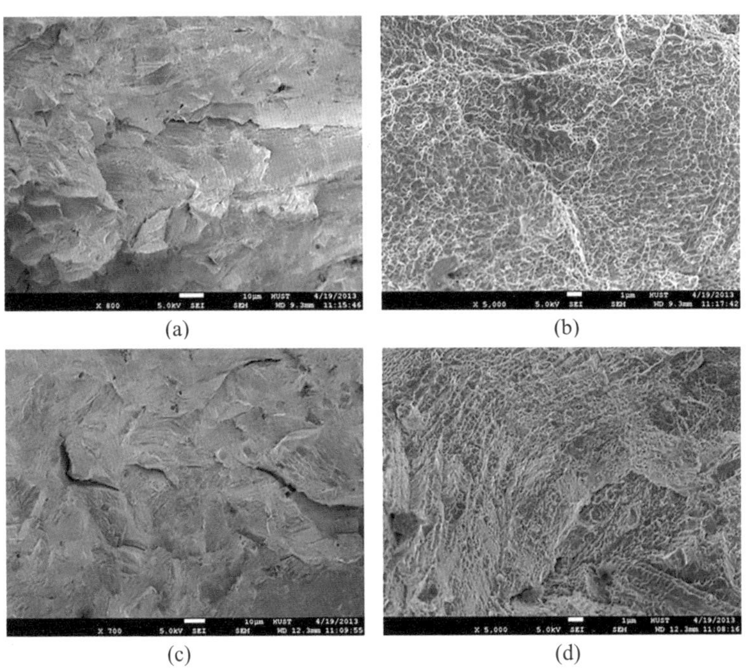

图 6-30　SLM 成形钴铬合金拉伸试样的断口形貌

(a) 水平方向低倍形貌；(b) 水平方向高倍形貌；(c) 垂直方向低倍形貌；(d) 垂直方向高倍形貌。

6.4.2 钛合金

临床上常用的锻造退火态的 Ti－6Al－4V 合金的屈服强度为 830～860MPa，抗拉强度为 900～950MPa，延伸率为 10%。因 SLM 工艺采用的是“线—面—体”的增材制造工艺，其力学性能往往会表现出各向异性，沿平行于熔覆道的水平方向和垂直于熔覆道的竖直方向来测试 Ti－6Al－4V 试样的力学性能。表 6－12 为 *X* 轴方向上试样的室温拉伸性能。由表可见，*X* 轴方向上试样的平均屈服强度为 1204MPa，抗拉强度为 1346MPa，延伸率为 11.4%。显然，其拉伸性能指标全面优于临床上锻造退火态的 Ti－6Al－4V 合金性能指标，满足临床上医用 Ti－6Al－4V 合金力学性能的要求。

表 6－12　*X* 轴方向上试样的室温拉伸性能

编号	屈服强度/MPa	抗拉强度/MPa	延伸率/%
1	1214.36	1387.47	11.461
2	1187.28	1263.98	11.782
3	1211.51	1387.17	11.057
均值	1204.38	1346.21	11.433

图 6－31 为 *X* 轴方向上拉伸试样的断口形貌。从断口侧面低倍形貌可以看出，试样内部具有较多的气孔缺陷存在，这会导致测试样的力学性能较致密的 SLM 制件力学性能有所下降。试样的断口较为平整，断面没有明显的收缩，说明试样发生的是突发性断裂，内部气孔缺陷对其单向拉伸性能影响较小。从断口正面低倍形貌也可以看出试样内部存在一些平行于熔覆道方向的小裂纹，这些裂纹主要是熔覆道之间的搭接间隙，内部夹有原始粉末颗粒。对断面形貌进一步分析发现，其断裂面主要有两种典型的形貌：一种是表面较为平整的小台阶；另一种是较浅的韧窝。从表面较为平整的小台阶上可以看到，裂纹的扩展表现为穿晶扩展，属于典型的穿晶脆性断裂。在拉伸过程中，首先在不同解理部位产生许多解理裂纹核；然后按解理方式扩展为解理小刻面，表现为小台面；最后以塑性方式撕裂，相邻的下刻面相连，最终在侧面形成了撕裂棱，表现为浅显的韧窝。可见，平行于熔覆道方向的 *X* 轴向拉伸断裂模式为准解理断裂模式，这也与前面 SLM 过程形成了脆硬性的马氏体组织的特点相一致。

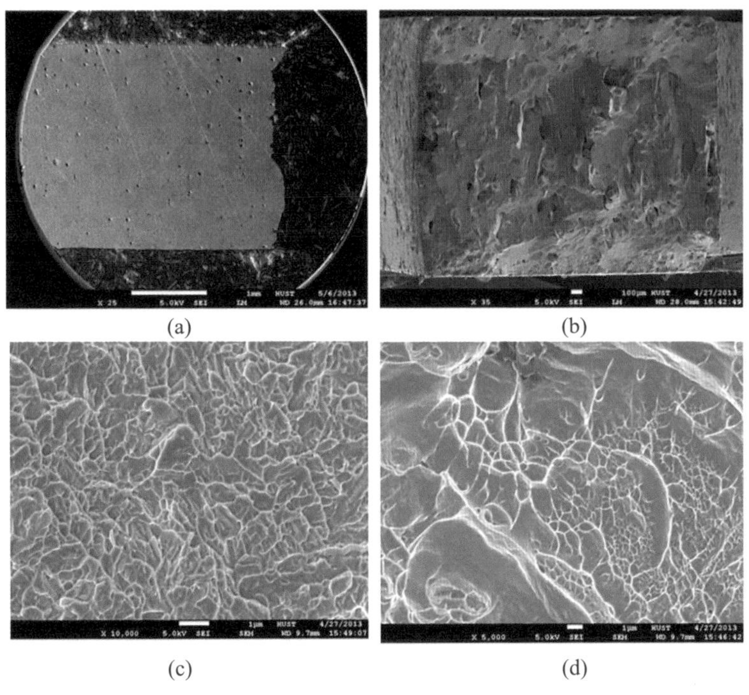

图 6 - 31　**X 轴方向上拉伸试样的断口形貌**

(a) 断口侧面低倍形貌；(b) 断口正面低倍形貌；

(c) 断口局部区域典型形貌 Ⅰ；(d) 断口局部区域典型形貌 Ⅱ。

表 6 - 13 为 Z 轴方向上试样的室温拉伸性能。由表可见，Z 轴方向上试样的平均屈服强度为 1116MPa，抗拉强度为 1201MPa，延伸率为 9.88%。与临床上医用锻造退火态的 Ti - 6Al - 4V 合金相比，其延伸率略小，屈服强度和抗拉强度性能优于锻造退火态的 Ti - 6Al - 4V 合金。

表 6 - 13　Z 轴方向上试样的室温拉伸性能

编号	屈服强度/MPa	抗拉强度/MPa	延伸率/%
1	1098.82	1140.42	10.355
2	1101.43	1175.06	9.422
3	1148.97	1290.30	9.864
均值	1116.41	1201.93	9.880

图 6 - 32 为 Z 轴方向上拉伸试样的断口形貌。从断口侧面低倍形貌可以看出，试样内部有较少的气孔，断面没有明显的收缩，但断口参差不齐，说

明其内部的气孔拉伸过程起到了裂纹源的作用，其对单向拉伸性能的影响较大。从断口正面低倍形貌也可以看出断裂口表面有大量原始未熔的金属粉末颗粒，可见在粉末层堆积的 Z 轴方向上，上下层之间的搭接性较差，存在显著的工艺缺陷，从而直接导致该方向上力学性能显著下降。对断面形貌进一步分析发现，其断裂面主要有两种典型的形貌：一种是断裂时的韧性撕裂棱；另一种是汇聚河流状的解理纹。整个断裂面上没有明显的韧性断裂特征“韧窝”，说明在垂直于熔覆道的 Z 轴方向上，其断裂模式是更接近于解理断裂的准解理断裂，其塑性较 X 轴方向的塑性也会更差，这与上述力学性能的结果是一致的。

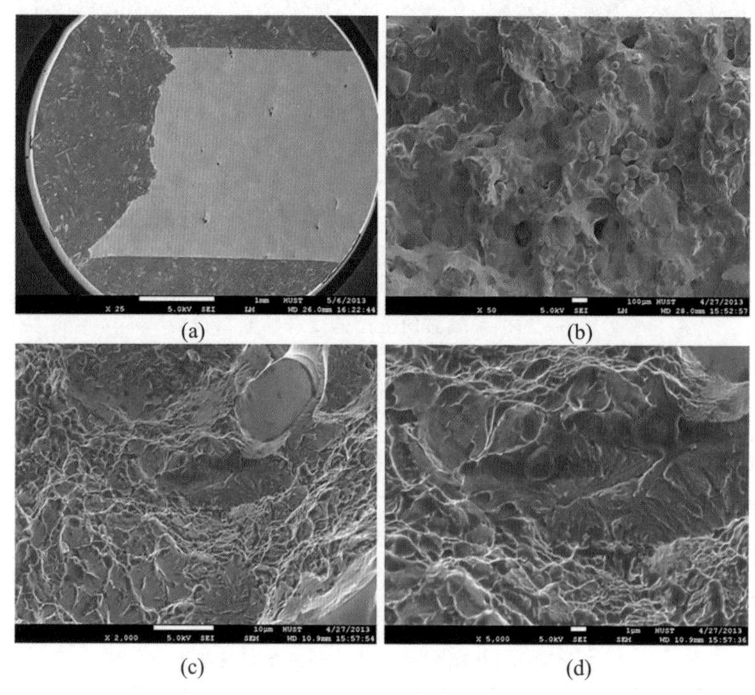

图 6-32　Z 轴方向上拉伸试样的断口形貌

(a) 断口侧面低倍形貌；(b) 断口正面低倍形貌；
(c) 断口局部区域典型形貌Ⅰ；(d) 断口局部区域典型形貌Ⅱ。

6.4.3　钛铌合金

图 6-33 为不同 Nb 含量下 SLM 成形试样的拉伸应力-应变曲线，表 6-14 总结了相应的力学性能。强度由 817MPa(Ti)下降到 751MPa(Ti-15Nb)，这

是由于 Ti - 15Nb 的低致密度所引起的。在拉伸过程中，不规则孔容易引起应力集中，导致强度的降低。随着 Nb 含量的进一步增加，由于细晶强化作用，强度增加到 1030MPa(Ti - 45Nb)。Ti - Nb 合金的弹性模量比 Ti 低，随着 Nb 含量的增加，模量先由 24.3GPa 降到 18.7GPa，之后又增至 24.5GPa。Ti 合金中，β 相的弹性模量最低，然后是马氏体和 α 相。Nb 的添加使得合金中包含更多 β 相，降低了模量。然而，当 Nb 的原子分数增加至 25%时，马氏体转变被完全抑制，合金由 β 相和未熔化 Nb 组成；随着 Nb 的原子分数的进一步增加，可能导致更多未熔化 Nb 颗粒的存在，反而引起 Ti - 45Nb 合金模量的增加。

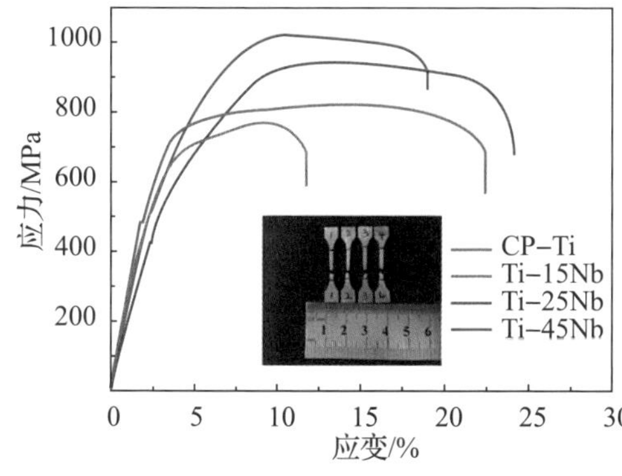

图 6 - 33 不同 Nb 含量下 SLM 成形试样的拉伸应力-应变曲线

表 6 - 14 不同 Nb 含量下 SLM 成形 Ti - Nb 合金及铸造 Ti - 45Nb 合金的力学性能

试样	抗拉强度/MPa	屈服强度/MPa	弹性模量/GPa	显微硬度(HV)
Ti	817 ± 13	591 ± 55	27.1 ± 0.6	313 ± 3
Ti - 15Nb	751 ± 14	501 ± 30	24.3 ± 0.5	312 ± 4
Ti - 25Nb	923 ± 38	516 ± 58	18.7 ± 1.4	297 ± 3
Ti - 45Nb	1030 ± 40	583 ± 67	24.5 ± 2.2	356 ± 7

随着 Nb 的原子分数由 0 增加到 25%，硬度略有下降。α 相主导的 Ti (313HV)与 α′相主导的 Ti - 15Nb(312HV)拥有相似的显微硬度，而 β 相主导的 Ti - 25Nb(297HV0.1)比 Ti - 15Nb 显微硬度低。然而，β 相主导的 Ti - 45Nb 合金拥有最高的硬度(356HV)。Ti - 45Nb 合金拥有最小的晶粒(直径约为 0.5μm，长度约为 1μm)，故推测硬度的反常增高可能与晶粒细化作用有关。SLM 成形 Ti - 45Nb 的强度为 1030MPa，显微硬度为 356HV，分别比铸

造高出 97.32% 和 52.53%（铸造件的强度和显微硬度分别为 522MPa 和 233.4HV）。SLM 制件优异的力学性能离不开其极高的冷却速率导致的超细组织和均匀元素分布。SLM 制备 Ti - Nb 合金的模量（约 20GPa）远小于铸件（64.3GPa）。SLM 成形 Ti - Nb 合金的低模量与孔隙存在密切相关。Ti - 25Nb 合金模量为 18.7GPa，与人骨模量相近（10～30GPa），因此避免了由于植入体和周围骨模量不匹配引起的应力遮蔽效应。

图 6 - 34 为不同 Nb 含量下 SLM 成形试样的断口形貌，4 种试样均在颈缩之后发生断裂。如图 6 - 34(a)所示，CP - Ti 的断口形貌中同时存在韧窝和解理面，表明其断裂模式为混合型断裂。此外，如图 6 - 34(b)和(c)所示 Ti - 15Nb 和 Ti - 25Nb 断裂表面布满了细小的韧窝，说明两种试样均为韧性断裂。但是韧窝尺寸不同，Ti - 15Nb 约为 5μm，Ti - 25Nb 约为 10μm。韧窝尺寸与断裂能有关，故推断 Ti - 15Nb 应该有更高的延性，但从拉伸曲线来看 Ti - 25Nb 的延性更好。这种反常现象与 Ti - 15Nb 中大量的孔隙有关，孔对拉伸延伸率有不利的影响。如图 6 - 34(d)所示，Ti - 45Nb 的断裂表面存在着韧窝、解理面和解理台阶，表示其也是混合型断裂。与 Ti 相比，Ti - 45Nb 的

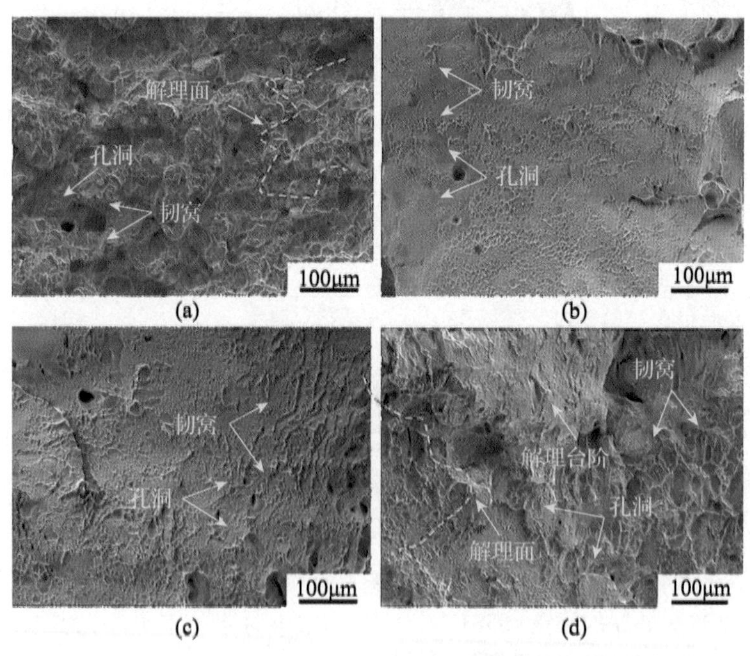

图 6 - 34　不同 Nb 含量下成形试样的断口形貌
(a) Ti；(b) Ti - 15Nb；(c) Ti - 25Nb；(d) Ti - 45Nb。

解理面更少，表明其断裂模式为韧性断裂主导。上述结果可能归因于 β 相的延性要优于 α 相。

6.5 成形件生物医学特性

6.5.1 义齿 SLM 成形及临床试用

烤瓷修复体(porcelain fused to metal，PFM)兼具金属的强度和陶瓷的美观，生物相容性好，可再现自然牙的形态和色泽，能达到以假乱真的效果。而钴铬合金凭借其优异的生物相容性及良好的力学性能而被广泛用于修复牙体牙列的缺损或缺失。传统钴铬合金烤瓷修复体的制造方式主要采用铸造工艺，铸造工艺存在材料利用率低、环境污染严重、工序多等缺点，同时产品的缺陷多而导致其合格率低，从而使其制造成本居高不下。SLM 作为一种先进的金属零件制造技术，制作的产品具有致密度高、材料利用率高、周期短、全自动化生产的特点，还具有支持规模化和个性化定制，可以任意成形形态复杂的金属零件等优势，近年来被引入口腔修复体制作领域，其制造的义齿金属烤瓷修复体已取得临床应用。但 SLM 技术制造义齿的工艺流程、制造精度、表面特性等都与传统方式加工的义齿有很大的差别，主要体现在如下方面。

(1)义齿的 SLM 制造过程，是利用增材制造的原理，故在制造过程中需要添加合适的支撑，才能保证义齿的成形质量。

(2)利用 SLM 制造的义齿金属基冠，其制件的力学性能和表面形貌与传统制造技术都有较大差别，而表面性能是影响 PFM 中金瓷结合强度的关键因素，也是衡量义齿成败的关键，故需要对其进行系统的研究。

(3)义齿的 SLM 成形工艺与传统工艺的不同，导致其精度(主要包括义齿金属基体的壁厚以及颈缘和基底的匹配度)与传统方式有很大不同，为此，必须针对 SLM 技术的特点来设计适合临床精度要求的数据模型。

图 6－35 所示是利用 SLM 技术直接熔化钴铬合金粉末成形的试样条，可以发现其表面并没有呈现出金属光泽，这主要是因为 SLM 制件的表面会粘有大量未熔化的金属粉末颗粒，致使试样表面颜色主要呈现为金属粉末的颜色。图 6－36 是表面烤瓷后的试样条，可以发现，试样瓷层表面均匀一致，没有

明显的裂纹、气孔等缺陷，说明烤瓷工艺合理。

图 6-35
SLM 成形的试样条形貌(OM)

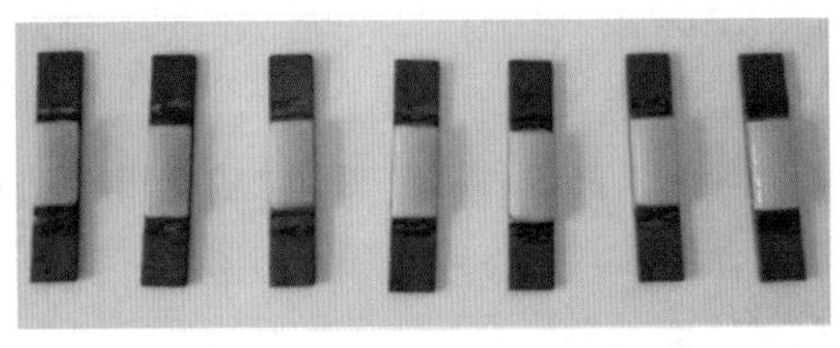

图 6-36
表面烤瓷的试样条形貌(OM)

表 6-15 所列为通过三点弯曲法测得的两组试样的金瓷结合强度。结果表明，具有 SLM 工艺特征的试样组的金瓷结合强度平均值为 116.5MPa ± 15.6MPa，表面经过打磨处理试样组的金瓷结合强度平均值为 74.5MPa ± 4.5MPa，而国际 ISO9693 标准规定的金瓷结合强度最小值为 25MPa。可见，SLM 成形的钴铬合金烤瓷修复系统的金瓷结合强度满足国际标准的要求，尤其是具有 SLM 工艺表面特征的试样组，其平均金瓷结合强度更是高出 ISO9693 标准规定中最小值(25MPa)的 4 倍。

表 6-15　金瓷结合强度测试结果(MPa)

编号	1	2	3	4	5	6	$x \pm s$
特征表面组	105.82	122.98	133.28	92.38	114.11	130.42	116.5 ± 15.6
打磨表面组	77.79	70.36	80.65	75.50	73.79	68.64	74.5 ± 4.5

金瓷之间的结合主要有化学结合、机械结合以及范德华力。化学结合是指金属表面的氧化物与陶瓷成分中的氧化物和非晶体型玻璃质之间发生化学反应而相互结合，它们之间可以是直接转移的离子键结合、共用电子的共价键结合或金属键结合，是金瓷结合力的主要组成部分(占 52.5%)。其外观表现就是元素成分的相互扩散，在金瓷结合界面上元素形成相互扩散的过渡层。图 6-37 为 SLM 成形钴铬合金烤瓷试样的金瓷界面元素 EDS 线扫描分析结果。从图中可以看出，各元素在界面处呈梯度分布，这意味着在烤瓷过程中，

发生了原子的互扩散。陶瓷中的主要元素 Si、Al 等元素向金属基体扩散，金属基体中的 Co、Cr 等元素向陶瓷中扩散，扩散距离约为 2μm，表明钴铬合金基体和瓷体之间发生了化学反应，相互之间形成了化学结合。

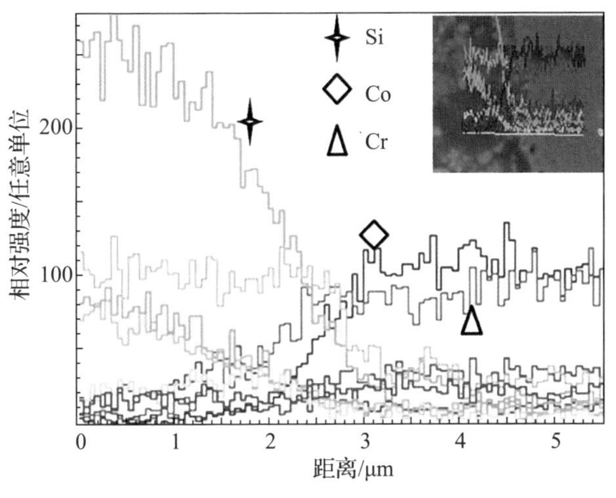

图 6－37　金瓷界面元素 EDS 线扫描

机械结合是指陶瓷熔融后融入凹凸不平的金属表面形成相互嵌合的机械锁合作用，约占金瓷结合力的 22%。图 6－38 所示为 SLM 工艺成形的试样金瓷结合界面，可以看出具有 SLM 工艺特征表面的试样和表面经过打磨处理后的试样的金瓷结合界面有显著的不同。图 6－38(a)所示为具有 SLM 工艺特征表面的试样与瓷层结合界面的形貌，可以看出，在试样的表面有凹凸不平的窝沟及凸体状的结构产生，同时其结合面上也有较多的气孔存在。这主要是因为利用 SLM 工艺制造的金属零件，在增材的方向上，零件的轮廓上会黏附有激光束未完全辐照的金属颗粒，这些金属粉末颗粒一部分镶嵌在已熔化的金属基体中，一部分残留在金属表面而呈现出 SLM 工艺特有的黏粉现象，从而形成如图 6－38(a)所示的窝沟及凸起等结构。这些凹凸不平的结构可以增强瓷体与金属基体之间的机械锁合作用，同时也增加了瓷体与金属的接触面积，从而大大提高了金瓷之间的结合力。而表面经打磨处理试样，其表面较为平整，类似的窝沟及凸起等结构消失。可见，具有 SLM 工艺表面特征试样的金瓷结合强度之所以能够显著提高金瓷结合强度，主要是因为其表面的窝沟及凸起结构可以对瓷层起到机械锁合作用。

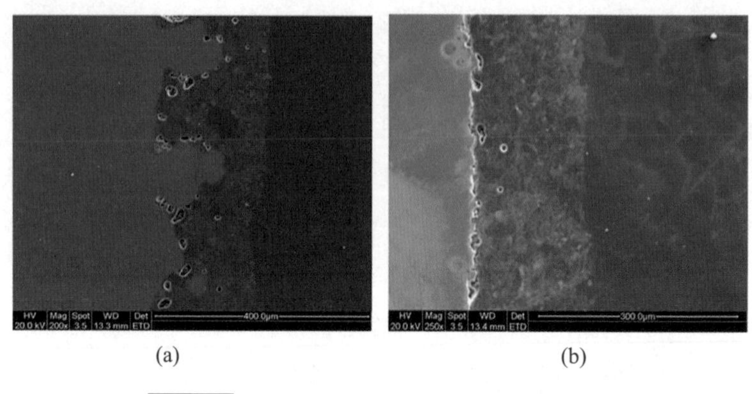

图 6-38　SLM 工艺成形的试样金瓷结合界面

(a) 具有 SLM 工艺特征试样的界面；(b) 表面打磨处理后试样的界面。

范德瓦耳斯力是指两个极化的分子或原子密切接触时所产生的静电吸引力，当熔融的陶瓷润湿金属表面，两者发生接触时，就会产生范德瓦尔斯力。金属的表面润湿性好，瓷层在金属表面涂覆时就会与金属表面形成良好的接触，从而减少界面上气孔、裂纹等缺陷的产生，增大了金瓷之间的范德瓦耳斯力，进而提高金瓷结合强度。通常，材料表面的润湿性可用材料的表面粗糙度和表面接触角来表征，在一定范围内，表面粗糙度越大，表面接触角越小，材料的表面润湿性就越好。图 6-39 所示为两组具有不同表面特性的试样接触角测试图，结果显示，试样表面经过打磨处理后，其接触角由 93°降低到 64°，可见具有 SLM 工艺特征表面试样的表面接触角显著大于表面经过打磨处理的试样，说明 SLM 制件表面经过打磨等后续处理可以显著降低其表面的接触角，增加金瓷界面之间的润湿性。

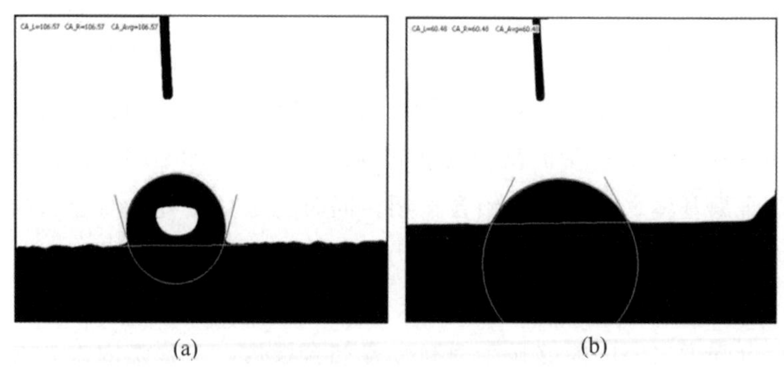

图 6-39　具有不同表面特征的试样的表面接触角

(a) 具有 SLM 工艺特征的试样；(b) 表面打磨处理后的试样。

义齿的精度主要包括内冠壁厚和边缘密合性，是评价义齿是否满足临床应用要求的一项重要指标。内冠壁厚是否合适，直接影响到佩戴的舒适性。内冠壁厚太薄，会因金属基底的强度不够而引起失效，内冠壁太厚会因金属的质量较重而使人的佩戴舒适性较差，故义齿内冠的厚度对其修复的效果具有显著的影响。通常情况，内冠的壁厚控制在 0.3～0.5mm 较为合适。在 SLM 工艺制作义齿的过程中，义齿冠的表面往往会有黏附的金属粉末需要后续打磨、喷砂处理，经研究发现，义齿冠的壁厚设置为 0.4mm 时，义齿的强度和佩戴舒适性都与设计的符合性较好，如图 6-40 所示。

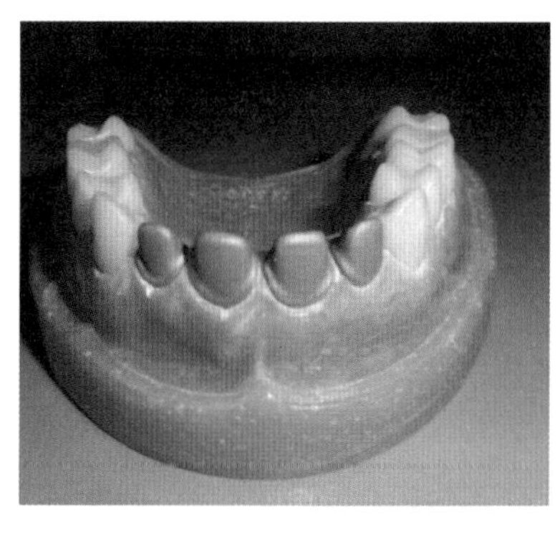

图 6-40
SLM 成形钴铬合金义齿与基体模型的配合

边缘密合性是指修复体的边缘到牙预备体颈缘间的垂直距离，它反映了修复体的精确程度和就位情况，是衡量修复体准确性的主要指标之一。密合性差的修复体龈炎发生率为 100%。修复体边缘密合性与所用材料、制作工艺、基牙预备、黏固剂密切相关，其优劣直接影响到牙周健康，修复体美观及固位力的保持，对于修复体的长期临床应用非常重要。临床上以肉眼不能看到、探针不易探测到为标准，现代一般认为临床上可接受的边缘差异上限为 100μm，主要通过口光学显微镜来观察义齿修复体与基体的边缘密合性。如果经打磨处理后的义齿修复体与基体的边缘能够很好重合，即可说明义齿修复体的边缘密合性满足要求，否则就视为不合格。图 6-41 为 SLM 制作的钴铬合金义齿内冠与基体的配合，可以看出，义齿内冠边缘与石膏模型上红线完全重合，表明 SLM 制作的义齿边缘密合性良好，符合临床要求。

图 6-42 所示为一名患者成功安装了 SLM 制作钴铬合金烤瓷熔覆修复义齿。图 6-42(a)所示为患者需要修复的牙齿，患病牙齿明显失去了咀嚼功能且严重影响牙齿的美观性。图 6-42(b)为利用 SLM 技术直接为患者订制的义

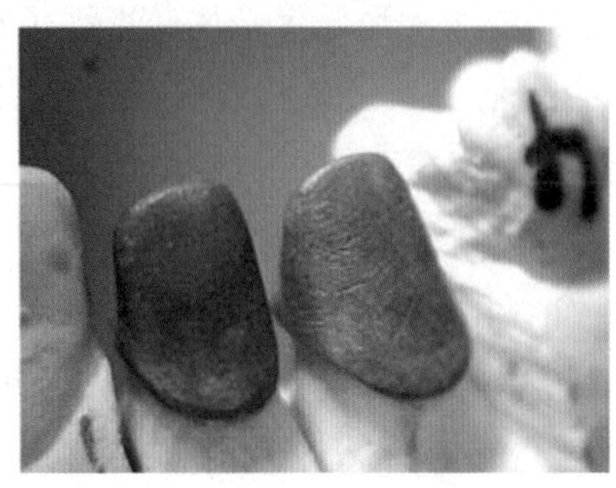

图 6-41
SLM 制作的义齿冠与基体的配合(OM)

齿，可以看出其轮廓清晰，没有明显缺陷。从获取数据到完全制造出来只需要 2h，而传统铸造方式一般需要一周左右的时间才能完成，可见 SLM 制造义齿较传统制造方式极大地提高了制造效率，为患者节省了大量治疗时间。图 6-42(c)所示为 SLM 成形的义齿烤瓷后与患者牙齿石膏模的配合图，可以看出，烤瓷后的义齿上没有裂纹产生，由前期的研究结果可知其金瓷结合强度可以满足国际标准；同时可以看到义齿与石膏模严密配合，经医生判断，其制造精度和色泽完全符合临床要求。图 6-42(d)所示为患者佩戴 SLM 制备

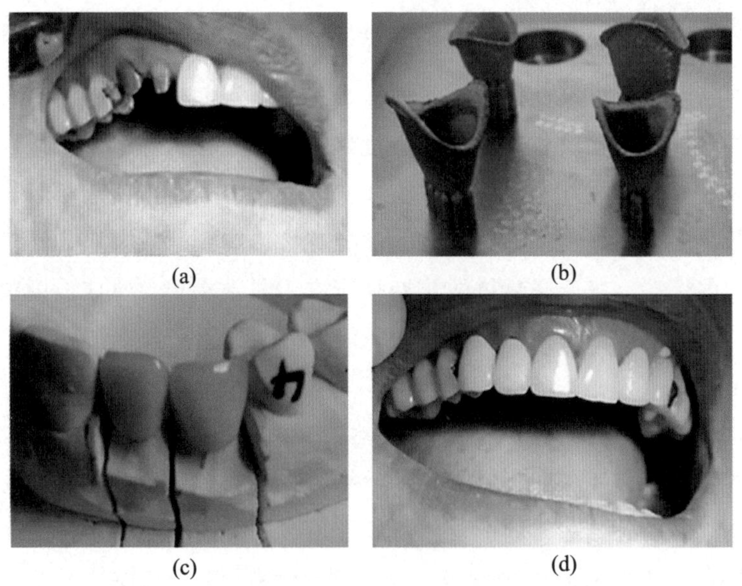

图 6-42 SLM 成形钴铬合金烤瓷熔覆修复体应用示例

(a) 患者需要修复的牙齿；(b) 利用 SLM 技术直接为患者订制的义齿；(c) SLM 成形的义齿烤瓷后与患者牙齿石膏模的配合图；(d) 患者佩戴 SLM 制备的义齿效果图。

的义齿效果图，可以发现其色泽与周围牙齿的匹配性良好，基缘与牙龈配合严密，完全满足临床使用要求。经后期对患者的跟踪调查，使用半年后牙龈没有发生发炎，牙缝没有加塞食物残渣，其对义齿使用效果反响良好。可见，SLM 技术制备的义齿不但精度高，而且成本低，经估算其制作成本仅为传统义齿制作成本的 1/10，有望在义齿制造行业大范围推广应用。

6.5.2　多孔结构 SLM 成形及细胞反应

细胞在多孔结构上能否顺利培养成为多孔结构是否有潜力应用到植入体的重要评价方式。在单元尺寸为 875μm 的体心立方单元拓扑结构上进行了细胞种植，48h 后取出进行细胞形态分析[7]。如图 6－43(a)所示，细胞在表面呈现出相对平和良好伸展的形态，并相邻细胞的两个突起相连接，表示细胞间能进行交流。在高倍镜头下，细胞表现出大量的细丝状伪足黏附在钴铬多孔结构表面，如图 6－43(b)所示。进一步地，DAPI 染色免疫荧光图像定性提供了细胞在 48h 后体外的黏附和生长情况，如图 6－43(c)所示。合并后带有 DAPI 核染色的图像揭示了细胞在支柱表面分布情况。上述结果初步证明了细胞能在优化后的钴铬多孔结构表面培养，并且在表面有一定数量的随机分布。

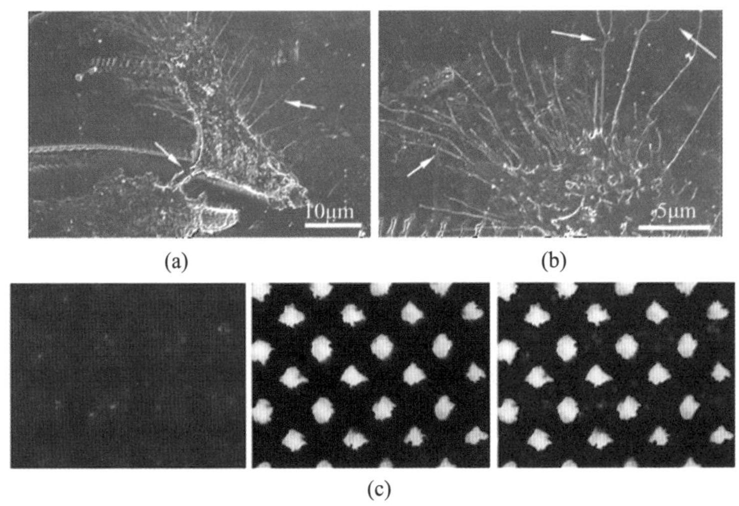

图 6－43　**钴铬多孔结构表面上经过 48h 培养的成骨样细胞**

(a) 低倍下的 SEM 图像(×2000)；(b) 高倍下图像(×5000)；(c) DAPI 核染色的合并图像。

要想促进骨更快、更好地长入多孔植入体的孔隙，多孔植入体表面与细胞的初期反应是很重要的环节。细胞与材料表面的初期反应包括黏附、铺展、增殖及细胞毒性，是整个成骨功能的基础和初期阶段[8]。将成形的钴铬多孔结构超声清洗后，放入到丝素蛋白/庆大霉素（silk fibroin/gentamicin，SFGM）的混合溶液中，通过超声让溶液完全进入多孔结构内部并且排出多余的空气。将整个多孔结构作为阳极，铂作为阴极，两极距离 50mm，分别连接直流电源，在相同通电时间下（1min）施加不同的电压（5～80V），在相同电压下（20V）通电不同的时间（30s～4min）。结构经过室温干燥后，在真空干燥箱中用水蒸气蒸发的方式进行交联，诱导丝素蛋白形成电凝胶，最后在空气中干燥，变成薄膜涂层。涂层对细胞初期反应的影响在 24 h 之后，从活细胞染色（图 6-44(a)中 A1 和 A2）和 CCK-8 细胞增殖（图 6-44(c)中 C1）结果综合可以发现，有涂层和无涂层的多孔结构表面细胞数量没有明显差异，但从免疫荧光（图 6-44(b)中 B1）结果可以看出，有涂层的多孔结构表面的细胞黏附和铺展明显优于无涂层的结构，细胞有更多伪足（图 6-44(b)中 B7，黄色箭头所示）和与相连细胞间的连接（图 6-44(b)中 B7，白色箭头所示）。与此相反，细胞在无涂层的结构表面看起来形状更圆，几乎没有在表面铺展开来（图 6-44(b)中 B8）。第 3 天时，两组表面的细胞数量仍然没有明显差异（图 6-44(a)中 A3、A4 和图 6-44(c)中 C1）。但是荧光的结果表明有涂层的多孔结构细胞黏附和铺展显著优于无涂层的结构（图 6-44(b)中 B3、B4）。此外，有涂层的多孔结构表面细胞毒性（图 6-44(c)中 C2）、Co 和 Cr 离子释放（图 6-44(c)中 C3、C4）要明显小于无涂层的结构。第 7 天时，免疫荧光和 CCK-8 细胞增殖结果（图 6-44(a)中 A5、A6 和图(c)中 C1）均表明有涂层的多孔结构表面细胞增殖情况明显更好，覆盖着铺展良好的扁平细胞，有大量的微延伸和发育良好的细胞凸起连接。相反，无涂层的钴铬表面则只有很少的细胞铺展开，甚至还没有形成一个完整的细胞汇合层。

综上所述，成骨细胞在 SFGM 涂层上铺展状态较好，其伪足更明显，细胞间的连接和信息交换更丰富，有利于细胞间的信息和物质的交流，从而更好协调对外界环境刺激和信息的反应[9]。另外，钴铬合金中释放的 Co 和 Cr 离子会对细胞产生一定的毒性，会引起细胞的 DNA 损伤[10]和氧化应激反应[11]，而构建的 SFGM 涂层显著减少了 Co 和 Cr 离子的释放。两个对比组在最初的 3 天细胞数量没有显著差异，但有涂层的表面从第 7 天开始细胞增殖

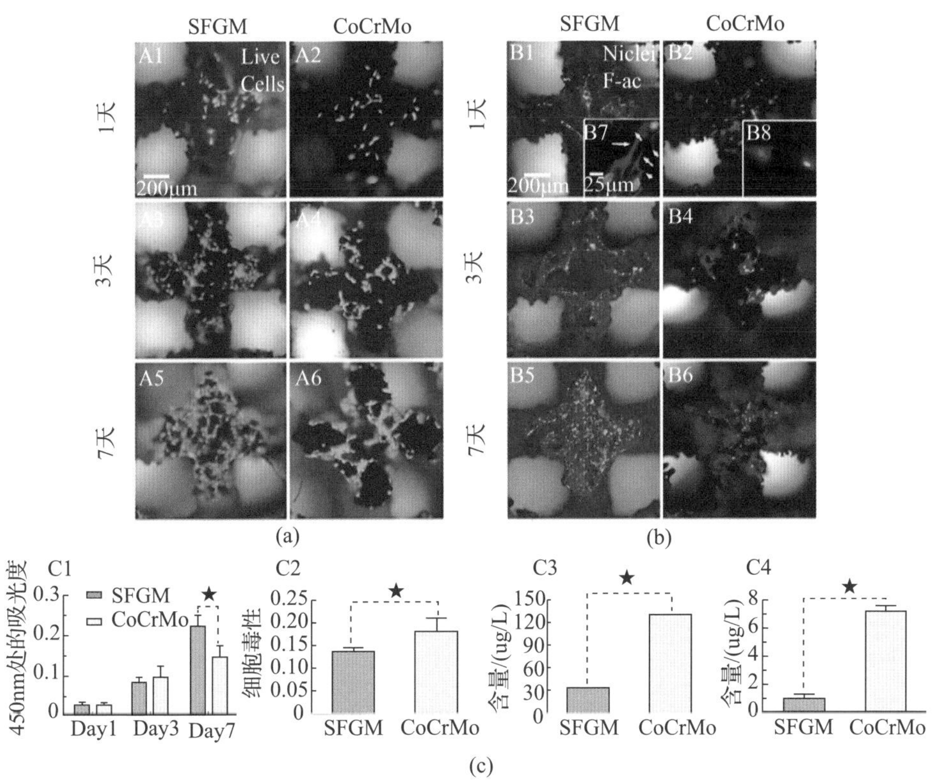

图 6－44　有涂层和无涂层的钴铬多孔结构表面细胞的初期反应

(a)活细胞的荧光图像(绿色)；(b)细胞黏附和铺展，白色箭头指的是细胞间连接，黄色箭头指的是细胞的伪足，蓝色是细胞核；(c)细胞统计情况，星号(★)表示有统计学差异($p<0.05$)。

更优，可归因于有涂层的结构表面细胞铺展更好，细胞毒性更小。

庆大霉素抑菌性好，抗菌谱广，在骨植入体手术中常混合在骨水泥里来预防术后感染[12]。感染的主要致病源为金黄色葡萄球菌[13]，而庆大霉素可与该细菌细胞中的核糖体结合，导致异常蛋白的产生，从而对其产生有效的抑菌作用[14]。从抑菌环的直径测量结果可以看出，在一周内抑菌环的大小基本维持不变(图 6－45(a))，说明涂层在一周内具有稳定而持续的抑菌性。在体外持续污染环境里，结果表明，在 5 天内涂层对黏附和悬浮的细菌(图 6－45(b))均有显著的抑制作用。直到第 7 天才开始逐渐减弱，一些黏附和悬浮的活细菌出现，但是数量上远小于无涂层组。在没有 SFGM 涂层的钴铬基底上，黏附的活细菌数量随时间的增加而增加，而悬浮细菌的数量处于一个较高的数值，没有明显的随时间变化趋势。如图 6－45(c)所示，在连续感染的 5 天内，几乎没有活细菌能附着在 SFGM 涂层上。在连续 7 天的持续感染后，在涂层上观察到的存活细菌非常少。然而，在无涂层的钴铬多孔表面上，细菌数量不断增加，并在第 7 天几乎完全覆盖了结构表面。在手术后的早期阶段，细菌和宿主细胞会竞相在植入体表面进行黏附、复制和增殖，而 SFGM 涂层在一周内良好的抗菌效果和细胞初期反应将有助于宿主细胞赢过细菌。值得一提的是，抗生素通常只用于重大骨科手术后的最初几天，之后伤口开始愈合，免疫防御系统是强大到足以抵御入侵的细菌[15]。因此，在 SLM 制备的钴铬多孔结构表面采用电沉积方法构建的 SFGM 涂层可用于预防骨科植入物感染[16]。

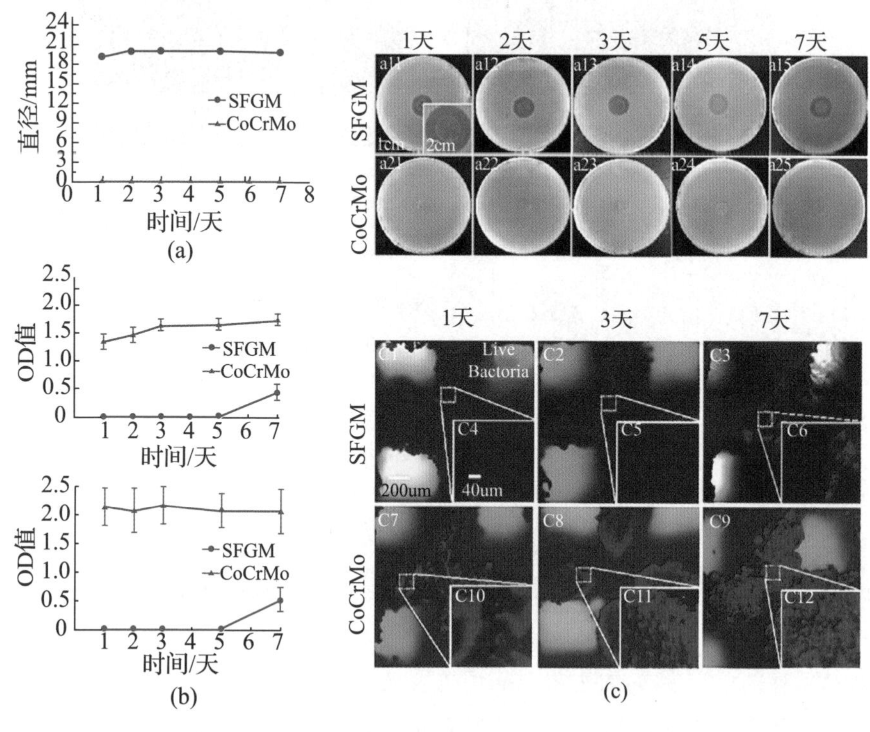

图 6-45 有涂层和无涂层的钴铬多孔结构的抑菌功能

(a) 抑菌环尺寸及实物图；(b) 通过 WST 研究分析持续感染研究中黏附和悬浮活细菌的数量；(c) 活细菌荧光图像。

6.5.3 体外磷灰石形成能力

图 6-46 所示为 SLM 成形 Ti-15Nb 合金在 SBF 溶液中浸泡 14 天后的 SEM 形貌和对应的 EDS 面能谱。从 SEM 图中可以看出，试样表面形成了一

些小球状的物质，其粗糙的表面还呈现许多不规则的纳米尺度的环，这些沉淀物是由 O、P、H 和 Ca 元素组成的类骨磷灰石[17]。在本研究中，通过 EDS 面能谱分析确定了 Ti－15Nb 表面的沉淀物富含 Ca 和 O 元素。

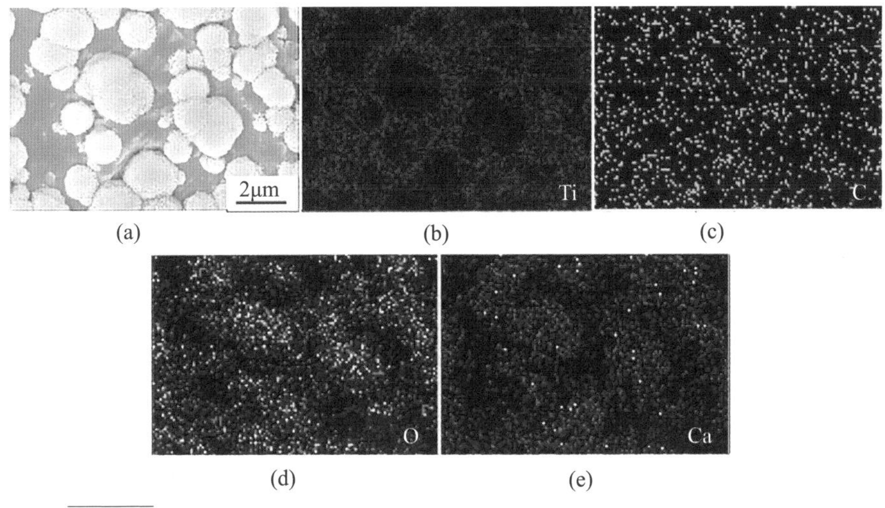

图 6－46　SLM 成形 Ti－15Nb 合金在 SBF 溶液中浸泡 14 天后的 SEM 形貌和对应的 EDS 面能谱

(a) SEM 图；(b)～(e) EDS 面能谱图。

为了进一步确定在不同 Nb 含量下 Ti－Nb 合金表面沉淀的物质，实施了傅里叶变换红外光谱研究，结果如图 6－47 所示。相比于 Ti，在钛铌合金上可以观察到明显的红外吸收峰。OH—键在 $3572cm^{-1}$ 处产生了伸缩振动，另外代表 PO_4^{3-} 的特征峰($540 \sim 650cm^{-1}$，$940 \sim 1120cm^{-1}$)也十分明显，在 $1011cm^{-1}$

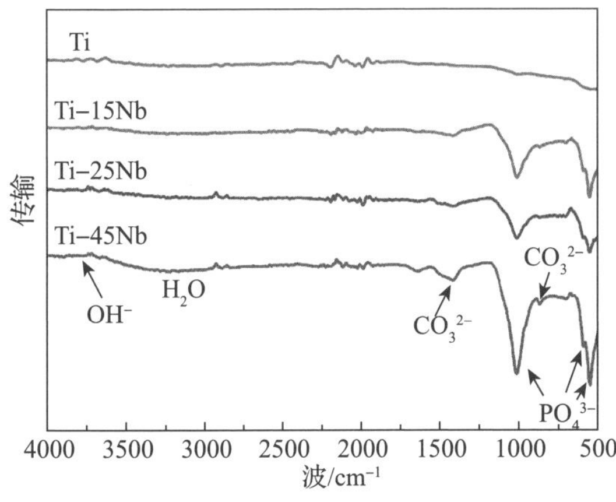

图 6－47　不同 Nb 含量下钛铌合金试样表面沉淀物的红外光谱结果

处为对称伸缩，在 598cm^{-1}处为变形振动。此外，在 1414cm^{-1}处和 868cm^{-1}的强吸收峰为 CO_3^{2-}，表明碳酸根离子也在沉淀物中。碳酸根离子可以通过取代磷灰石中 OH^- 或 PO_4^{3-} 的位置，从而留在磷灰石结构中[18]，这也是图 6-47的面能谱中没有检测到 P 和 H 元素的原因。EDS 面能谱和红外光谱结果表明，在 SBF 中形成的沉淀物与碳酸羟基磷灰石类似，这是一种人骨矿物相[19]。因此，在钛铌合金表面形成的物质为类骨磷灰石。

图 6-48 为不同 Nb 含量下钛铌合金在 SBF 中浸泡 14 天前后的表面形貌。在浸泡前，试样表面都很平整，如图 6-48(a)、(c)、(e)和(g)所示。在浸泡

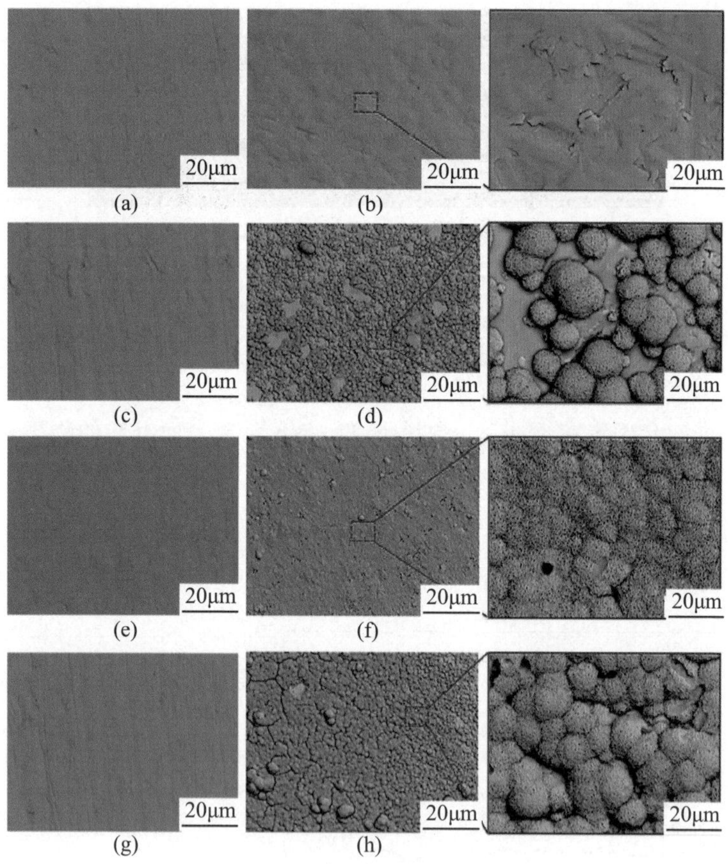

图 6-48　不同 Nb 含量下钛铌合金试样表面背散射图像

(a) 浸泡前 Ti 表面；(b) 浸泡后 Ti 表面；(c) 浸泡前 Ti-15Nb 表面；(d) 浸泡后 Ti-15Nb 表面；(e) 浸泡前 Ti-25Nb 表面；(f) 浸泡后 Ti-25Nb 表面；(g) 浸泡前 Ti-45Nb 表面；(h) 浸泡后 Ti-45Nb 表面。

14 天后，Ti 表面没发生明显变化(图 6-48(b))，而钛铌合金表面均形成了类骨磷灰石沉积层(图 6-48(d)、(f)和(h))。结果表明，Nb 含量对钛铌合金的体外磷灰石形成能力有显著影响。对应的高倍图像显示了沉积物的细节形貌，Ti-15Nb 的表面虽然覆盖了一层磷灰石，但覆盖不完全，仍能分辨出原始表面；Ti-25Nb 和 Ti-45Nb 的表面则被沉积的磷灰石完整覆盖。仅形貌而言，Ti-25Nb 表面形成的磷灰石层比 Ti-45Nb 更致密。Ti-25Nb 合金具有高含量的 β 相，形成了最致密的磷灰石层。在钛铌合金所有物相中，β 相在 SBF 中具有诱导磷灰石形核与生长的能力，随着 β 相含量的增加，磷灰石形核点增加，因而导致形成的磷灰石层更加致密。虽然 SLM 成形钛铌合金可以在 SBF 中诱导类骨磷灰石形核与生长，但是需要通过体内研究来进一步论证。然而，由于在 SBF 环境中体外类骨磷灰石形成与体内化学键的形成相一致[20]，SLM 成形钛铌合金可以与人骨实现积极的骨结合，因而可作为潜在的生物活性骨替代材料。

参考文献

[1] 郑玉峰，李莉. 生物医用材料学[M]. 哈尔滨：哈尔滨工业大学出版社，2009.

[2] 张超武，杨海波. 生物材料概论[M]. 北京：化学工业出版社，2005.

[3] NIINOMI M. Recent metallic materials for biomedical applications[J]. Metallurgical and materials transactions A，2002，33(3)：477-486.

[4] THADDEUS B M. Binary Alloy Phase Diagrams Second Edition[J]. Materials Park Ohio，1990：2705-2708.

[5] WANG Q，Han C J，Choma T，et al. Effect of Nb content on microstructure，property and in vitro apatite-forming capability of Ti-Nb alloys fabricated via selective laser melting[J]. Materials & Design，2017，126：268-277.

[6] HUBBARD C R，Snyder R L. RIR-measurement and use in quantitative XRD[J]. Powder Diffraction[J]. 1988，3：74-77.

[7] HAN C J，YAN C Z，WEN F S，et al. Effects of the unit cell topology on the compression properties of porous Co-Cr scaffolds fabricated via selective

laser melting[J]. Rapid Prototyping Journal, 2017, 23(11): 16-27.

[8] KO H C, HAN J S, BÄCHLE M, et al. Initial osteoblast-like cell response to pure titanium and zirconia/alumina ceramics[J]. Dental Materials, 2007, 23: 1349-1355.

[9] MA Q L, ZHAO L Z, LIU R R, et al. Improved implant osseointegration of a nanostructured titanium surface via mediation of macrophage polarization [J]. Biomaterials, 2014, 35(37): 9853-9867.

[10] PAPAGEORGIOU I, BROWN C, SCHINS R, et al. The effect of nano-and micron-sized particles of cobalt-chromium alloy on human fibroblasts in vitro[J]. Biomaterials, 2007, 28(19): 2946-2958.

[11] FLEURY C, PETIT A, MWALE F, et al. Effect of cobalt and chromium ions on human MG-63 osteoblasts in vitro: morphology, cytotoxicity, and oxidative stress[J]. Biomaterials, 2006, 27(18): 3351-3360.

[12] BELT H V D, NEUT D, UGES D R. Surface roughness, porosity and wettability of gentamicin-loaded bone cements and their antibiotic release[J]. Biomaterials, 2000, 21(19): 1981-1987.

[13] MURDOCH D R, ROBERTS S A, FOWLER JR V G, et al. Infection of orthopedic prostheses after Staphylococcus aureus bacteremia[J]. Clinical Infectious Diseases, 2001, 32(4): 647-649.

[14] PISHBIN F, MOURIÑO V, FLOR S, et al. Boccaccini. Electrophoretic deposition of gentamicin-loaded bioactive glass/chitosan composite coatings for orthopaedic implants[J]. ACS Applied Materials & Interfaces, 2014, 6(11): 8796-8806.

[15] BOZIC K J, LAU E, KURTZ S, et al. Patient-related risk factors for periprosthetic joint infection and postoperative mortality following total hip arthroplasty in Medicare patients[J]. Journal of Bone & Joint Surgery, 2012, 94(9): 794-800.

[16] HAN C J, YAO Y, CHENG X, et al. Electrophoretic Deposition of Gentamicin-loaded Silk Fibroin Coatings on 3D-printed Porous Cobalt-Chromium-Molybdenum Bone Substitutes to Prevent Orthopedic

Implant Infections[J]. Biomacromolecules, 2017, 18(11): 3776 - 3787.

[17] NING C, ZHOU Y. In vitro bioactivity of a biocomposite fabricated from HA and Ti powders by powder metallurgy method [J]. Biomaterials, 2002, 23(14): 2909 - 2915.

[18] LI P J, KANGASNIEMI I, GROOT K, et al. Bonelike hydroxyapatite induction by a gel-derived titania on a titanium substrate[J]. Journal of the American Ceramic Society, 1994, 77(5): 1307 - 1312.

[19] REY C, COLLINS B, GOEHL T, et al. The carbonate environment in bone mineral: a resolution-enhanced Fourier transform infrared spectroscopy study [J]. Calcified Tissue International, 1989, 45(3): 157 - 164.

[20] NING C, ZHOU Y. Correlations between the in vitro and in vivo bioactivity of the Ti/HA composites fabricated by a powder metallurgy method[J]. Acta Biomaterialia, 2008, 4(6): 1944 - 1952.

第 7 章 SLM 制备金属基复合材料组织与性能

金属基复合材料因具有优异的力学性能(高比强度、高硬度等)，近些年来受到越来越多的关注，尤其是金属基纳米复合材料逐渐成为研究重点，其主要特征是基体晶粒间分布着纳米的增强相颗粒，它具有更优异的力学性能和物化特性。然而，成形金属基纳米复合材料面临的一个难题是在加热凝固过程中增强相颗粒的纳米结构很难保持，传统的合成技术如高温烧结、热压等有很大的局限性，例如，由于受热时间长晶粒会发生过度生长，从而不能保持纳米颗粒的初始结构；另一个难题是由于纳米颗粒一般具有比表面积大和容易团聚等特性，在成形件的基体中很难得到均匀分布的纳米颗粒。因此，为了克服上述的成形难题，有必要采用一种新的成形手段来制备金属基纳米复合材料。

SLM 技术采用高能激光束逐层选择性地熔化金属薄层粉末，层层堆积后制造出复杂的三维零件。SLM 技术不仅可以制造出传统方法难以制造的复杂结构，还可以由 CAD 数据直接生产出最终零件，避免了烦琐的加工工序，在模具制造领域具有广泛应用。此外，SLM 技术具有成形材料广泛的特点，包括纯金属、合金、复合材料，甚至是多材料体系等。因此，通过改进原材料可以直接制造出具有特殊设计性能的零件，为短工艺流程内制造出高性能的产品提供新手段。

为了提升 SLM 成形件的性能，陶瓷相颗粒经常被用来添加在合金基体内，从而强化材料的性能，该类材料也被称为金属基复合材料(metal matrix composites，MMCs)。相对于传统的合金材料，MMCs 在改善各种性能尤其是强度、刚度和耐磨性方面有更大的潜力，通过设计合理的制造工艺，可以使其同时拥有金属和增强体的优点，因此 MMCs 在航空航天、先进的武器系统和汽车制造等方面具有广阔的应用前景。由于 SLM 技术在制造 MMCs 方面具有结构复杂和增强相分布较均匀等优势，目前已有较多用 SLM 工艺制备

MMCs 的报道。

目前，已有关于 SLM 技术制备 Al－Si－Mg/SiC、Al50TiSi10、WC/Co、TiN/Ti5Si3、TiC/Ti－Al 和 316L/HA 复合材料的报道。本章节分别介绍 TiN/AISI 420、Ti－HA、Ti/HA、TiAl/TiB_2 复合材料的 SLM 制备技术与工艺。

7.1　SLM 制备 TiN/AISI 420 不锈钢复合材料组织与性能

7.1.1　原材料粉末及复合粉末制备

研究选用的金属基体材料为 420 不锈钢粉末，由长沙市骅骝粉末冶金有限公司生产，制造工艺为氩气气雾化。该粉末形貌如图 7－1(a)所示，具有较窄的粒径范围(5～70μm)，平均粒径为 20μm。选用的陶瓷增强颗粒为微米级 TiN 颗粒，由中诺新材北京科技有限责任公司提供，名义粒径小于 2μm。如图 7－1(b)所示，TiN 颗粒呈不规则形状，由微米级的大尺寸颗粒和亚微米级的小颗粒共同组成。

图 7－1　原始粉末形貌
(a) 420 不锈钢粉末；(b) TiN 粉末。

将原始的 420 不锈钢粉末和 TiN 粉末按照质量比 99∶1、97∶3 和 95∶5三种比例混合，将混合的三种粉末先后置于球磨机(QM－3SP4 型行星式球磨机，南京大学仪器厂)中进行高能球磨，使不锈钢粉末和陶瓷增强体均匀混合。在保证两种粉末均匀混合的同时，需要使制备的混合粉末具有较好的流动性，具体的球磨工艺设置如下：球料质量比为 10∶1，选用转速为160r/min，球磨时间为 4h。根据 TiN 添加量的不同，将制备的混合粉末依次命名为 P1、P2 和 P3。

7.1.2 混合粉末的形貌与相组成

图 7-2 为 AISI 420 不锈钢和 TiN 混合粉末的低倍形貌。可以看出采用上述球磨工艺制备的三种粉末仍保持球形或近球形，TiN 颗粒的加入和高能球磨并未使不锈钢颗粒发生明显的塑性变形和破碎，因此粉末的流动性不会大幅下降，保证 SLM 过程中的铺粉效果。

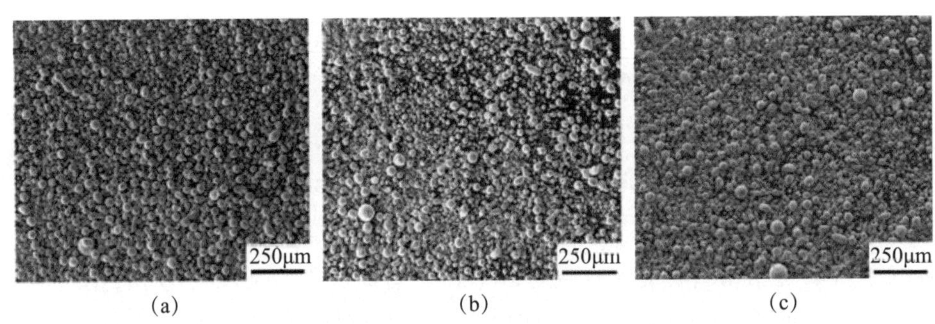

图 7-2 **AISI 420 不锈钢和 TiN 混合粉末的低倍形貌**

(a) P1；(b) P2；(c) P3。

图 7-3 为 AISI 420 不锈钢和 TiN 混合粉末的高倍形貌。如图 7-3(a)所示，混合粉末中可以清晰地分辨出微米级 TiN 颗粒和不锈钢粉末颗粒，由于球磨时间和转速的限制，微米级 TiN 颗粒并未完全被碾碎变为亚微米或纳米级颗粒，微米级的 TiN 颗粒粒径小于 5μm，仍为不规则形状。从图 7-3(b)～(d)可以看出亚微米和纳米级 TiN 颗粒在不锈钢粉末颗粒表面的分布情况。TiN 颗粒如图 7-3(b)～(d)中黑色箭头所示，随着 TiN 粉末添加量的增加，黏附在 AISI 420 不锈钢粉末颗粒表面的 TiN 颗粒明显增多。

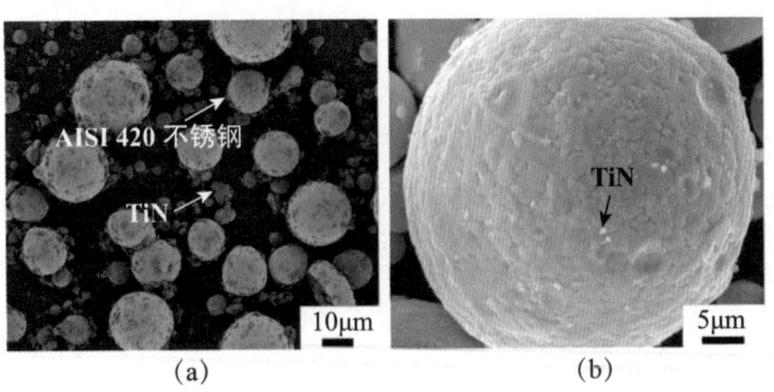

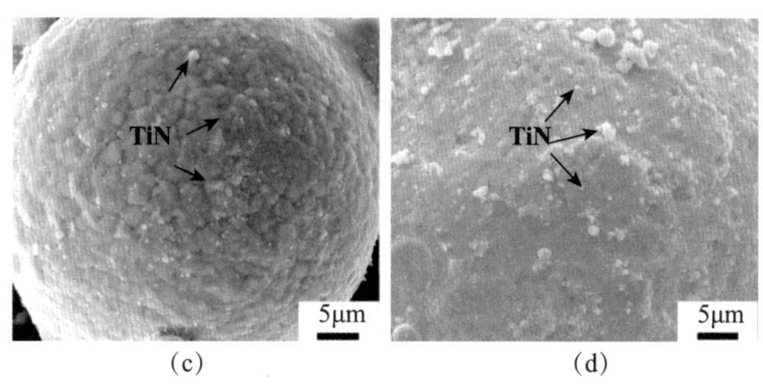

图 7-3　**AISI 420 不锈钢和 TiN 混合粉末的高倍形貌**

(a)、(c) P2；(b) P1；(d) P3。

图 7-4 为 AISI 420 不锈钢和 TiN 混合粉末的能谱分析图，由于使用能谱测量轻元素时误差较大，因此通过对比 Ti 元素的分布来确定 TiN 颗粒的粉末情况。其中图 7-4(a)、(b)为混合粉末 P1 的点能谱测试结果，而图 7-4(c)、(d)和图 7-4(e)、(f)分别为混合粉末 P2 和混合粉末 P3 的点能谱测试结果。从图中可以看出白色颗粒物处 Ti、N 元素含量相比于其他深色区域明显高出许多，可以判断白色颗粒为 TiN 颗粒。由于 AISI 420 不锈钢和 TiN 材料导电

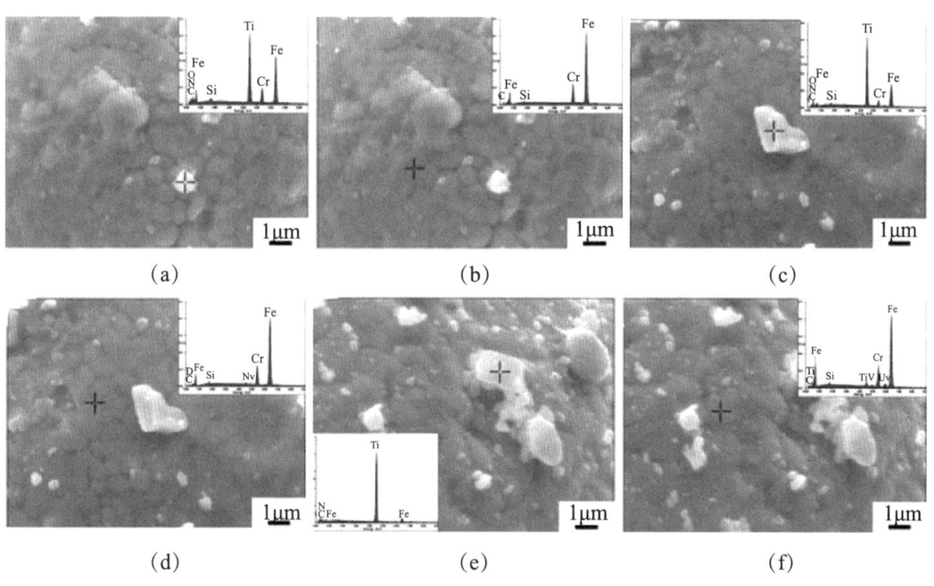

图 7-4　**AISI 420 不锈钢和 TiN 混合粉末的能谱图**

(a)、(b) P1；(c)、(d) P2；(e)、(f) P3。

性差异很大，因此在扫描电镜下两者存在明显的衬度差异，其中白色颗粒处为 TiN，而灰色区域为 420 不锈钢。从图中可以看出，不锈钢粉末颗粒表面黏附着微米级和纳米级的 TiN 颗粒。同时可以看到随着初始 TiN 颗粒添加量的增加，不锈钢颗粒表面测量的 Ti 元素的峰值明显升高，说明了随着 TiN 添加量的增加，混合粉末中纳米 TiN 颗粒在不锈钢表面分布更加均匀。

对原始不锈钢粉末和混合粉末进行 XRD 测试，使用设备见第 2 章，扫描角度 $2\theta=30°\sim100°$，扫描速度为 5(°)/min，结果如图 7－5 所示。原始粉末中检测出 Fe－Cr 相和 $CrFe_7C_{0.45}$ 相，而在混合粉末中仅增加了 TiN 相的峰位，未发现其他新物质的明显峰值，证实在混合粉末制备过程中两种粉末并未反应生成新的相。随着初始 TiN 含量的增加，测出的 TiN 峰越来越明显。

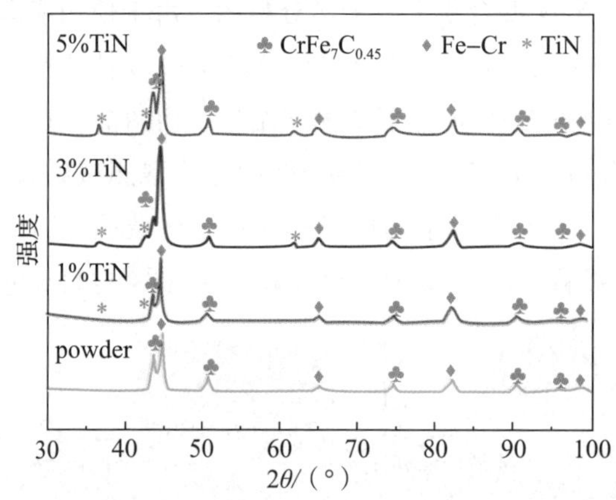

图 7－5 AISI 420 不锈钢粉末和 TiN 混合粉末的 XRD 图谱

7.1.3 研究方法

用 SLM 工艺制备了两组复合材料的尺寸为 10mm×10mm×8mm 的块体试样。第一组试样使用相同的 SLM 工艺成形 P1、P2 和 P3 三种不同粉末，研究 TiN 添加量对成形件致密化过程、组织与性能的影响规律。使用的 SLM 工艺参数如下：激光功率为 150W，扫描速度为 590mm/s，扫描间距为 0.07mm，粉末层厚为 0.03mm，扫描策略为换向扫描。第二组采用不同的 SLM 成形工艺参数研究激光功率对成形件致密化过程、组织与性能的影响规律。扫描速度、扫描间距和层厚分别设置为 550mm/s、0.07mm 和 0.03mm，激光功率从 140W 增加至 200W，所选材料为 P1 粉末。详细研究设计如表 7－1所列。

表 7-1　SLM 工艺研究设计

	粉末	SLM 工艺参数			
		激光功率/W	扫描速度/(mm/s)	扫描间距/mm	粉末层厚/mm
第一组	P1	150	590	0.07	0.03
	P2				
	P3				
第二组	P1	140～200	550	0.07	0.03

7.1.4　TiN 添加量对复合材料相对密度的影响

图 7-6(a)～(c)为 SLM 成形的 AISI 420 不锈钢/TiN 复合材料试样的水平截面 SEM 图片。从图中可以看出三种添加了不同 TiN 含量的成形件致密度较低，存在较多的孔隙缺陷。按照孔隙的形貌特征，可以将这些缺陷分为两类：大尺寸不规则孔(large pore)和狭长链状孔(pore chain)。其中，大尺寸不规则孔隙尺寸在 50μm 以上，并且在成形件中分布没有明显的规律，此类缺陷常见于 SLM 熔化不足的成形件中；狭长链状孔为一系列窄而长的小孔造成的孔链，孔链的方向与激光扫描的方向平行(图 7-6(a))，分布在熔化道边缘附近。在使用粉末 P1 制造的复合材料试样中可以观察到大量的链状孔，而在使用粉末 P2 和 P3 制造的复合材料试样中缺陷主要为不规则孔(图 7-6(b)、(c))，并且随着原材料中 TiN 颗粒的增多，粉末熔化和润湿效果逐渐变差，出现了更多不规则的孔隙。从图 7-6(c)右上角的放大图中可以看到大量的 TiN 颗粒聚集在孔隙缺陷附近，少部分颗粒与金属基体结合紧密。图 7-6(d)为 SLM 成形的复合材料试样的相对致密度，P1 粉末成形件的致密度为 95.5%，P2 粉末成形件的致密度降低为 81.8%，当 TiN 含量升高至 5%时，致密度降低为 66.5%。致密度下降的趋势与电镜所观察到的相一致，同时该结果远远低于未添加 TiN 颗粒的成形件。可见，TiN 颗粒的添加极大地降低了 AISI 420 不锈钢/TiN 复合材料 SLM 成形件的致密化程度。

图 7-7 为 SLM 制造的复合材料试样(使用粉末 P2)缺陷处的高倍 SEM 图片。从图 7-7(a)中可以看到大尺寸孔具有不规则的形貌，并且在孔隙内可以找到未熔化的微小金属球和尺寸较大的部分熔化的金属粉末颗粒。在第 2 章的研究中，当使用优化的 SLM 成形工艺参数制造 420 不锈钢时，金属粉末颗粒

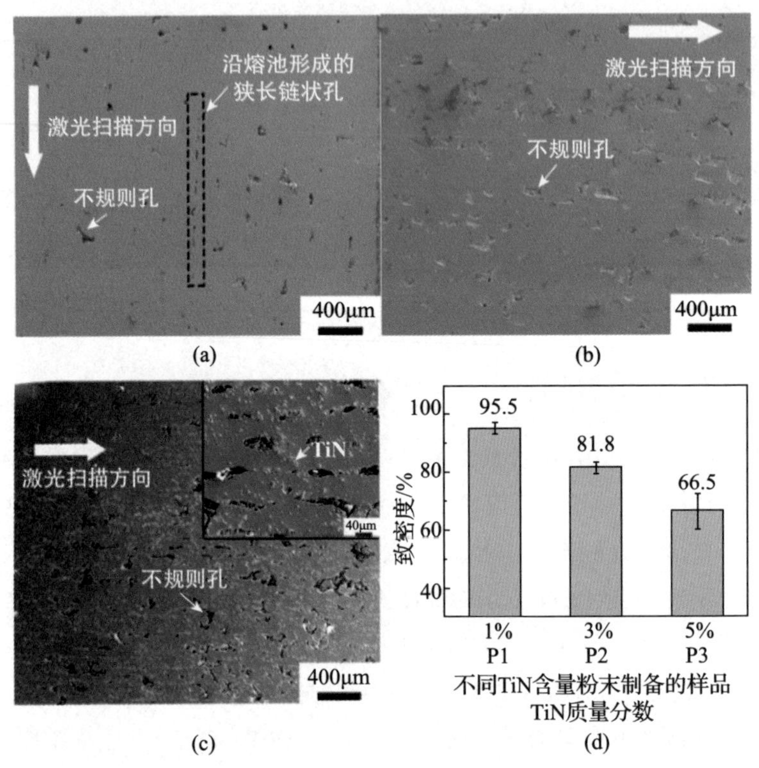

图 7-6　**SLM 成形的 AISI 420 不锈钢/TiN 复合材料试样的水平截面 SEM 图片**

(a) P1；(b) P2；(c) P3；(d) 复合材料试样的致密度。

可以完全熔化，并且成形件接近全致密。增材制造中不锈钢粉末对光纤激光的吸收率大概为 0.6[1]，粉末颗粒表面的 TiN 颗粒降低了混合粉末对激光的吸收率，因此添加 TiN 颗粒后造成粉末颗粒熔化不充分，形成了不规则孔隙缺陷。随着 TiN 添加的增加，原始粉末材料对激光吸收率逐渐减小，使用相同的 SLM 成形工艺参数时，更少的激光能量被吸收来熔化粉末材料。因此，一些不锈钢颗粒未吸收足够的能量出现了部分熔化甚至是未熔化的现象，从而造成了大尺寸不规则孔隙。对链状孔处进行 EDS 线扫描，可以观察到元素波动趋势。从图 7-7(b)中可以看到 Ti 元素在链状孔边缘急剧增加，说明了 TiN 颗粒聚集在孔隙边缘。图 7-8 为三种 TiN 含量成形件链状孔处的 EDS 线扫描结果，当 TiN 含量增加时，链状孔确实有所增加，同时宽度和长度也增加。

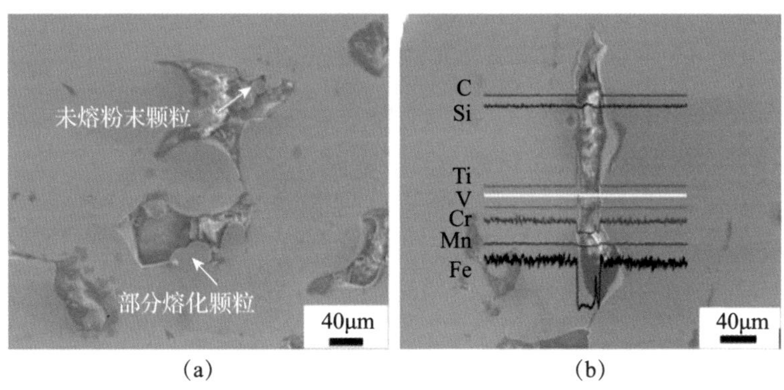

(a) (b)

图 7-7 **SLM 制造的复合材料缺陷处的高倍 SEM 图片**

(a) 不规则孔；(b) 链状孔(使用 P2 制备的试样)。

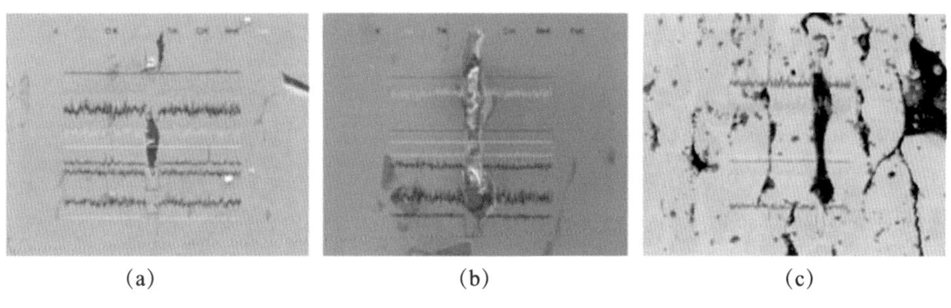

(a) (b) (c)

图 7-8 **成形件链状孔处的 EDS 线扫描结果**

(a) P1；(b) P2；(c) P3。

陶瓷/金属界面是成形 MMCs 的关键问题之一，根据陶瓷与金属基体的润湿是否发生化学反应分为反应界面系统和非反应界面系统。TiN 颗粒与不锈钢熔体的润湿属于非反应界面系统。非反应界面系统具有极快的润湿速度，并且润湿角和附着功受温度影响较弱[2]。金属/陶瓷界面的附着功 W 通常是两相界面之间各种影响的总和，可用下式表示：

$$W = W_{\text{equil}} + W_{\text{non-equil}} \tag{7-1}$$

式中：$W_{\text{non-equil}}$ 为当金属/陶瓷界面间发生化学反应时对附着功的非平衡影响；W_{equil} 为排除化学反应后对界面附着功的平衡影响。非反应界面系统的附着功明显小于反应界面系统的附着功。例如，由于 Ti 与 TiB_2 反应增加了 Ti 基体与反应产物 TiB 界面润湿程度和界面强度，SLM 工艺成形 Ti/TiB_2 粉末可以成形出致密度很高的零件[3]。与之相比 TiN 与不锈钢熔体之间附着功较小，两者之间润湿情况较差。同时，由于温度的升高对界面附着功提升有限，因此 SLM 微熔池内的高温熔体也很难改善两者界面润湿情况，实现全致密零件的制造。另外，SLM 成形工艺是一种无压力的成形方法，不能提升复合材料成形过程中的致密化程度。最终，TiN 陶瓷与不锈钢熔体之间较差的润湿情况造成了链状孔缺陷，限制了复合材料中 TiN 含量的继续增加。

7.1.5 TiN 添加量对复合材料相组成和硬度的影响

图 7-9(a)为粉末 P3 及用 SLM 制造的复合材料成形件的 XRD 图谱，粉末和成形件测试出的峰值有 Fe-Cr、$CrFe_7C_{0.45}$和 TiN 三个，SLM 成形过程中并未产生新的物相，说明了成形过程中未发生原位反应。因此观察已有的相的变化，将 40°～55°的粉末 XRD 图谱放大和原始 420 不锈钢粉末做对比，发现峰值位置没有偏移，但是$CrFe_7C_{0.45}$和 TiN 峰强相对原始粉末减弱很多，Fe-Cr 峰强相对原始粉末有所增强，证明 SLM 制造的复合材料中Fe-Cr 相含量增加，主要是因为 SLM 过程中极高的冷却速度造成高温 Fe-Cr 组织遗传[4]。推测 TiN 可能在成形过程中发生固溶现象，导致 TiN 峰值减弱。图 7-9(b)为不同 TiN 含量粉末制造的复合材料成形件 XRD 图谱。随着 TiN 含量的增加，检测到 TiN 的峰值越来越强。当初始粉末中 TiN 的质量分数添加量为 1%时，SLM 制造的复合材料基本看不到明显的 TiN 峰位。

如图 7-9(c)所示，P1 复合粉末成形件的硬度最大，为 492 HV_3，P2 复合粉末成形件的硬度降为 384 HV_3，P3 复合粉末成形件的硬度仅为 297 HV_3，仅为最大硬度试样的 60%。从试样的表面形貌分析可知，当 TiN 含量增加时，孔隙裂纹等缺陷增加，必然使得硬度降低。与 TiN 颗粒的增强效果相比，成形件相对致密度的下降是决定复合材料显微硬度的首要因素。由于维氏硬度计的测量，探头不能在裂纹孔隙处打点，测得的显微硬度不能够很好地反映复合材料的实际性能，故采用洛氏硬度计再次测量试样的硬度，结果如图 7-9(d)所示。结果依然是 P1 复合粉末成形件的硬度最大，为 47.6HRC，P2 复合粉末成形件的硬度降为 36.04HRC，P3 复合粉末成形件的硬度只有 20.6HRC，仅为最大硬度试样的 43%。与微观硬度相比，成形缺陷对试样宏观硬度影响更为明显。此外可以看出虽然 P1 粉末成形件的密度只有 95.5%，但其硬度可达到 SLM 成形全致密 AISI 420 不锈钢的水平(45～55HRC)，说明 TiN 颗粒对金属基体存在强化作用。

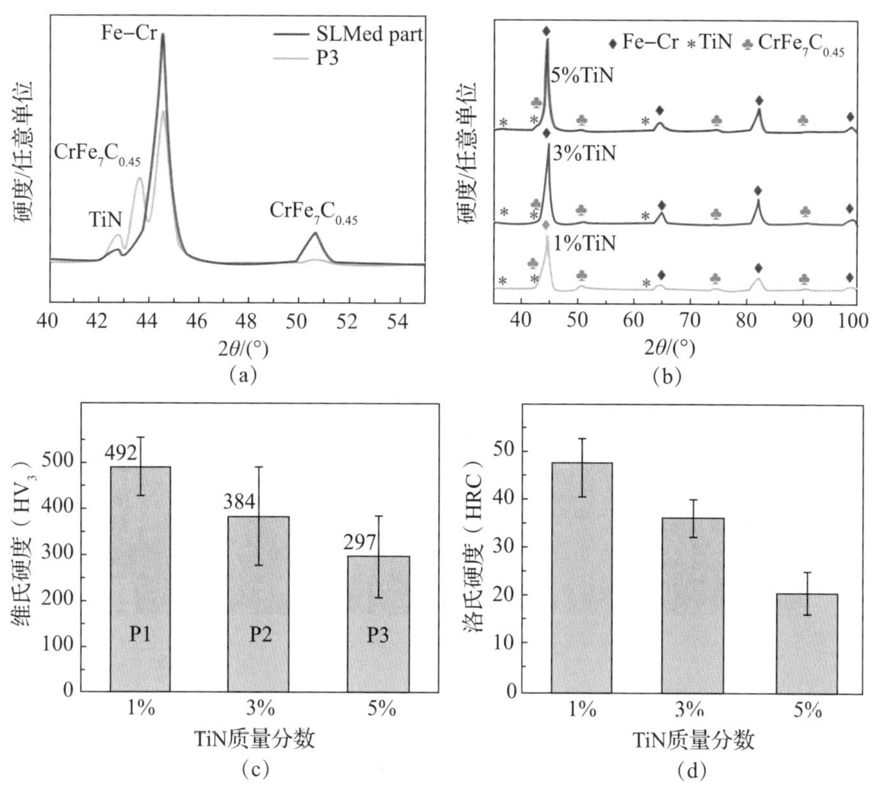

图 7－9　不同 TiN 含量样品的 XRD 图谱和硬度比较

(a) 粉末 P3 及其 SLM 制造的复合材料成形件 XRD 图谱；(b) 使用不同粉末制造的成形件的 XRD 图谱；(c) 复合材料的维氏硬度；(d)复合材料的洛氏硬度。

7.1.6 激光功率对复合材料表面形貌与相对密度的影响

图 7－10 为 SLM 成形的 P1 复合材料(TiN 质量分数为 1%)试样的表面形貌，其中，激光功率为 140W 时制造的试样表面明显有很多较大的孔隙和球化缺陷，几乎看不到连续的熔化道，表面凹凸不平、粗糙度较大。当激光功率增大时，成形件表面的熔化道逐渐清晰可见，说明至少需要 160W 的成形功率才能形成较为良好的熔化道，但是，在熔化道上依然有比较少量的球化现象，并且熔化道局部下陷，使得表面不太平整。图中激光功率为 180W 的试样球化现象更少一些，随着激光功率的进一步增加，成形件表面变色，主要是由于能量过大，不锈钢中 Cr 元素与氧气反应生成氧化物所致。

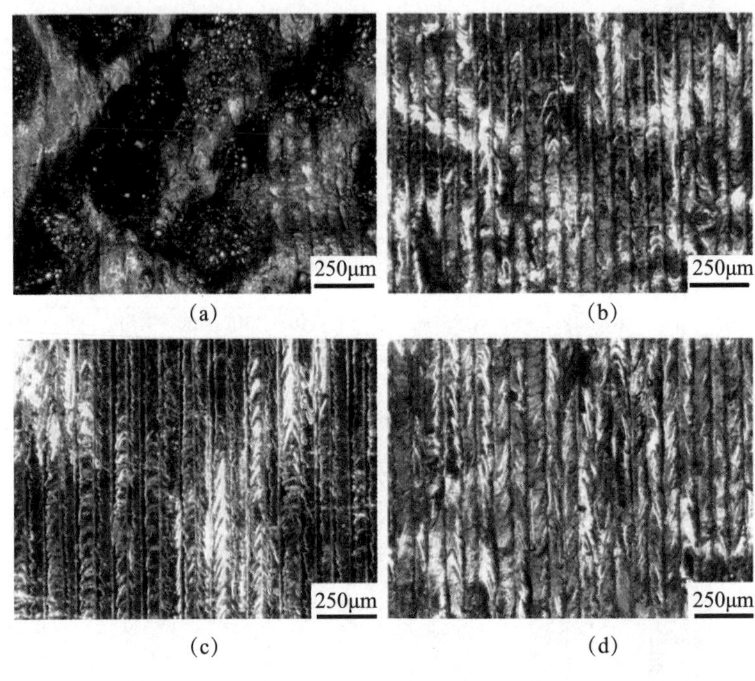

图 7-10 **P1 复合材料试样的表面形貌(水平方向)**

(a) 140W；(b) 160W；(c) 180W；(d) 200W。

图 7-11 为 P1 复合材料试样的 500 倍表面形貌。由于在低倍下观察到激光功率为 140W 时成形件没有连续的熔化道，故在高倍下仅观察高功率成形复合材料试样的熔化道形貌。图中可以十分清楚地看到一条紧挨着一条的熔化道，熔化道表面非常清晰。其中功率为 160W 和 200W 的成形件表面有杂质附着，而功率为 180W 的成形件表面比较干净，无黑色附着物。激光功率为

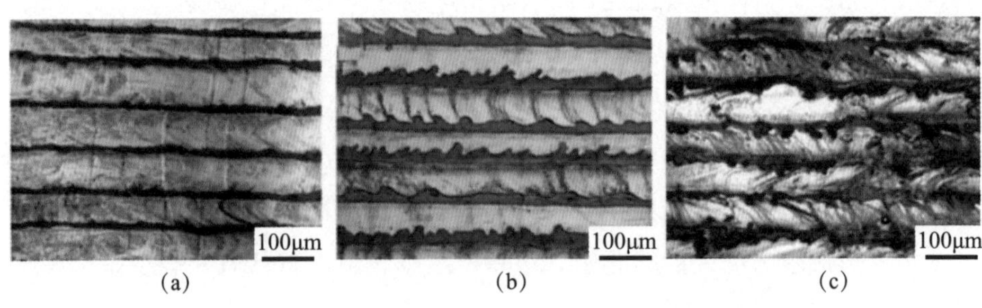

图 7-11 **P1 复合材料试样的 500 倍表面形貌(水平方向)**

(a) 160W；(b) 180W；(c) 200W。

200W 时，成形试样表面可以看到小尺寸球化，主要是激光能量过大造成熔体飞溅形成的。

图 7－12 为不同激光功率成形的 P1 复合材料成形件的致密度。当激光功率为 140W 时，制造的复合材料试样致密度仅有 92.2%，当激光功率继续增加到 160～200W 时，复合材料试样的致密度在 98%左右。同时，从图中可以看到，激光功率为 160W 和 180W 的试样致密度波动很小。从致密度上考虑，需要至少 160W 的激光功率才能保证成形件的致密度，低功率时会产生大量的孔隙，高功率时过热熔体不稳定现象也会降低成形件致密度。

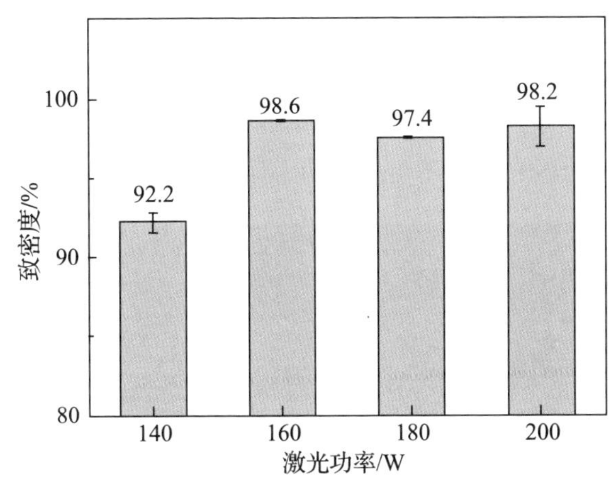

图 7－12
不同激光功率成形的 P1 复合材料试样的相对致密度

如前面所述，SLM 微熔池中液态金属数量直接影响成形试样的最终致密度和微观组织。粉末颗粒受激光辐照后形成微熔池，一道道微熔池相互搭接，然后层层堆叠后成形三维实体零件，单个微熔池的形貌是获得三维零件的基本单元。微熔池的形貌主要影响因素有：高温金属熔体的黏度、润湿性、液相—固相流体学特性等[5]。TiN 熔点为 3223 K，比大多数过渡金属氮化物的熔点都高[6]，因此具有良好的高温热稳定性，在微熔池形成时大尺寸的 TiN 颗粒才不会被分解，而是保留在不锈钢熔体内，从而显著地增加了熔池内液态金属的黏度。在 SLM 制备 Ti/TiC 纳米复合材料时也报道了类似的情况[7]。当使用较低的激光能量输入时，微熔池的温度受限，造成液态金属流动性不足。最终，微熔池为了达到平衡状态分裂为多个不连续的熔化道，造成了熔化道不稳定现象。在 SLM 逐层加工的过程中，新的一层粉末被铺展在已固化的层面上，由于前层熔化道的不连续造成成形平面的凹凸不平，因此不同位置的粉末厚度差异很大。当激光束扫描这样厚度不均匀的粉末时，熔化道的断裂、变形和不连续会更加严重。因此，层与层之间形成了很多孔隙，造成了成形件致密度降低。随着激光能量输入的增加，微熔池内熔体的黏度降低，液相润湿性得到改善，从而提高了SLM成形复合材料的相对致密度。但是，过高的激光能量输入会造成过熔，造成成形件内部产生较大的残余热应力和微裂纹，这将降低材料的致密度。总体而言，添加TiN颗粒后，SLM成形件很难达到完全致密水平。

7.1.7 激光功率对复合材料微观组织和相组成的影响

图7－13为不同激光功率成形的P1复合材料试样的显微组织。当激光功率为140W时，可以看到很多残余的孔隙较均匀地分布在成形件上，孔隙的长度超过了200μm，主要是因为激光能量不足造成的。同时，也可以看到从孔

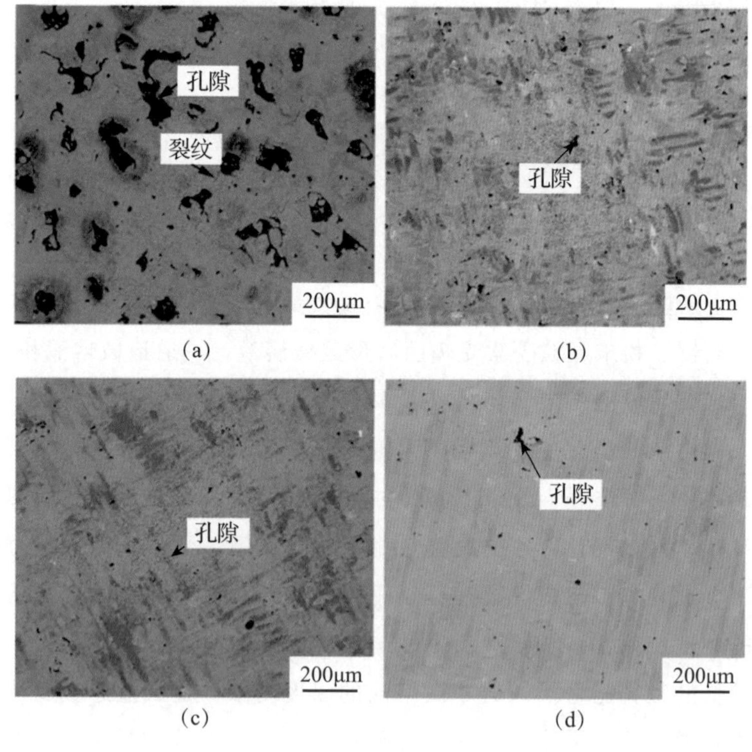

(a) (b) (c) (d)

图7－13 P1复合材料试样的显微组织
(a) 140W；(b) 160W；(c) 180W；(d) 200W。

隙的边缘扩展出的一些微裂纹。当使用的激光功率增加时，大尺寸孔隙缺陷大大减少(图 7-13(b)～(d))，孔隙的尺寸也减小到 20μm 左右。与第 2 章中 SLM 成形的 AISI 420 不锈钢微观组织相比，无法清晰地辨认出微熔池和激光扫描方向。造成该现象的主要原因如下：SLM 成形过程中，由于 TiN 颗粒具有较小的密度(5.43～5.44g/cm^3)和良好的高温稳定性，高温下保留下来的 TiN 颗粒会在液体金属浮力和马兰各尼对流的作用下向微熔池的边缘迁移。熔池边界在 TiN 颗粒的影响下变得不再明显，因此在图中未观察到“道-道”搭接的熔池。

图 7-14 为 SLM 成形的复合材料中无缺陷处 TiN 颗粒及其扩散区域分布情况的电镜照片。对图中不同衬度的位置进行 EDS 点能谱测试，其中 Ti 元素的含量如表 7-2 所列，根据 Ti 元素含量可以区分出 TiN 颗粒、不锈钢基体和扩散区，不同的区域已在图 7-14 中标出。如图 7-14(a)所示，当激光功率为 140W 时，可以看到 TiN 仍保持了接近原始颗粒的形貌，TiN 颗粒和不锈钢基体之间没有裂纹、孔隙等缺陷存在。当激光功率增加时，如图 7-14(b)～(d)所示，未观察到原始的 TiN 颗粒存在。小尺寸的 TiN 颗粒在高温下可能与不锈钢基体发生扩散，形成了 Ti 元素质量分数为 2%～4% 的扩散区。当使用的激光功率增加时，微熔池的温度升高，Ti 原子的扩散行为得到提升，因此可以看到扩散区内 Ti 元素的含量随着激光功率增大而升高。

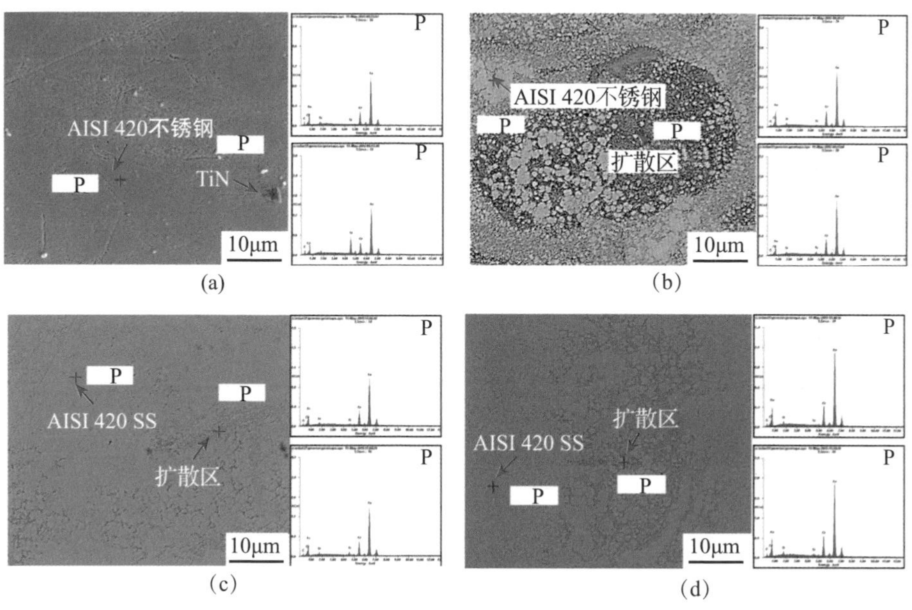

图 7-14　**SLM 成形的 P1 复合材料中无缺陷处 TiN 颗粒及其扩散区域的分布**

(a) 140W；(b) 160W；(c) 180W；(d) 200W。

表 7-2　SLM 成形复合材料中 Ti 元素的分布情况

功率/W	质量分数/%		
	AISI 420 不锈钢	TiN 颗粒	区域扩散区
140	0.32	11.18	—
160	0.59	—	2.87
180	0.74	—	2.41
200	0.43	—	3.25

SLM 成形的 P1 复合材料件中 TiN 颗粒的质量分数仅为 1%，在无缺陷的组织内很难观察到完整的 TiN 颗粒，而在不同激光功率成形试样的组织缺陷附近都发现了 TiN 颗粒。图 7-15(a)为 140W 激光成形的复合材料试样孔隙缺陷附近的微观组织，根据 EDS 能谱区分出 TiN 颗粒、扩散区和不锈钢基体，从电镜图片也可以看出不同区域的显微组织有明显的差异。扩散区的组织呈现为微小的针状组织，而 AISI 420 不锈钢区域为微小的胞状晶。图 7-15(b)为 TiN 和 AISI 420 不锈钢界面的高倍电镜图片，从图中可以看出 TiN 可以与过渡区之间存在良好的冶金结合。同时 TiN 颗粒的尺寸超过了 20μm，远大于原始的 TiN 颗粒，说明 SLM 在成形过程中 TiN 颗粒存在聚集长大的现象。如上所述的微观组织说明了 TiN 在成形的复合材料中分布并不均匀。

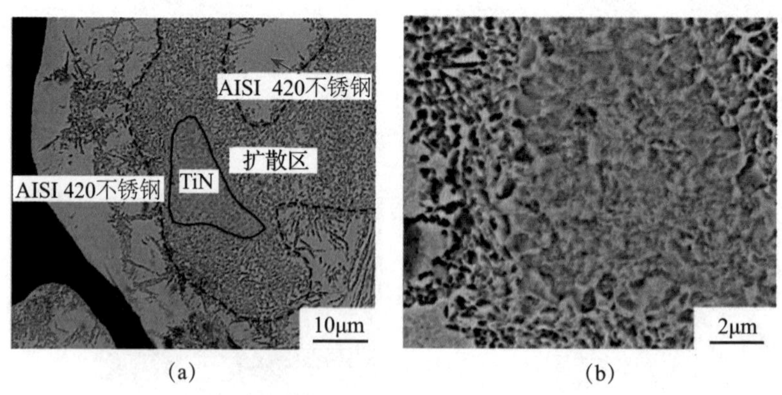

图 7-15　**140W 的成形件 SEM 图**

(a) 显微组织；(b) AISI 420 不锈钢/TiN 界面的高倍电镜照片。

图 7－16 为使用不同激光功率制造 P1 复合材料件的 XRD 图谱。从图中可以看出主要检测出了 Fe－Cr 和 $CrFe_7C_{0.45}$ 的峰位，由于 TiN 含量太少未检测出 TiN 的峰位。从图 7－16(b)和(c)中看到 Fe－Cr 相 40°～50°的峰位随着激光功率的增加而角度增大，82°附近的峰位也表现出类似的特点。根据布拉格定律：

$$2d\sin\theta = n\lambda\,(n = 1, 2, 3, \cdots) \tag{7-2}$$

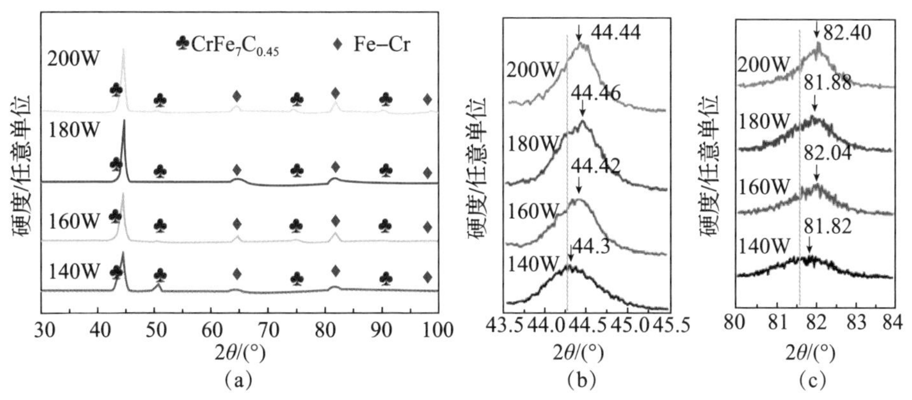

图 7－16 使用不同激光功率制造的 P1 复合材料件的 XRD 图谱
(a) 整体图；(b)、(c) 局部衍射峰放大图。

可知晶格常数减小，这是由于 Ti 原子在不锈钢晶格中固溶造成的。此结果与表 7－2 中的 Ti 元素的分布数据也一致。

7.1.8 激光功率对复合材料硬度和摩擦性能的影响

图 7－17 为 SLM 成形 P1 复合材料的硬度测试结果。当激光功率从 140W 变为 160W 时，显微硬度从 547 HV_3 略微下降到 522 HV_3；当激光功率为 180W 时，复合材料获得最大显微硬度为 607 HV_3；当激光功率增加到 200W 时，显微硬度大幅度下降为 479 HV_3。考虑到维氏硬度打在孔隙上，会使得结果无法测量，故决定测试洛氏硬度，由于其探头较大，直接显示结果，故不需要特意避开孔隙。如图 7－17(b)所示，宏观硬度表现出与显微硬度不一致的趋势，随着激光功率从 140W 增加到 180W，硬度从 43.3HRC 增加到 56.7HRC，当激光功率继续增加到 200W，硬度下降为 45.7HRC。SLM 成形的复合材料的强化机制主要有 TiN 颗粒强化和 Ti 元素的固溶强化，同时成形

件的致密度、组织缺陷也对力学性能产生影响。当使用 140W 成形复合材料时，由于熔池温度较低，部分微米级的 TiN 颗粒被保留，TiN 颗粒强化提升了材料的显微硬度，但是 140W 成形件致密度较低，因此测量洛氏硬度时孔隙缺陷影响了平均硬度，同时也看出 140W 成形试样的硬度标准偏差最大。随着激光能量增大，Ti 元素固溶增加，TiN 颗粒强化作用减弱，因为 TiN 硬度远高于金属，因此 160W 成形试样显微硬度下降，而 180W 成形试样固溶强化效果增加，因此显微硬度和洛氏硬度都达到最大。当激光能量继续增大时，成形件中较大的残余应力和裂纹等缺陷降低了材料的硬度。由多种因素的相互作用得到了如图 7-17 所示的硬度变化图形。

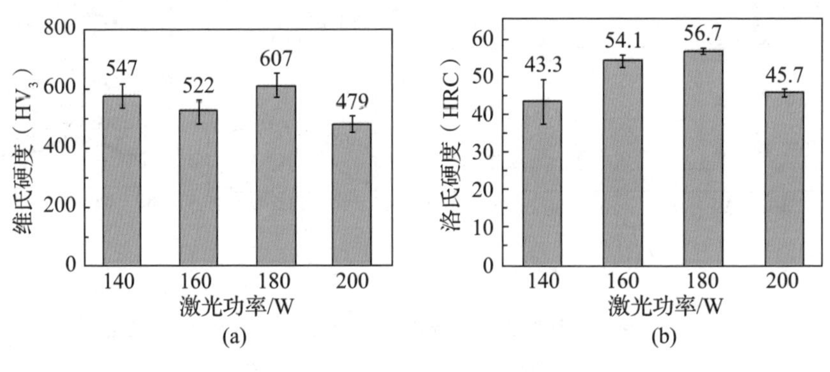

图 7-17 **SLM 成形 P1 复合材料件的硬度测试结果**

(a) 维氏硬度；(b)洛氏硬度。

研究时用 4N 的载荷，20mm/s 的滑动速度，滑动摩擦 60min 试样，得到试样的摩擦系数和时间的关系(图 7-18)，表 7-3 列出了试样的摩擦系数和跑合 800 s 时的摩擦系数。激光功率为 140W 和 160W 时，SLM 制造的复合材料具有相近的摩擦系数。当激光功率为 180W 时，SLM 制造的复合材料具有最小的摩擦系数，为 0.63。激光功率为 200W 时，复合材料的摩擦系数增加到 0.66。从图 7-18 中可以看到，复合材料摩擦系数变化平稳，表明摩擦磨损性能比较稳定。当选用 Si_3N_4 陶瓷作为摩擦副时，316 不锈钢上的 TiN 涂层的摩擦系数为 0.91[8]，Ti-6Al-4V 基体上的 TiN 涂层的摩擦系数为 0.66～0.72[9]，可以看出成形的 AISI 420 不锈钢/TiN 复合材料具有较低的系数，证明了其具有优于 TiN 涂层的优秀耐磨性，如图 7-19 所示。

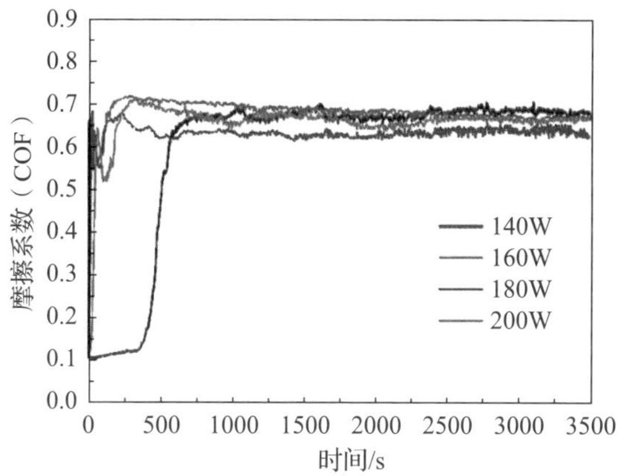

图 7-18　**SLM 成形 P1 复合材料件摩擦系数随时间的变化**

表 7-3　不同工艺成形件摩擦系数

试样采用的激光功率/W	140	160	180	200
摩擦系数	0.5999	0.6789	0.6301	0.6555
跑合 800 s	0.6764	0.6782	0.6304	0.6605

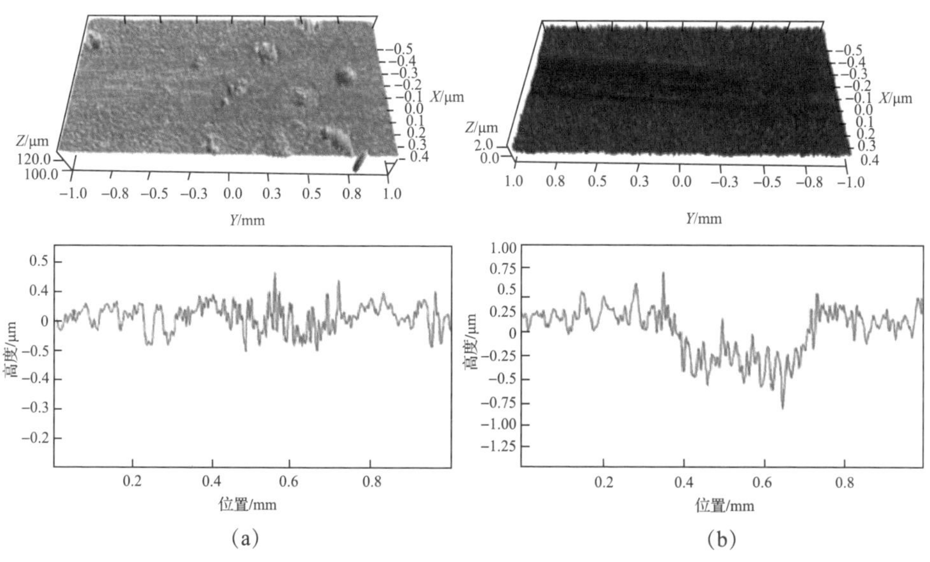

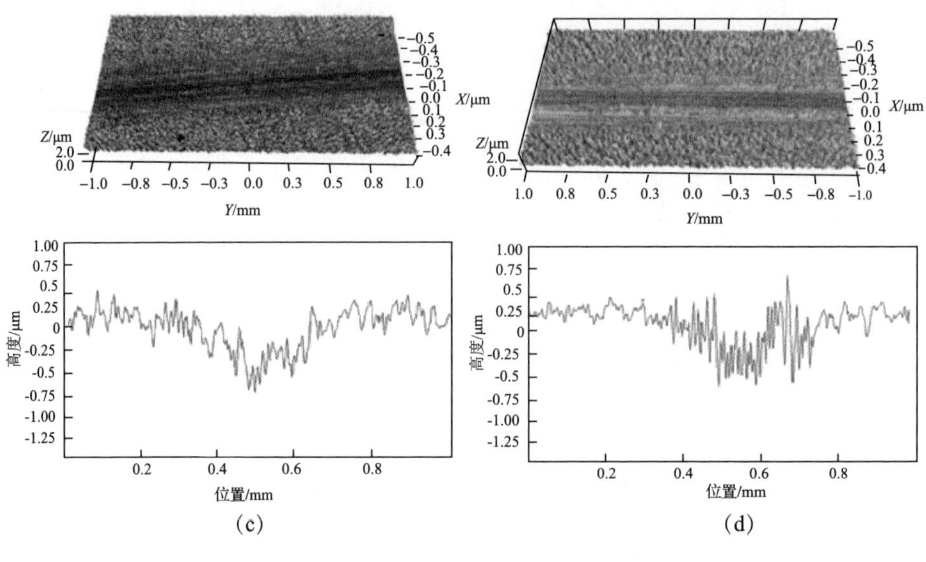

(c)　　(d)

图 7-19　**SLM 成形 P1 复合材料件磨损面的 3D 形貌和纵截面轮廓**

(a) 140W；(b) 160W；(c) 180W；(d) 200W。

图 7-20 为 SLM 成形 P1 复合材料磨损面形貌。根据图 7-20(a)中不同的微观形貌特征，140W 的复合材料磨损面可以分为如图 7-20(b)和(c)两个不同的区域。将这些区域放大观察，可以看到 b 区内犁沟清晰平直，平行于摩擦副运动的方向；而 c 区内磨屑黏附在磨痕边缘。当激光功率为 160W 和 200W 时，复合材料磨痕中犁沟变深，与硬度结果一致。图 7-20(j)展示了十分严重的磨损面，表面存在微米级别的孔隙和很大的犁沟。显微硬度较高时，如 140W 和 180W 制造的复合材料(图 7-20(a)和(g))的磨损面比较光滑。复合材料的致密度、硬度造成了成形件不同的磨损面形貌。

(a)　　(b)

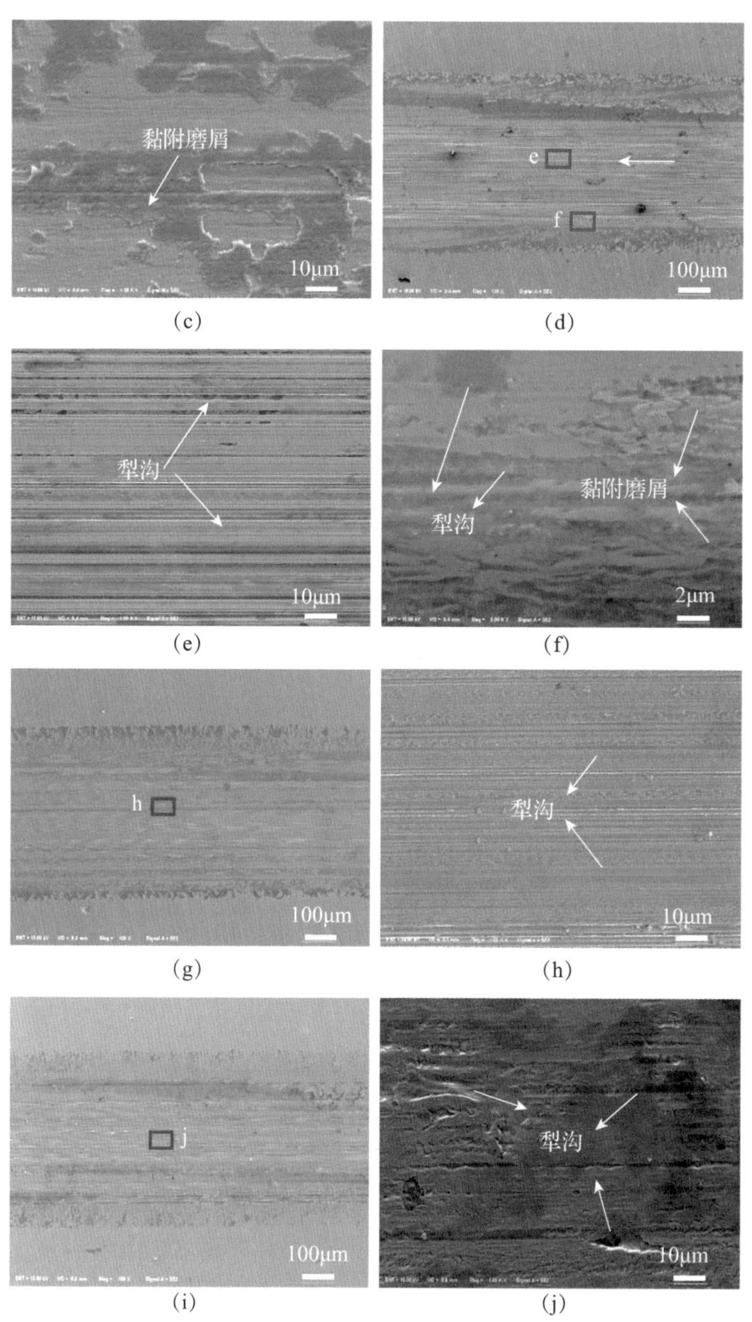

图 7-20　**SLM 成形 P1 复合材料件磨损面形貌**
(a)～(c) 140W；(d)～(f) 160W；(g)、(h) 180W；(i)、(j) 200W。

7.2 SLM 原位制备 Ti/HA 复合材料组织与性能

7.2.1 粉末材料

研究所使用的商用纯钛粉末（ASTM Grade 1）由加拿大 AP&C 公司提供，粉末形貌如图 7-21(a)所示，呈近球形，平均粒径为 30.8μm。纳米羟基磷灰石(nano-HA，nHA)粉末形貌如图 7-22(b)所示，平均尺寸为 50nm，有利于均匀分散在 Ti 颗粒表面。分别将质量分数为 2%和 5%的 nHA 粉末加入 Ti 基体中，分别命名为 Ti/2%HA 和 Ti/5%HA，并以 Ti 作为对照组。复合粉末在南京大学仪器厂所生产的 QM-3SP4 型行星式球磨机中进行机械混合，以 Ti/2%HA 复合粉末为对象针对球磨工艺参数(球料比、转速和时间)进行优化，如表 7-4 所列。粉末流动性是 SLM 工艺中的重要因素之一，需要粉末具有均匀形状和粒度分布。图 7-22 为不同球磨工艺下 Ti/2%HA 粉末形貌，红色箭头表示 HA 粉末，经过球磨后 HA 颗粒被分散在纯钛粉末的表面。从图中可以看出，金属粉末没有显著变形，选择平均粒径为 22.4μm 的复合粉末以获得良好的流动性(SLM 铺粉层厚为 20μm)。复合粉末的 XRD 结果如图 7-23 所示，加入了 Ti 和 HA 的粉末作为对比。结果表明，与原始材料相比，球磨后的复合粉末物相发生显著改变，有相对较弱的 HA 的峰存在(红色虚线所示)。因此，复合粉末中不止有 α-Ti(密排六方结构)，也有 HA 相存在。综上所述，优化后的球磨工艺参数：球料比为 10：1，转速为 150r/min，时间为 7h。

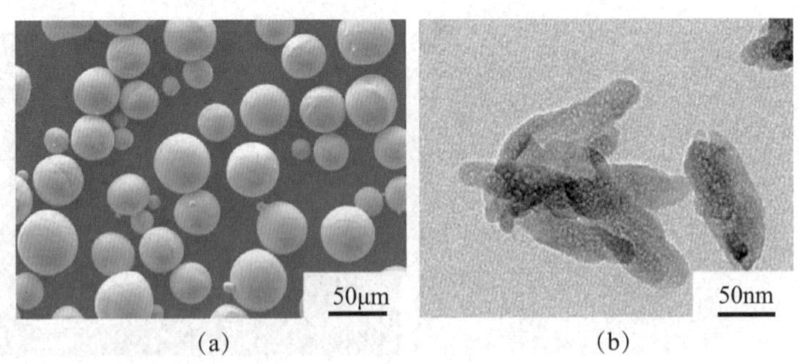

图 7-21 研究用粉末特征

(a) 纯钛粉末 SEM 形貌图；(b) 纳米羟基磷灰石粉末的 TEM 形貌。

表 7-4 Ti/2%HA 复合粉末的球磨工艺参数和平均粒径

编号	球料比	球磨转速/(r/min)	球磨时间/h	平均粒径/μm
P1	1:1	120	3	10.3
P2	1:1	150	7	31.4
P3	1:1	180	12	29.9
P4	5:1	120	3	17.9
P5	5:1	150	7	25.4
P6	5:1	180	12	27.8
P7	10:1	120	3	9.84
P8	10:1	150	7	22.4
P9	10:1	180	12	18.3

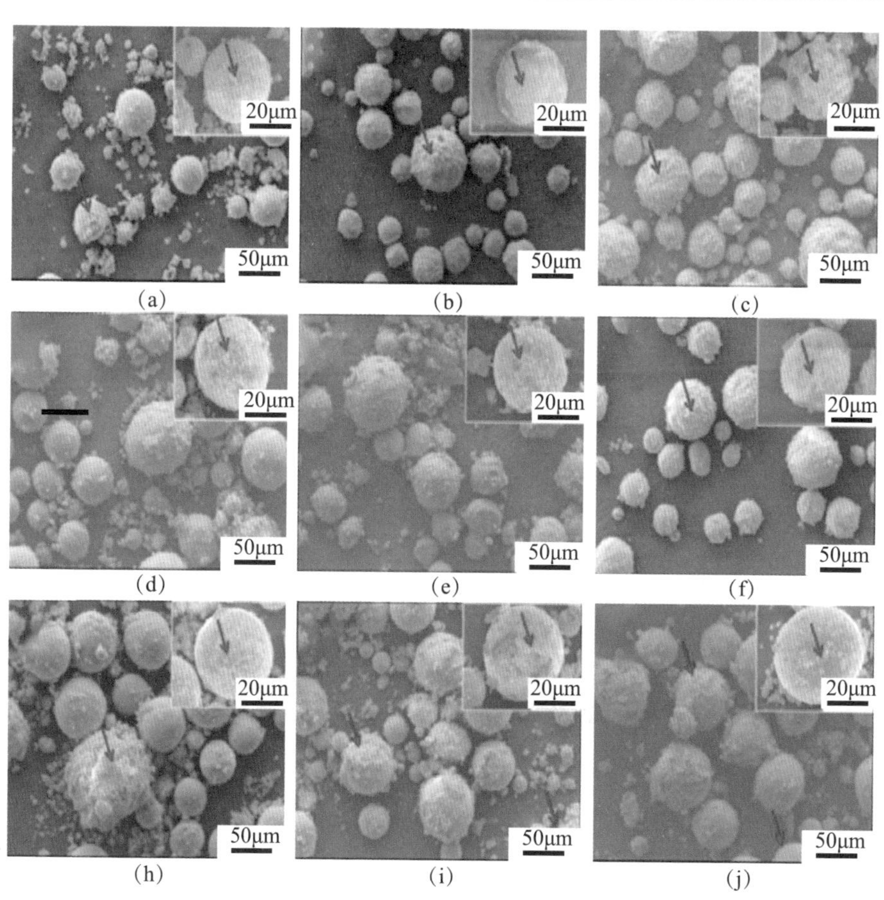

图 7-22 不同球磨工艺下 Ti/2%HA 复合粉末形貌

(a) P1; (b) P2; (c) P3; (d) P4; (e) P5; (f) P6; (g) P7; (h) P8; (i) P9。

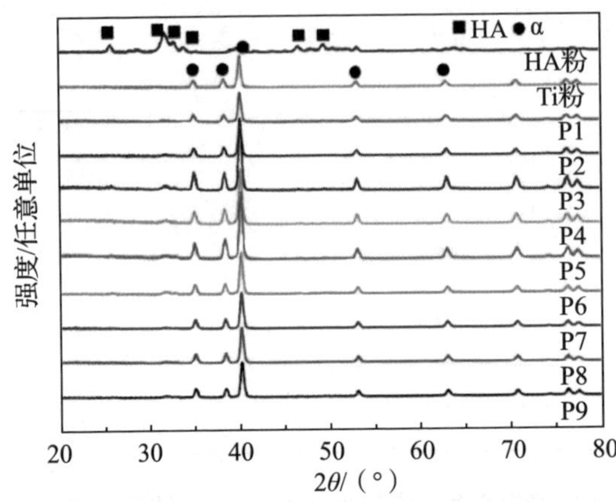

图 7-23 **不同球磨工艺下 Ti/2%HA 复合粉末 XRD 结果**

7.2.2 SLM 工艺参数

本研究采用 EOS M280 SLM 装备进行成形，该装备配备了 400W 单模光纤激光器(IPG，美国)，其波长为 1064nm，激光光斑为 100μm。SLM 过程在高纯氩气环境下进行，以避免氧化，实施单道、单层研究以优化工艺参数。

1. 单道扫描

设置不同激光功率和扫描速度组合进行单道扫描研究，通过观察熔池的连续性，确定合适的激光功率和扫描速度的工艺窗口。图 7-24 为单道扫描的典型熔池形貌，当激光功率较小而扫描速度较快时，粉末单位时间吸收的激光能量较少，熔化粉末量少不能形成连续熔池；当激光功率较高而扫描速度

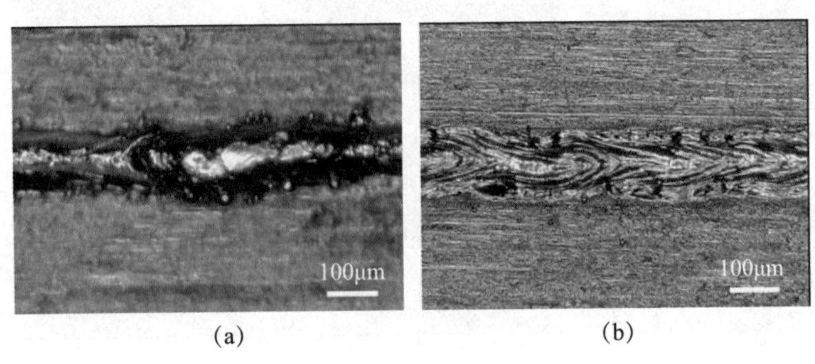

图 7-24 **单道扫描的典型熔池形貌**

(a) 不连续熔池；(b) 连续熔池。

较慢时，粉末单位时间吸收的激光能量多，局部熔化金属过多，造成熔池宽度不均匀、不连续；当激光功率和扫描速度合适时，熔池形貌规则且宽度均匀。通过光学显微镜观测，发现扫描速度在800～1200mm/s时，随着激光功率增大，熔池宽度变化平稳，形貌连续且均匀。

2. 单层面扫描

在单道扫描的基础上进行单层面扫描。选取扫描速度为1000mm/s，激光功率分别设置为160W、200W、240W、280W和320W，保持恒定的扫描间距0.08mm及铺粉层厚20μm。通过超景深光学显微镜观察表面形貌。图7-25描述了激光功率对熔池宽度和搭接率的影响。当扫描速度保持不变时，熔池宽度和搭接率随激光功率增加而增加。从图中可看出，当功率为200W、240W、280W时，熔池连续且无球化现象产生。已有针对熔池形成特征建立模型的研究，在SLM过程中，每个铺展的颗粒在激光高能束作用下被加热熔化。能量平衡方程可以用下式进行描述：

$$Q_a = Q_h + Q_l \tag{7-3}$$

式中：Q_a(J)为每个粉末颗粒吸收的能量；Q_h(J)为加热粉末至熔点所需要的能量；Q_l为粉床散失的能量。此外，Q_a保持稳定，粉末颗粒尺寸越小，需要加热温度就越高。当激光功率较低时(160W)，较小的粉末颗粒熔化，但是大颗粒未熔；而激光功率在200～280W时，粉末颗粒全部熔化，液态金属凝固形成连续熔化道。然而，当激光功率过高时(320W)，导致过烧现象产生，同时伴随着裂纹和高残余应力。

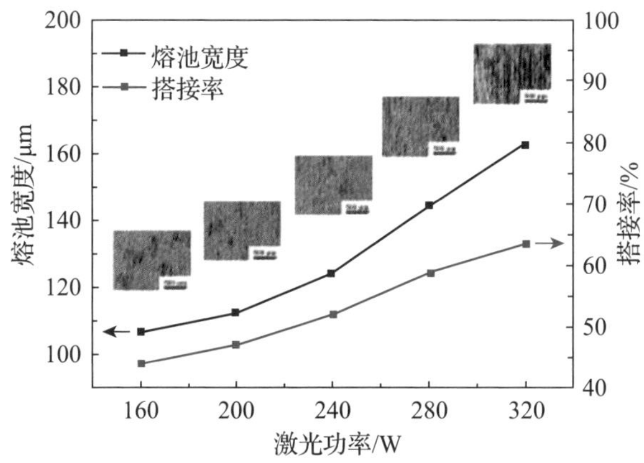

图7-25 不同激光功率下单层面扫描结果

3. 块体成形

在单层面扫描的基础上，设定激光功率为200W、240W和280W，扫描速度为1000mm/s成形块体。图7-26是成形块体在不同激光功率下的相对密度。结果表明，SLM成形Ti/2%HA试样的致密度高于95%。在激光功率为240W时，复合材料致密度最高，达到97%。通过前期系列工艺优化，得到复合材料制造参数：激光功率240W，扫描速度1000mm/s。

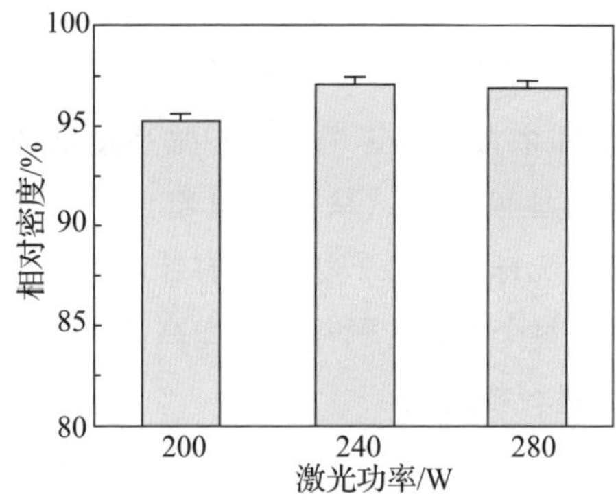

图7-26 不同激光功率下成形Ti/2%HA复合材料的相对密度

7.2.3 复合粉末形貌

Ti/2%HA和Ti/5%HA复合粉末形貌和元素分布如图7-27所示。较大尺寸的Ti颗粒被均匀的nHA粉末所包裹。图7-27(c)显示了Ti、Ca、O元素的分布，Ca和O元素作为HA的组成成分，表明了棉花状的nHA粉末均匀覆盖在了Ti颗粒上。此外，HA产生了团聚现象，这是由于其表面活性高所引起的，这种团聚程度随HA含量的增加而更加明显。

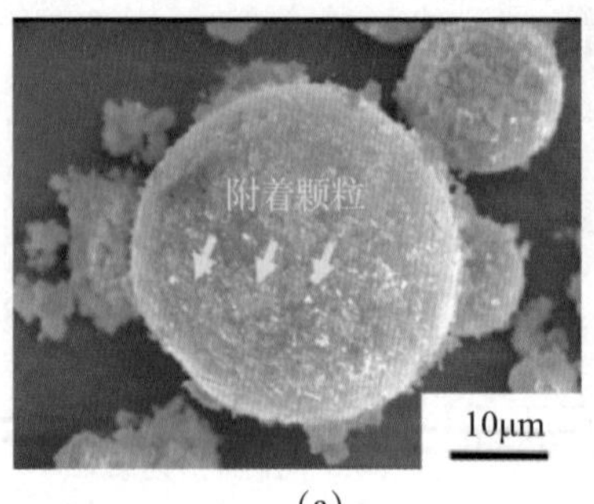

(a)

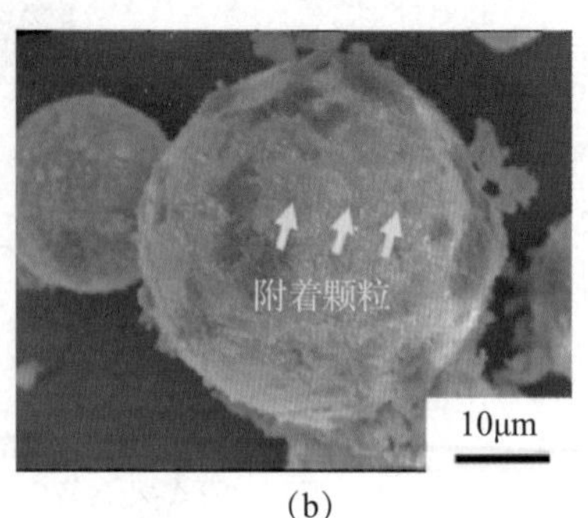

(b)

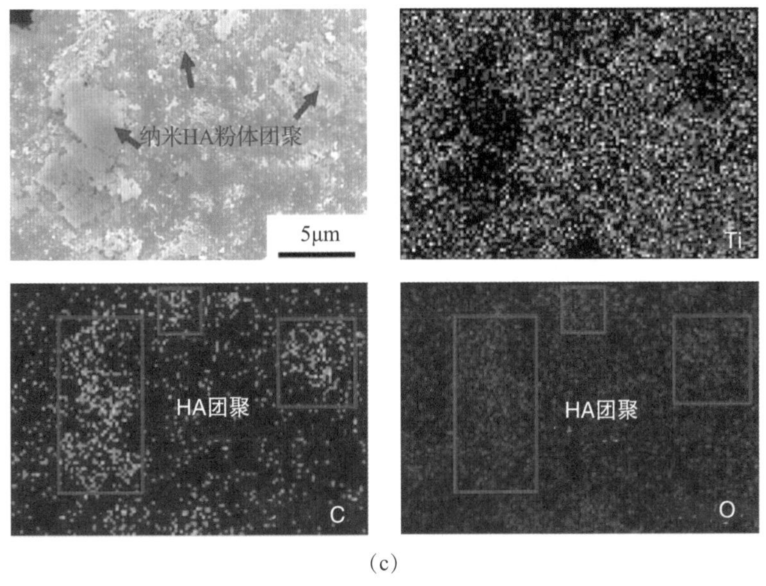

(c)

图 7-27　**复合粉末的 SEM 结果**

(a) Ti/2%HA 形貌；(b) Ti/5%HA 形貌；(c) Ti/5%HA 元素分布的 EDS 面能谱。

7.2.4　相成分分析

图 7-28 为 SLM 成形的复合材料 XRD 结果。在 Ti 中检测到了较强的对应密排六方结构的衍射峰，然而在 Ti/nHA 复合材料中，检测到一些新相，

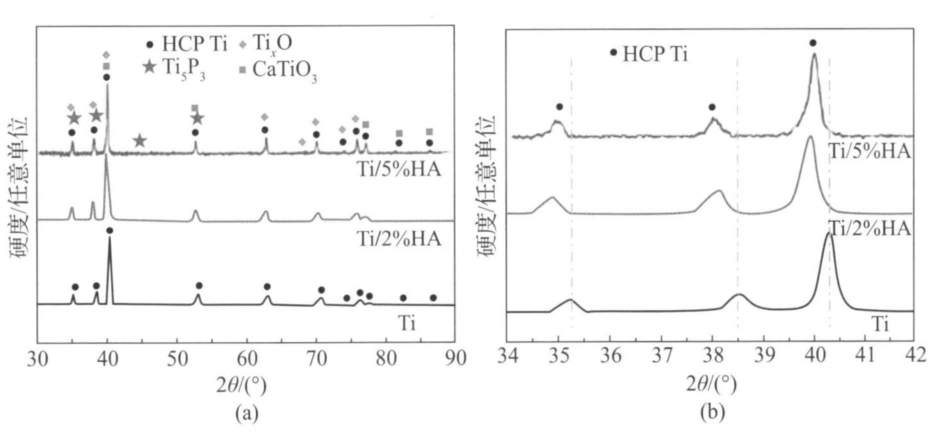

图 7-28　**SLM 成形不同 HA 含量的 Ti/HA 材料的物相分析**

(a) XRD 结果；(b) 从 34°到 42°衍射角对应的峰放大结果。

如 Ti_xO(钛的氧化物集合，如 Ti_6O、Ti_3O 和 Ti_2O)、Ti_5P_3 和 $CaTiO_3$，如图 7-28(a)所示。从 34°到 42°衍射角的放大结果看，如图 7-28(b)所示，发现 HCP Ti 对应的衍射峰向低角度发生了偏移，这里可以用布拉格公式进行解释：

$$2d\sin\theta = n\lambda (n = 1, 2, 3\cdots) \tag{7-4}$$

式中：d 为晶面间距；θ 为衍射峰对应的衍射角；λ 为 X 射线衍射波长。当衍射角减小时，HCP Ti 的晶面间距增大。这是由于 Ca、P 和 O 原子在 SLM 过程中向 Ti 基体中固溶导致的。

为了更进一步证明 SLM 成形的 Ti/nHA 复合材料的相成分，实施了 TEM 研究，结果如图 7-29 所示。图 7-29(a)是 Ti/5% HA 复合材料的明场，可以观察到有一些相分布在 α-Ti 基体中(对应 HCP Ti)。图 7-29(b)和(c)呈现了图 7-29(a)中 A 和 B 区域的衍射花样，在 A 区域可以检测到 α 相，在 B 区域则检测到了 Ti_5P_3 相。另外，通过计算，得到了晶格常数分别为 $d(101) = 0.226$nm(α)，$d(103) = 0.134$nm(α)，$d(112) = 0.124$nm(α)，$d(220) = 0.299$nm(Ti_5P_3)，$d(221) = 0.272$nm(Ti_5P_3)。因此，对比 XRD 标准参考编号(89-5009 和 45-0888)，可以证明 α-Ti 相和 Ti_5P_3 相的存在。图 7-29(d)和(e)则显示了图 7-29(a)中 C 和 D 区域的高分辨 TEM 结果，通过计算图 7-29(d)中晶面间距为 0.218nm，证明为 α-Ti 相。而图 7-29(e)中出现了相界面，晶格条纹产生了分离现象，检测到晶面间距分别为 0.264nm 和 0.271nm，分别对应 Ti_5P_3 相的(221)面和 $Ca_3(PO_4)_2$ 相的(110)面。众所周知，HA 在高温下不稳定，HA 的分解会对 Ti/nHA 复合材料中的相产生显著的影响。根据 XRD 和 TEM 得到的相，可以推测在 SLM 过程中发生了如下的反应：

$$Ca_{10}(PO_4)_6(OH)_2 \longrightarrow Ca_{10}(PO_4)_6(OH)_{2-x} + xH_2O(gas) \tag{7-5}$$

$$Ti + 2H_2O(gas) \longrightarrow TiO_2 + 2H_2 \tag{7-6}$$

$$Ca_{10}(PO_4)_6(OH)_2 + TiO_2 \longrightarrow 3Ca_3(PO_4)_2 + CaTiO_3 + H_2 + \frac{1}{2}O_2 \tag{7-7}$$

$$Ca_3(PO_4)_2 + \frac{1}{2}O_2 + 3Ti \longrightarrow 3CaTiO_3 + 2P \tag{7-8}$$

$$5Ti + 3P \longrightarrow Ti_5P_3 \tag{7-9}$$

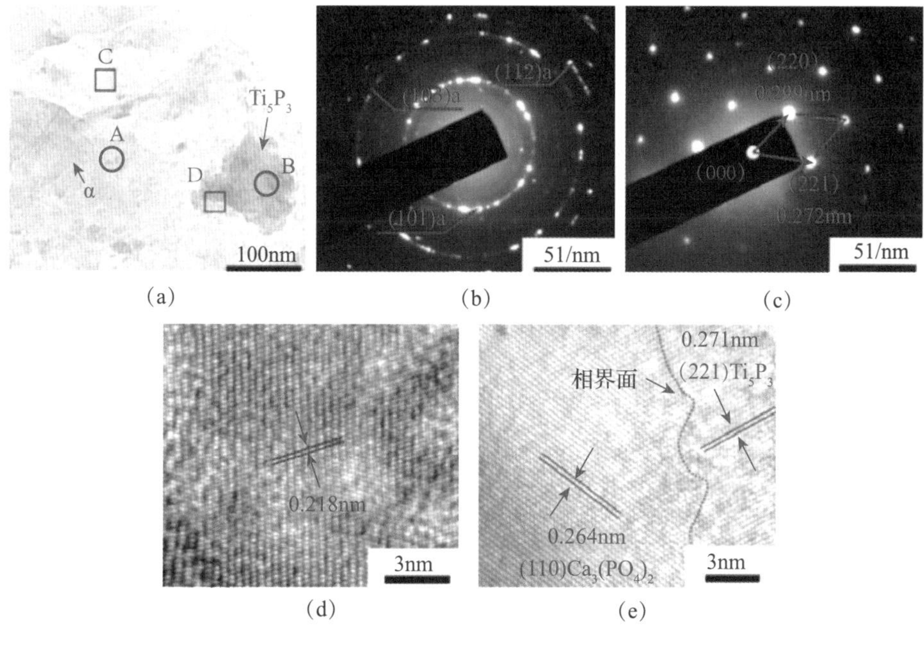

图 7－29　**Ti/5%HA 的相分析**

(a) TEM 明场；(b)、(c) 分别从图(a)中 A 和 B 区域获得的电子衍射结果；
(d)、(e) 分别从图(a) 中 C 和 D 区域获得的高分辨 TEM 图像。

因此，Ti 基体在添加了 HA 后在 SLM 过程中的相演变机理可以总结如下：α 相和 HA 分解的 Ca、P 元素反应，导致产生了 Ti_5P_3、$Ca_3(PO_4)_2$、$CaTiO_3$ 和 Ti_xO 等新相，而反应残留的 Ti_5P_3 和 $Ca_3(PO_4)_2$ 相随机分布在了 α 基体中。值得一提的是，$Ca_3(PO_4)_2$ 并没有在 XRD 图谱中被检测到，这是由于反应过程中 $CaTiO_3$ 相的产生导致了 $Ca_3(PO_4)_2$ 的量非常少。此外，Ti_xO 相在 XRD 中被检测到而不是单纯只有 TiO_2 相，这是因为在 Ti/nHA 复合材料中对 O 的吸收率很低，导致 O 元素的浓度非常低。从 HA 中产生的 O 作为填隙原子扩散到 Ti 基体中形成了钛的氧化物，而 SLM 中快速凝固的特点导致 O 含量非常容易达到饱和水平，因此形成了 Ti_xO 相。

图 7－30 显示了 HA 的添加对 SLM 制备 Ti/nHA 复合材料的横截面微观组织影响。在 Ti 中观察到了长板条状晶粒，为 α 结构；而在 Ti/2%HA 中，产生了短针状晶粒，但是由于 HA 添加的含量太少，晶粒的形貌和尺寸没有显著改变，如图 7－30(c)、(d)所示。当 HA 添加至质量分数为 5%时，非均匀的针状晶粒逐渐互相连接，演变成准连续环状晶粒，如图 7－30(e)、(f)所

示。因此，SLM 制备 Ti/nHA 复合材料的微观组织随 HA 的添加逐渐细化，晶粒特征经历了一个新的演变过程：相对长板条状晶粒→短针状晶粒→准连续环状晶粒。

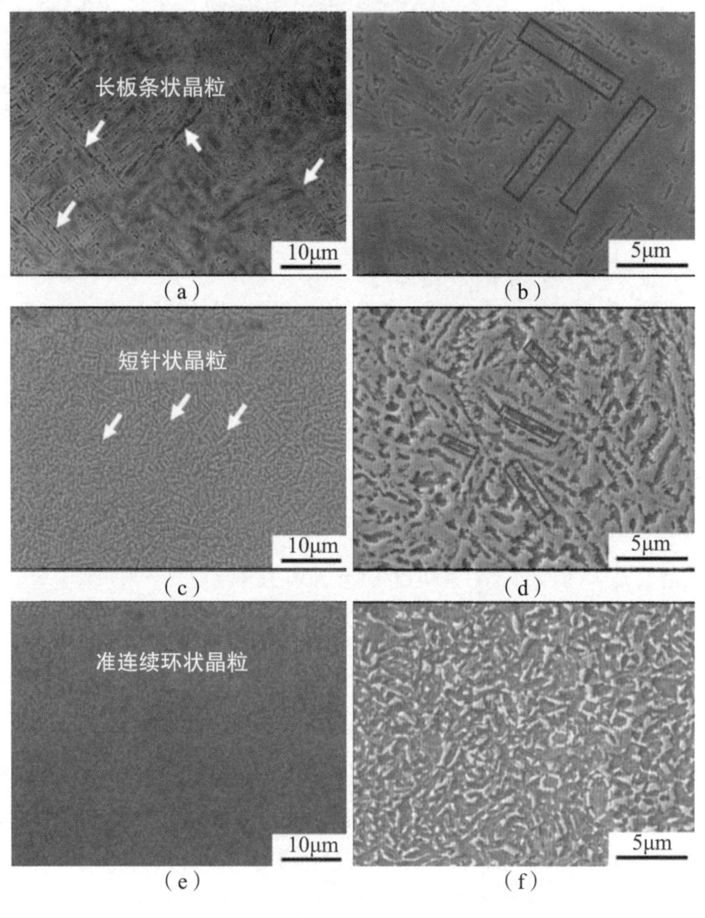

图 7-30 成形的复合材料典型微观组织 SEM 图

(a)、(b) Ti；(c)、(d) Ti/2%HA；(e)、(f) Ti/5%HA。

7.2.5 微观组织演变

图 7-31 通过 EDS 分析定性描述了 SLM 制备 Ti/nHA 复合材料微观组织的元素。在图 7-31(a)中，可以发现基体富含 Ti(原子分数为 99.85%)，还有非常少量的 P 和 Ca 元素扩散进了基体(表 7-5)。然而，在能谱 1 的位置 O 元素含量比较高，以钛的氧化物形式存在。在图 7-31(b)中，P 和 O 元素发

生富集，没有 Ca 元素，这可能是在磨抛的过程中造成了 Ti 和 Ca 的部分丢失。另外，在 SLM 过程中 P 作为溶质元素，由于其更小的半径和低活化能，会快速迁移到 Ti 基体中。根据 XRD 结果，可以推测在 Ti/nHA 的微观组织中形成了钛磷化合物（Ti_5P_3）和钛的氧化物（Ti_xO）。通过 XRD 和 EDS 结果可以证明组织中的白色区域由 Ti_xO、Ti_5P_3 和 α－Ti 共同组成。

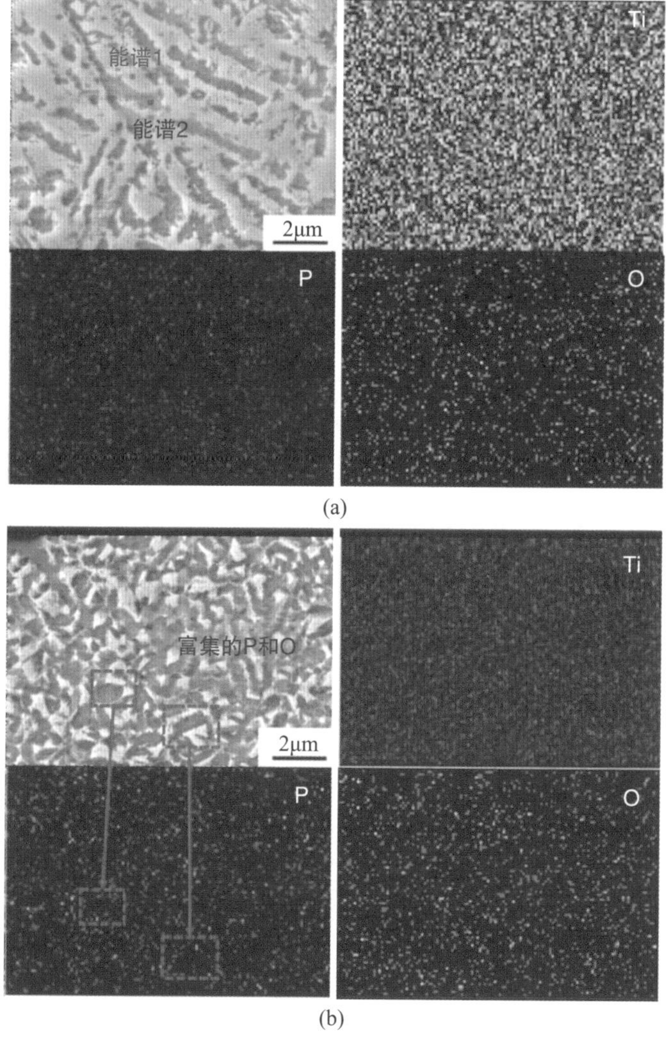

图 7－31　**SLM 制备的 Ti/HA 复合材料 EDS 分析**

（a）Ti/2%HA；（b）Ti/5%HA。

表 7-5　Ti/nHA 复合材料组织元素分析

编号	Ti/%	P/%	O/%	Ca/%
能谱 1	91.03	0.05	8.84	0.08
能谱 2	99.34	0.36	—	0.30

SLM 制备不同 HA 含量下的 Ti/nHA 复合材料的组织演变示意图如图 7-32所示。组织的细化是由熔池运动和非均质形核综合作用所引起的。如上所述，生成的 $CaTiO_3$ 和 Ti_5P_3 等新相通过溶解/沉淀机制形成[10]，并在熔池中作为异质形核点[11]。SLM 的凝固速度高达 106～108K/s[12]，这将导致熔池内存在较大的温度梯度。熔池内形成马兰各尼流动，导致从低表面张力区到高表面张力区的热-毛细作用力产生[13]。这种热-毛细作用力对形成的相提供了一个扰动作用，促进了它们的重新排列，使其均匀分散在凝固的 Ti 基体中。最后，熔池的固-液界面由于扰动作用变得不稳定，导致长板条状晶粒生长受到阻碍。另外，随着 2%HA 添加到 Ti 基体中，Ca、P、O 原子聚集在沉淀的核心上，导致枝晶的生长。因此，Ti 的长板条状晶粒演变成 Ti/2%HA 的短针状晶粒(图 7-30(d))[14]。对于更高含量的 HA 添加，会在熔池内形成更高的形核浓度梯度和溶质扩散程度。当形成相进行连续累积，阻碍晶粒生长的现象会随异质核心的增加而更严重，从而导致晶粒进一步细化。而 Ca、P、O 原子的持续累积会导致枝晶倾向于互相连接，产生准连续环状晶粒，如图 7-30(f)所示。

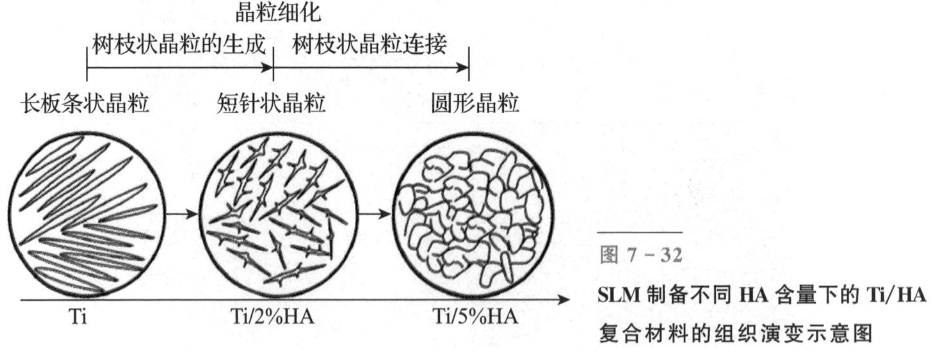

图 7-32
SLM 制备不同 HA 含量下的 Ti/HA 复合材料的组织演变示意图

7.2.6　表面特征

在生物医学应用中，表面特征会直接影响细胞的黏附和生长。图 7-33 通过原子力显微镜描述了 HA 含量对复合材料表面特征的影响。Ti、Ti/2%

HA、Ti/5%HA 的表面拓扑如图 7－33(a)、图 7－33(c)和图 7－33(e)所示，扫描面积为 $10\mu m^2$。在 Ti/nHA 试样上可以观察到纳米尺度特征，与纯钛相比，其表面形貌更粗糙。图 7－33(b)、图 7－33(d)和图 7－33(f)为对应的横截面形貌，Ti 表面为尺寸范围为 1～2μm 的大颗粒，而 Ti－HA 的表面可清晰分辨出直径在 100～500nm 的小颗粒。特别是，与 Ti/2%HA 相比，Ti/5%HA 的 HA 含量更高而表现出更细小的颗粒。这种粗糙的表面和纳米尺度颗粒有利于增加细胞活性和成骨细胞黏附功能，从而促使骨组织快速生长[15-16]。

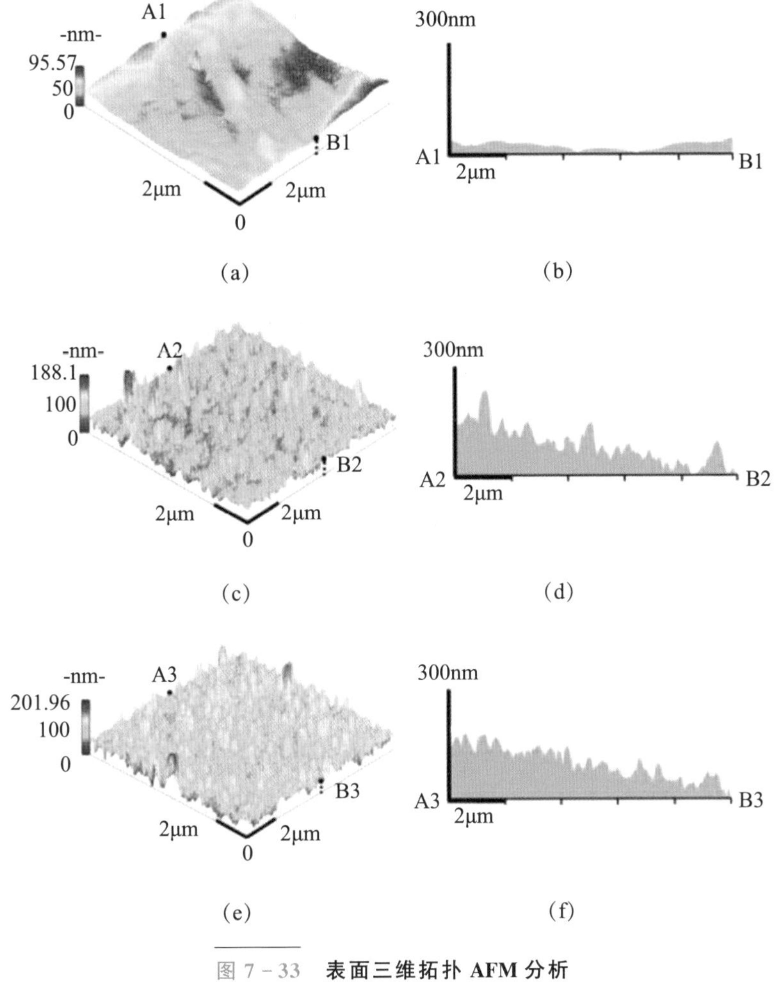

图 7－33　**表面三维拓扑 AFM 分析**

(a) Ti 表面拓扑形貌；(b) 沿 A1－B1 线的横截面形貌；(c) Ti/2%HA 表面拓扑形貌；(d) 沿 A2－B2 线的横截面形貌；(e) Ti/5%HA 表面拓扑形貌；(f) 沿 A3－B3 线的横截面形貌。

相应地，计算出 Ti/nHA 复合材料的表面粗糙度，包括平均粗糙度（*Ra*）、轮廓最大高度（*Rz*）和均方根粗糙度（*Rq*），通过下式进行定义：

$$Ra = \frac{1}{L}\int_0^L |Z(X)|\,dx \tag{7-10}$$

$$Rq = \sqrt{\frac{1}{L}\int_0^L |Z^2(x)\,dx|} \tag{7-11}$$

如表 7-6 所列，Ti/5%HA 的 *Ra*、*Rz* 和 *Rq* 分别为 17.12nm、250.88nm 和 24.73nm，高于 Ti/2% HA 的 12.41nm、239.68nm、20.54nm 和 Ti 的 10.13nm、101.25nm、13.40nm。相比于纯钛，Ti/nHA 的粗糙度更大，这是由于 HA 的添加而产生纳米尺度颗粒特征导致的。

表 7-6　SLM 制备 Ti/nHA 复合材料的表面粗糙度

试样	*Ra*/nm	*Rq*/nm	*Rz*/nm
Ti	10.13±0.95	13.4±0.88	101.25±4.05
Ti/2%HA	12.41±2.03	20.54±5.43	239.68±11.98
Ti/5%HA	17.12±1.94	24.73±5.11	250.88±12.54

7.2.7　硬度和拉伸性能

图 7-34 显示了 SLM 成形 Ti/nHA 复合材料的硬度变化。对 Ti/nHA 复合材料的横截面测量纳米压痕载荷-深度曲线，如图 7-34(a)所示。可以观察到 Ti 的压痕深度最大而 Ti/5%HA 的最小。压痕深度随 HA 含量的增加逐渐降低。图 7-34(b)表明，Ti 的纳米硬度和维氏硬度分别为 5.59GPa 和 336HV，低于 Ti/2% HA(6.13GPa 和 424HV)和 Ti/5% HA(8.33GPa 和 601HV)，硬度均随 HA 的含量增加而增加。特别地，SLM 制备的 Ti/5%HA 的维氏硬度比采用烧结工艺(480HV)[17]高 25%，比热压工艺(348HV)[18]高 73%，比等离子喷涂工艺(384HV)[19]高 57%。硬度的提高归因于晶粒细化和 Ca/P/O 元素固溶强化的综合作用。其中，细晶强化机制对制件强度的贡献可用经典的 Hall-Petch 公式表示[20]：

$$\Delta\sigma_{\text{Hall-Petch}} = k\left(d_{\text{composite}}^{-1/2} - d_{\text{Ti}}^{-1/2}\right) \tag{7-12}$$

式中：$d_{\text{composite}}$ 和 d_{Ti} 分别为复合材料和纯钛的平均晶粒大小；k 为 Hall-Petch 系数。根据上述的 Hall-Petch 公式，可以推断在 Ti/HA 材料体系中，细晶强化机制在增强基体强度上有很重要的作用，因为复合材料制件中的晶粒平均尺寸小于纯钛。

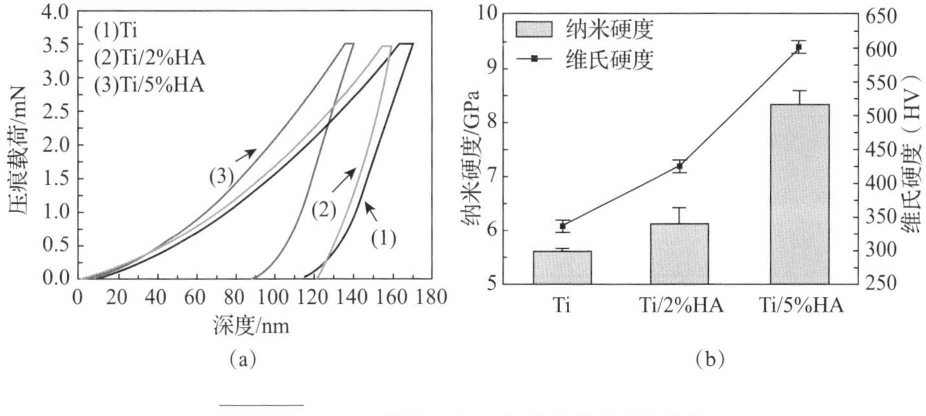

图7-34 **SLM成形Ti/HA复合材料的硬度变化**

(a) 纳米压痕的加载-卸载曲线分析；(b) 计算的纳米硬度和测量的维氏硬度。

对Ti/nHA复合材料实施拉伸研究，结果与Ti进行比较。Ti和Ti/2%HA的应力-应变曲线如图7-35所示。在研究过程中，Ti/5%HA试样由于开裂现象严重，导致其过早失效，因而没有得到对应的应力 应变曲线。观察发现相比于Ti，Ti/2%HA的断裂在更低的应变处发生，表示添加了HA后复合材料的韧性显著下降。同时，Ti/2%HA在弹性变形阶段后表现出更短的屈服时间。这种小塑性变形与HA的添加相关。表7-7为其拉伸性能的定量分析，包括弹性模量(E)、极限抗拉强度(σ_{UTS})和屈服强度($\sigma_{0.2}$)，并与ISO标准规范进行对比。结果表明，Ti/2%HA复合材料的模

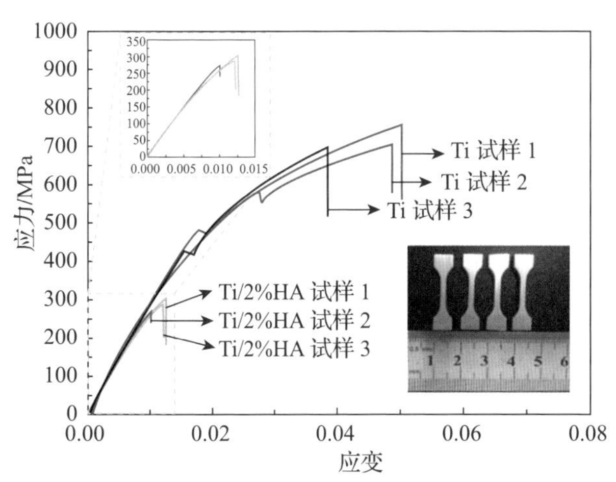

图7-35 **SLM制备Ti和Ti/2%HA的拉伸应力—应变曲线**

量与 Ti 相比，提高了 3.7%；而 σ_{UTS} 大幅度下降至 289MPa，比 ISO 标准低 19%。

表 7-7　SLM 制备 Ti 和 Ti/2%HA 的拉伸性能

试样	E/GPa	σ_{UTS}/MPa	$\sigma_{0.2}$/MPa
CP Ti	27.83±0.67	718.673±26.60	459.33±12.39
Ti/2%HA	28.86±0.31	289.01±12.25	—
ISO 5832-2	—	345	230

Ti/nHA 的模量提高归因于晶粒细化，强度的显著下降则由 SLM 过程中生成的脆性相引起。这些脆性相（主要是 Ti_xP_y 和 $CaTiO_3$）没有呈现出任何屈服强度[21]，并促使 Ti 颗粒之间形成间隙和孔隙，导致了微裂纹萌生。据之前的研究报道，承重骨的平均抗拉强度范围为 60～130MPa、模量为 15GPa、硬度为 0.1～0.6GPa[11, 22]。在本研究中，Ti/nHA 复合材料的力学性能指标高于承重骨。因此，未来的工作应该集中在 SLM 制备 Ti/nHA 多孔结构上，通过调控孔隙和力学性能来匹配人体骨骼要求。

图 7-36 显示了 Ti 和 Ti/2%HA 试样的拉伸断口 SEM 图像。从图 7-36(a)和(b)可以看出，在 Ti 试样中混合了与准解理断口相关的光滑区域和一些韧窝断口。其中，形状和尺寸不规则的韧窝呈现不均匀分布。此外，还能在断口表面观察到一些独立的随机分布的微观孔隙。由此可以推断出，一些不完全熔化的 Ti 颗粒和微孔隙是 Ti 试样断裂的主要原因。对于 Ti/2%HA 复合材料，其更光滑平整的断口显示了更少的不完全熔化颗粒和孔隙，如图 7-36(c)所示。很明显，出现了解理面和河流状花纹，没有任何韧窝特征，如图 7-36(d)所示。与 Ti 相比，Ti/2%HA 断口中出现的解理面会对拉伸过程中的应变产生不利影响，因此试样在塑性变形的开始便失效。Ti/2%HA 断口的产生由组织转变而引发，SLM 快速冷却过程引起了 P 和 O 的过饱和固溶，当 P 和 O 浓度增加到超出过饱和固溶体时，产生的 Ti_5P_3 和 Ti_xO 会在晶界析出。Ti_5P_3 是一个典型的脆性相，会使裂纹快速产生和扩展，这也进而解释了断口形貌中明显的解理断裂痕迹。

(a)　(b)　(c)　(d)

图 7 - 36　**拉伸试样的断口形貌**

(a) Ti 的宏观断口；(b) Ti 相应的高倍图像；

(c) Ti/2%HA 的宏观断口；(d) Ti/2%HA 相应的高倍图像。

7.3　SLM 制备 Ti/HA 准连续成分梯度复合材料组织与性能

7.3.1　粉末材料

本次研究用纯钛(Ti)和纳米羟基磷灰石(nHA)粉末。采用优化的球磨工艺分别制备 HA 质量分数从 0%到 5%的 Ti/HA 粉末，并以 1%为单位变化。

7.3.2　SLM 制备 Ti/HA 梯度材料

SLM 制备 Ti/HA FGM 的示意图如图 7 - 37 所示。每一层梯度层高度为 2mm。根据每层的成分比例，沿制造方向(BD)分别将各梯度层命名为 Ti/0% HA、Ti/1%HA、Ti/2%HA、Ti/3%HA、Ti/4%HA 和 Ti/5%HA。经过前期工艺优化，SLM 成形工艺参数如下：激光功率为 240W，扫描速度为1000mm/s，扫描间距为 0.07mm，铺粉层厚为 30μm。成形过程在高纯氩气氛中进行，成形完成后，试样依次通过丙酮、无水乙醇进行超声清洗。

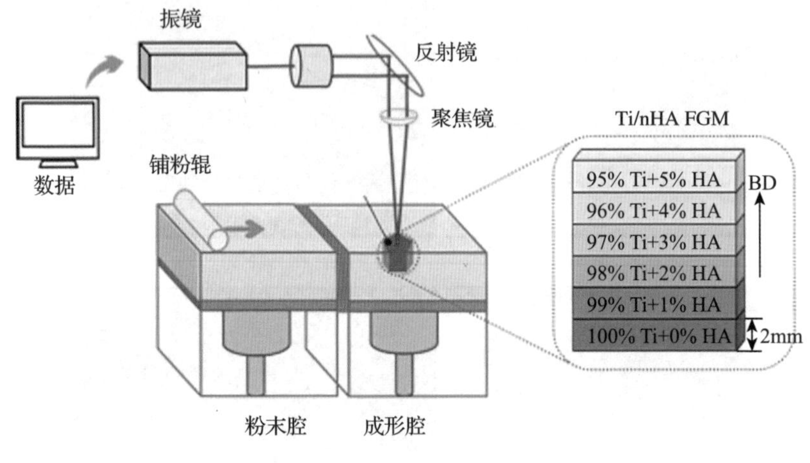

图 7-37 **SLM 制备 Ti/HA FGM 的示意图**

7.3.3 成形件孔隙分析

图 7-38 显示了 SLM 制备 Ti/HA FGM 块体的 Micro-CT 三维重建结果。不同的梯度层表面都存在微裂纹和孔隙，在图中红色的区域表示孔洞。在每一梯度层中孔都呈现出不规则的形状和随机空间分布。在 SLM 过程中，一般将孔隙的形成归因于熔池周围粉末剥蚀作用的累积效应、熔池中的小孔效应、激光辐射和飞溅强度波动的相互作用等。

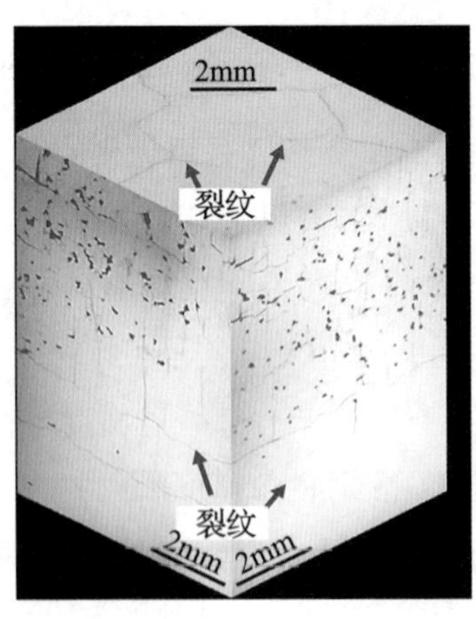

图 7-38

通过 Micro-CT 测得的 Ti/HA FGM 表面孔隙分布结果(红色区域表示孔洞)

图 7－39 描述了孔隙率和梯度成分之间的定量关系，随着 HA 含量从 0%增加到 5%，孔隙率从 0.01%逐渐增加至 3.18%。通过观察，发现在 HA 含量高的梯度层存在更明显的大尺寸孔隙。这些沿梯度方向的较大孔隙是由于气孔形核和元素蒸发的共同作用而形成的。首先，由于 SLM 的熔池冷却速度非常快（10^6～10^8 K/s），Ti 和 HA 反应生成的氧气和氢气难以全部从基体中逸出，从而形成了孔隙的形核之处。其次，HA 的元素蒸发导致熔池表面快速冷却，减少了熔池的表层和次表层的对流，同时引起反冲压力和气相毛细管的产生。反冲压力对熔体飞溅提供了驱动力，而气相毛细管产生热毛细力，两者作用干扰熔体的流动，因此熔池中的对流变得不稳定、不充分，从而导致了大尺寸孔隙的形成。当 Ti/HA FGM 中 HA 的含量增加时，产生气孔的数量和元素蒸发程度也增加，这也解释了图 7－39 中孔隙率增加的趋势。另外，这种孔隙率的渐变能通过增加生物活性提高 FGM 的细胞增殖能力[23]。也有研究发现了通过烧结 HA/316L FGMs 中存在类似的孔隙变化趋势[24]，这些结果均证明了 HA 的添加对 FGM 的致密化有着显著影响。

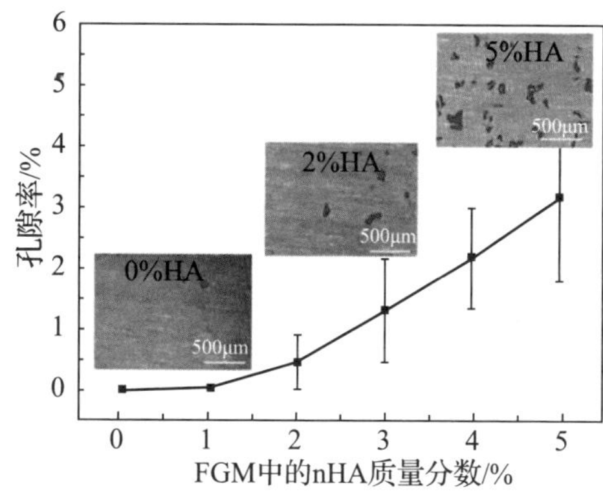

图 7－39　通过 Micro－CT 测得的 Ti/HA FGM 表面微孔百分比

7.3.4　成形件开裂行为

在 SLM 制备的金属基体中添加陶瓷相极易产生微裂纹。为了评价 SLM 制备 Ti/HA FGM 的裂纹敏感性，引入了裂纹密度（crack density）和裂纹数（crack count）两个概念，分别对应单位面积的裂纹总长度和裂纹数量。材料的裂纹敏感性与裂纹密度和裂纹数呈正相关。图 7－40 反映了 Ti/HA FGM 裂纹密度和裂纹数随 HA 含量增加而增加的趋势。其中，Ti/0%HA 层的裂纹敏感性最低，其裂纹密度为 $1.5\times10^{-4}\mu m^{-1}$，裂纹数为 0.2 条/$mm^2$；而 Ti/5%HA 层中的裂纹密

度为 $2.7\times10^{-3}\mu m^{-1}$，裂纹数为 2.7 条/$mm^2$，与 Ti/0% HA 相比分别增加了 1700% 和 1250%。进一步，根据裂纹密度和裂纹数将裂纹划分为两个区域，即裂纹稀疏区域(sparse crack zone)和裂纹密集区域(densecrack zone)。裂纹稀疏区域具体为 HA 含量在 0%～3%，其裂纹密度小于 $9.2\times10^{-4}\mu m/\mu m^2$，裂纹数小于 0.8 条/$mm^2$；对比之下，裂纹密集区域为 HA 含量超过 4%时，裂纹密度大于 $1.8\times10^{-3}\mu m/\mu m^2$，裂纹条数大于 1.8 条/$mm^2$。特别是在裂纹稀疏区域中以长裂纹为主，在裂纹密集区域中混合短裂纹和长裂纹。因此，Ti /HA FGM 的开裂敏感性与 HA 含量呈正相关关系。

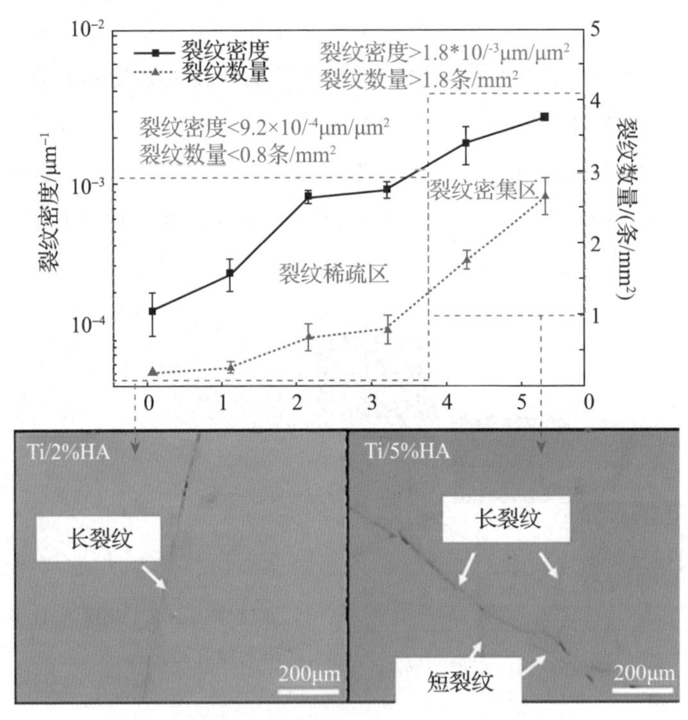

图 7-40　**Ti/HA FGM 的裂纹密度和裂纹数分析**

为了进一步阐述裂纹形成机理，详细分析了 Ti/5% HA 层中的裂纹特征，如图 7-41 所示。在组织中可以观察到一些小尺寸微孔。通过前面的结果，我们知道 SLM 制备 Ti/HA 的相成分为 Ti_5P_3、$Ca_3(PO_4)_2$、$CaTiO_3$ 和 Ti_xO。在裂纹内部和外部的随机位置分别进行点能谱分析，如图 7-41(a)所示，元素定量分析如表 7-8 所列。可以发现，裂纹区域富集了 Ca 和 P 元素，也含有较高含量的 O 元素，表明裂纹可能与 $CaTiO_3$ 和 Ti_5P_3 脆性相相关，这些脆性相会导致裂纹萌生和扩展。之前对 316L/HA 复合材料的裂纹研究也证明了这一点，HA 含量增加导致 HA 团聚，增加了裂纹数量，与本研究结果相吻合[25]。因此，SLM 制备 Ti/HA FGM 的开裂机理讨论如下：由于 SLM 过程中快速加热和冷却导致 Ti/HA 在加工过程中经历非平衡凝固，Ca、P 和 O 在晶界区域进行富集。尤其是当温度降低到固相线以下，氧化反应会在再凝固的最后阶段沿晶间区域发生，产生 Ti_xO 等氧化物。随后，Ti_xO 和其他相（$CaTiO_3$ 和 Ti_5P_3）减少了枝晶的结合力，导致晶粒边界脆化。SLM 过程中会产生热应力，由于开裂是来源于材料内部应力/应变和韧性之间的竞争[26]，HA 的添加提高了材料硬度，但显著降低了金属基体的韧性[25]，因此累积的应变很轻易克服了 Ti/HA 的低韧性，导致了沿晶界产生的凝固裂纹。

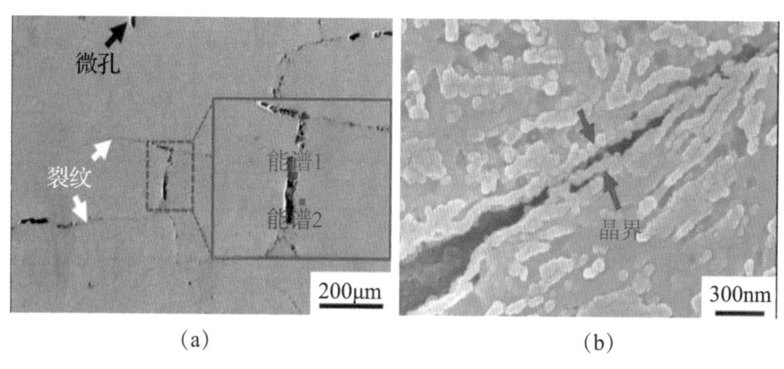

图 7-41　**典型裂纹分析**

(a) Ti/5%HA 层中裂纹 SEM 图像；(b) 裂纹在高倍下的组织图像。

表 7-8　裂纹内部和外部的化学元素分析

编号	Ti/%	P/%	O/%	Ca/%
能谱 1	25.42	12.64	52.42	9.48
能谱 2	82.84	—	17.16	—

7.3.5　成形件界面特征

图 7-42 显示了 SLM 制备 Ti/HA FGM 在相邻梯度层边界区域的界面特征与各梯度层的典型组织。从图 7-42(a)中可看出，相邻梯度层的界面可以被清晰识别，但不是像设计模型那样的平整界面。分别在 Ti/0%HA 层和 Ti/1%HA 层的界面两边进行点能谱分析，其结果如表 7-9 所列。由于有微量的 HA 添

加，在 Ti/1%HA 层中发现了微量的 Ca、P，而相对高含量的 O 则可能是在 SLM 过程中 Ti 结合了成形气氛中的 O。在界面处没有发现明显的宏观层间裂纹，这可能是因为成分变化梯度非常小，也体现了这种准连续成分 FGM 设计的优势。

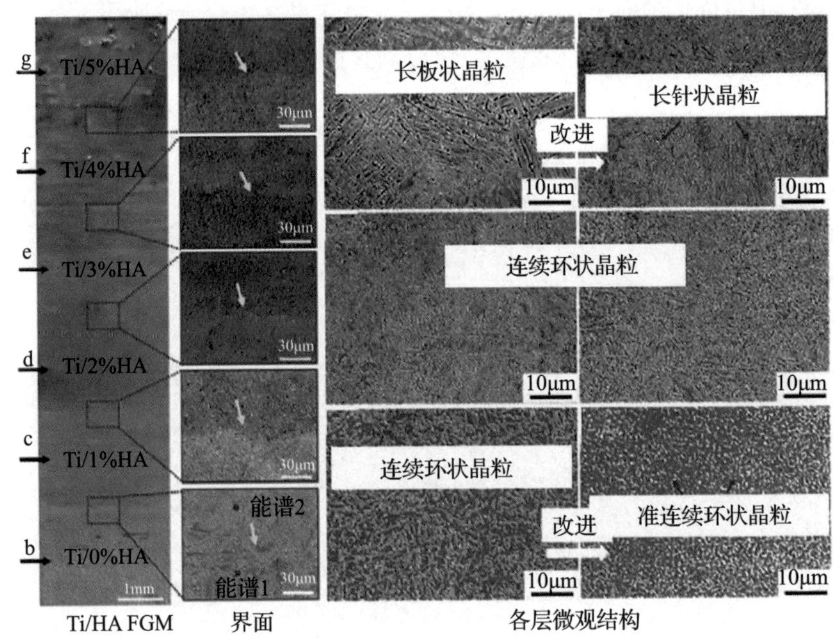

图 7-42　SLM 制备 Ti/HA FGM 的界面特征

(a) 相邻梯度层之间的典型界面形貌；

(b)～(g) 每一梯度层的典型微观组织形貌(黄色箭头代表界面)。

表 7-9　Ti/HA FGM 在 HA 含量为 0%和 1%梯度层的化学元素分析

编号	Ti/%	P/%	O/%	Ca/%
能谱 1	100	—	—	—
能谱 2	76.53	0.87	22.47	0.12

图 7-42(b)～(g)呈现了 Ti/HA FGM 的各梯度层的典型微观组织形貌。Ti/0%HA 层主要是长板条状晶粒(α 相结构)，而 Ti/1%HA 层的组织由于 HA 的添加变为长针状晶粒。与 Ti/1%HA 层相比，Ti/2%HA 层和 Ti/3%HA 层均表现出类似的短针状晶粒形貌。另外，Ti/4%HA 层和 Ti/5%HA 层由于 HA 含量差异，分别表现出连续环状晶粒和准连续环状晶粒形貌。本研究中 Ti/2%HA

层和 Ti/5%HA 层的微观组织和第 5 章中的研究结果一致。因此，从 Ti/0%HA 层到 Ti/5%HA 层的组织演变为：长板条状晶粒(long lath-shaped grains)→长针状晶粒(long acicular-shaped grains)→短针状晶粒(short acicular-shaped grains)→连续环状晶粒(continuous circle-shaped grains)→准连续环状晶粒(quasi-continuous circle-shaped grains)。这种组织演变机理归结于熔池的扰动和 HA 添加对晶粒生长的阻碍综合造成的。当熔池中存在大的温度梯度，引起熔体表面张力从而产生热-毛细作用力；同时，形成的相在熔池中作为异质形核点，毛细力促进了这些相在凝固 Ti 基体中的重新排列，使它们趋向均匀分布。原始的晶粒生长被此扰动所阻碍，随着 HA 的增加，更多的 Ca、P 和 O 原子在形核点沉积，导致更多枝晶的形成和生长。可以推测，Ti/HA FGM 由于 HA 成分的骨生成能力，可以促进骨整合，有利于在骨植入体领域的应用。

7.3.6　成形件力学性能

图 7-43 描述了 SLM 制备 Ti/HA FGM 的纳米硬度、弹性模量变化趋势和压缩性能。图 7-43(a)为各梯度层及界面的纳米压痕载荷-深度曲线，从图中可以看出随着 HA 的增加，压痕深度减少，Ti/0%HA 呈现出最大的压痕深度，而 Ti/5%HA 呈现最小的压痕深度。相应地，计算出的纳米硬度和弹性模量值总体上也随 HA 含量的增加而增加。纳米硬度和弹性模量通过下式计算：

$$\frac{1}{E}=\frac{1}{1-\upsilon^2}\left(\frac{1}{E_r}-\frac{1-\upsilon^2}{E_i}\right) \tag{7-13}$$

$$S=\frac{\mathrm{d}P}{\mathrm{d}h}=\frac{2}{\sqrt{\pi}}E_\tau\sqrt{A} \tag{7-14}$$

$$H=\frac{P_{max}}{A} \tag{7-15}$$

式中：υ 为试样的泊松比；E_i 和 E_r 为压头的参数；A 为弹性接触的工作面积；S 为研究测得的卸载数据上部分的刚度；P_{max} 为压痕载荷峰值。Ti/5%HA 层的纳米硬度和弹性模量分别为 8.36GPa 和 156.26GPa，比 Ti/0%HA 层分别高 64%和 16%。前文已经提到，硬度的提高为细晶强化和元素固溶强化的综合作用。因此，Ti/HA FGM 能表现出大范围的纳米硬度和弹性模量。然而，本研究中呈现出的 Ti/0%HA 的纳米硬度远高于文献中报道的数值(2.95GPa)[27]，这是由于本研究中优化工艺后的扫描速度(1000mm/s)远高于文献中使用的(118～

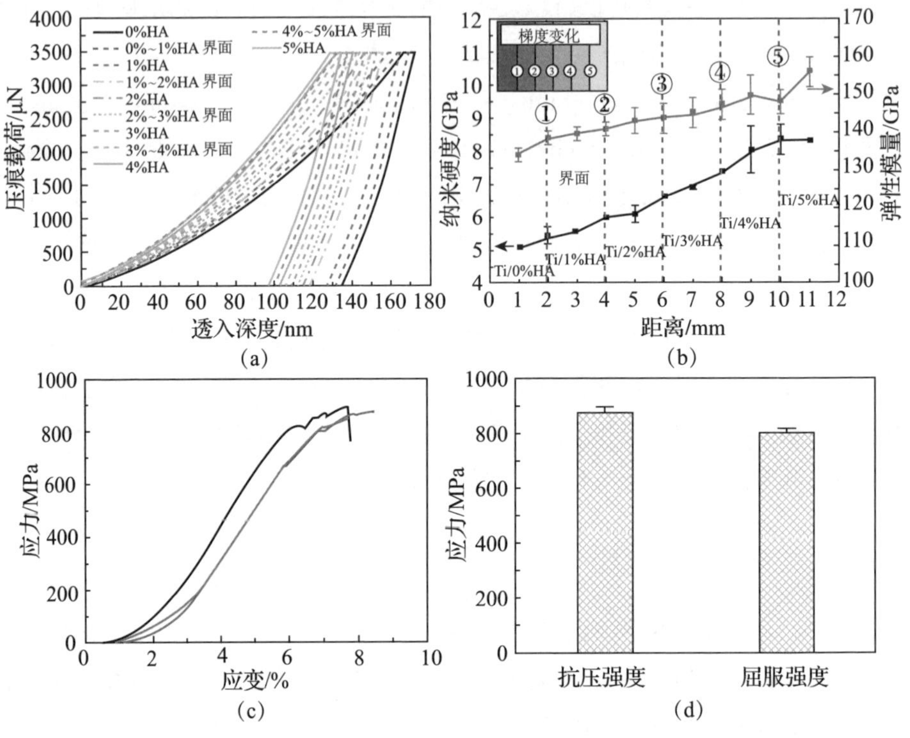

图 7-43 **SLM 制备的 Ti/HA FGM 的纳米硬度、弹性模量变化趋势和压缩性能**

(a) 纳米压痕的加载-卸载曲线；(b) 计算得到的纳米硬度和弹性模量；(c) 通过压缩研究获得的应力-应变曲线；(d) 抗压强度和屈服强度。

154mm/s)，扫描速度对晶粒的细化有着显著的影响，因而增加了纳米硬度[28]。虽然在 FGM 中弹性模量有一定的变化，但是低于其他陶瓷增强体系如氧化铝(380GPa)和氧化锆(210GPa)[29]，因此更适合于生物材料。另外，人骨的模量相对较低，高模量的植入体会带来应力遮蔽效应，使植入体/人骨界面在长期载荷下出现松动。因此，Ti/HA FGM 的多孔结构进一步减小模量适合于骨植入体是未来的研究方向。图 7-43(c)和(d)呈现了 SLM 成形 Ti/HA FGM 的压缩性能，结果表明，其抗压强度和屈服强度分别为 871.92MPa 和 799.38MPa，之前的研究表明随着 HA 的体积分数从 5%变为 10%，Ti/HA 复合材料的抗压强度范围为 250～1000MPa[21]，因而本研究中成形的 Ti/HA FGM 拥有一定的抗变形能力和较高的机械强度。

Ti/HA FGM 的断裂韧性和维氏硬度如图 7-44 所示。本研究采用了压痕法在每一梯度层的中心位置进行测量。图 7－44(a)和(b)显示了在维氏压痕作用下 Ti/2%HA 和 Ti/5%HA 的裂纹形貌，可以观察到裂纹在 Ti 基体中以曲折的方式扩展。此外，在 Ti/2%HA 层中的裂纹比 Ti/5%HA 层中的裂纹短，这与两层的断裂韧性差异有关，也与之前讨论的 HA 体积发数的增加会导致更多脆性相生成和更低的韧性相一致。另外，随着 HA 体积分数从 0%梯度增加至 5%，Ti/HA FGM 的维氏硬度从 3.42GPa 增加到 5.67GPa，和纳米硬度结果的趋势相同。通过压痕法采用下式测得 Ti/HA FGM 的断裂韧性[30]：

$$K_{IC}=2.6\,\frac{(E\times10^{3})^{0.5}P^{0.5}(a\times10^{-3})}{(10^{-3}c)^{1.5}}\times10^{-5}(c/a\geqslant2.5) \tag{7-16}$$

$$K_{IC}=0.018(10^{3}\mathrm{HV})(10-3\mathrm{a})\left(\frac{c-a}{a}\right)^{-0.5}\left(\frac{\mathrm{HV}}{E}\right)^{-0.4}(c/a<2.5) \tag{7-17}$$

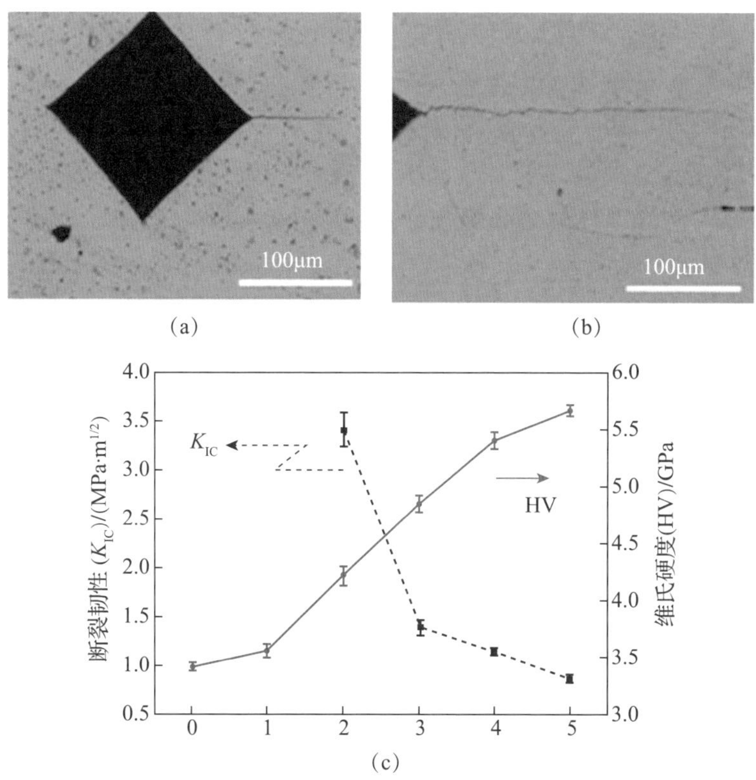

图 7－44　**SLM 制备 Ti/HA FGM 的断裂韧性**

(a) 在 Ti/2%HA 层通过维氏压痕产生裂纹的典型光镜图像；(b) 在 Ti/5%HA 层通过维氏压痕产生裂纹的典型光镜图像；(c)FGM 的断裂韧性和维氏硬度。

式中：K_{IC}为断裂韧性（MPa·$m^{1/2}$）；E 为弹性模量（GPa）；P 为压痕载荷（N）；a 为压痕对角线半长（mm）；c 为裂纹的半长（mm）；HV 为维氏硬度（GPa）。由于在 Ti/0%HA 层和 Ti/1%HA 层中的压痕没有裂纹出现，因此没有获得这两个梯度层的断裂韧性，这也表明这两层中材料的断裂韧性较高，用压痕法暂时无法测量数据。总体来看，断裂韧性随 HA 在 Ti 基体中的增加而减少。伊朗卡尚大学 Farnoush 等研究也表明，随着 HA/TiO_2 FGM 中 HA 的含量增加，断裂韧性减少[31]。Ti/5%HA 层的断裂韧性最低，为 0.88MPa·$m^{1/2}$，而 Ti/2%HA 层中则为 3.41MPa·$m^{1/2}$，而密质骨和松质骨的断裂韧性分别为 2～12MPa·$m^{1/2}$和 0.1MPa·$m^{1/2}$[32]。因此 SLM 制备的 Ti/HA FGM 呈现出足够的可调控的断裂韧性，以满足骨植入体的应用需求。

金属增强相的添加被证明有利于提高材料的断裂韧性，因为裂纹表面的韧性桥接作用可以降低裂纹扩展的驱动力。印度理工学院坎普尔分校 Kumar 等发现在陶瓷/金属复合材料中的增韧均是由于韧性金属相（如 Ti）的屈服和裂纹偏转导致裂纹面连接引起的。然而，在本研究中，Ti 颗粒是作为基体材料，因此 Ti 颗粒的增韧效应不再是主要机制。根据裂纹扩展理论，断裂路径遵循最小应变能的点轨迹，并由于在每个孔隙的连续突然跳跃而偏离。因此，从 2%HA 到 5%HA 的韧性下降可能是由于孔隙率和脆性相的增加而引起的，并且孔的尺寸和分布对裂纹萌生和扩展有显著影响。根据之前的表征与讨论，在 Ti/HA FGMs 中，Ti/5%HA 层有着最高的孔隙率、裂纹密度和裂纹数，这些都会显著影响断裂韧性。此外，Ti 和 HA 在 SLM 过程中反应生成的脆性相也会促进裂纹在 α-Ti 基体中的扩展，进一步减小断裂韧性。

7.4 SLM 制备 $TiAl/TiB_2$ 复合材料组织与性能

7.4.1 粉末材料

本次研究所使用的金属基体材料是由北京航空材料研究院提供的 Ti-45Al-2Cr-5Nb（原子分数/%）原始粉末材料，粉末采用 Ti-45Al-2Cr-5Nb 铸锭高纯氩气雾法制备而成，该粉末形貌如图 7-45(a)所示，呈球形或近球形，粉末粒径分布如图 7-45(b)所示，具有较窄的粒径范围（11.7～49.8μm），其平均粒径为 Dv50 = 27.6μm。在研究之前首先将原始粉末放置于恒温干燥箱内，经过

50℃ 烘干 24h 的干燥处理，然后使用 200 目筛子筛分备用，以减少粉末之间的黏结，提高流动性。

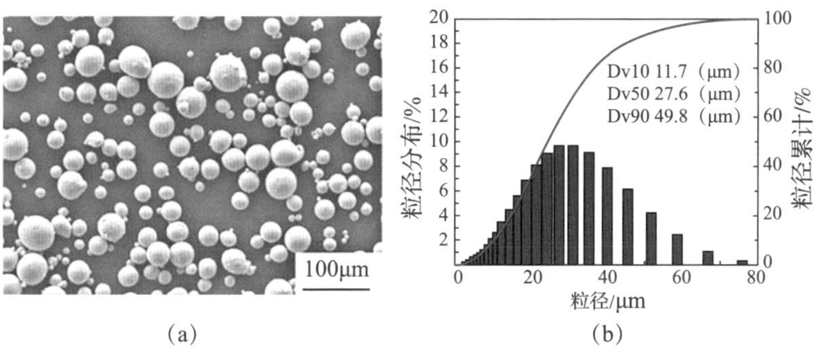

图 7-45　**原始 Ti-45Al-2Cr-5Nb 粉末**

(a) 粉末形貌；(b) 粉末粒径分布。

本次研究所选用的陶瓷增强颗粒为微米级 TiB_2 颗粒，由阿拉丁上海晶纯生化科技股份有限公司提供，名义平均粒径为 2～4μm。如图 7-46(a)所示，TiB_2 粉末颗粒呈不规则形状，由微米级的大尺寸颗粒和亚微米级的小颗粒共同组成。

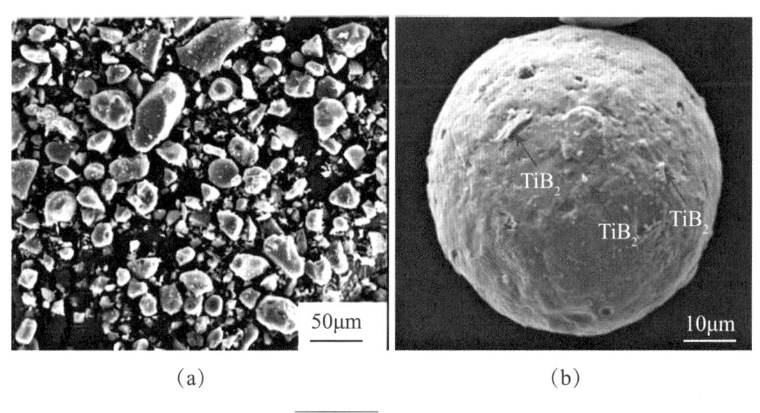

图 7-46　**粉末形貌表征**

(a) TiB_2 陶瓷增强颗粒的微观形貌；

(b) 混合粉末 P1 的微观形貌，TiB_2 均匀地包覆在 Ti-45Al-2Cr-5Nb 基体表面。

将金属基体 Ti-45Al-2Cr-5Nb 粉末和 TiB_2 粉末按照质量比 99∶1、98∶2和 97∶3 三种比例混合，将混合的三种粉末先后置于南京大学仪器厂所生产的 QM-3SP4 型行星式球磨机中进行高能球磨，使 Ti-45Al-2Cr-5Nb 粉末和 TiB_2 陶瓷增强体均匀混合。在保证两种粉末均匀混合的同时，需要使制备的复合粉末具有较好的流动性，具体的球磨工艺设置如下：球料质量比为 4∶1，选用转速为 200r/min，球磨时间为 4h。根据 TiB_2 粉末添加量的不同，将制备的复合粉末命名为 P1、P2 和 P3，图 7-46(b)即为复合粉末 P1 的微观形貌，可以看出，TiB_2 粉末颗粒均匀地包覆在 Ti-45Al-2Cr-5Nb 基体表面，同时复合粉末 P1 依然呈球形或近球形。

7.4.2 成形件微观组织与晶粒取向

根据之前的研究分析与文献，发现 TiB_2 增强相对 TiAl 基合金的微观组织特征演变有非常大的影响。在本章中，为了具体分析 SLM 成形过程中微米 TiB_2 增强相如何影响 Ti-45Al-2Cr-5Nb 合金的晶粒特征与晶粒取向，我们利用 EBSD 技术分别对试样 P0、P1、P2 和 P3 的上表面进行研究表征，结果如图 7-47所示。图 7-47(c)为 EBSD 反极图，代表沿着激光扫描方向的 EBSD 取向成像图晶粒颜色与取向之间的关系，试样 P0、P1、P2 和 P3 的 EBSD 取向成像图分别如图 7-47(d)、(e)、(f)和(g)所示。从图 7-47(d)中可以发现，Ti-45Al-2Cr-5Nb 合金试样的晶粒基本上由粗大的近等轴晶所组成，并且晶粒边界呈不规则形貌，另外从图 7-47(d)中也可以看出大部分晶粒呈现为红色，从晶粒取向来说，试样 P0 表现出强烈的(0001)取向；当在 Ti-45Al-2Cr-5Nb 合金基体中添加质量分数为 1%的 TiB_2增强相时，试样 P1 上表面的晶粒尺寸得到轻微细化，如图 7-47(e)所示，而且晶粒的形状由近等轴晶转变为等轴晶的趋势。另外，从 EBSD 取向成像图中同样可以发现试样 P1 的晶粒颜色红色区域面积略有减少而蓝绿色区域面积适度增加，这说明试样 P1 上表面的晶粒在(0001)取向强度稍有降低而在$(10\bar{1}1)$和$(11\bar{2}1)$的混合方向强度略微增强；当 Ti-45Al-2Cr-5Nb/TiB_2金属基复合粉末中 TiB_2 的质量分数增加至 2%时，晶粒的细化程度进一步加深，如图 7-47(f)所示，并且大部分晶粒的形貌已由近等轴晶转变为等轴晶，另外从 EBSD 取向成像图中可以发现试样 P2 的晶粒颜色红色区域面积进一步减少而蓝绿色区域面积进一步增加，从晶粒取向角度分析，试样 P2 的晶粒在(0001)取向强度进一步减弱而在$(10\bar{1}1)$和$(11\bar{2}1)$的混合方向强度进一步增强，值得注意的是，从图 7-47(f)中还可以发现一个很有趣的现象，试样 P2 上表面的晶粒由三个明显的区域组成，即粗等轴晶区(coarse equiaxedzone，C zone)、过渡晶区(transitional zone，T zone)和细等轴晶区(fine equiaxed zone，F zone)。事实上，晶粒尺

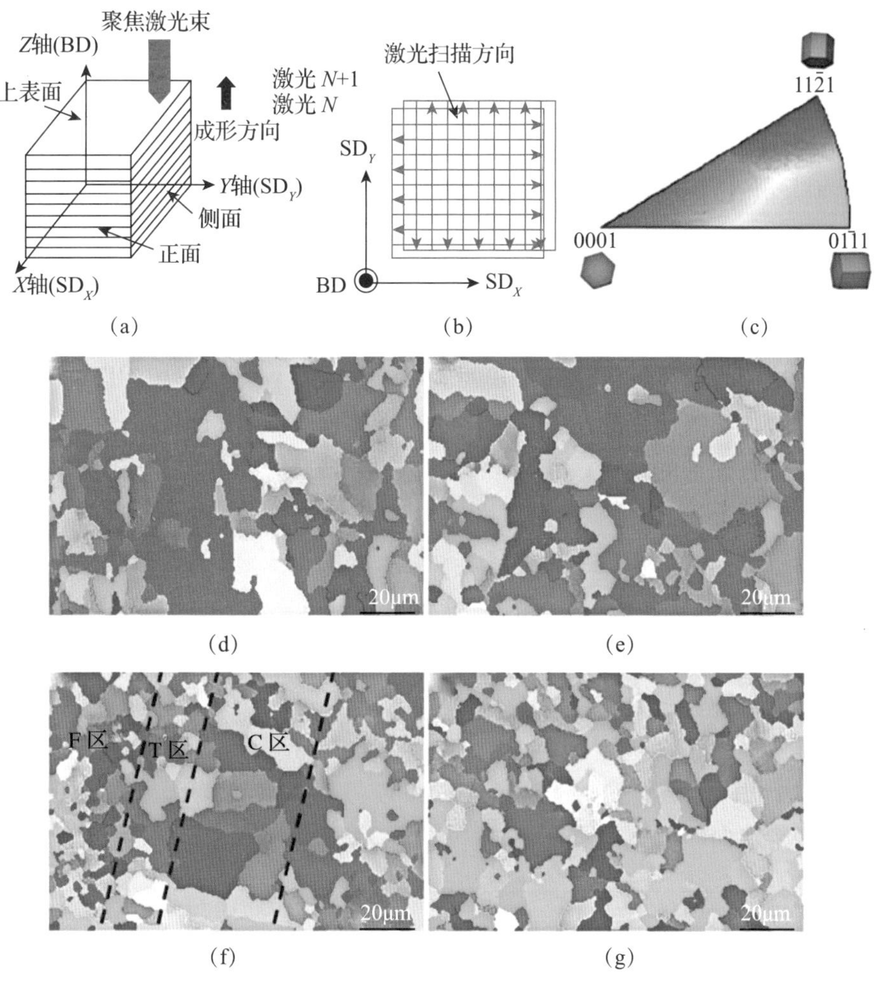

图 7-47 **SLM 成形 Ti-45Al-2Cr-5Nb 合金 EBSD 图**

(a) SLM 工艺示意图；(b) 激光扫描策略，试样成形方向和激光扫描方向分别为 BD、SD_X 和 SD_Y，制造层 N 与制造层 $N+1$ 之间，激光扫描方向进行90°旋转；(c)EBSD 反极图，代表 EBSD 取向成像图晶粒颜色与取向制件的关系；(d)、(e)、(f)和(g)分别为试样 P0、P1、P2 和 P3 上表面的 EBSD 取向成像图。

寸大小主要是由温度梯度(G)、材料凝固速率(R)和冷却速率($T=G\times R$)所决定的，在 SLM 成形时材料的凝固过程中，冷却速率越大，晶粒越细小，但是由于激光束能量呈高斯分布，并且在 SLM 成形时激光束快速移动，导致熔覆道/熔池的不同部位冷却速率不一样，在熔覆道/熔池的中心达到最大，然后逐渐减小，在熔覆道/熔池的边界降低至最小，从这个角度出发，说明晶粒尺寸在熔覆道/熔池的中心达到最小，然后逐渐增大，在熔覆道/熔池的边界增加至最小，因此，会导致试样 P2 上表面的粗等轴晶区（C 区）、过渡晶区（T 区）和细等轴晶区（F 区）出现。当 Ti－45Al－2Cr－5Nb/TiB_2金属基复合粉末中 TiB_2的质量分数进一步增加至 3%时，晶粒的细化作用达到最大，如图 7－47(g)所示，并且晶粒呈圆形或椭圆形的趋势愈发明显。另外，从图 7－47(g)还可以很明显发现大部分晶粒的颜色转变为蓝绿色，晶粒的红色区域面积缩减至最小，说明试样 P3 的上表面晶粒表现出强烈的$(10\bar{1}1)$和$(11\bar{2}1)$的混合取向。

为了进一步具体量化分析 TiB_2增强相含量对晶粒细化作用的影响，我们采用图像分析和统计数据方法分别对图 7－47(d)、(e)、(f)和(g)的 EBSD 取向成像图进行详细的解析，其结果如图 7－48 所示。非常明显，大部分晶粒的粒径小于 10μm，根据软件分析，试样 P0、P1、P2 和 P3 的上表面晶粒尺寸分别为 8.54μm、8.06μm、7.23μm 和 5.18μm，因此，假设通过控制 TiAl/TiB_2金属基复合材料中 TiB_2的含量，即可以实现 SLM 成形 TiAl/TiB_2制件的晶粒取向和晶粒尺寸定制，从而控制制件的力学性能。根据上述 EBSD 晶粒取向与晶粒大小的分析，可以得出结论，随着 TiB_2 含量的增加，SLM 成形的 Ti－45Al－2Cr－5Nb/TiB_2金属基复合材料制件的微观组织发生了有趣的变化：由强烈的(0001)取向的粗大近等轴晶转变为强烈的$(10\bar{1}1)$和$(11\bar{2}1)$混合取向的细小等轴晶。

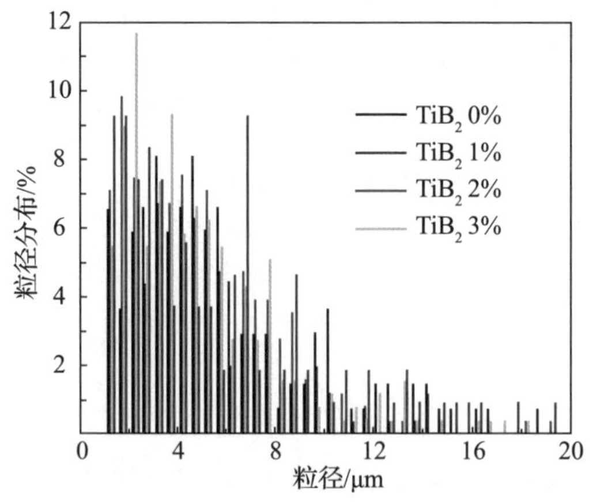

图 7－48
试样 P0、P1、P2 和 P3 的晶粒尺寸分布图

7.4.3 成形件结晶织构演变分析

根据上面分析，当激光扫描策略采用长矢量扫描，并且扫描方向在制造

层 N 与制造层 $N+1$ 之间进行90°旋转时，成形试样将会沿着其制造方向出现强烈的结晶织构。从图 7-47(d)～(g)的 EBSD 取向成像图可以看出，随着 TiB_2 含量的增加，晶粒的取向发生非常大的变化，而结晶织构代表晶粒取向的总和，说明 TiB_2 对 SLM 成形的 Ti-45Al-2Cr-5Nb/TiB_2 金属基复合材料制件织构有着非常大的影响。试样 P0、P1、P2 和 P3 的结晶织构分别如图 7-49(a)～(d)所示，采用 EBSD 数据分析极图，$\{0001\}$、$\{01\bar{1}1\}$ 和 $\{11\bar{2}1\}$ 取向簇的结晶织构可以准确地计算出来。很明显，所有试样在沿着其制造方向上均呈现出 $\{0001\}$ 的取向织构，并且从极图云图中可以看出，随着 TiB_2 含量的增加，$\{0001\}$ 织构强度减弱而 $\{01\bar{1}1\}$ 和 $\{11\bar{2}1\}$ 织构强度增强，分析结果与 7.3.2 节中晶粒取向与颜色的变化高度吻合；另外，从试样 P0、P1、P2 和 P3 的极图中可以看出，随着 TiB_2 含量的增加，纤维织构逐渐减弱而再结晶织构逐渐增强；此外，从再结晶织构强度最大的试样 P3 中可以发现，织构的 $\{0001\}$ 轴方向与试样 P3 制造方向保持平行，而 $\{0001\}$、$\{01\bar{1}1\}$ 和 $\{11\bar{2}1\}$ 的织构结晶方向均匀分布于激光沿着 X 轴的扫描方向(SDX)。为了具体量化 TiB_2 含量对试样 P0、P1、P2 和 P3 的结晶织构的影响规律，引入了织构指数和织构强度的概念，织构指数可以利用取向分布函数(orientation distribution function，ODF)来计算，其定义为

$$\text{Texture} = \int_{\text{eulerspace}} [f(g)]^2 \mathrm{d}g \tag{7-18}$$

式中：f 为织构取向分布；g 为欧拉坐标系；$f(g)$ 为取向分布函数。众所周知，对于各向同性的材料而言，织构指数与织构强度数值均为 1，然而各向异性的材料织构指数和织构强度均大于 1。根据式(7-17)，试样 P0、P1、P2 和 P3 的织构指数分别计算为 13.88、17.32、21.56 和 27.50，很明显，试样 P3 的织构指数数值接近于试样 P0 的 2 倍，这说明 TiB_2 含量可以在很大程度上影响 SLM 成形的 Ti-45Al-2Cr-5Nb/TiB_2 金属基复合材料制件的织构，并且随着 TiB_2 含量的增加，试样的织构指数增强；织构强度的定义为织构指数的平方根。事实上，在评价试样的织构时，织构强度比织构指数更有意义，因为织构强度与织构的单位一样。因此，根据计算公式，试样 P0、P1、P2 和 P3 的织构强度大小分别为 2.72、3.16、3.64 和 4.24。

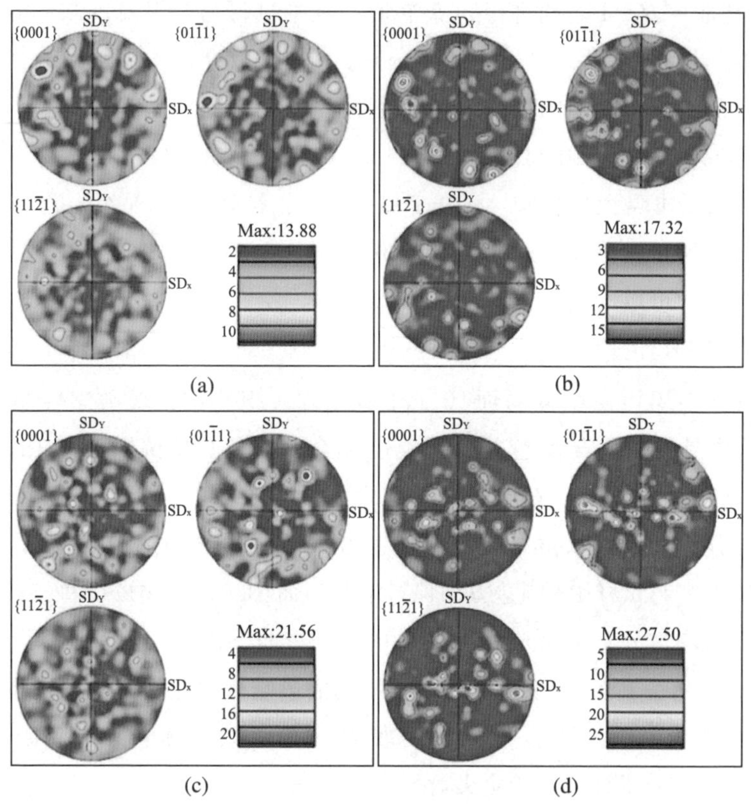

图 7-49 SLM 成形 $TiAl/TiB_2$ 金属基复合材料试样上表面{0001}、{01 $\bar{1}$1}和{11 $\bar{2}$1}取向织构的极图

(a) TiB_2 的质量分数为 0%(P0)；(b) TiB_2 的质量分数为 1%(P1)；
(c) TiB_2 的质量分数为 2%(P2)；(d) TiB_2 的质量分数为 3%(P3)。

7.4.4 成形件相组成分析

根据已有文献可知，SLM 成形 Ti-45Al-2Cr-5Nb/TiB_2 金属基复合材料相演变过程可以归纳为

$$L \rightarrow L + TiB_2 \rightarrow \beta + TiB_2 \rightarrow \alpha + \beta + TiB_2 \rightarrow \alpha + \beta + \gamma + TiB_2 \rightarrow \alpha_2(Ti_3Al) + \gamma(TiAl) + B_2 + TiB_2$$

图 7-50(a)为 Ti-Al 二元相图，红色箭头代表 Ti-45Al 合金凝固时的相转变。试样 P0、P1、P2 和 P3 上表面的 XRD 衍射结构如图 7-50(b)所示，

XRD分析结果说明SLM成形的Ti-45Al-2Cr-5Nb合金主要由α_2相、γ相和B_2相组成，而Ti-45Al-2Cr-5Nb/TiB_2金属基复合材料主要由α_2相、γ相、B_2相和TiB_2相组成；从XRD衍射图谱中可以发现，在试样P0、P1、P2和P3中均可检测到衍射角度为41.08°时，峰位强度最高，经过与XRD标准PDF卡片比对发现，此角度对应于$(20\bar{2}1)\alpha_2$相，定义其为基体相；而且，根据XRD衍射图谱还可以确定，随着Ti-45Al-2Cr-5Nb/TiB_2金属基复合材料中TiB_2含量的增加，处于41.08°衍射角的$(20\bar{2}1)\alpha_2$相和72.24°衍射角的$(20\bar{2}3)\alpha_2$相峰位强度逐渐减弱，而处于38.85°衍射角的$(0002)\alpha_2$相和94.67°衍射角的$(20\bar{2}4)\alpha_2$相的衍射峰位高度基本保持不变；另外，从XRD衍射结果中还可以发掘出随着TiB_2含量的提高，衍射角度分别为64.88°、35.89°和79.83°时，对应着的(202)γ相、(220)B_2相和(311)B_2相的衍射峰强逐渐增强，而处于衍射角度为78.57°的(620)γ相、衍射角度为89.37°的(222)γ相和衍射角度为106.06°的(520)B_2相的衍射峰高基本保持一致。但是，值得注意的是，处于83.71°衍射角的(420)B_2相和处于105.82°衍射角的(520)B_2相随着TiB_2含量的增加其峰位强度稍有降低；除了α_2相、γ相和B_2相之外，在试样P1、P2和P3的XRD衍射结果中，同样检测到处于衍射角度为39.91°的$(10\bar{1}0)$ TiB_2相和衍射角度为45.15°的$(10\bar{1}1)TiB_2$相。

为了进一步量化分析α_2相、γ相、B_2相和TiB_2相的含量组成，我们利用EBSD技术分别对试样P0、P1、P2和P3的上表面进行表征，其结果分别如图7-50(c)～(f)所示，从图7-50(c)中可以明显发现，试样P0主要由α_2相(黄色)和少量的γ相(蓝色)以及B_2相(黄色)组成，根据Channel-5软件分析，α_2相、γ相、B_2相的体积分数分别为76.2%、22.3%和1.5%。另外，从图7-50(c)中可以很容易观察到B_2相极易沿着晶界析出，这主要是由于在SLM成形Ti-45Al-2Cr-5Nb/TiB_2金属基复合材料的过程中，激光极速扫描导致快速熔化与快速冷却，Cr元素和Nb元素容易沿着晶界析出，而Cr元素和Nb元素属于强β相(高温无序的B_2相)稳定元素，因而致使B_2相非常容易沿着晶界析出；当在Ti-45Al-2Cr-5Nb基体中添加质量分数为1%的TiB_2增强相之后，试样P0的相组成基本不变，但是相含量发生了非常大的变化，如图7-50(d)所示，α_2相的含量迅速下降，而γ相的含量迅速上升以及B_2相的含量略有增加，利用软件分析，其体积分数计算出来分别为64.4%、32.3%和1.8%。

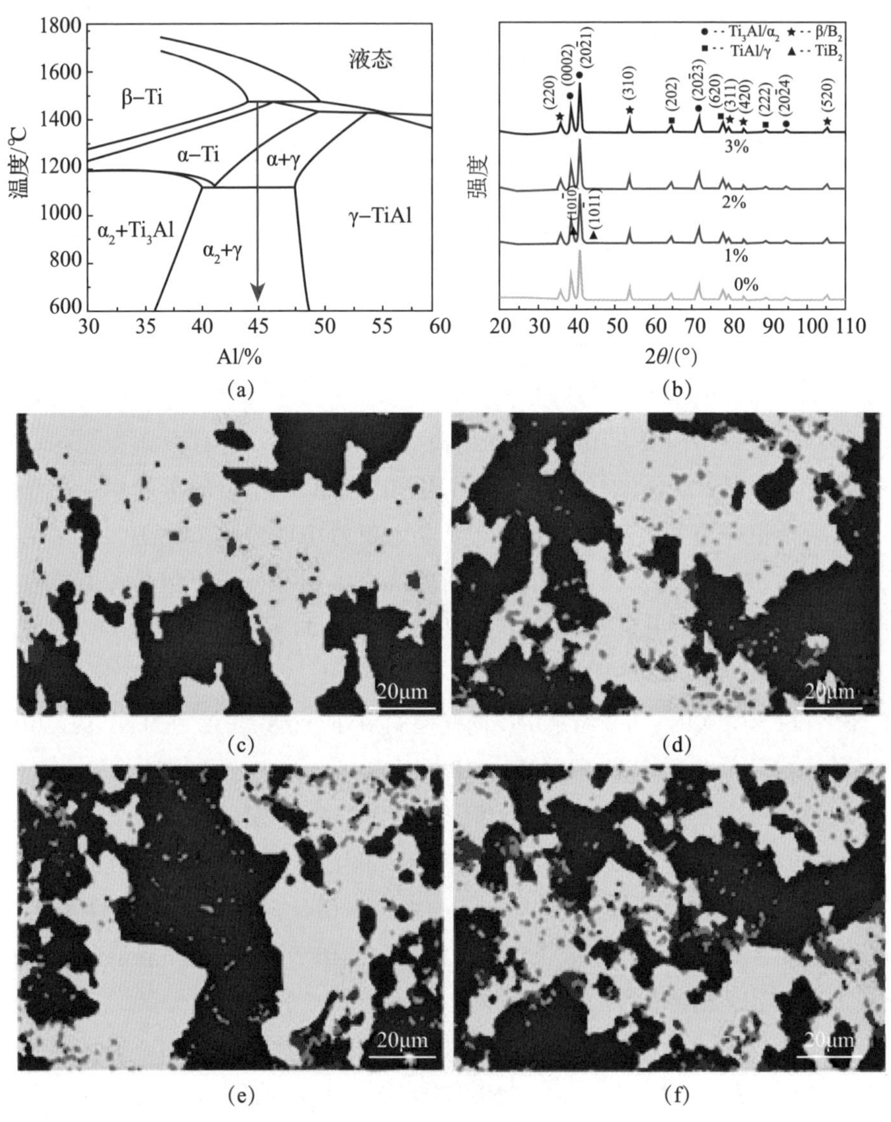

图 7-50 合金相分析结果

(a)Ti-Al 二元相图，红色箭头代表 Ti-45Al 合金凝固时所经历的相转变；(b)试样 P0、P1、P2 和 P3 的 XRD 衍射图谱结果；(c)试样 P0 的 EBSD 相图分析结果；(d)试样 P1 的 EBSD 相图分析结果；(e)试样 P2 的 EBSD 相图分析结果；(f)试样 P3 的 EBSD 相图分析结果。

值得注意的是，EBSD 相图中检测到了 TiB_2 相(绿色)，并且 TiB_2 相均匀分布于 α_2 相基体和 γ 相表面，其体积分数计算为 1.5%；当 Ti-45Al-2Cr-5Nb/TiB_2 金属基复合材料中 TiB_2 增强相质量分数增加至 2%时，α_2 相的体积分数进一步减小至 55.2%，而 γ 相含量进一步增加，其体积分数为 42.8%，同时 B_2 相和 TiB_2 相的体积分数均稍微增加至 2.2% 和 1.8%，如图 7－50(e)所示；当 TiB_2 增强相质量分数增加至最大为 3% 时，α_2 相的含量减小至最小，其体积分数为 51.2%，如图 7－50(f)所示，而 γ 相、B_2 相和 TiB_2 相的含量均增加至最大，其体积分数分别计算为 43.7%、2.5% 和 2.6%。说明随着 TiB_2 增强相含量的增加，SLM 成形的 Ti－45Al－2Cr－5Nb/TiB_2 金属基复合材料试样中 α_2 相的含量逐渐减小，而 γ 相、B_2 相和 TiB_2 相的含量逐渐增大，同时也阐明了 EBSD 的分析结果与 XRD 分析结果具有良好的一致性。

7.4.5　α_2 相织构演变规律

根据前面的分析，发现 SLM 成形的 Ti－45Al－2Cr－5Nb/TiB_2 金属基复合材料试样的相结构主要由 α_2 相组成，并且 α_2 相的体积分数随着 TiB_2 增强相含量的提高而迅速下降，因此，在本节中主要研究 TiB_2 增强相的含量对 α_2 相织构的演变规律。由于 α_2 相的单元结构为密排六方(HCP)结构，因此 α_2 相的织构通常由米勒指数的{hkil}平面和＜uvtw＞方向表示，即由{hkil}＜uvtw＞表示，这同样也代表 α_2 相的{hkil}平面与试样的横截面(transversal direction，TD)相平行，而 α_2 相的＜uvtw＞方向与试样的法线方向(normal direction，ND)相平行[33]，但是，从图 7－49 中的各个极图所获得的织构信息并不能完全反映 α_2 相的织构演变，因为极图代表所有晶粒取向的总和。通过结晶取向分布函数(ODF，$f(g)$)即可解决这一难题，因为结晶取向分布函数可以在三维欧拉空间中精确描述 α_2 相在特定取向出现的概率，三维欧拉空间可以通过三个欧拉空间角，即 φ_1、Φ 和 φ_2 来表示，结晶取向分布函数 $f(g)$ 的定义如下[34]：

$$f(g)=f(\varphi_1,\ \Phi,\ \varphi_2) \tag{7-19}$$

如果定义 V 为 α_2 相的总体体积织构，dV 为 α_2 相的总体体积织构微分，那么结晶取向分布函数 $f(g)$ 可以通过下式进行重新定义，即[34]

$$f(g)\mathrm{d}g=\frac{\mathrm{d}V}{V} \tag{7-20}$$

式中：dg 对欧拉空间求积分 $(1/8\pi2)\sin\Phi\ \mathrm{d}\varphi_1\ \mathrm{d}\Phi\ \mathrm{d}\varphi_2$，$\varphi_1$、$\Phi$ 和 φ_2 为欧拉

空间的三个极坐标，通过式(7－20)，结晶取向分布函数 $f(g)$ 可以利用欧拉空间中一系列广义球面谐函数进行更加详细的定义，其定义式可以归纳为[34]

$$f(g) = \sum_{l=0}^{\infty} \sum_{m=-l}^{+l} \sum_{n=-l}^{+l} W_{lmn} Z_{lmn}(\xi) \times \exp(-im\Phi_1)\exp(-in\Phi_2) \tag{7-21}$$

式中：W_{lmn} 为欧拉空间中广义球面谐函数系数；$\xi = \cos\Phi$；$Z_{lmn}(\xi)$ 为相关的雅各布函数的确定推广系数。基于式(7－19)至式(7－21) α_2 相的织构即可具体量化描述，众所周知，α_2 相的织构主要是由三种织构形式组成，即具有 $\{10\bar{1}0\}<11\bar{2}0>$ 取向的菱形织构、具有 $\{0001\}<11\bar{2}0>$ 取向的基体织构以及具有 $\{10\bar{1}1\}<11\bar{2}0>$ 和 $\{11\bar{2}2\}<11\bar{2}3>$ 两种取向的锥形织构。图 7－51(a)、(b)和(c)为试样 P0 的 α_2 相织构详细分析图，由于 α_2 相的织构主要分布在取向分布函数 $f(g)$ 在 $\varphi_2=0°$、30°和60°截面，因而图 7－51(a)、(b)和(c)分别代表 $\varphi_2=0°$、30°和60°时的 ODF 截面。很明显，试样 P0 的 α_2 相织构表现出近随机分布的取向，最大织构强度为 $\{10\bar{1}0\}<11\bar{2}0>$ 取向的菱形织构，如图 7－51(a)所示，其强度数值为 4.98。另外，值得注意的是，$\varphi_2=30°$ 的 ODF 截面基体织构成分(图 7－51(b))与 $\varphi_2=60°$ 的 ODF 截面锥形织构成分(图 7－51(c))非常接近，这说明，在试样 P0 中，α_2 相的基体织构和锥形织构的分布比较广泛。

为了深入研究 TiB_2 含量对 α_2 相织构的演变规律，我们采用 EBSD 技术对试样 P1、P2 和 P3 的织构进行详细分析，在试样 P1 的 α_2 相织构中，$\varphi_2=0°$ 的 ODF 截面菱形织构、$\varphi_2=30°$ 的 ODF 截面基体织构和 $\varphi_2=60°$ 的 ODF 截面锥形织构的强度均得到了增强，分别如图 7－51(d)、(e)和(f)所示，三种织构中，最大织构强度为 $\{10\bar{1}0\}<11\bar{2}0>$ 取向的菱形织构，相比于试样 P0，其强度数值增加至 8.50，同时，具有 $\{0001\}<11\bar{2}0>$ 取向的基体织构和具有 $\{10\bar{1}1\}<11\bar{2}0>$ 取向的锥形织构的最大强度数值分别为 6.50 和 5.90。

图 7－51(g)、(h)和(i)分别为试样 P2 的 $\varphi_2=0°$、$\varphi_2=30°$、$\varphi_2=60°$ 的 ODF 截面图，从图中可以看出，试样 P2 的 α_2 相中，菱形织构、基体织构和锥形织构共存。具有 $\{10\bar{1}0\}<11\bar{2}0>$ 取向的菱形织构强度进一步增大，利用式(7－19)至式(7－21)，其强度数值在 $\varphi_2=0°$ 的 ODF 截面时达到最大为 10.2(图 7－51(g))，同时，具有 $\{0001\}<11\bar{2}0>$ 取向的基体织构(图 7－51

(h))和锥形织构(图 7－51(i))的强度均增强，其强度值分别在 $\varphi_2=30^\circ$ 的 ODF 截面和 $\varphi_2=60^\circ$ 的 ODF 截面时达 8.7 和 7.9。

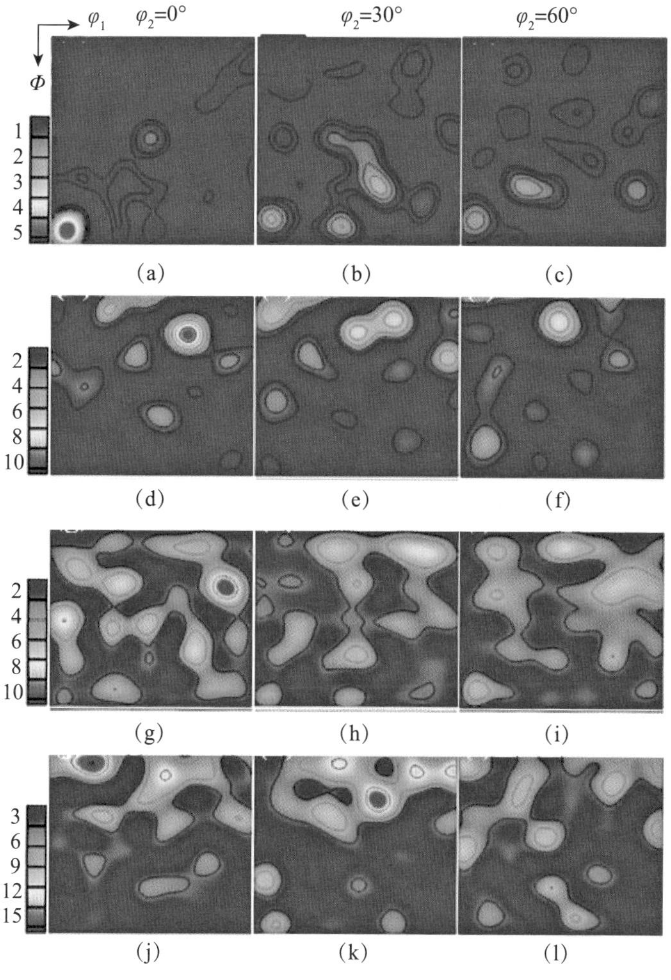

图 7－51　**合金相织构三维欧拉取向空间截面图**

(a) 试样 P0 的 α_2 相织构在 φ_2 为 0° 时；(b) 试样 P0 的 α_2 相织构在 φ_2 为 30° 时；(c)试样 P0 的 α_2 相织构在 φ_2 为 60° 时；(d)试样 P1 的 α_2 相织构在 φ_2 为 0° 时；(e)试样 P1 的 α_2 相织构在 φ_2 为 30° 时；(f)试样 P1 的 α_2 相织构在 φ_2 为 60° 时；(g)试样 P2 的 α_2 相织构在 φ_2 为 0° 时；(h)试样 P2 的 α_2 相织构在 φ_2 为 30° 时；(i)试样 P2 的 α_2 相织构在 φ_2 为 60° 时；(j)试样 P3 的 α_2 相织构在 φ_2 为 0° 时；(k)试样 P3 的 α_2 相织构在 φ_2 为 30° 时；(l)试样 P3 的 α_2 相织构在 φ_2 为 60° 时。

图 7-51(j)、(k)和(l)分别为试样 P3 的 $\varphi_2=0°$、$\varphi_2=30°$、$\varphi_2=60°$的 ODF 截面图，从图中可以看出，与试样 P0、P1 和 P2 相比，试样 P3 中的 α_2 相织构强度增加至最大，同时，α_2 相的菱形织构、基体织构和锥形织构共存。具有$\{10\bar{1}0\}$ $\langle 11\bar{2}0\rangle$ 取向的菱形织构强度增加至最大，利用式(7-17)至式(7-20)，其强度数值在 $\varphi_2=0°$的 ODF 截面时达到最大为 15.3(图 7-51(j))，同时，具有$\{0001\}$ $\langle 11\bar{2}0\rangle$ 取向的基体织构(图 7-51(k))和锥形织构(图 7-51(l))的强度均有所增强，其强度数值分别在 $\varphi_2=30°$的 ODF 截面和 $\varphi_2=60°$的 ODF 截面时达到最大为 12.8 和 10.1。另外，值得注意的是，在试样 P_2 的 α_2 相锥形织构中，锥形织构由$\{10\bar{1}1\}$ $\langle 11\bar{2}0\rangle$ 取向和$\{11\bar{2}2\}$ $\langle 11\bar{2}3\rangle$取向共存。

7.4.6 α_2 相、γ 相、B_2 相和 TiB_2 相演变机理

为了进一步分析 SLM 成形 TiAl/TiB_2 金属基复合材料中 α_2 相、γ 相、B_2 相和 TiB_2 相的具体演变规律，我们利用 TEM 技术对试样 P1 进行详细的表征分析，其结果如图 7-52 所示。试样 P1 的 TEM 明场图如图 7-52(a)所示，从图中可以看出 α_2 相为基体相，同时，少量细微的 γ 相、B_2 相和 TiB_2 相则随机分布于 α_2 相基体表面，事实上，TEM 的明场结果与图 7-50 中的 XRD 和 EBSD 分析结果完全吻合。但是，意料之外的是在图 7-52(a)的 TEM 明场图中，我们检测到了痕量的 TiB 相，TiB 相的产生可能是由于相变导致，由于痕量的 TiB 相非常难从 TiB_2 相中区分出来，因此，XRD 和 EBSD 测试并没有检测到 TiB 相。图 7-52(b)为图 7-52(a)的选区电子衍射图(selected area diffraction pattern，SADP)，从选区电子衍射图的不同衍射环中可以检测到 α_2 相、γ 相、B_2 相、TiB_2 相和 TiB 相具有不同的晶面间距和取向，这同时也说明了试样 P1 属于典型的多晶结构。利用 Digital-Micrograph 分析软件，选区电子衍射环的直径比分别为 1(D019)： 1.53(bcc)：2.21(bcc)：2.38(L10)：3.07(C32)。另外，基于选区电子衍射图以及 XRD 标准 PDF 卡片(参考代码分别为 14-0451、12-0603、73-2148、65-0458 和 85-0283)，衍射环的直径大小分别计算为 d(1011)=0.338nm(α_2 相)、d(200)=0.211nm(B_2 相)、d(020)=0.153nm(TiB 相)、d(202)=0.142nm(γ 相)和 d(1122)=0.110nm(TiB_2 相)。图 7-52(c)为图 7-52(a)中的 TiB_2 相(红色箭

头区域)沿着[0001]取向晶带轴的选区电子衍射图，从图 7 - 52(c)中可以明显看出 TiB_2 相是一个有序的 HCP 结构，通过 Digital-Micrograph 分析软件和 XRD 标准 PDF 卡片(参考代码为 85 - 0283)，可以得出 TiB_2 相的 a 和 c 值分别为 0.303nm 和 0.322nm；图 7 - 52(d)为图 7 - 52(a)中的 TiB 相(绿色箭头区域)沿着[001]取向晶带轴的选区电子衍射图，从图 7 - 52(d)中可以明显看出 TiB 相是一个有序的 BCC 结构，通过 Digital-Micrograph 分析软件和 XRD 标准 PDF 卡片(参考代码为 73 - 2148)，可以得出 TiB 相的 a 和 c 值分别为 0.612nm 和 0.456nm。

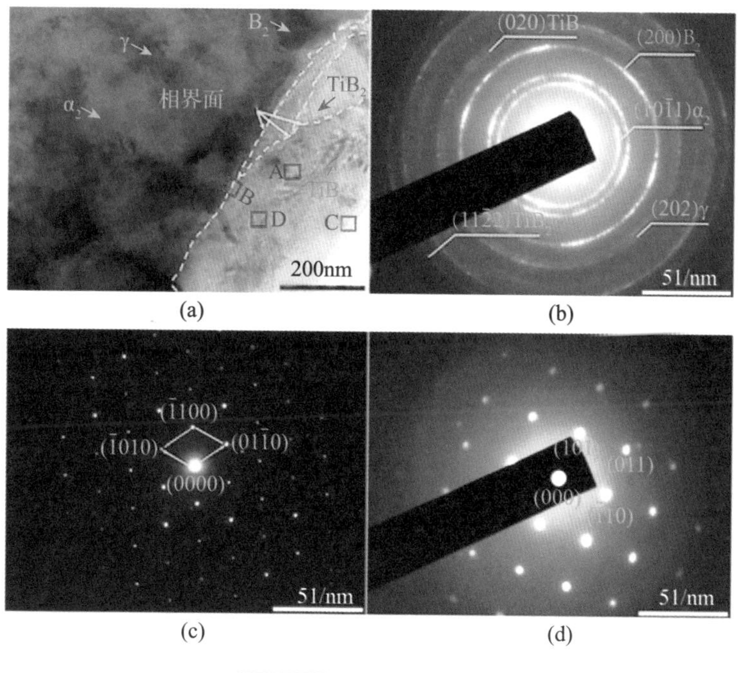

图 7 - 52　**TEM 分析结果**

(a) 试样 P1 的明场 TEM 图；(b) (a)的选区电子衍射图，不同的衍射环代表 α_2 相、γ 相、B_2 相、TiB_2 相和 TiB 相的不同晶面间距与取向；(c)(a)的 TiB_2 相(红色箭头区域)沿着[0001]晶带轴的选区电子衍射图；(d)(a)的 TiB 相(绿色箭头区域)沿着[001]晶带轴的选区电子衍射图。

为了进一步分析 α_2 相、γ 相、B_2 相、TiB_2 相和 TiB 相的相位关系及其演变规律，我们利用高分辨投射电镜(high resolution transmission electron microscopy，HRTEM)技术对图 7 - 52(a)中的“A 区”“B 区”“C 区”和“D 区”

4个区域进行表征分析，其结果如图7-53所示。从图7-53(a)中可以很明显发现具有不同取向和晶面间距的多相结构。另外，在多相之间存在非常明显的相边界以及相重叠区域，利用HRTEM图以及Digital-Micrograph分析软件，可以计算出不同的晶面间距大小分别为0.288nm、0.244nm、0.232nm和0.264nm，通过与XRD标准PDF卡片(参考代码分别为14-0451、12-0603、65-0458和85-0283)进行比对，其晶面间距分别代表了$(11\bar{2}0)\alpha_2$相、$(110)B_2$相、$(111)\gamma$相和$(10\bar{1}0)TiB_2$相，因此，α_2相、γ相、B_2相、TiB_2相其中之一的相位平行关系可以归纳为$(11\bar{2}0)\alpha_2 // (110)B_2 // (111)\gamma // (10\bar{1}0)TiB_2$。另外，根据Ti-Al二元相图以及TiAl/$TiB_2$金属基复合材料SLM成形过程中的凝固路径，多相结构最有可能是由于$L \rightarrow L + (10\bar{1}0)TiB_2$、$L \rightarrow L + (110)\beta$和$(110)\beta \rightarrow (11\bar{2}0)\alpha + (111)\gamma$的相转变导致，随后，$\gamma$相、$B_2$相、$TiB_2$相在大约几百纳米的范围内沿着$\alpha_2$相基体表面析出，并均匀分布于$\alpha_2$相基体表面。

图7-53(b)则为α_2相和TiB_2相的另一种HRTEM图，图中α_2相和TiB_2相的相界面清晰可辨，通过计算其晶面间距的大小分别为0.232nm和0.320nm，经过与XRD标准PDF卡片(参考代码分别为14-0451和85-0283)进行比对，可以确定其取向分别为$(0002)\alpha_2$相和$(0001)TiB_2$相，因此，α_2相和TiB_2相的另一相位平行关系可以概括为$(0002)\alpha_2 // (0001)TiB_2$。另外，由于晶面间距的不同，在$(0002)\alpha_2$相和$(0001)TiB_2$相的相边界将会出现不匹配的现象，因此，在$(0002)\alpha_2$相和$(0001)TiB_2$相的相界区域将会出现位错来减缓这种不匹配的现象。此外，根据面间距的测量大小，$(0002)\alpha_2$相和$(0001)TiB_2$相的不匹配度为27.1%，说明在$(0002)\alpha_2$相的相界区域，其每一条晶带处均会产生位错。与此同时，由于这种规则排列的位错，导致TiB_2相的真实取向略微偏离(0001)方向。

图7-53(c)为典型的单相TiB_2相的HRTEM图，同样地，根据数字晶微分析软件和HRTEM图，间隔条纹间距为0.215nm，经过与XRD标准PDF卡片(参考代码分别为85-0283)进行对比分析，可以发现其取向为$(10\bar{1}1)TiB_2$相，很明显在$(10\bar{1}1)TiB_2$相的HRTEM图中可以发现少量的原子缺陷，这主要是由于在SLM成形的过程中，TiAl/TiB_2金属基复合材料的熔化与凝固时间非常短，导致没有足够的Ti原子从TiAl/TiB_2金属基复合材料中析出，最终致使$Ti + TiB_2 \rightarrow 2TiB$反应时没有足够的Ti原子参与其中。当Ti原

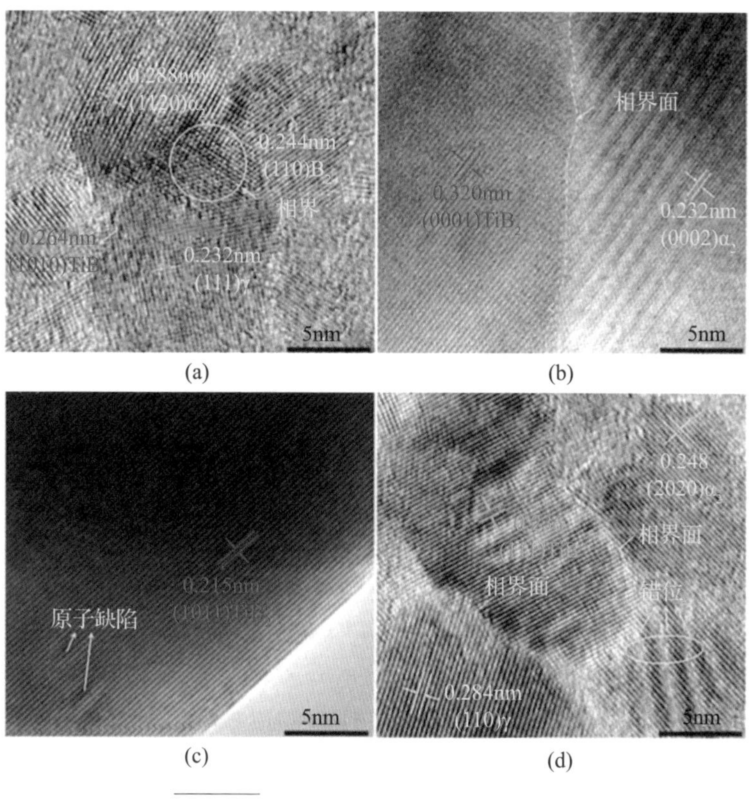

图 7-53 α_2 相和 TiB_2 相的 HRTEM 图

(a) 图7-52(a)中“区域 A”的 α_2 相、γ相、B_2 相、TiB_2 相多相结构的 HRTEM 图；(b) 图7-52(a)中“区域 B”的 α_2 相和 TiB_2 相相界的 HRTEM 图；(c) 图7-52(a)中“区域 C”的单相 TiB_2 相 HRTEM 图，从图中明显看出少量的原子缺陷；(d) 图7-52(a)中“区域 D”的 α_2 相、γ相和 TiB 相多相结构的 HRTEM 图。

子的浓度相对较低时，Ti 原子将会与 TiB 相的 Ti-B 键有机结合，之后再均匀分布于 TiB_2 相基体表面。值得注意的是，大部分的 Ti-B 键将不会与 TiB_2 相基体表面产生黏结力，这种情况将会为 Ti 原子的无序外延生长提供有利的环境，因此会阻止 TiB_2 基体相与 Ti 原子之间的吸收、扩散与反应，最终导致$(10\bar{1}1)TiB_2$ 相表面出现少量的原子缺陷；图 7-53(d)为图 7-52(a)中“区域 D”的 HRTEM 图，图 7-53(d)表示$(20\bar{2}0)\alpha_2$ 相、(111)TiB 相和(110)γ 相的多相结构，其间隔间距大小分别计算为 0.248nm、0.236nm 和 0.284nm，因此，α_2 相、TiB 相和 γ 相的另一相位平行关系可以归纳为$(20\bar{2}0)\alpha_2 // (111)TiB // (110)\gamma$。另外，从图 7-53(d)的 HRTEM 中，还可以观察到非常明显的位错存在，这主要是由于在 SLM 成形 $TiAl/TiB_2$ 金属基复合材料的过程中，循环往复的快速熔化与快速凝固导致非常大的温度梯度与冷却速率，这反过来将会导致 SLM 成形的 $TiAl/TiB_2$ 金属基复合材料试样中积累大而复杂的残余应力，最终导致高密度的位错产生。

7.4.7 成形件纳米压痕

为了研究 TiB_2 含量对 SLM 成形 $TiAl/TiB_2$ 金属基复合材料试样硬度的影响规律，我们利用纳米压痕对试样 P0、P1、P2 和 P3 上表面的纳米硬度进行表征分析，其结果如图 7－54 所示。纳米硬度的定义是指压痕载荷的峰值（F_{max}）与压痕硬度投影面积（A_c）之比，因此，纳米硬度（Hd）可以利用下式计算出来[35]：

$$\mathrm{Hd} = \frac{F_{max}}{A_c} = \frac{F_{max}}{26.43 h_c^2} \tag{7-22}$$

式中：h_c 为试样在压痕载荷的峰值（F_{max}）下的最大接触深度。图 7－54（a）为试样 P0、P1、P2 和 P3 上表面的纳米压痕压力－位移曲线（load-depth curves），测试前，试样的上表面均经过打磨抛光处理，很明显可以发现，当 TiB_2 质量分数由 0%增加至 2%时，纳米压痕深度逐渐减小，但是当 TiB_2 质量分数增加至 3%时，纳米压痕深度略有增加，纳米压痕深度的具体数值如表 7-10 所列。根据式（7－21）计算出，试样 P0、P1、P2 和 P3 上表面的纳米硬度值分别为 9.38GPa ± 0.47GPa、9.96GPa ± 0.50GPa、10.57GPa ± 0.53GPa 和 9.98GPa ± 0.49GPa，分别如图 7－54（b）和表 7－10 所示。可以看出，试样 P0 的纳米硬度要小于试样 P1、P2 和 P3，说明 TiB_2 的添加对于 SLM 成形 $TiAl/TiB_2$ 金属基复合材料硬度的提高具有有益的作用。另外，值得注意的是，对于试样 P0、P1、P2 和 P3 来说，其纳米硬度值要远远高于 TiB_2 相增强热轧成形的 TiAl 基合金的纳米硬度（6.73GPa）[36] 和聚合成形（poly-synthetically twinned，PST）的孪晶 TiAl 基合金的纳米硬度（7.4GPa）[37]。众所周知，纳米硬度主要受试样的相组成、晶粒大小、致密度和残余应力的影响，事实上在 TiAl 基合金的 α_2 相、γ 相和 B_2 相中，B_2 相具有最高的硬度，根据图 7－50 的 XRD 和 EBSD 分析结果，发现 B_2 相的含量随着 TiB_2 质量分数的增加而增大。另外，根据图 7－47 和图 7－48 的 EBSD 晶粒取大小的分析结果，发现随着 TiB_2 质量分数的增加，晶粒的平均尺寸减小，虽然，随着 TiB_2 质量分数的增加，试样 P0、P1、P2 的致密度略有降低，但相成分的影响和晶粒细化效应导致 TiB_2 质量分数由 0%增加至 2%时，纳米硬度逐渐增加。但是当 TiB_2 质量分数增加至 3%时，试样 P3 的致密度剧烈下降，虽然 B_2 相的含量增加至最大，同时晶粒细化效应也达到最大，但是试样 P3 的纳米硬度相比于试样 P2 略有下降。同时，由于试样 P3 致密度的急剧降低导致残余应力剧烈下降，事实上，试样中残余应力的存在并不一定均是有害的，残余应力对于试样的硬度提高是有帮助的，由于试样 P3 内部残余应力的降低导致其纳米硬度进一步下降。因此，随着 TiB_2 质量分数的增加，SLM 成形的 TiAl/TiB_2 金属基复合材料试样的纳米硬度表现出先增加后降低的趋势。

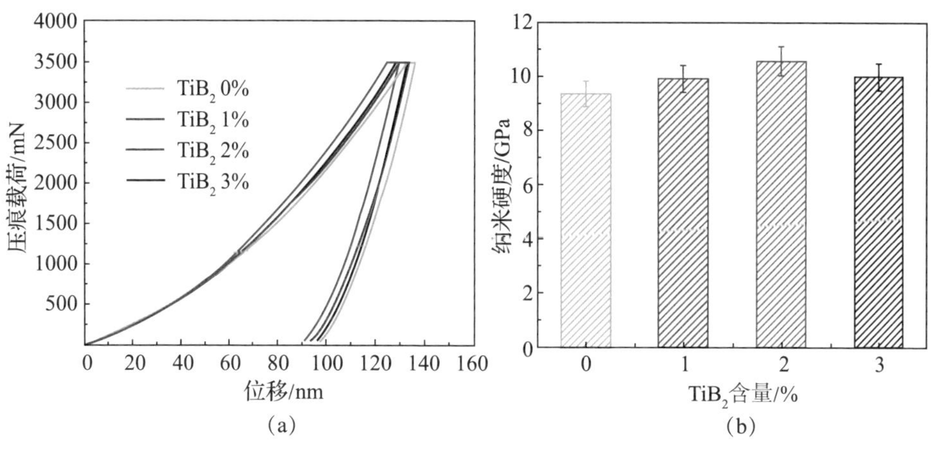

图 7-54　复合材料纳米压痕研究结果

(a) 试样 P0、P1、P2 和 P3 的纳米压痕压力-位移曲线；

(b) 试样 P0、P1、P2 和 P3 的纳米硬度。

表 7-10　SLM 成形 TiAl/TiB_2 复合材料压痕深度与压痕数值

TiB_2 含量/%	压痕深度/nm	压痕数值/GPa
0	130.91±6.42	9.38±0.47
1	127.33±6.09	9.96±0.50
2	120.06±5.24	10.57±0.53
3	126.51±5.98	9.98±0.49

7.4.8 分析与讨论

在本次研究之前，相关学者对 TiB_2 含量是如何影响 SLM 成形 TiAl/TiB_2 金属基复合材料试样中 α_2 相织构的演变并不清楚。同时，为什么添加的微米 TiB_2 增强相在 SLM 成形的过程中部分转变为纳米 TiB_2 增强相，以及微米 TiB_2 增强相和纳米 TiB_2 增强相是如何分布于 TiAl/TiB_2 金属基复合材料尚处于空白。因此，本节重点讨论这两个问题。

1. α_2 相织构为什么会发生演变

在 φ_2 角分别为0°、30°和60°的 ODF 截面时出现的 α_2 相菱形织构、基体织构和锥形织构主要是由于在高温状态的 α 相滑移系统所导致。众所周知，高温状态的密排六方结构 α 相在朝着菱形织构、基体织构和锥形织构的取向进行滑移时有着相同的概率[38]，但是，由于 SLM 成形过程具有快速熔化、极速凝固和逐层堆积的特殊性，当一个新的单层制造完毕，之前的凝固层在高能束激光的作用下会部分甚至完全熔化，在这种情况下，在 SLM 成形的 TiAl 合金试样中会存在大量的独立滑移系统，而独立滑移系统将会导致具有 $\{10\bar{1}0\}$ ＜$11\bar{2}0$＞取向菱形织构滑移的再结晶方式在 α_2 相中起主导作用，因此，在 SLM 成形的 TiAl 基合金试样中，α_2 相中的菱形织构强度要高于基体织构和锥形织构的强度。

事实上，在 α_2 相中其菱形织构、基体织构和锥形织构主要受到两个方面的影响，即：①独立滑移系统；②密排六方结构 α_2 相的 c/a 比值。随着 TiB_2 质量分数的增加，两个相转变 $\alpha \rightarrow \alpha_2 + \gamma$ 和 $\alpha_2 \rightarrow \gamma$ 更容易进行，在 α_2 相转变为 γ 相的过程中将会导致有序的"…Ti—Al—Ti—Ti—Ti—Al—Ti—Ti…"原子排布转变为"…Ti—Al—Ti—Al…"的有序原子排布。相应地，这种有序原子转变将会导致 α_2 相的 c/a 比值变大。在这种情况下，对于 TiAl/TiB_2 金属基复合材料而言，TiB_2 含量的提高有助于菱形织构的独立滑移系统数量增大，因此，菱形织构强度随着 TiB_2 含量的提高而增大[39]；另外，如果一个密排六方结构的相其 c/a 比值处于＜0.804，1.633＞的范围之内时，诸如 Ti_3Al 相，此时具有$\{0001\}$ ＜$11\bar{2}0$＞ 取向的基体织构和具有$\{10\bar{1}1\}$ ＜$11\bar{2}0$＞ 取向的锥形织构通常会沿着＜$11\bar{2}0$＞ 方向形成。同时，由于 TiB_2 质量分数的增加导致 c/a 比值变大，进一步促进了基体织构和锥形织构朝着＜$11\bar{2}0$＞方向形成，这也就解释了为什么当 TiB_2 质量分数由1%增加至3%时，α_2 相的基体织构和锥形织构均增强[40-41]。

但是，为什么随着 TiB_2 质量分数的增加，α_2 相的含量减少而 α_2 相中的菱形织构、基体织构和锥形织构的强度增加并不是非常清楚。最好的解释即在决定 α_2 相中的菱棱形织构、基体织构和锥形织构的强度时，α_2 相的独立滑移系统和 c/a 比值起到了决定性的作用，虽然 α_2 相的含量的减少对 α_2 相中的菱形织构、基体织构和锥形织构的强度略有负面影响，但是这种影响结果可以忽略，因此，当 TiB_2 的质量分数由0%逐渐增加至3%时，α_2 相中的菱形织构、基体织构和锥形织构的强度增加至最大而 α_2 相的体积分数降低至最小。另外，值得指出的是，为什么当 TiB_2 的质量分数达到2%时，锥形织构的取向由 $\{10\bar{1}1\}\langle11\bar{2}0\rangle$ 转变为 $\{11\bar{2}2\}\langle11\bar{2}3\rangle$ 仍然是未知的。

2. TiB_2 增强相的状态为什么会发生改变及 TiB_2 增强相的分布

在SLM成形过程中，由于高能激光束的作用，熔池/熔覆道的中心温度非常高，最高温度甚至超过3000℃，因此熔池/熔覆道中心温度接近甚至有可能超过 TiB_2 增强相的熔点(3225℃)，但是由于高能激光束的快速扫描与持续运动，熔池/熔覆道中心的这种高温状态并不能维持非常长的时间，因此，TiB_2 增强相将会有小部分发生熔化，在激光与 $TiAl/TiB_2$ 金属基复合材料作用的过程中，由于微熔池/熔覆道内部的液态金属流动所产生的驱动力，将会导致熔融状态的 TiB_2 增强相卷入到TiAl基合金的基体中，并均匀分布在TiAl基合金的基体内部，而处于未熔融状态的 TiB_2 增强相将会随机嵌入在TiAl基合金的基体内部，如图7-55(a)所示，在试样P1的TEM明场图中，可以明显发现两种状态的 TiB_2 增强相，即针状微米级 TiB_2 作为未熔融的增强相部分随机嵌入在TiAl基体内部，无规则纳米级 TiB_2 作为熔融增强相部分均匀分布在TiAl基体内部，这种结果与上述分析完全一致。另外，在图7-55(a)中，可以发现椭圆状的 B_2 相嵌入在针状 TiB_2 增强相内部，这种情况肯定是 $L\rightarrow L+TiB_2\rightarrow\beta+TiB_2$ 相变所引起的，在SLM成形的过程中 TiB_2 增强相首先从液相 中析出，随后在熔池/熔覆道冷却的过程中 β 相析出，最后未完全转变的 β 相将会有序地转变为 B_2 相，其中，部分 B_2 相将会沿着 TiB_2 增强相周围析出，导致出现 B_2 相嵌入在针状 TiB_2 增强相内部的现象。为了进一步理解纳米级 TiB_2 增强相以何种尺寸均匀分布在TiAl基体内部，我们利用 HRTEM 技术对图 7-55(a)中的“区域 A”进行表征，其结果如图 7-55(b)所示，可以明显看出，纳米级 TiB_2 增强相以 10nm 长和 3～5nm 宽这样的尺寸均匀分布于 TiAl 基体内部，这种情况对于 SLM 成形 TiAl/TiB_2 金属基复合材料试样综合力学性能的提高有非常大的帮助。

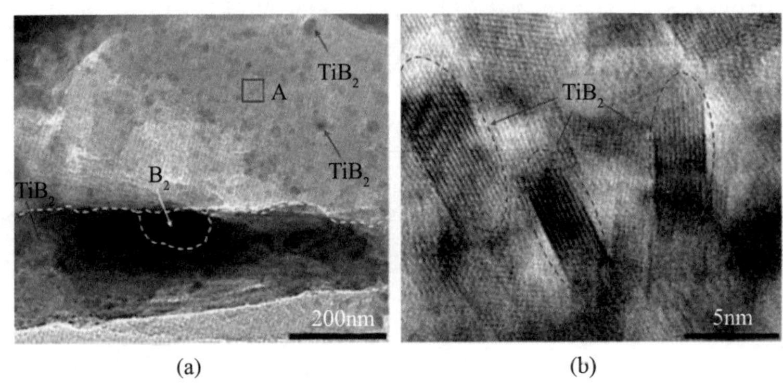

图 7-55　复合材料 TEM 分析

(a) 试样 P1 的 TEM 明场图；(b) (a) 中区域 A 的 HRTEM 图。

参考文献

[1] BOLEY C D, KHAIRALLAH S A, RUBENCHIK A M. Calculation of laser absorption by metal powders in additive manufacturing[J]. Applied Optics, 2015, 54(9): 2477-2482.

[2] KUMAR G, PRABHU K N. Review of non-reactive and reactive wetting of liquids on surfaces[J]. Advances in Colloid and Interface Science, 2007, 133(2): 61-89.

[3] ATTAR H, BONISCH M, CALIN M, et al. Selective laser melting of in situ titanium-titanium boride composites: Processing, microstructure and mechanical properties[J]. Acta Materialia, 2014, 76: 13-22.

[4] ZHAO X, SONG B, ZHANG Y J, et al. Decarburization of stainless steel during selective laser melting and its influence on Young's modulus, hardness and tensile strength [J]. Materials Science and Engineering A-Structural Materials Properties Microstructure and Processing, 2015, 647: 58-61.

[5] QIU C L, PANWISAWAS C, WARD M, et al. On the role of melt flow into the surface structure and porosity development during selective laser melting[J]. Acta Materialia, 2015, 96: 72 - 79.

[6] 于仁红，蒋明学. TiN的性质、用途及其粉末制备技术[J]. 耐火材料，2005，05：386 - 389.

[7] GU D D, WANG H Q, ZHANG G Q. Selective laser melting additive manufacturing of Ti - based nanocomposites: the role of nanopowder [J]. Metallurgical and Materials Transactions A-Physical Metallurgy and Materials Science, 2014, 45A(1): 464 - 476.

[8] TIAN B, YUE W, FU Z Q, et al. Microstructure and tribological properties of W-implanted PVD TiN coatings on 316L stainless steel[J]. Vacuum, 2014, 99: 68 - 75.

[9] CASADEI F, TULUI M. Combining thermal spraying and PVD technologies: A new approach of duplex surface engineering for Ti alloys[J]. Surface & Coatings Technology, 2013, 237: 415 - 420.

[10] YE H, LIU X Y, HONG H. Characterization of sintered titanium/hydroxyapatite biocomposite using FTIR spectroscopy[J]. Journal of Materials Science: Materials in Medicine, 2009, 20: 843 - 850.

[11] HAO L, DADBAKHSH S, SEAMAN O, et al. Selective laser melting of a stainless steel and hydroxyapatite composite for load-bearing implant development[J]. Journal of Materials Processing Technology, 2009, 209: 5793 - 5801.

[12] DAS M, BALLA V K, BASU D, et al. Laser processing of SiC particle-reinforced coating on titanium[J]. Scripta Materialia, 2010, 63: 438 - 441.

[13] YAN A, WANG Z, YANG T, et al. Microstructure, thermal physical property and surface morphology of W-Cu composite fabricated via selective laser melting[J]. Materials & Design, 2016, 109: 79 - 87.

[14] GU D , MENG G, LI C, et al. Selective laser melting of TiC/Ti bulk nanocomposites: Influence of nanoscale reinforcement [J]. Scripta Materialia, 2012, 67: 185 - 188.

[15] PARK J W, KIM Y J, PARK C H, et al. Enhanced osteoblast response

to an equal channel angular pressing-processed pure titanium substrate with microrough surface topography[J]. Acta Biomaterialia, 2009, 5: 3272 - 3280.

[16] WEBSTER T J, EJIOFOR J U. Increased osteoblast adhesion on nanophase metals: Ti, Ti6Al4V, and CoCrMo[J]. Biomaterials, 2004, 25: 4731 - 4739.

[17] NIESPODZIANA K, JURCZYK K, JAKUBOWICZ J, et al. Fabrication and properties of titanium-hydroxyapatite nanocomposites [J]. Materials Chemistry and Physics, 2010, 123: 160 - 165.

[18] BEREZHNAYA A Y, MITTOVA V, KOSTYUCHENKO A, et al. Solid-phase interaction in the hydroxyapatite/titanium heterostructures upon high-temperature annealing in air and argon [J]. Inorganic Materials, 2008, 44: 1214 - 1217.

[19] KIPOUROS G, CALEY W, BISHOP D. On the advantages of using powder metallurgy in new light metal alloy design[J]. Metallurgical and Materials Transactions A, 2006, 37: 3429 - 3436.

[20] LI S, KONDOH K, IMAI H, et al. Strengthening behavior of in situ-synthesized (TiC-TiB)/Ti composites by powder metallurgy and hot extrusion[J]. Materials & Design, 2016, 95: 127 - 132.

[21] BALBINOTTI P, GEMELLI E, BUERGER G, et al. Microstructure development on sintered Ti/HA biocomposites produced by powder metallurgy[J]. Materials Research, 2011, 14: 384 - 393.

[22] MCCALDEN R W, MCGEOUGH J A, BARKER M B. Age-related changes in the tensile properties of cortical bone. The relative importance of changes in porosity, mineralization, and microstructure [J]. The Journal of Bone & Joint Surgery, 1993, 75: 1193 - 1205.

[23] ABIDI I H, KHALID F A, FAROOQ M U, et al. Tailoring the pore morphology of porous nitinol with suitable mechanical properties for biomedical applications[J]. Materials Letters, 2015, 154: 17 - 20.

[24] AKMAL M, KHALID F A, HUSSAIN M A. Interfacial diffusion reaction and mechanical characterization of 316L stainless steel-

hydroxyapatite functionally graded materials for joint prostheses[J]. Ceramics International, 2015, 41: 14458 - 14467.

[25] WEI Q S, LI S, HAN C J, et al. Selective laser melting of stainless-steel/nano-hydroxyapatite composites for medical applications: Microstructure, element distribution, crack and mechanical properties [J]. Journal of Materials Processing Technology, 2015, 222: 444 - 453.

[26] YANG J, LI F, WANG Z, et al. Cracking behavior and control of Rene 104 superalloy produced by direct laser fabrication[J]. Journal of Materials Processing Technology, 2015, 225: 229 - 239.

[27] ATTAR H, EHTEMAM-HAGHIGHI S, KENT D, et al. Nanoindentation and wear properties of Ti and Ti - TiB composite materials produced by selective laser melting[J]. Materials Science and Engineering: A, 2017, 688: 20 - 26.

[28] LI W, LIU J, ZHOU Y, et al. Effect of laser scanning speed on a Ti - 45Al - 2Cr - 5Nb alloy processed by selective laser melting: Microstructure, phase and mechanical properties[J]. Journal of Alloys and Compounds, 2016, 688: 626 - 636.

[29] HENCH L L. Bioceramics: from concept to clinic[J]. Journal of the American Ceramic Society, 1991, 74: 1487 - 1510.

[30] MISHINA H, INUMARU Y, KAITOKU K. Fabrication of ZrO_2/AISI316L functionally graded materials for joint prostheses [J]. Materials Science and Engineering: A, 2008, 475: 141 - 147.

[31] FARNOUSH H, AGHAZADEH M J, ÇIMENOǦLU H. Micro-scratch and corrosion behavior of functionally graded HA - TiO_2 nanostructured composite coatings fabricated by electrophoretic deposition[J]. Journal of the Mechanical Behavior of Biomedical Materials, 2015, 46: 31 - 40.

[32] MURUGAN R, RAMAKRISHNA S. Development of nanocomposites for bone grafting[J]. Composites Science and Technology, 2005, 65: 2385 - 2406.

[33] SUWAS S, RAY R K, SINGH A K. Evolution of hot rolling textures in a two-phase (alpha (2) + beta) Ti 3 Al base alloy [J]. Acta

Materialia, 1999, 47: 4585 - 4598.

[34] LAPEIRE L, SIDOR J, VERLEYSEN P, et al. Texture comparison between room temperature rolled and cryogenically rolled pure copper [J]. Acta Materialia, 2015, 95: 224 - 235.

[35] SAHA D C, BIRO E, GERLICH A P, et al. Fusion zone microstructure evolution of fiber laser welded press-hardened steels[J]. Scripta Materialia, 2016, 121: 18 - 22.

[36] CHEN Y Y, YU H B, ZHANG D L, et al. Effect of spark plasma sintering temperature on microstructure and mechanical properties of an ultrafine grained TiAl intermetallic alloy[J]. Materials Science & Engineering A, 2009, 525: 166 - 173.

[37] KEMPF J, GOKEN M, VEHOFF H. The mechanical properties of different lamellae and domains in PST-TiAl investigated with nanoindentations and atomic force microscopy[J]. Materials Science & Engineering A, 2002, 329: 184 - 189.

[38] LÜTJERING G, WILLIAMS J. Titanium[M]. New York: Springer, 2007.

[39] BANERJEE D. Ti 3 Al and its alloys[M]. New York: Jorn Wiley, 1995.

[40] WAGNER F, BOZZOLO N, VAN L O, et al. Evolution of recrystallisation texture and microstructure in low alloyed titanium sheets [J]. Acta Materialia, 2002, 50: 1245 - 1259.

[41] SCHILLINGER W, BARTELS A, GERLING R, et al. Texture evolution of the gamma-and the alpha/alpha (2)-phase during hot rolling of gamma-TiAl based alloys[J]. Intermetallics, 2006, 14: 336 - 347.

[42] WEN S F, LI S, WEI Q S, et al. Effect of molten pool boundaries on the mechanical properties of selective laser melting parts[J]. Journal of Materials Processing Technology, 2014, 214(11): 2660 - 2667.

[43] VRANCKEN B, THIJS L, KRUTH J P, et al. Microstructure and mechanical properties of a novel beta titanium metallic composite by

selective laser melting[J]. Acta Materialia, 2014, 68(15): 150 - 158.

[44] HUANG L J, GENG L, PENG H. Microstructurally inhomogeneous composites: Is a homogeneous reinforcement distribution optimal[J]. Progress in Materials Science, 2015, 71: 93 - 168.

[45] TJONG S C. Recent progress in the development and properties of novel metal matrix nanocomposites reinforced with carbon nanotubes and graphene nanosheets[J]. Materials Science & Engineering R-Reports, 2013, 74(10): 281 - 350.